"十三五"江苏省高等学校重点教材

石油和化工行业"十四五"规划教材

省级一流本科课程建设成果教材

功能涂料

第二版

刘仁　主　编
罗静　副主编

化学工业出版社
·北京·

内容简介

《功能涂料》（第二版）共分10章内容，第1章为功能涂料概述，主要介绍功能涂料的分类和发展重点；第2章功能涂料的制备，主要介绍功能涂料用树脂的新型合成方法等；第3～10章分别系统叙述了自清洁涂料、防雾涂料、自修复涂料、海洋防污涂料、导电涂料、传感涂料、热管理涂料、防火涂料八类功能涂料的分类、作用机制、制备及应用前沿。内容涵盖新型功能涂料的合成、性能、应用及发展。

《功能涂料》（第二版）可供有一定涂料基础知识的高等院校相关专业的教师、本科生和研究生使用，也可供相关专业科研、生产技术人员参考。

图书在版编目（CIP）数据

功能涂料 / 刘仁主编 ；罗静副主编 . -- 2版 . 北京 ：化学工业出版社，2025. 9. --（“十三五”江苏省高等学校重点教材）（石油和化工行业“十四五”规划教材）. -- ISBN 978-7-122-48623-3

Ⅰ. TQ63

中国国家版本馆CIP数据核字第2025TA3070号

责任编辑：丁建华　徐雅妮　　　　装帧设计：韩　飞
责任校对：李雨晴

出版发行：化学工业出版社
（北京市东城区青年湖南街13号　邮政编码100011）
印　　装：北京天宇星印刷厂
787mm×1092mm　1/16　印张16¼　字数420千字
2026年1月北京第2版第1次印刷

购书咨询：010-64518888　　售后服务：010-64518899
网　　址：http://www.cip.com.cn
凡购买本书，如有缺损质量问题，本社销售中心负责调换。

定　　价：48.00元

序言

涂料，这一古老而又常见的材料，自诞生以来，便与人类文明的发展紧密相连。从史前时代人类用天然材料涂抹洞穴，到如今各种高性能涂料广泛应用于航空航天、海洋、电子信息、建筑、汽车和轨道交通等众多领域，涂料行业经历了漫长的发展历程，不断演变与革新。我国使用生漆和桐油作为涂料至少已有4000年以上的历史，秦始皇陵的兵马俑、马王堆出土的汉代文物，都见证了涂料在历史长河中的应用。而在现代，涂料早已不再局限于传统的装饰与简单保护功能，其功能性正不断拓展和深化，成为推动各行业技术进步不可或缺的材料。

功能涂料作为涂料领域的重要分支，近年来发展迅猛，备受关注。相较于普通涂料，功能涂料具有防雾、防污、防火、抗静电、导电、电磁屏蔽、隔热、导热、发光、自润滑、自清洁、自修复等诸多特殊性能。这些独特性能使功能涂料不仅能满足现代工业和生活对材料日益严苛的要求，还能为众多新兴技术的发展提供关键支撑。可以说，随着科学技术的飞速发展和人们生活水平的不断提高，功能涂料不仅对高新技术的发展起着重要的推动和支撑作用，其应用领域还将持续拓展，市场需求也将日益增长。

然而，功能涂料行业的快速发展也带来了对专业人才的迫切需求。目前，人才短缺已成为制约功能涂料行业进一步发展的重要因素之一。培养具备扎实理论基础、丰富实践经验和创新能力的专业人才，已成为当务之急。教育是人才培养的基石，而优秀的教材则是教育的重要载体。在此背景下，《功能涂料》教材的编写与出版具有极其重要的意义。

这本《功能涂料》教材，凝聚了众多业内专家和学者的心血与智慧。它系统而全面地阐述了功能涂料的基本概念、分类方法、作用原理、制备工艺以及性能检测等方面的知识，内容丰富详实。同时，教材紧密结合行业发展的最新动态和实际应用需求，反映了功能涂料领域的前沿技术和研究成果，具有很强的时代性和实用性。

此外，本教材在编写过程中考虑学生的认知规律和学习心理，将现代信息技术融入教材建设中，如音视频、动画、电子课件等，通过丰富灵活的信息化资源将抽象变形象、枯燥变生动、静态变动态、单向变交互，使纸质教材和线上数字资源一体化，同时也方便学生自主化、个性化的学习。每章后面还配备了习题和参考文献，便于读者巩固所学知识，拓展知识面。这本教材将为高等院校涂料相关专业的学生提供全面、系统的学习指导，帮助他们打下坚实的专业基础；也将为从事功能涂料研发、生产、应用和管理的专业人员提供重要的参考资料，助力他们在工作中不断创新和进步。

“路漫漫其修远兮，吾将上下而求索。”功能涂料行业的发展前景广阔，但也面临着诸多挑战。希望广大读者能够以这本教材为起点，深入学习和研究功能涂料技术，不断探索创新，为推动我国功能涂料技术的发展、提升我国在国际涂料领域的地位贡献自己的力量。同时，也期待未来能有更多优秀的教材和研究成果涌现，为功能涂料行业的人才培养和技术进步提供更有力的支持。

桂泰江

前言

随着涂料科学与技术的不断进步，在传统涂料的装饰和保护两大作用以外，逐步发展成为具有界面功能、热功能、电功能、光功能等的一类特殊功能涂料。尤其是以纳米科学为代表的多个学科发展，推动了这类涂料的功能创新和应用创新层出不穷，在新材料发展的众多层面提供越来越完善、越来越强大的功能，功能涂料已成为现代涂料的一个重要发展方向。

江南大学高分子材料与工程专业于 1999 年正式办学时便将涂料科学与技术作为专业重点建设方向，建有系统的涂料专业课程体系。办学初期即开设了“功能涂料”课程，但是由于功能涂料种类繁多，与多个学科存在知识交叉，一直未有合适的教材可供选用。江南大学刘仁教授主导的涂料教学团队基于多年的教学经验和科研体会开展了《功能涂料》的编写工作，并在 2019 年成功出版。本书系统阐述了功能涂料的分类和发展重点以及制备方法，介绍了自清洁涂料、自修复涂料、海洋防污涂料、导电涂料、传感涂料等功能涂料。该书的出版对江苏省一流课程“功能涂料”的建设形成了重要支撑，并进一步打造了专业涂料特色优势，有力支撑了江南大学高分子材料与工程专业的发展。

随着时代的不断发展，功能涂料也在不断地推陈出新。一方面，第一版《功能涂料》教材的有些内容显得较为陈旧，需要与时俱进，而且功能涂料的种类不断丰富，因此需要增添新的章节；另一方面，在教育信息化的新时代背景下，传统的纸质教材已经不能满足新的教学需要。针对以上问题，江南大学涂料教学团队对《功能涂料》进行再版，在第一版纸质教材的基础上，一方面对已有章节内容进行修改扩充，另一方面增加了“防雾涂料”“热管理涂料”“防火涂料”三章内容。与此同时，将电子课件、视频动画、图片、行业发展动态、学术前沿等丰富的数字化教学资源融入纸质教材中，对纸质教材内容进行补充和拓展，打破时间以及空间上的限制，提供方便快捷的内容更新途径，增强教学交互性与时效性。

本书可作为高等院校开设“功能涂料”课程的教材，也适合于其他相关学科学生课外阅读，还可以作为从事功能涂料研发人员的参考用书。

本书共分为 10 章，第 1 章由江南大学刘仁老师编写，第 2 章由广东工业大学李治全老师编写，第 3 章和第 4 章由江南大学孙冠卿老师编写，第 5 章由江南大学刘敬成和刘仁老师编写，第 6 章由华南理工大学马春风老师编写，第 7 章由苏州科技大学袁妍和江南大学罗静老师编写，第 8 章由江南大学罗静老师编写，第 9 章由江南大学刘仁老师和中海油常州涂料院王木立编写，第 10 章由同济大学王国建老师和江南大学罗静老师编写。全书由刘仁、罗静统稿。

鉴于当前功能涂料技术发展速度快，涉及面广，新的功能特性不断被开发，本书的内容仅能部分反映功能涂料发展的现有水平，加之我们的学术水平所限，在内容的选取、编排和总结上，疏漏与不当之处在所难免，恳请读者不吝赐教，提出宝贵意见。

编者

2025 年 8 月

微信扫码获取本书配套数字资源
教学课件、拓展阅读、视频/图片展示
课程内容一目了然！（参见配套资源使用说明）

第一版 前 言

随着涂料科学与技术的不断进步，在传统涂料的装饰和保护两大作用以外，逐步发展出了具有界面功能、热功能、机械功能、光功能等的一类特殊功能涂料。尤其是以纳米科学为代表的多个学科发展，推动了这类涂料的功能创新和应用创新层出不穷，在新材料发展的众多层面提供越来越完善、越来越强大的功能，功能涂料已成为现代涂料的一个重要发展方向。

江南大学高分子材料与工程专业于 1999 年正式办学时便将涂料科学与技术作为专业重点建设方向，建有系统的涂料专业课程体系。办学初期即开设了“功能涂料”课程，但是由于功能涂料种类繁多，与多个学科存在知识交叉，一直未有合适的教材可供选用。授课资料主要通过国际国内会议资料、科研论文、专利信息和功能涂料专著内容的整理和更新来形成。

随着我国功能涂料技术的快速发展，对专业人才的需求日趋旺盛。我们基于多年的教学经验和科研体会开展了本书的编写工作。本书系统阐述了功能涂料的分类和发展重点以及制备方法，重点介绍了自清洁涂料、抗菌涂料、自修复涂料、海洋防污涂料、导电涂料、传感涂料六类功能涂料。希望本书有助于大专院校相关学科专业人才的培养，帮助众多生产厂家和研发人员了解功能涂料这一领域。

本书第 1、4 章由刘仁编写，第 2 章由李治全编写，第 3 章由孙冠卿编写，第 5 章由刘敬成编写，第 6 章由马春风编写，第 7 章由袁妍编写，第 8 章由罗静编写。全书由刘仁、罗静统稿。

由于功能涂料技术发展速度快，涉及面广，技术创新层出不穷，加之我们的学术水平所限，书中疏漏之处在所难免，恳请读者不吝赐教，提出宝贵意见。

编者

2019 年 3 月

目 录

第1章 功能涂料概述

1.1 功能涂料的发展

涂料具有悠久的应用历史。在中国，漆器使用的源头可追溯至约8000年前的新石器时代，浙江跨湖桥遗址的漆弓与河姆渡遗址的朱漆木碗，均为这一时期已掌握生漆技术的实物实证。此后，从秦始皇陵兵马俑的彩绘，到马王堆汉墓的精美漆器，都印证了我国古代涂料技术的精湛。无独有偶，古埃及人也较早掌握了涂料制备技术，他们以阿拉伯胶、蛋白为基料，混合矿物颜料制成色漆，用于装饰金字塔内壁、神庙雕像及日常器物。纵观东西，历经数千年的演变，涂料的装饰和保护作用早已融入人类生产生活。

随着现代科技飞速发展，涂料的应用正以更具创新性的功能形态渗透到生活与工业的方方面面：在国防领域，战机表面的隐身涂层通过吸收雷达波，降低战机被探测到的概率，让武器装备实现“隐蔽作战”；在日常消费领域，儿童玩具表面的抗菌涂料通过抑制大肠杆菌、金黄色葡萄球菌等致病菌滋生，降低接触感染风险，守护儿童健康；在建筑领域，外墙保温节能涂料通过减少建筑内外热量交换，减少建筑能耗，助力“双碳”目标；在工业领域，钢材表面防火涂料通过阻隔热量传递和形成隔热层来延缓钢材升温，提升钢结构的耐火极限，为生活安全保驾护航。这些功能化的涂料应用，正以“润物细无声”的方式改变着世界。

从材料改性的角度来看，涂料已成为赋予基材新性能或功能最简便、高效的方法之一。伴随着现代工业的升级与人民美好生活的追求，现代涂料往往还兼具其他一种或多种功能，比如隔热保温、耐高温、自修复、自清洁、高绝缘、高耐磨、防火等。在此背景下，功能涂料应运而生，它是一类在具备装饰和基础防护功能的同时，能借助光、电、热、力学、化学或生物化学等作用机制实现特定功能，用于满足工业升级、民生改善或国家战略需求的一类高附加值涂料体系。

功能涂料的多样性，本质上是应用需求驱动技术创新的结果。当材料表面需要满足特殊条件时，研发适配的功能涂料往往是成本低、效果好的解决方案。例如，海洋船舶底部若不涂覆防污涂料，会导致海藻、贝类等海洋生物附着生长，增加船舶航行阻力，因此海洋防污涂料成为海洋船舶制造的关键材料；新能源汽车的电池外壳需在电池热失控时延缓火势蔓延，为人员逃生争取时间，此时所涂覆涂料阻燃的功能重要性远超传统防护。正是这些差异化的应用需求，推动着功能涂料技术的不断突破。如今，功能涂料已成为涂料工业中技术含量高、增长潜力大的细分领域，其种类仍在持续丰富，应用场景覆盖航空航天、新能源、电子信息、生物医药、节能环保等多个战略新兴产业，有着十分广阔的市场前景和极为重要的战略意义。

功能涂料的快速发展，离不开现代科学理论的支撑。进入20世纪后，涂料行业逐步从“经验型生产”进入“科学化发展”阶段，为功能涂料的发展奠定了坚实基础。无机化学、有机化学、高分子化学、高分子物理等理论体系的发展与丰富大幅提高了涂料关键原材料的开发水平，界面化学的发展进一步加深了涂料开发者们对基材-涂料-空气界面的理解。尤其是近几十年来，各种功能新材料的持续挖掘、聚合物合成和改性技术的持续创新，以及以纳米科学为代表的新兴学科的不断发展，孕育了众多功能涂料领域的科学和应用创新。

若按功能特性对功能涂料进行分类，可大致分为以下六大类：

① 界面功能涂料：聚焦于改善材料表面与外界环境的相互作用的一类功能涂料，常见类型包括自清洁涂料、防污涂料、防雾涂料、自修复涂料等。

② 热管理涂料：以调控热量传递或耐受高温为核心的一类功能涂料，包括隔热涂料、辐射制冷涂料、导热涂料、耐高温涂料、阻燃涂料等。

③ 电磁功能涂料：用于调控电磁信号或实现导电/绝缘作用的一类功能涂料，如导电涂料、隐身涂料、绝缘涂料、磁屏蔽涂料等。

④ 化学功能涂料：通过化学作用实现特定功能的一类涂料，包括防腐涂料、抗菌涂料、传感涂料等。

⑤ 力学功能涂料：提升材料表面的力学性能的一类功能涂料，主要包括耐磨涂料、抗冲击涂料、防滑涂料等。

⑥ 光学功能涂料：调控光线传播或光学性能的一类功能涂料，包括光反射涂料、红外辐射涂料、防眩光涂料、变色涂料等。

由于功能涂料种类繁多，且不同领域的应用特性差异较大，本书将聚焦当前应用广泛、技术成熟度高且市场需求旺盛的品类，暂时优先介绍自清洁涂料、防雾涂料、自修复涂料、海洋防污涂料、导电涂料、传感涂料、热管理涂料、防火涂料八类功能涂料。

1.2 功能涂料的挑战

功能涂料作为涂料工业中技术密集、多学科交叉的核心品类，已深度融入国民经济支柱领域、民生消费场景及国家战略安全领域。但其在快速发展的同时，仍面临技术创新、人才储备、绿色转型与功能稳定性等挑战。

未来功能涂料市场将继续向中高端市场集中，功能涂料的开发水平已成为检验一个涂料企业研发实力的标杆之一，而目前中国大部分功能涂料的研发仍缺少原始创新。一类新兴功能涂料的出现一定离不开功能材料的开发和涂料应用技术的创新，其制备技术不仅要基于传统的涂料科学与技术知识，还需具备新兴的高分子合成技术、纳米技术等专业知识。

功能涂料的开发应用对人才知识结构提出了复合型要求——例如开发新能源汽车电池阻燃涂料，既需掌握高分子合成工艺，又需理解电池热失控机理，还需熟悉涂层在电池壳体上的施工工艺。但当前国内开设涂料课程的高校课程体系仍以传统涂料知识的传授为主，缺乏纳米技术、智能响应材料等前沿内容的交叉融入。

同时，在人们不断追求美好生活的今天，发展环保型涂料是大势所趋，功能涂料也需要基于高固体分涂料、粉末涂料、水性涂料和辐射固化涂料等绿色环保涂料体系开展技术创新。所以当代功能涂料会向着“高性能化、多功能化、低能耗、绿色化”发展。低能耗、绿色化是指顺应当今的“绿色化学”大环境，制备可再生、低 VOC（挥发性有机化合物）排放、可降解的绿色功能涂料。

此外，功能涂料的核心价值在于其表界面功能，但这些功能的实现高度依赖涂层表面的物理化学性质（如表面能、化学组成、微观结构），但在实际应用中，涂层长期暴露于复杂环境，受到磨损、粉尘沉积、有机物污染等影响而发生表面物理化学性质的变化，从而导致涂料功能性的降低甚至失效。例如建筑外墙自清洁涂料，其超疏水性能依赖表面的微纳结构，但长期风吹雨打、灰尘冲刷会破坏该结构，需定期重新涂覆，增加了维护成本。因此，如何保持涂料表界面物理化学性质的稳定，从而实现其功能的长效性是功能涂料进一步发展的一大挑战。

第 2 章 功能涂料的制备

2.1 概述

功能涂料除了具有常规的装饰和保护的基本功能外，还具有抗菌、导电、自修复等特殊功能。根据特殊功能实现方式的不同，可将功能涂料分为本征型功能涂料和复合型功能涂料。本征型功能涂料主要通过赋予本体树脂特殊功能来实现功能，而复合型功能涂料则通过添加或原位生成功能性组分来实现特殊功能。

2.2 本征型功能涂料的制备

功能聚合物的设计与制备是获取本征型功能涂料的关键。聚合物通常由单体或低聚物通过聚合反应形成，根据反应机理的不同，可将聚合反应分为链式聚合和逐步聚合两大类。链式聚合一般通过活性中心（自由基、阳离子、阴离子）进行连锁反应，聚合物分子主链中无官能团，而逐步聚合则主要通过分子间官能团的逐步缩合反应生成，聚合物主链中保持有如酯基、酰胺基等官能团。

教学课件
2.2本征型功能涂料的制备

2.2.1 基于链式聚合制备

链式聚合是指单体在光、热、辐照或外加引发剂等作用下生成活性种（自由基、阳离子、阴离子），随后与其余单体发生连锁反应形成聚合物的过程。自由基链式聚合反应条件较温和，工艺相对简单，是目前功能性树脂的主要合成方法。自由基链式聚合通常包括链引发、链增长、链转移和链终止等基元反应。

（1）链引发　自由基链引发是生成单体自由基活性种的反应，一般利用光、热等诱发引发剂分子结构中的弱键断裂，进而生成活性自由基引发烯类单体聚合，是控制聚合速度和分子量的关键反应。自由基引发剂主要分为偶氮类引发剂、过氧类引发剂及氧化还原引发体系。广泛应用于涂料工业的引发剂主要有偶氮二异丁腈（AIBN）、过氧化二苯甲酰（BPO）、过氧化氢异丙苯、过硫酸盐等。氧化还原引发体系的活化能低，在较低温度下也可获取较高的反应速率，因此适用于温度＜50℃的聚合，此外，还可以根据涂料配方需要选择水溶性或油溶性的氧化还原引发体系。对于温度在 60～100℃下的聚合，常用 BPO、AIBN 或过硫酸盐作为引发剂，而低活性的过氧化氢异丙苯、叔丁基过氧化氢、过氧化二异丙苯等则用于温度>100℃的聚合。

链引发由以下两步反应组成，首先是引发剂Ⅰ分解形成初级自由基，然后初级自由基与单体加成产生单体自由基：

$$\mathrm{I} \xrightarrow{k_d} 2\mathrm{R}\cdot \tag{2-1}$$

$$\mathrm{R}\cdot + \mathrm{M} \xrightarrow{k_i} \mathrm{M}_1\cdot \tag{2-2}$$

以上两步反应中，第一步引发剂分解是吸热反应，活化能高（105～150kJ/mol），反应速率小（k_d 为 10^{-4}～10^{-6}/s），是聚合反应的决速步骤。第二步初级自由基与单体加成是放热反应，活化能低，反应速率大，生成的单体自由基是真正进行链引发的活性种。体系中的杂质及副反应可能猝灭初级自由基，从而导致无法形成单体自由基引发聚合。

（2）链增长　单体自由基与烯类单体的 π 键进行加成反应形成新的自由基，后者继续与其他单体发生连锁加成反应，形成含更多结构单元的链自由基，实现链增长。

$$\mathrm{M}_n\cdot + \mathrm{M} \xrightarrow{k_p} \mathrm{M}_{n+1} \tag{2-3}$$

链增长反应为强放热反应，一般烯类聚合热为 55～95kJ/mol，反应活化能低（20～34kJ/mol），增长速率快，往往难以控制。

（3）链转移　链转移反应是指链自由基活性中心进攻聚合体系中含有弱键的分子，并夺取其中一个原子后活性链端自由基被终止，而在弱键处形成一个新自由基的过程。体系中的单体、溶剂、引发剂或聚合物链均可能参与链转移反应，新生成的自由基可能继续引发单体聚合，也可能无法继续引发。

$$\mathrm{M}_n\cdot + \mathrm{XA} \xrightarrow{k_e} \mathrm{M}_n\mathrm{X} + \mathrm{A}\cdot \tag{2-4}$$

链转移反应对自由基聚合动力学和分子量都有重要的影响。链转移会降低聚合物的平均相对分子质量，对聚合速率的影响取决于新生成自由基的活性。如果新生自由基活性不变，则聚合速率不变；若新生自由基活性减弱，则会出现缓聚甚至阻聚现象。通过加入链转移常数较大的小分子，如脂肪族硫醇等作为分子量调节剂，转移后的链自由基可有效引发单体的聚合并形成新的分子链，可在总聚合速率保持不变的情况下有效降低聚合物的分子量。

视频
2.2.1自由基聚合

（4）链终止　自由基活性高，容易相互作用而终止。链终止通常为双基终止，包括偶合终止和歧化终止。偶合终止是两个自由基的独电子相互结合成共价键的终止方式，歧化终止是某自由基夺取另一自由基的氢原子或其他原子，通过歧化反应使自由基失去活性。

$$\mathrm{M}_n\cdot + \mathrm{M}_m\cdot \xrightarrow{k_{ic}} \mathrm{M}_{n+m} \tag{2-5}$$

$$\mathrm{M}_n\cdot + \mathrm{M}_m\cdot \xrightarrow{k_{id}} \mathrm{M}_n + \mathrm{M}_m \tag{2-6}$$

单体种类和聚合温度等对链终止方式均有影响。偶合反应的活化能低，因此低温聚合有利于偶合终止，随着聚合温度升高，歧化终止增多。

转化率对聚合速率影响较大，烯类单体的本体聚合的转化率-时间曲线通常呈 S 形，可分为诱导期、聚合初期、中期和后期阶段（图 2-1）。

（1）诱导期　为了防止单体在储存期间发生自聚，体系中往往含有微量的阻聚剂，引发剂分解产生的初级自由基会被阻聚剂或其他杂质猝灭而无法引发单体聚合，聚合速率为零。

（2）等速阶段　聚合初期阶段阻聚剂或杂质已消耗完全，初级自由基与单体加成形成单体自由基并引发聚合。引发剂浓度、单体浓度和温度等对该阶段的聚合速率均有显著影响。聚合初期单体的转化率较低，通常为 5%～10%，此时黏度较低，体系中自由基数目大致不

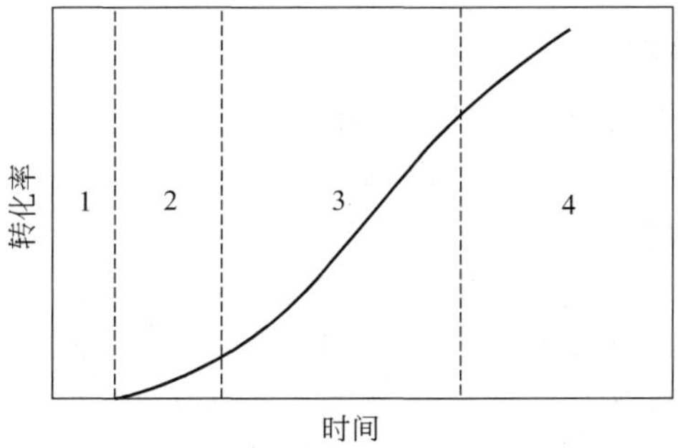

图 2-1　转化率-时间曲线

1—诱导期；2—初期；3—中期；4—后期

变，处于稳态阶段。

(3) 加速阶段　进入聚合中期，反应体系黏度加大，导致链自由基不易扩散而使链终止难以发生，聚合速率上升，平均聚合度增大，转化率在 10%～20%以后会发生自动加速现象，有时会延续到 50%～70%转化率。需要特别注意，此时反应放热严重，容易引起爆聚。

(4) 减速阶段　进入聚合后期，单体的浓度逐渐减小，聚合速率逐渐减慢。当转化率达到 90%～95%时，通常采用升温的方法来加速聚合反应，促使未反应的单体完全转化。

由单一单体进行的聚合反应称作均聚，所形成的聚合物称为均聚物。由两种或两种以上单体共同参与的聚合反应称作共聚，所形成的聚合物含有两种或两种以上单体单元，这类聚合物称作共聚物。根据单体的种类数目可将共聚物分为二元、三元或多元共聚物，根据聚合物分子结构的不同可分为无规共聚、嵌段共聚、交替共聚和接枝共聚。

将带有功能性的单体通过均聚或共聚，即可获得相应的功能聚合物。如将带有季铵盐、有机锡、吡啶、胍盐、吡咯、季鏻盐、卤代胺等抗菌活性基团的单体通过均聚或共聚可制备价格低廉的高活性聚合物抗菌剂。研究者合成了乙烯基-4,6-二氨基-1,3,5-三嗪单体的均聚物 PVDAT (图 2-2)[1]，抗菌测试表明该类聚合物抗菌剂可有效杀灭革兰阳性和阴性菌，有效抑菌期超过 3 个月，重复使用次数达 50 余次。

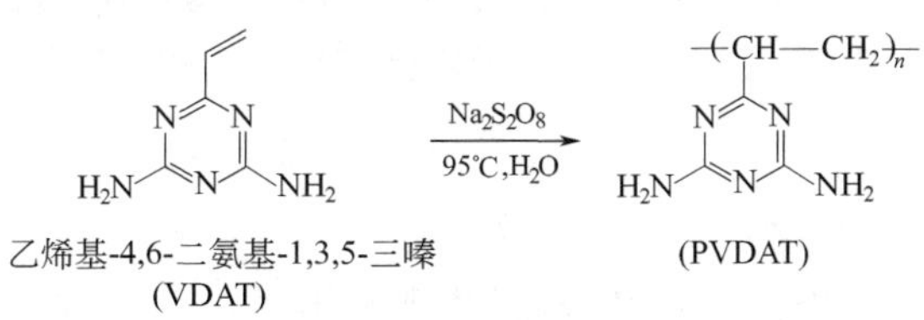

图 2-2　三嗪单体通过均聚制备聚合物抗菌剂

通过将 VDAT 与苯乙烯单体共聚，可得到含亲水/疏水结构的聚合物抗菌剂，其抗菌性能强于 VDAT 均聚物（图 2-3），原因是这种两亲性结构可有效贴附在细菌表层，使细胞膜组成受到扰乱，胞内物质发生泄漏从而导致细菌死亡。因此，苯乙烯的引入虽然使共聚物中抗菌活性基团的数量减少，但共聚物的抗菌活性反而有所提高。

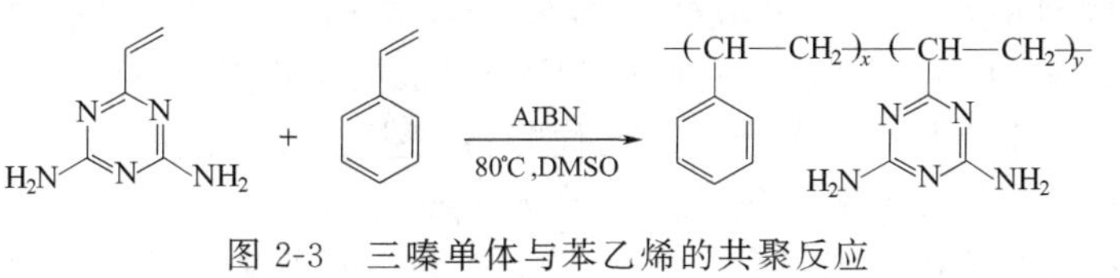

图 2-3　三嗪单体与苯乙烯的共聚反应

2.2.2 可控活性自由基聚合

思维导图
2.2.2可控活性自由基聚合

传统的自由基聚合具有单体适用范围广、聚合条件温和、能适用于各种聚合方法以及工业化成本低等优点，但也存在引发速率慢、链增长速率和链终止速率快等问题，导致聚合物的分子量分布宽，难以对高聚物分子结构和官能团的数量及分布进行精确控制，影响其功能性。早在 1986 年，Ikeda 等就发现抗菌聚合物的抗菌活性强烈依赖于其分子量，并且存在一个最佳分子量范围[2]。因此，制备结构和分子量可控的功能性聚合物具有重要意义。

1956 年，美国科学家 Szwarc 首次提出活性聚合的概念，他发现在无水无氧及无杂质的条件下，以四氢呋喃为溶剂，萘钠为引发剂，可在低温下实现苯乙烯的阴离子聚合[3]。该体系中不存在链终止和链转移反应，聚合物的末端活性中心在低温真空条件下可稳定存放数月，如果再加入苯乙烯或丁二烯，聚合反应仍能进行，可相应得到高分子量的聚苯乙烯均聚物或丁二烯-苯乙烯-丁二烯三嵌段共聚物。可控活性聚合的链引发快，而链增长相对缓慢且可逆，这种平衡可有效确保聚合产物结构和分子量的均一性。

由于可控活性聚合产物的相对分子质量和单体转化率之间有严格的线性关系，因此，通过配方和工艺设计可有效控制聚合物的相对分子质量及其分布，以满足高性能和多功能的要求。半个世纪以来，一系列活性聚合方法已被开发，包括活性阴/阳离子聚合、活性开环聚合、络合阴离子聚合等，但这些活性聚合反应条件苛刻，工艺复杂，工业化成本高，且适用的单体数量少，限制了其在功能聚合物材料领域的应用。

相比而言，自由基聚合方法具有反应条件温和、适用单体种类多、可用水作介质等优点，因此，可控活性自由基聚合（control/living free radical polymerization，CRP）成为高分子材料领域的研究热点。发展较成熟的 CRP 方法主要有引发转移终止（initiator-transfer agent-terminator，iniferter）聚合，氮氧稳定自由基聚合（stable free radical polymerization，SFRP），原子转移自由基聚合（atom transfer radical polymerization，ATRP），可逆加成-断裂链转移聚合（reversible addition fragmentation chain transfer polymerization，RAFT），单电子转移“活性”/可控自由基聚合（single-electron transfer living radical polymerization，SET-LRP）。由于 RAFT 和 ATRP 已广泛用于功能聚合物的制备，因此，下文将着重对这两种聚合进行论述。

2.2.2.1 可逆加成断裂链转移（RAFT）

1998 年，Rizzardo 等在第 37 届国际高分子大会上提出了一种可逆加成-断裂链转移自由基聚合方法[4]，即在传统自由基聚合中加入一种具有高链转移常数的双硫酯化合物作为链转移试剂（即 RAFT 试剂），使增长自由基与链转移试剂之间形成一个可逆的动态平衡，从而实现可控活性自由基聚合。RAFT 试剂主要包含二硫代酯类、二硫代氨基甲酸酯类、黄原酸酯类和三硫代碳酸酯类（图 2-4）。

拓展阅读 2-1
可逆加成-断裂链转移（RAFT）：活性自由基聚合的“调控大师”

RAFT 机理如图 2-5 所示，BPO、AIBN 等传统引发剂受热分解生成初级自由基 I·，初级自由基与单体反应生成增长自由基 Pn·，增长自由基与 RAFT 试剂的硫羰基（C═S）发生可逆加成反应形成的自由基 R·可引发单体聚合，形成的增长链自由基与大分子二硫代酯再发生加成反应，形成的自由基中间体进一步分解形成新的增长自由基与大分子二硫代酯。最终，通过建立自由基中间体的生成和分解平衡，得到链长基本相同的聚合物，实现可控活性聚合。由 RAFT 聚合机理可知，制备的聚合物链末端含二硫代羰基，

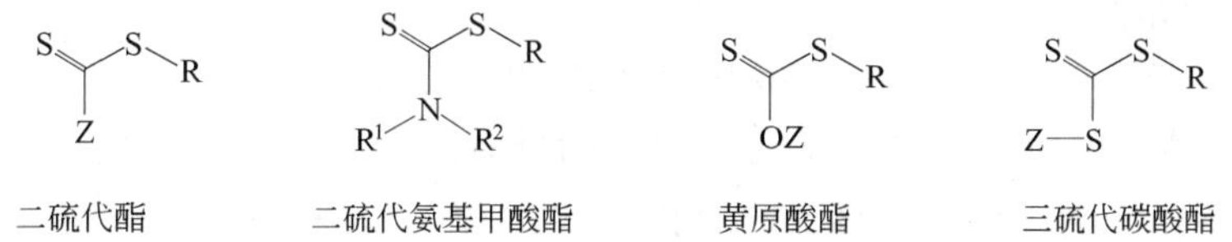

图 2-4　RAFT 试剂结构

加入第二单体可再次引发聚合，因此通过分子设计可制备嵌段、星形、接枝和其他特殊结构的聚合物。聚合物的机械强度、弹性、塑性、玻璃化温度、表面性能等可通过聚合物中第二单体的加入而改变，也可以通过引入功能性单体进行共聚得到结构可控的功能性聚合物。

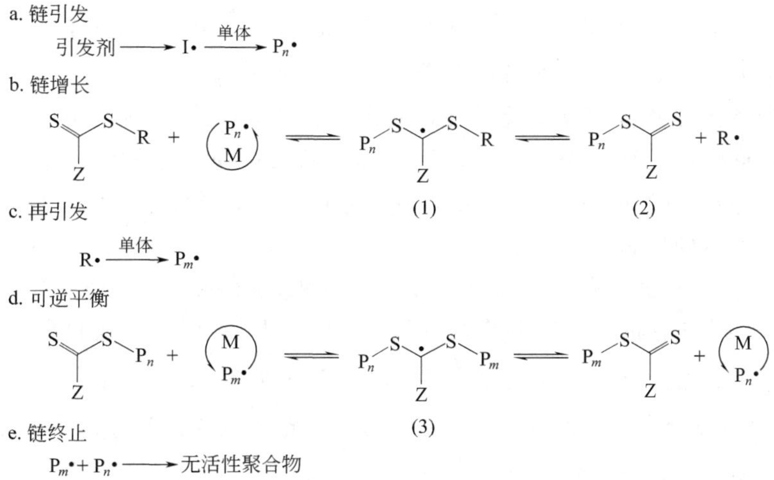

图 2-5　RAFT 机理示意图

原则上适用于一般自由基聚合的单体，如苯乙烯类、（甲基）丙烯酸酯等都可用于 RAFT 聚合。此外，RAFT 聚合对乙烯基苯磺酸钠、丙烯酸、丙烯酰胺等水溶性单体也能够实现有效的控制。

增长自由基与 RAFT 试剂的链转移反应是实现可控活性自由基聚合的关键。链转移反应效率可用 RAFT 试剂的链转移常数表征，其大小受分子结构中的 Z 基团和 R 基团影响。Z 基团（如芳基、烷基等）可活化 C═S 键，使其易于与自由基反应，并影响聚合中产生的中间体自由基稳定性。Z 基团结构对自由基加成反应速率的影响如图 2-6 所示[5]。

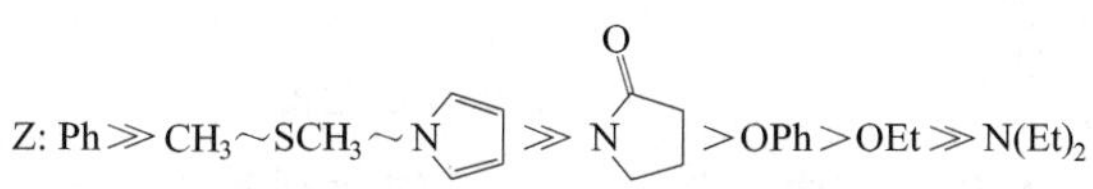

图 2-6　Z 基团结构对自由基加成反应速率的影响

R 是容易形成活泼自由基且易离去基团，如异丙苯基、异丁腈基等，R 基的离去能力大小如图 2-7 所示[5]。

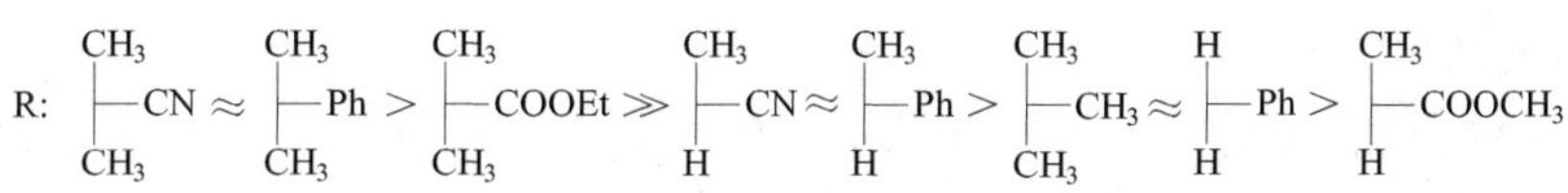

图 2-7　R 基团结构对离去能力的影响

RAFT 聚合具有以下优点：①聚合温度较低；②可以调控聚合均相体系和非均相体系的多种单体；③操作方法简单；④能够制备梳形、嵌段、星形及超支化等结构复杂的聚合物。但也存在以下缺点：

① 商品化 RAFT 试剂种类少，有刺激性气味及一定毒性；

② 聚合物末端残留的二硫代酯基团使聚合物带有颜色，影响聚合物性能；

③ RAFT 聚合可控性和分子量大小难以统一，获取高分子量聚合物需要减少 RAFT 试剂的用量，但同时会导致反应可控性减弱。

2.2.2.2 原子转移自由基聚合

拓展阅读 2-2
从实验室到工业界：原子转移自由基聚合（ATRP）的进阶之路

原子转移自由基聚合（ATRP）体系是我国学者王锦山于 1995 年在美国卡内基-梅隆大学 Krzysztof Matyjaszewski 教授实验室从事博士后研究期间提出的[6]，日本京都大学泽本光南（Mitsuo Sawamoto）教授等也在同期独立发表了称为金属催化的活性自由基聚合[7]，其本质就是原子转移自由基聚合。原子转移自由基聚合主要是在催化剂作用下，大分子活性中心与卤素原子反应形成增长活性中心（活性种）和与卤素可逆终止的大分子链自由基（休眠种）之间的平衡来控制聚合的。它可以抑制链终止反应，控制聚合速度以保证同时增长，最终达到控制分子量及分布。

ATRP 是建立碳-碳键的有效方法，其反应机理如图 2-8 所示，通过氧化还原反应，过渡金属化合物 M_t^n 可从有机卤化物上获取卤原子生成自由基 R·和氧化物种 $M_t^{n+1}X$。自由基 R·和烯烃单体 M 发生反应，生成的链自由基 R—M·夺取 $M_t^{n+1}X$ 上的原子生成目标产物 R—M—X，同时过渡金属被还原为 M_t^n，再引发新一轮的反应。M_t^n/M_t^{n+1} 催化的氧化还原过程能使反应体系保持在一个很低的自由基浓度，极大地减少了自由基之间的终止反应。

而当卤化物是聚合物时（R—M_n—X），也可与过渡金属化合物 M_t^n 发生原子转移反应，生成新的增长链自由基 R—M_n·。增长链自由基 R—M_n·可继续进行链增长，直至达到预期分子量，而卤化物则不能和单体发生增长反应。

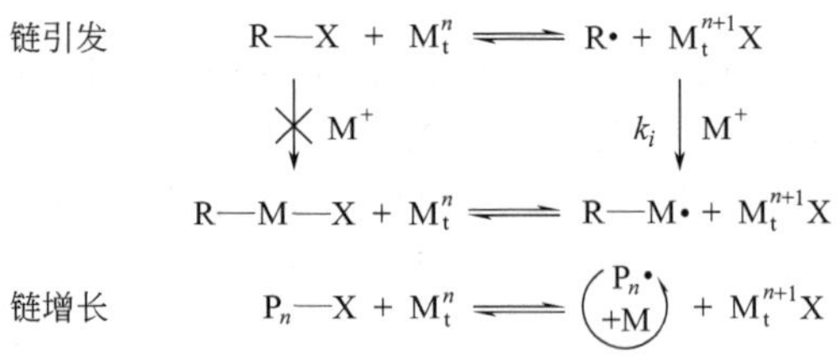

图 2-8 ATRP 机理示意图

原子转移自由基聚合体系通常由单体、溶剂、催化剂和引发剂组成。

单体：ATRP 适用的单体主要有苯乙烯及其衍生物、（甲基）丙烯酸酯类。另外，丙烯腈、4-乙烯基吡啶、乙酰氧基苯乙烯、（甲基）丙烯酸羟乙酯、丙烯酰胺类单体也能进行 ATRP[8]。

溶剂：常用的溶剂如甲苯、二甲苯、氯仿、*N*,*N*-二甲基甲酰胺、二甲基亚砜、水等都可以使用。有些体系直接用单体做本体聚合。

催化剂：催化剂是 ATRP 中的重要组分，既决定了反应速率，又在一定程度上影响产品分子量的分布。用于 ATPR 的催化剂是金属的还原态卤化物，配体多为联吡啶及三齿胺类等，其中最常见的配体为 Bpy、PMDETA 等，这些配体及其活化速率常数如图 2-9 所示。

引发剂：聚合要做到活性可控，就要求引发有较快的引发速率，使所有大分子链几乎在同一时间开始增长来保证分子量窄分布。一般使用有机卤代物做引发剂，最常用的是卤代

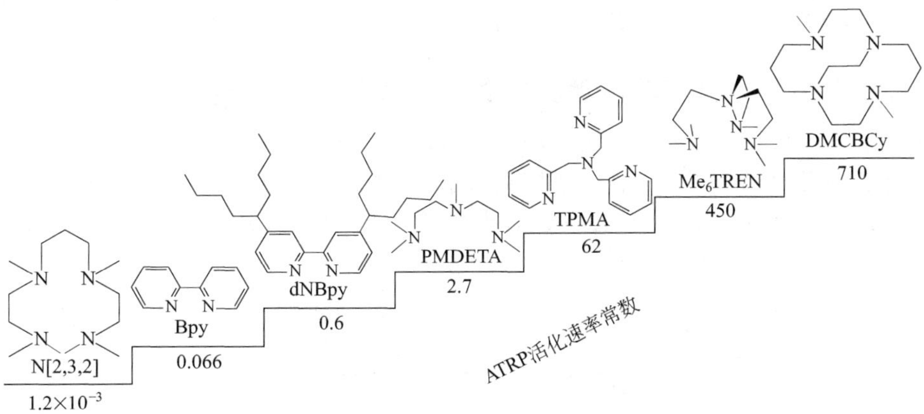

图 2-9　不同配体结构对活化速率常数的影响[9]

烷。引发剂结构对活化反应速率常数的影响如图 2-10 所示。

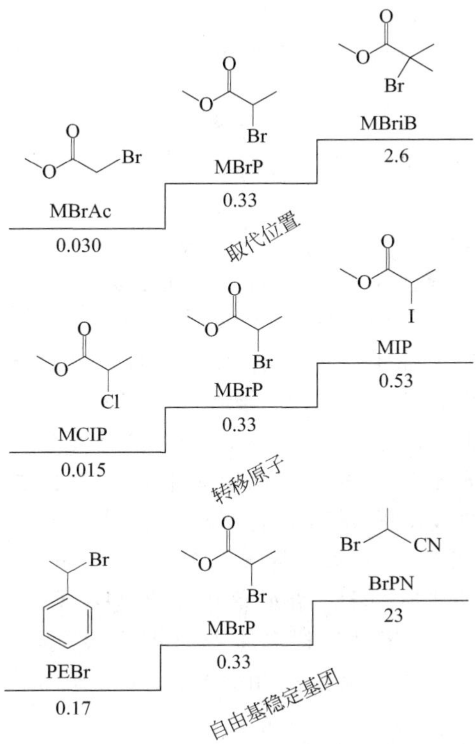

图 2-10　引发剂结构对活化反应速率常数的影响[5]

ATRP 的优点是适用单体种类较多，可以合成梯度聚合物；相对于 RAFT 来说，产物分子量一般会更窄，分子设计性强。ATRP 对功能性官能团的容忍性较强，且可以通过对引发剂的设计方便地合成结构明确、分子量分布窄的各种拓扑结构的聚合物和功能材料。迄今为止合成了很多种类的聚合物，如嵌段聚合物、接枝共聚物、星形、梳形、刷形、超支化和树枝状等结构的聚合物。但 ATRP 也有以下不足，制约了其在大规模工业化的应用：

① 重金属残留不仅加速聚合物的老化，而且限制了其在特定领域的应用（如医用材料、电子元件等）。目前已有研究使用有机催化剂来替代金属催化剂从源头上解决这一问题[10]。

② 为了避免链终止的发生，整个聚合过程中活性自由基的浓度必须始终保持在一个较低的范围，但这样可能会导致聚合反应的速率过慢，反应时间也会相应延长。

③ 传统 ATPR 反应条件较苛刻，需在无氧密封条件下反应，催化剂处于还原态，易被氧化。

2.2.3 可控自由基聚合在功能涂料制备中的应用

通过可控自由基聚合可有效制备功能性嵌段共聚物。例如通过 ATRP，以聚己内酯为原料，可制备一类聚己内酯-聚阳离子酯两亲嵌段共聚物（图 2-11），该共聚物接触角在 70℃左右，具有疏水性，有利于成膜，对大肠埃希菌和金黄色葡萄球菌具有较好的抗菌效果[11]。

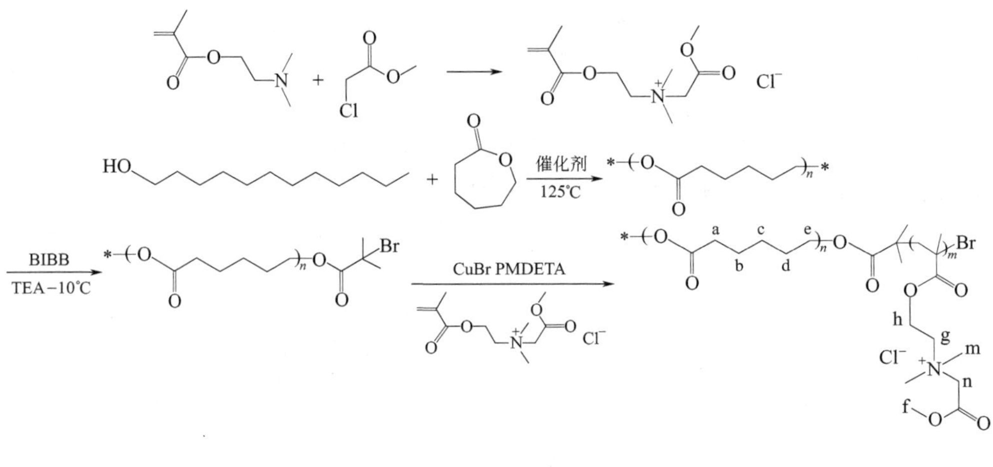

图 2-11 通过 ATRP 共聚制备两亲嵌段共聚物路线示意图

TEA—三乙胺；BIBB—溴代异丁酰溴

在海洋防污涂料中，常将疏水组分（有代表性的是含氟化合物）的非极性、低表面能性质和亲水组分（乙二醇的低聚物或聚合物）良好的抑制蛋白质的性质结合在一起。具有非极性和低表面能性质的疏水组分可减弱极性和氢键与污损生物分泌的生物黏附剂之间的相互作用。化学组成不均匀的，表面上具有两亲性的纳米区域，可降低对于海洋蛋白质和糖蛋白生物黏附剂吸附的熵和焓的驱动力。基于此，研究者选择将具有疏水性低表面能的含氟化合物 C_6SMA［甲基丙烯酸（*N*-甲基全氟己烷磺酰胺基）乙酯］和已被证实具有良好抑制蛋白质吸附性能的亲水单体 PEGMA（聚乙二醇单甲醚-甲基丙烯酸酯），利用 RAFT 共聚制备了两亲性嵌段共聚物（图 2-12）。这种两亲性含氟嵌段共聚物膜具有很好的抑制蛋白质吸附的性能，微相分离结构和表面重组是共聚物产生优异防污性能的主要原因[12]。

通过可控活性自由基聚合可对共聚链段的组成和结构进行有效控制，增强功能涂料的性能。有研究者对比了无规共聚物和嵌段共聚物对去污涂料性能的影响。以 MMA 为第一单体制备了聚甲基丙烯酸甲酯大分子 RAFT 试剂（PMMA-RAFT），加入第二单体 MAA 制备了聚甲基丙烯酸甲酯-*b*-聚甲基丙烯酸（PMMA-*b*-PMAA）二嵌段聚合物（图 2-13）。以 PMMA-*b*-PMAA 二嵌段聚合物和 MMA/MAA 无规共聚物为基料树脂，以及以无水乙醇为溶剂制备了嵌段共聚物和无规共聚物两种去污涂料。研究结果表明，两种聚合物中单体排列顺序不同导致成膜时产生的内应力集中不同，二嵌段共聚物膜产生的内应力比较集中，形成的涂层表面出现很多孔洞，涂层脆化效果好，去污能力增强[13]。

通过可控活性自由基聚合，不仅可以有效增加功能涂料中活性中心的数量和分布，还能赋予涂料优异的力学性能。例如，研究者受贻贝黏附原理的启发，通过 RAFT 聚合将改性

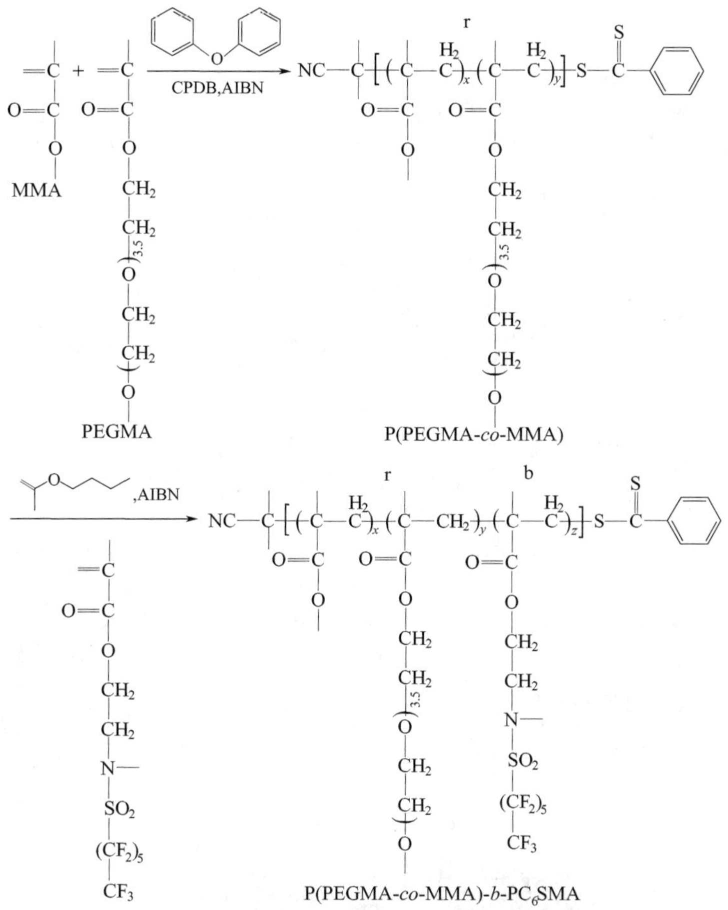

图 2-12　通过 RAFT 共聚制备两亲性嵌段共聚物路线示意图

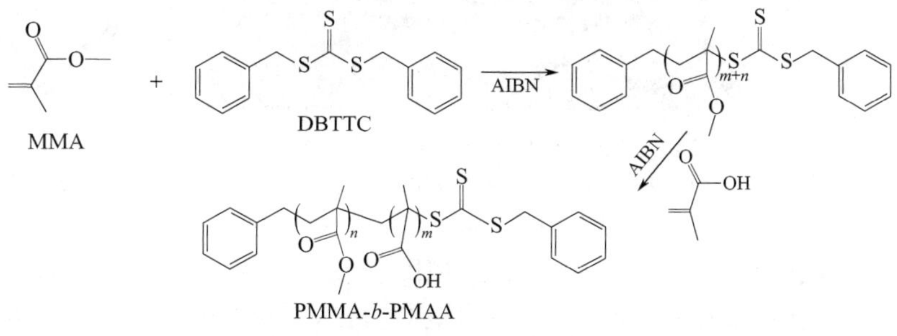

图 2-13　通过 RAFT 制备嵌段共聚物

多巴胺与具有抗菌性能的丙烯酸异冰片酯进行共聚（图 2-14），制备的生物基聚合物涂料在二氧化硅、氧化铝、硅和不锈钢等基材上均表现出极佳的黏附性和良好的广谱抗菌能力，对大肠杆菌和金黄色葡萄球菌的抑制率分别为 92.7% 和 81.3%。该涂层可涂在棉织物和纱布上，开发具有耐洗牢度和优异生物相容性的增强型抗菌纺织品。

思维导图
2.2.4 基于逐步聚合制备

2.2.4　基于逐步聚合制备

逐步聚合是由具有两个或两个以上反应性官能团的低分子化合物（即单体）相互作用生成大分子的过程。单体仅有两个反应性官能团时得到线型聚合物，而含有两个以上反应性官能团时得到的是非线型或网状聚合物。逐步

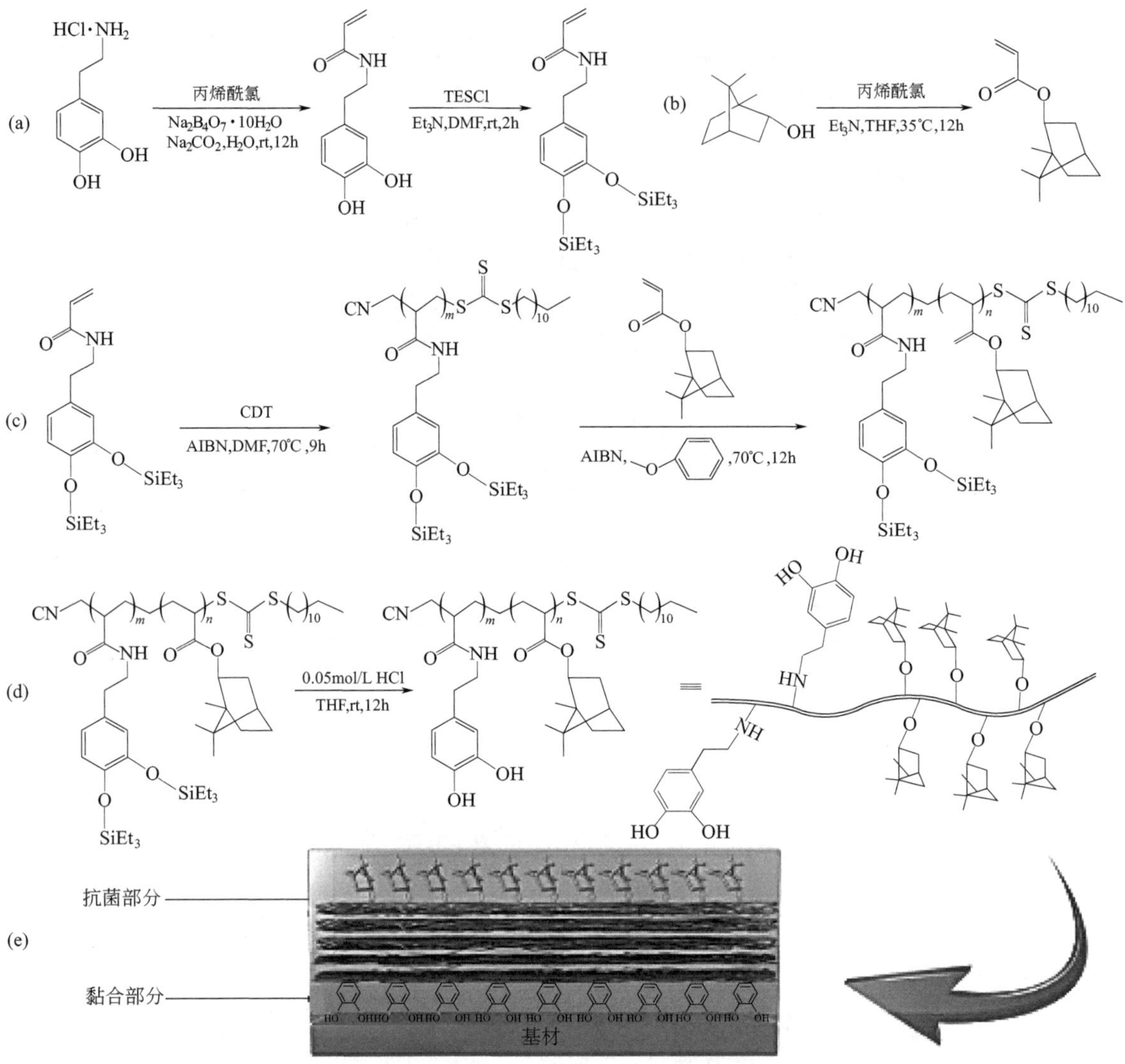

图 2-14 改性多巴胺与丙烯酸异冰片酯 RAFT 共聚

TESCl—三乙基氯硅烷；DMF—*N*,*N*-二甲基甲酰胺；THF—四氢呋喃；AIBN—偶氮二异丁腈；CDT—*N*,*N*′-羰基二(1,2,4-三氮唑)

聚合是一个逐步增长的过程，一般是先生成二聚体，然后由二聚体生成四聚体，或由二聚体和单体生成三聚体，再进一步生成五聚体、六聚体和七聚体，并依次不断地形成更高聚合度的聚合体。逐步聚合与链式聚合的比较如表 2-1 所示。

表 2-1 逐步聚合与链式聚合的比较

链式聚合	逐步聚合
需活性中心:自由基、阳离子或阴离子,有链引发、增长、转移、终止等基元反应	官能团间反应,无特定的活性中心,无链引发、增长、终止等基元反应
单体一经引发,便迅速连锁增长,各步反应速率和活化能差别很大	反应逐步进行,每一步反应速率和活化能大致相同
体系中只有单体和聚合物,无分子量递增的中间产物	体系含单体和一系列分子量递增的中间产物
转化率随着反应时间而增加,分子量变化不大	分子量随着反应的进行缓慢增加,而转化率在短期内很高

许多重要的涂料树脂(如环氧树脂、酚醛树脂、氨基树脂、聚氨酯、有机硅树脂)及许多新型的耐高温树脂(如聚酰亚胺、聚苯并咪唑等)都是通过逐步聚合反应合成的。逐步聚合常用单体如表 2-2 所示，单体常带有—COOH、—OH、—COOR、—COCl、—NH_2 等官能团。

表 2-2　逐步聚合常用单体

单体种类	基团	二元	多元
醇	—OH	乙二醇 $HO(CH_2)_2OH$ 丁二醇 $HO(CH_2)_4OH$	丙三醇 $C_3H_5(OH)_3$ 季戊四醇 $C(CH_2OH)_4$
酚	—OH	双酚 A 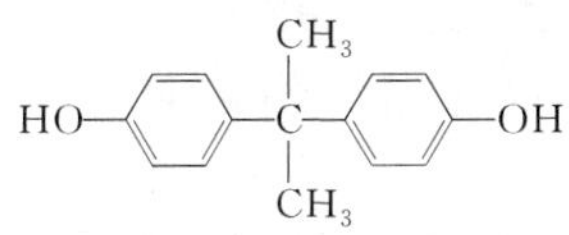	
酸	—COOH	己二酸 $HOOC(CH_2)_4COOH$ 癸二酸 $HOOC(CH_2)_7COOH$ 对苯二甲酸 	均苯四甲酸 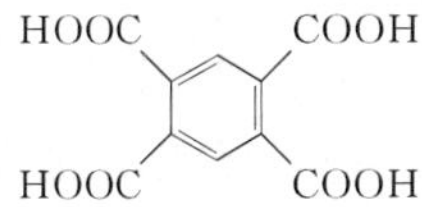
酐	$(CO)_2O$	邻苯二甲酸酐 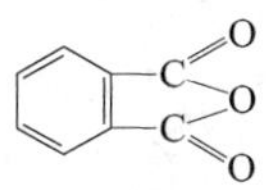 马来酸酐 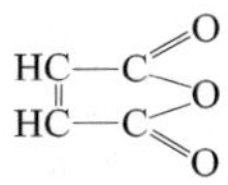	均苯四甲酸酐 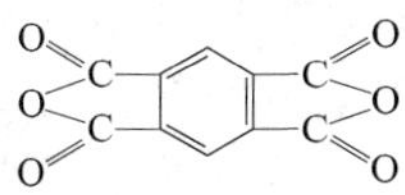
酯	—$COOCH_3$	对苯二甲酸二甲酯 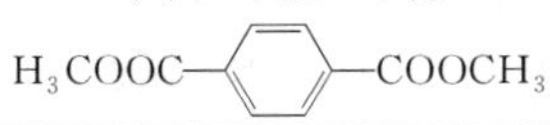	
酰氯	—COCl	光气 $COCl_2$ 己二酰氯 $ClOC(CH_2)_4COCl$	
胺	—NH_2	己二胺 $NH_2(CH_2)_6NH_2$ 癸二胺 $NH_2(CH_2)_9NH_2$ 间苯二胺 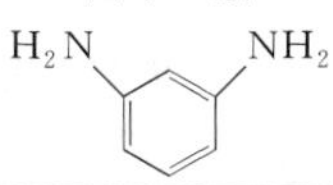	均苯四胺 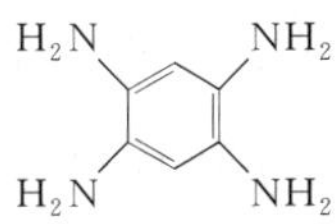 尿素 $CO(NH_2)_2$
异氰酸	—N═C═O	苯二异氰酸酯 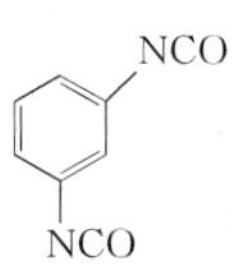 甲苯二异氰酸酯 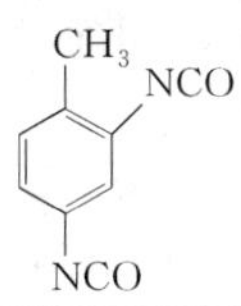	

聚合物的平均聚合度 $\overline{X}_n$ 和反应程度 p 有密切关系，平均聚合度是指聚合物大分子链上所含结构单元数目的平均值，而反应程度则是指已经反应的官能团的数目。当两种反应性官能团为等当量时，平均聚合度 $\overline{X}_n$ 和反应程度 p 分别用以下公式表示：

$$\overline{X}_n=\frac{\text{结构单元数目}}{\text{大分子数}}=\frac{N_0}{N} \tag{2-7}$$

$$p=\frac{N_0-N}{N_0}=1-\frac{N}{N_0} \tag{2-8}$$

式中，N_0 和 N 分别为反应前后的单体分子数。$1-n$ 官能度体系只能得到低分子化合物，属缩合反应；2-2 官能度体系通过逐步聚合可得到线型聚合物，该体系中两种单体都有两个相同的官能团，例如二元酸和二元醇、二元酸和二元胺等，或一种单体是同时具有两种可相互反应的基团，如氨基酸、羟基酸等。线型缩聚物只有在相对分子质量较高时才能保证较好的物理性质，例如，要达到 $\overline{X}_n$ 为 100～200，p 需在 99%～99.5%。以下因素会影响逐步聚合的 $\overline{X}_n$：

① 两种不同单体的配比。当两种单体的配比严格控制在 1∶1 时，$\overline{X}_n$ 可为无穷大，但实际生产中单体在高温下的升华及蒸发等都会改变预定配比。

② 副反应和杂质。缩聚反应进行的同时常伴有环化、脱羧、氧化等副反应，改变了预定的单体配比，并生成无活性的低分子质量物质。此外，单体中的杂质或反应中引入的杂质亦可改变配比，有些杂质为单官能团的化合物，如一元酸或一元醇的存在，可终止链增长反应。

③ 大部分缩聚反应是平衡反应，要使反应向产物方向移动，使聚合物分子质量增大，需要排除缩聚反应中生成的低分子化合物。

当单体中含有两个以上官能团时，如 2-3、2-4 官能度体系，大分子可向三个方向生长，得到的是网状的或体形聚合物。这种类型的聚合物耐热性高、尺寸稳定性好、力学性能强，但也存在不能溶解和熔融、难以加工等问题。在涂料生产中经常采用的方法是在二官能团单体中加入一些多官能团的单体，如二元醇中混入一些三元醇，这样生成的聚合物中可以含有反应性官能团的侧链，这些活性侧链如果进一步反应，就可将线型聚合物连接在一起形成高相对分子质量的聚合物或网状聚合物。因此，当单体中含有多官能团单体时，我们只需制备低相对分子质量的聚合物，称为低聚物或齐聚物，待使用时再使它们进一步反应成具有优良性质的高相对分子质量或交联的网状聚合物。如何制备含有三个官能团以上单体的缩聚物是一个重要的问题，因为这种缩聚反应如果控制不当，进行到一定程度时，反应系统的黏度会突然增加，并形成弹性凝胶，这种现象称为凝胶化，出现凝胶时的反应程度（P_c）称凝胶点。涂料中所用的醇酸树脂、聚酯和聚氨酯的制备中都涉及三官能团的单体，因此控制凝胶点，防止出现凝胶具有重要意义。

凝胶点的预测方法较多，较为简便的 Carothers 法常用于涂料生产过程中凝胶点的预测。当反应体系开始出现凝胶时，认为聚合度趋于无穷大，然后根据 p-$\overline{X}_n$ 关系式，求出当 $\overline{X}_n \to \infty$ 时的反应程度，即凝胶点。

$$P_c = \frac{2}{\overline{f}} \tag{2-9}$$

式中，$\overline{f}$ 是有效的平均官能度数，对于两官能团等当量的情况可通过以下公式计算：

$$\overline{f} = \frac{\sum f_i N_i}{\sum N_i} = \frac{f_a N_a + f_b N_b + \cdots}{N_a + N_b + \cdots} \tag{2-10}$$

式中，f_i、N_i 分别为第 i 种单体的官能度和分子数。对于两单体官能团不等当量，平均官能度为用非过量组分的官能团数的二倍除以体系中的分子总数。通过计算来预测凝胶点，只可能是一个参考数，实际情况更为复杂，需要通过实验验证。

将功能性单体通过逐步反应可获得功能性聚合物。例如以六亚甲基二异氰酸酯 HDI 三聚体为起始物，通过与聚碳酸酯二元醇（PCDL）反应可制备低聚物多元醇（Tri-PCDL），通过二异氰酸酯基团与功能性羟基化合物的逐步聚合将酰脲嘧啶酮（Upy）和光敏双键引入树脂结构中，可制备一系列具有不同 Upy、光敏双键含量的自修复光固化树脂（图 2-15），在加热到 100℃时可实现多次修复[14]。

2.2.5 巯基-点击聚合

点击化学（click chemistry）是美国科学家 Sharpless 在 2001 年首次提出的一种新的

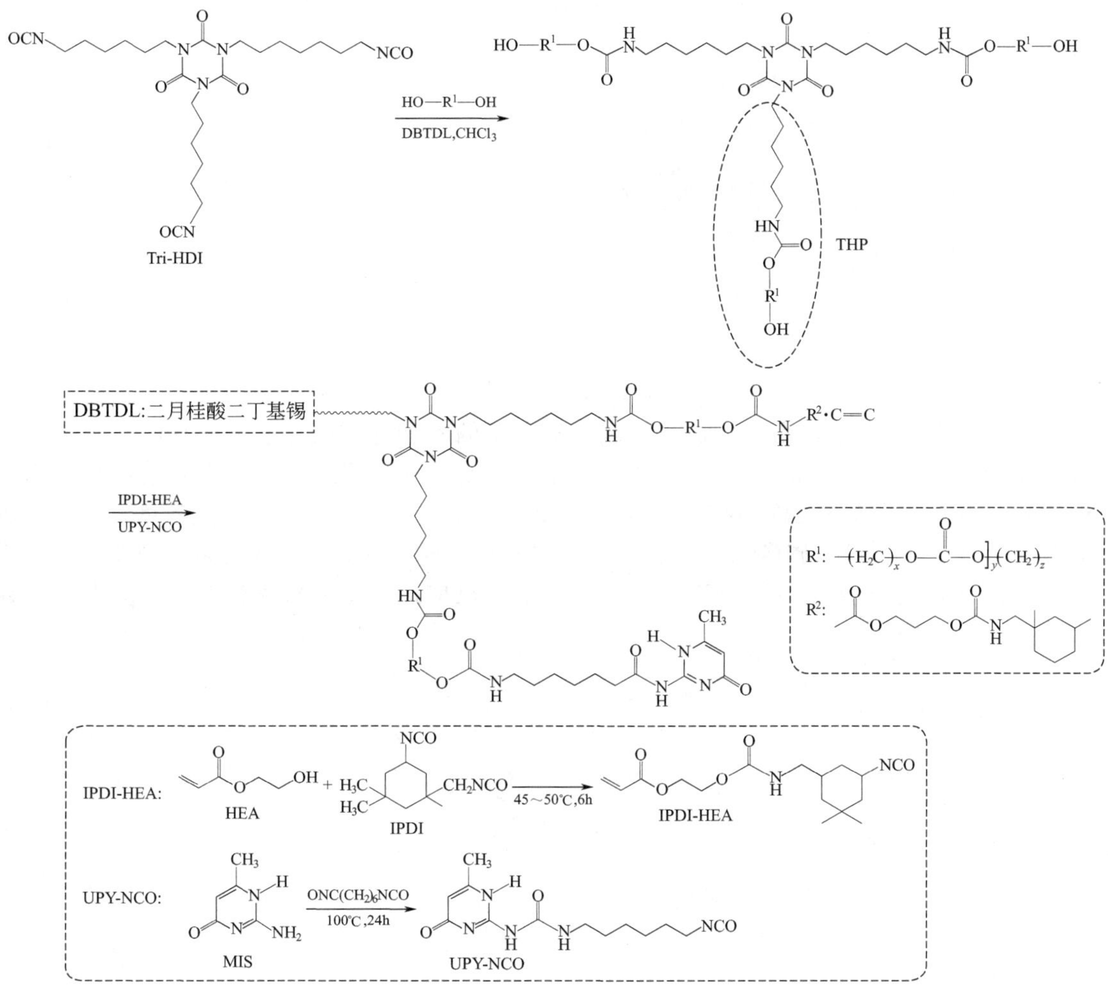

图 2-15　自修复光固化树脂制备示意图[14]

有机合成概念。点击化学具有原料易得，反应速率快、反应条件简单温和、产率高、产物分离和纯化方法简单等一系列优点，已成为制备功能性聚合物的有力手段[15]。

硫醇［包含巯基官能团（—SH）的一类非芳香化合物］-烯点击化学（thiol-ene click chemistry)，又称巯基-烯点击化学（thiol-ene coupling)，是目前使用范围最广，研究最为深入的点击化学反应之一[16]。传统的巯基-烯点击化学主要是指硫醇-烯的自由基加成，其机理如图 2-16 所示，第一步为引发反应，引发剂在光或热刺激下发生分解生成的自由基夺取巯基上的氢，产生巯基自由基。第二步和第三步分别为链增长反应和链转移反应。链增长反应是巯基自由基随后以反马尔科夫尼科夫规则进攻不饱和碳碳双键，活性中心转移，产生烷基自由基，链转移反应是第二步产生的烷基自由基夺取巯基化合物中的巯基上的氢原子，产生巯基自由基，活性中心被转移，如此这样循环产生自由基，保证链增长的不断进行。硫醇-烯点击聚合遵循自由基逐步聚合机理，体系凝胶点延迟，应力可得到充分释放，聚合材料收缩率低，交联网络均一，形成的聚合物材料具有优异的微观结构和力学性能[17,18]。

思维导图
2.2.5 巯基-点击聚合

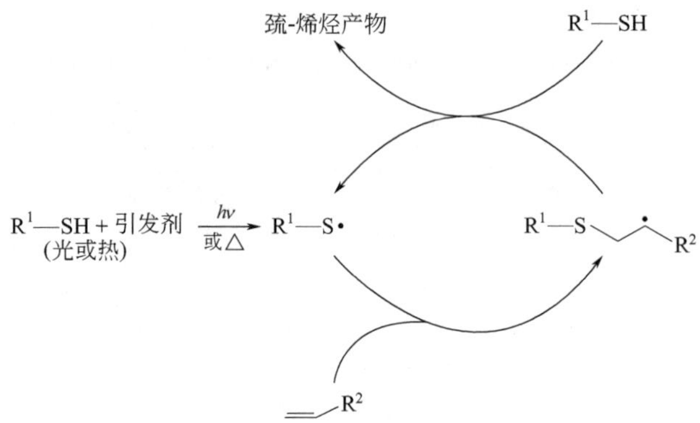

图 2-16　硫醇-烯点击聚合机理示意图

除了传统的硫醇-烯自由基加成，巯基和缺电子的乙烯基在碱或亲核试剂的作用下也可以发生加成反应，称为硫醇-烯迈克尔加成。图 2-17 是碱催化硫醇-烯迈克尔反应的机理示意图，以碱性相对较弱的三乙胺为催化剂与硫醇反应，生成具有强亲核性的硫醇负离子与共轭酸，硫醇负离子随后进攻碳碳双键，产生的强碱性碳负离子从共轭酸或者硫醇中获得质子得到硫醇-烯产物。亲核试剂参与的硫醇-烯迈克尔加成反应速率要比碱催化快，反应大约在数秒或者数分钟内完成。

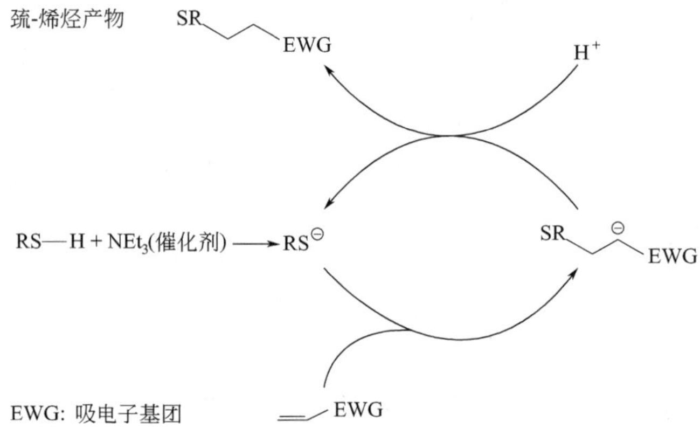

图 2-17　碱催化硫醇-烯迈克尔加成反应机理示意图

硫醇-炔点击化学的自由基加成机理和硫醇-烯点击化学的自由基加成类似（图 2-18），在炔存在的条件下，通过热或者光引发含巯基分子脱氢从而获得含硫的自由基，含硫自由基和碳碳三键通过加成形成硫烷乙烯基自由基，硫烷乙烯基自由基与另一含巯基的分子发生链转移反应得到烯类单加成物和另一含硫自由基，含硫自由基可以继续和碳碳三键加成，一定条件下的烯类单加成物可以和含硫自由基继续加成得到双硫烷基-双取代烷基自由基，随后从巯基中得到氢，但这是个可逆的过程，可以通过调节反应条件来控制反应的方向。在已经存在化学平衡的条件下，硫烷乙烯基自由基中间体与新加入硫醇反应的速率是炔基与新加入硫醇反应速率的 3 倍。由于炔基是双官能团，易于形成交联网状结构聚合物，因此和硫醇-烯点击化学合成的交联网状结构聚合物相比，硫醇-炔点击产物的交联密度、玻璃化温度以及弹性模量等都得到提高。

2.2.6　巯基-点击聚合在功能涂料制备中的应用

巯基-烯/炔点击反应为科技工作者提供了一条从商品化或易制备单体出发，进而得到线

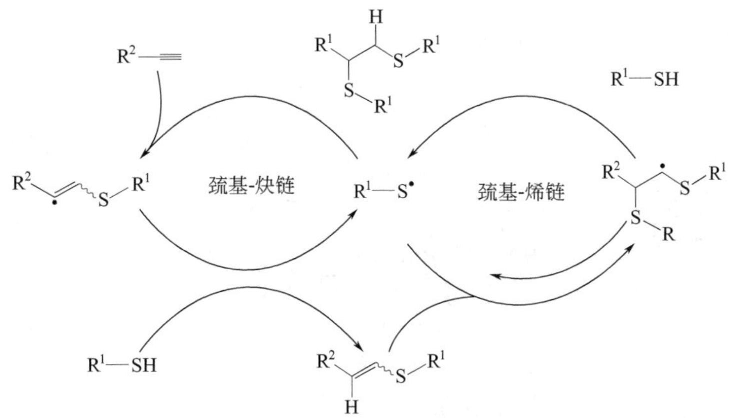

图 2-18　硫醇-炔点击聚合机理示意图

型、交联聚合物、星形聚合物、超支化等功能性聚合物的有效途径。例如，通过巯基-烯点击反应可制备含季铵盐的大分子抗菌剂（图 2-19），其独特的树枝状大分子结构有效增加了抗菌基团的数量，抗菌性能得到提升[19]。

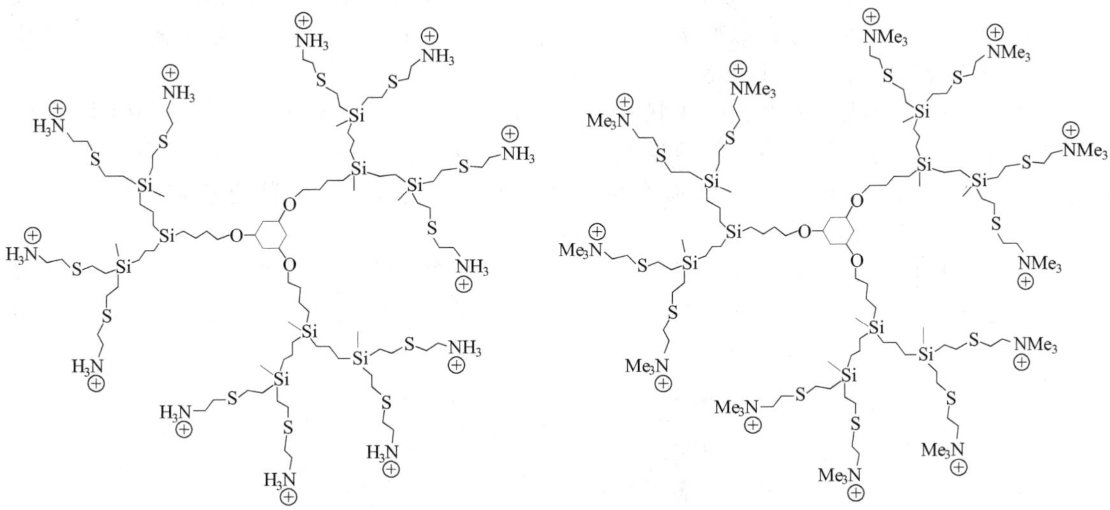

图 2-19　通过巯基-烯点击反应制备的树枝状大分子抗菌剂结构[19]

2.3　复合型功能涂料的制备

2.3.1　物理共混法制备复合型功能涂料

将功能性组分通过物理共混掺入基料是一种简便且经济实用的制备复合型功能涂料的方法。利用纳米材料与聚合物基体的相互作用产生新的效应，实现两者之间优势的互补，开发性能优异的新型材料，已经成为当前研究的重要方向之一。但纳米颗粒粒径小、比表面积大、表面能高、极易团聚形成二次颗粒，大大影响纳米颗粒优势的发挥（图 2-20）。因此，制备性能优异的纳米产品关键在于如何把纳米粉体稳定地分散到纳米级。为了更加充分地利用纳米材料的优良特性，就需要找到合适的分散和改性方法，使已经团聚的粒子重新分散。

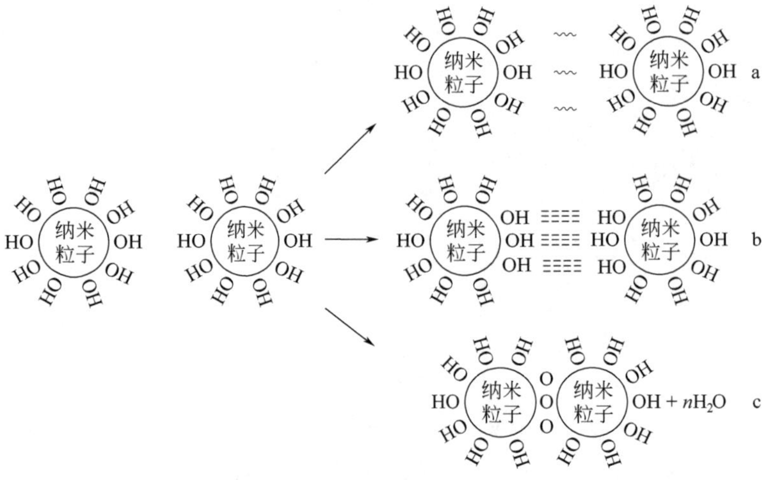

图 2-20 纳米粒子的团聚机理示意图

纳米颗粒的团聚可分为两种：软团聚和硬团聚。软团聚主要是由颗粒间的静电力和范德华力所致，由于作用力较弱，软团聚可以通过一些化学方法或施加机械能的方式来消除；硬团聚形成的原因除了静电力和范德华力之外，还存在化学键作用，因此硬团聚体不易破坏，需要采取一些特殊的方法进行控制。

阻止纳米粒子形成高密度、硬块状沉淀的方法之一就是减小粒子间的范德华引力或基团间的相互作用，使初级粒子不易团聚生成二次粒子，从而避免进一步发生原子间的键合而导致生成高密度、硬块状沉淀。纳米粒子的抗团聚作用机理分为：①静电稳定作用（DLVO理论)；②空间位阻稳定作用；③静电位阻稳定作用。

静电稳定作用机制，又称双电层稳定作用机制，即通过调节 pH 值使颗粒表面产生一定量的表面电荷形成双电层，通过双电层之间的排斥力使粒子之间的吸引力大大降低，从而实现纳米微粒的分散（图 2-21）。

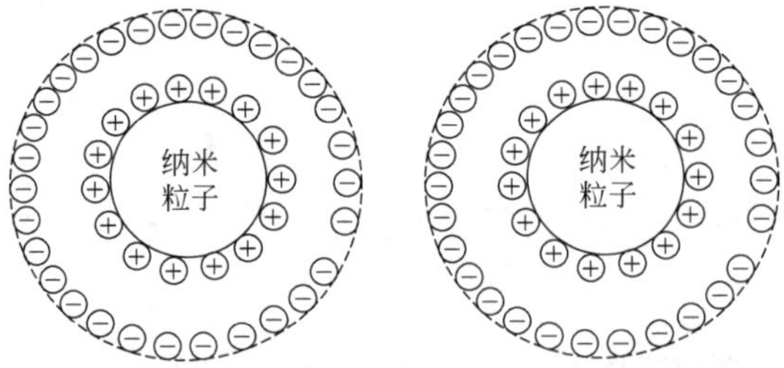

图 2-21 静电稳定作用机制示意图

空间位阻稳定作用机制，即在悬浮液中加入一定量不带电的高分子化合物，使其吸附在纳米颗粒周围，形成微胞状态，使颗粒之间产生排斥，从而达到分散的目的（图 2-22）。

静电位阻稳定作用机制，是前两者的结合，即在悬浮液中加入一定量的聚电解质，使粒子表面吸附聚电解质，同时调节 pH 值，使聚电解质的离解度最大，使粒子表面的聚电解质达到饱和吸附，两者的共同作用使纳米颗粒均匀分散（图 2-23）。

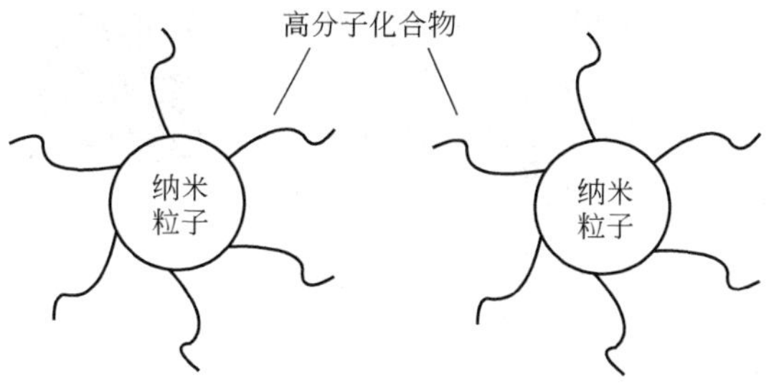

图 2-22　空间位阻稳定作用机制示意图

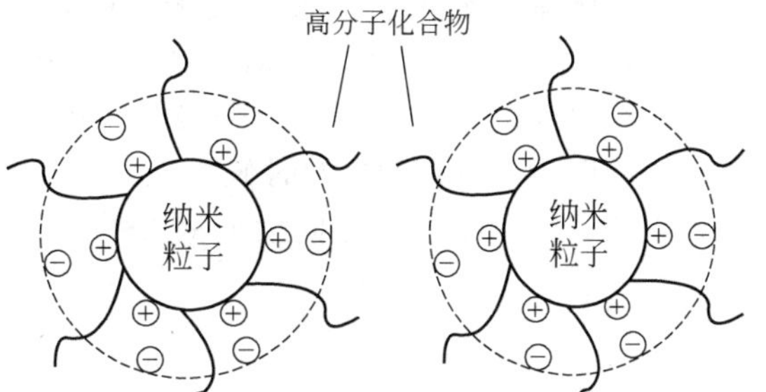

图 2-23　静电位阻稳定作用示意图

如将碳纳米管（CNTs）作为填料直接通过物理共混的方式与聚合物进行复合，将 CNTs 与聚氨酯直接机械混合后进行静电喷涂制备导电耐蚀涂层，物理共混方式获得的复合涂料电导率不高，只能达到抗静电涂层的范畴。这是因为，虽然 CNTs 具有十分优异的性能，但是由于较强的范德华作用力使 CNTs 管与管之间紧紧地束缚成束，造成 CNTs 几乎不溶于任何溶剂和有机物，所以未改性 CNTs 在树脂中的分散性不佳。因此，各国科学家对其改性做了大量的研究工作，尤其集中在对 CNTs 进行共价改性来提高其分散性。通过化学基团与碳纳米管上的共轭结构发生共价键作用，称为共价改性。最常用的共价学改性是采用强酸对 CNTs 进行氧化处理使其表面带上羧基、羟基等可反应基团，随后通过酰胺化、酯化等反应，获得有机修饰的 CNTs。用此法改性多壁碳纳米管（MWCNTs、MWNTs），再用高速剪切搅拌分散工艺制备了 MWNTs/苯丙乳液导电涂料，MWNTs 的含量为 2.5%（质量分数）时，涂层的表面电阻最小可达 $1.42\times10^{7}\,\Omega$[20]。还有通过加成反应、接枝反应等方法均可进行共价改性，但是由于其会破坏碳纳米管表面的共轭结构，会对其导电性能产生一定影响。

拓展阅读 2-3

Ⅰ. 解锁未来涂料新可能：MXene 改性功能涂料的研究进展

Ⅱ. 自由基聚合 20 年：从传统到活性控制的华丽蜕变

2.3.2　原位反应法制备复合型功能涂料

用原位（in-situ）聚合的方式可有效解决功能性组分与基体树脂的相容性问题。溶胶凝胶法是原位生成功能性组分的重要方法，其基本原理是将金属烷基化合物、金属醇化物、金属盐等前体在一定条件下可控地水解缩合，然后将溶剂挥发或者热处理之后得到紧密交联的金属氧化凝胶的一种方法。溶胶凝胶法可以单独使用，也可以与树脂体系进行配合使用。如使用溶胶凝胶法制备具有光催化型的超亲水自清洁涂层，以四氯化钛在酸催化下制备得到溶胶，然后 300℃下反应 24h，得到锐钛矿型二氧化钛纳米粒子。在纳米粒子的生长阶段，加入适量的二氧化硅溶胶，在玻璃板上涂膜。成膜之后，将涂膜在沸水中加热处理 20min，以除去酸和将膜彻底固化，这样可以得到具有催化功能的超亲水涂层。这样的涂层的水的接触角可以低至 0°，并且在光照条件下，可以降解积聚的污染物，实现自清洁的效果。另外，可以将二氧化钛纳米颗粒的前驱体直接与树脂体系混合，涂膜然后在空气或者水中发生溶胶到凝胶的变化，二氧化钛纳米粒子可以在涂层里原位生成。这样形成的二氧化钛纳米粒子在涂层中会有非常均匀的分布。处于涂膜表面的二氧化钛纳米粒子在太阳光下具有光催化活性，除了可以使涂料表面超亲水和分解表面污染物之外，还可以使涂料产生微粉化，从而维持涂料表面的清洁。

原位聚合亦可应用于制备导电涂料，如在棕榈油基的醇酸树脂中，加入商品化的聚苯胺及丙烯酸酯活性稀释剂，在紫外光辐照下固化，最终获得涂层阈值高达 20%（质量分数），因为其中只有树脂基团的原位交联，树脂与导电聚合物无反应，只能作为防腐涂层使用。而利用苯胺单体、氧化剂过硫酸铵和不同种类的酸加入聚乙烯醇（PVA）的水溶液中，60℃下聚合6h，然后再与环氧树脂混合，苯胺单体在树脂中发生原位聚合获得导电涂料。研究苯胺聚合过程中加入酸的种类与含量，发现当加入盐酸的浓度为0.5mol/L的时候，电导率可高达1500S/m。可见，这种化学作用的原位聚合制备单一方向生成的纤维状导电微区，大大提高涂料的电导率。

作业题

参考文献

[1] Chen Z，Sun Y. Antimicrobial Polymers Containing Melamine Derivatives. Ⅱ. Biocidal Polymers Derived From 2-vinyl-4,6-diamino-1，3，5-triazine [J]. Journal of Polymer Science Part A：Polymer Chemistry，2005，43（18）：4089-4098.

[2] Ikeda T，Yamaguchi H，Tazuke S. New Polymeric Biocides：Synthesis and Antibacterial Activities of Polycations with Pendant Biguanide Groups [J]. Antimicrobial Agents and Chemotherapy，1984，26（2）：139-144.

[3] Szwarc M，Levy M，Milkovich R. Polymerization Initiated by Electron Transfer to Monomer. A New Method of Formation of Block Polymers [J]. Journal of the American Chemical Society，1956，78（11）：2656-2657.

[4] Chiefari J，Chong Y K，Ercole F，et al. Living Free-Radical Polymerization by Reversible Addition-Fragmentation Chain Transfer：The RAFT Process [J]. Macromolecules，1998，31（16）：5559-5562.

[5] Braunecker W A，Matyjaszewski K. Controlled/living Radical Polymerization：Features，Developments，and Perspectives [J]. Progress in Polymer Science，2007，32（1）：93-146.

[6] Wang J，Matyjaszewski K. Controlled/“Living” Radical Polymerization. Atom Transfer Radical Polymerization in the Presence of Transition-metal Complexes [J]. Journal of the American Chemical Society，1995，117（20）：5614-5615.

[7] Kato M，Kamigaito M，Sawamoto M，et al. Polymerization of Methyl Methacrylate with the Carbon Tetrachloride/dichlorotris-（triphenylphosphine）Ruthenium（Ⅱ）/methylaluminum Bis（2，6-di-tert-butylphenoxide）Initiating System：Possibility of Living Radical Polymerization [J]. Macromolecules，1995，28（5）：1721-1723.

[8] Matyjaszewski K，Xia J. Atom Transfer Radical Polymerization [J]. Chemical Review，2001，101（9）：2921-2990.

[9] Tang W，Matyjaszewski K. Effect of Ligand Structure on Activation Rate Constants in Atrp [J]. Macromolecules，2006，39（15）：4953-4959.

[10] Treat N J，Sprafke H，Kramer J W，et al. Metal-free Atom Transfer Radical Polymerization [J]. Journal of the American Chemical Society，2014，136（45）：16096-16101.

[11] 胡少东，王川，蔡孟锬等. 聚己内酯-聚铵盐抗菌材料的制备 [J]. 高分子学报，2014（6）：782-788.

[12] 张广法. 两亲性含氟嵌段共聚物的制备及其表面与防污性能研究 [D]. 浙江大学，2013.

[13] 刘人龙. 溶剂型自脆性放射性去污涂料的制备及其性能研究 [D]. 西南科技大学，2016.

[14] 杨小熠，刘敬成，袁妍等. 自修复型光固化树脂的制备及其应用研究 [J]. 涂料工业，2016，46（6）：1-5.

[15] Kolb H C，Finn M G，Sharpless K B. Click Chemistry：Diverse Chemical Function From A Few Good Reactions [J]. Angewandte Chemie International Edition，2001，40（11）：2004-2021.

[16] Hoyle C E，Lee T Y，Roper T. Thiol-enes：Chemistry of the Past with Promise for the Future [J]. Journal of Polymer Science Part a Polymer Chemistry，2010，42（21）：5301-5338.

[17] Fairbanks B D，Scott T F，Kloxin C J，et al. Thiol-yne Photopolymerizations：Novel Mechanism，Kinetics，and Step-Growth Formation of Highly Cross-Linked Networks [J]. Macromolecules，2009，42（1）：211-217.

[18] Senyurt A F，Wei H，Hoyle C E，et al. Ternary Thiol-ene/acrylate Photopolymers：Effect of Acrylate Structure on Mechanical Properties [J]. Macromolecules，2007，40（14）：4901-4909.

[19] Fuentes P E，Hernández J M，Sánchez M，et al. Carbosilane Cationic Dendrimers Synthesized By Thiol-ene Click Chemistry and Their Use as Antibacterial Agents [J]. RSC Advances，2014，4（3）：1256-1265.

[20] 鲍宜娟，刘宝春，顾辉平. 碳纳米管/苯丙乳液导电内墙涂料的制备 [J]. 涂料工业，2011，41（7）：54-57.

第3章 自清洁涂料

在大海中航行的舰船，随着船体底部附着物的不断增加，其能耗会随之增加，并且航行速度也会随之减慢；建筑物外墙涂料，经历风吹日晒和空气中污染物的附着，墙面装饰性和涂料使用寿命均会大幅降低；已经大规模应用的太阳能发电装置，其发电面板的长期清洁性直接关系到发电效率的稳定性；随处可见的窗户玻璃极易附着灰尘或其他污染物，这影响了建筑物美观及人们的居住健康。由此可见，具有自清洁功能的涂料在日常生活和工业经济中有着广阔的应用前景[1~3]。

3.1 自清洁涂料基础

3.1.1 自然界中的自清洁现象

教学课件
3.1自清洁涂料基础

鲨鱼等大型海洋生物经年累月在海洋中生活，身体表面却不会吸附微生物、海洋植物和寄居类动物；蝴蝶、飞蛾等昆虫，无论晴雨，总能在一定时间内保持翅膀的干爽和洁净；“出淤泥而不染”的莲科植物一般生长于有淤泥的池塘之中，在莲叶伸出水面之后，其枝叶却能始终保持清洁。自然界中存在的大量自清洁和耐污损现象是自然进化的结果，为自清洁涂料的开发提供了灵感源泉和重要启示，科研人员通过不断研究阐明了这些现象背后的自清洁机理。

荷叶具有自清洁功能是人类最早注意到的自清洁现象。虽然古人很早就意识到荷叶的这种性质，但是真正把荷叶纳入科学研究并阐明其超疏水机制，却是20世纪六七十年代。1964年，美国科学家Dettre和Johnson首次从科学角度研究了类似荷叶的超疏水现象，他们通过涂覆石蜡或聚四氟乙烯的粗糙玻璃珠实验，提出了表面粗糙度与疏水性能的关联模型。这一研究为后续探索荷叶效应奠定了理论基础，但尚未直接聚焦于荷叶本身。1977年，德国植物学家Barthlott首次利用扫描电子显微镜（SEM）观察荷叶表面，发现其布满微米级乳突（直径约6μm，间距约12μm），表面覆盖蜡质晶体。他提出这种结构是荷叶“自清洁”和“不沾湿”特性的根源。这一发现标志着荷叶正式进入科学研究领域，但当时仅聚焦于微米结构的作用。1997年，Barthlott与Neinhuis合作发表深入研究，明确提出荷叶的超疏水性是微米乳突结构与疏水性蜡状物质共同作用的结果。他们通过实验验证了蜡质的存在降低表面能，而乳突增加粗糙度，两者协同使水接触角＞150°。这一成果系统解释了荷叶“出淤泥而不染”的机制，为仿生超疏水材料提供了理论基础。2002年，中国科学家江雷团队进一步发现荷叶表面的微米乳突上还存在纳米级绒毛结构（直径约100nm），形成“微米-纳米双重粗糙结构”。这种分级结构显著增强了对水滴的排斥能力，使接触角提升至160°以上，滚动角极小，完美解释了水滴高效滚落并带走灰尘的现象。该研究彻底完善了荷叶超疏水的微观机理，推动仿生材料进入“二元结构”设计时代。

从荷叶表面的扫描电子显微镜图片可以看出，在其表面上有密集排布的大小不一的小突起。这些小突起的大小在微米级，小突起之间的间距一般在数微米到数十微米。更为重要的是，在小突起的表面有更为微小，大小在数十纳米到数百纳米的微突。这样多层级的粗糙结构，是荷叶表面具有自清洁功能的重要原因。实验表明，水滴在荷叶表面的接触角大于160°，滚动角则小于2°，这一方面可以阻止液体类污染物在其表面的吸附，另一方面表面在灰尘等固体污染物附着之后，可以在雨水的冲刷下快速去除。荷叶的这种作用被广大研究者称为“荷叶效应”（图3-1）。随后的研究还发现，水稻、甘蓝等多种植物的叶子也具有类似结构和功能，水滴在其叶面具有高接触角和低滚动角，有助于维持叶面清洁。目前生产商已经基于荷叶效应生产出应用于不同领域的自清洁或者耐污涂料。

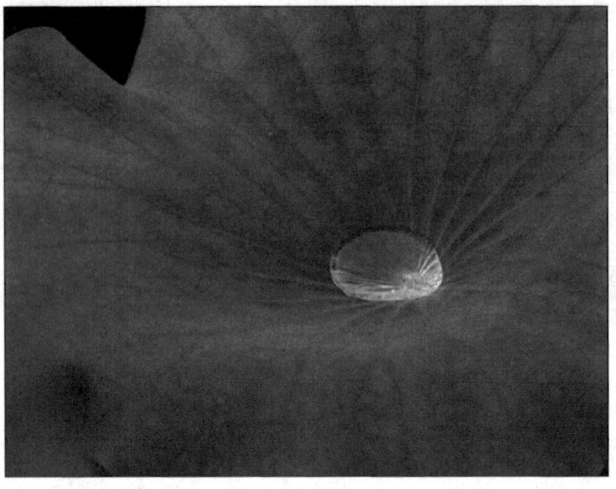

(a) 荷叶与水滴

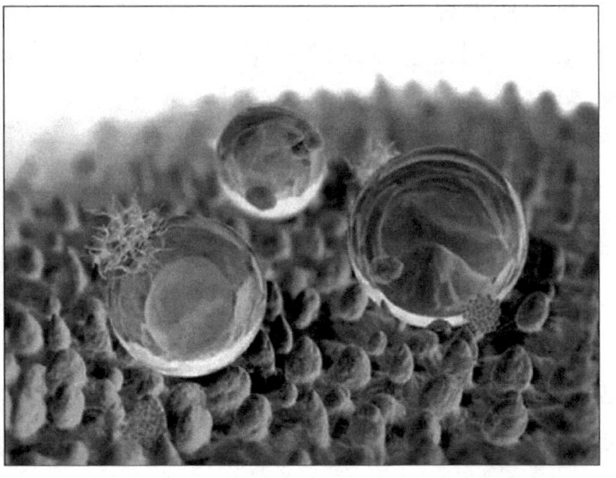

(b) 荷叶的微观结构(水滴说明灰尘滚落机理)

图3-1 荷叶效应

除了荷叶这种具有多级微观结构对液体具有超低吸附之外，还有一些其他类型结构特殊的植物叶子或者花瓣具有自清洁效果（图3-2）。扫描电子显微镜照片显示西瓜叶子表面包裹了一层致密的纤维状物质，纤维与纤维之间形成的空隙使水珠在其叶子表面的接触角可以高达164°，虽然这些空隙只有一级结构，仍然可以实现超疏水和自清洁效果。水珠在玫瑰花的花瓣上也具有近160°的接触角，但即使将花瓣倒置，水珠也不会滴落，这是因为在玫瑰花瓣的表面同样分布有大量的小突起，同时这些小突起表面分布了一些微小褶皱。在液体浸润时，这些褶皱可以增加粗糙度，但其间隙又易被液体浸润，从而实现具有黏附性的超疏性能，以保持整个花瓣的清洁。目前，相关的研究者已经分析了数百个植物的叶子、花、茎的表面，以研究它们的微观结构和功能之间的关系。虽然这些微观结构不尽相同，但可以确定的是这些微观结构是它们具有自清洁功能的关键因素。

除了植物之外，一些昆虫的壳和脚、蝴蝶翅膀、鲨鱼皮肤等也具有超疏和自清洁性质。与植物叶子表面类似的是，这些超疏和自清洁性能也离不开复杂的微观结构。水黾（water strider）是一种常见的水生半翅目类昆虫，体态非常轻盈，能够在静止或缓慢的水面上栖息和滑行。研究者们通过电子显微镜发现水黾腿部定向排列着微米级大小的刚毛，这些刚毛能够排开水的体积是其腿部体积的300倍，从而可以支撑其在水面上，并且使其在水面自由滑行。蝴蝶、飞蛾和蝉等在飞行过程中，常常会遇到下雨和污染物，翅膀一旦被水浸润和污染物附着，就会有生命危险，因此这类昆虫也在其翅膀上进化出了多级微观结构，以抵御自然界风雨的侵害。目前，国内外已经有众多的课题组对蝴蝶翅膀的结构进行了详细研究。研究

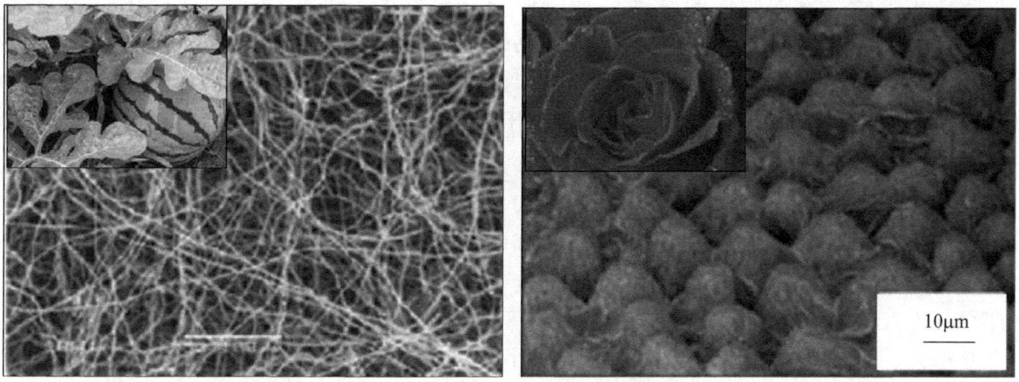

(a)　　(b)

图 3-2　西瓜叶子（a）与玫瑰花瓣（b）的微观结构

发现，蝴蝶翅膀具有超疏水性，水滴在其表面上的接触角超过 150°。在微观结构上，蝴蝶翅膀的表面由大量尺寸为数十微米的方形鳞片沿一定方向排列构成（图 3-3），在高倍电子显微镜下还发现，该鳞片还具有一定的褶皱结构。方形鳞片所形成的粗糙结构赋予了蝴蝶翅膀自清洁性能，在污染物和水滴附着之后能够快速清除，并且这种清洁具有一定的方向性，水滴会向翅膀的外侧滚落，而朝内部滚动的时候则表现出黏附性，这样可以保证水滴和污染物的快速脱除。同样的，在海洋中生活的鲨鱼，其表皮也是由多级结构构成的。在微观层面上，各个微米级的鳞片以一定的规律排列，这一方面可以降低阻力，另一方面也阻止了污染物的富集。与其他生物不同，鲨鱼表皮不是超疏水的，却仍然能够通过微观结构的排列实现自清洁的性能。

(a)　　(b)

图 3-3　蝴蝶（a）与其翅膀的微观结构图（b）

自然界中生物的自清洁功能是它们在长期的进化中逐渐形成的，具有一定的合理性，探究其中的机理，对于人类开发出具有实用价值的自清洁涂层具有非常重要的意义。近年以来，仿生学的研究者们已经研究了众多生物的表面结构和其功能之间的关系，在此不一一列举。

3.1.2　生活中的自清洁涂料

目前自清洁涂层已经应用在生活各个方面，比如厨房用具、织物、外墙涂料、工业生产等。在实际的应用中，做到完全的自清洁还有一定的难度，目前的产品主要集中在易清洁和耐污方面[4-9]。

不粘锅几乎已经成为厨房的标配。在一般烹饪条件下，不粘锅上的涂层可以阻止烹饪物的黏附，这大大减小了烹饪的清洁难度。不粘锅上的涂层一般为聚四氟乙烯［含有少量的加工助剂，商品名为特氟龙（Telfon）］，是一种具有优异的力学性能、化学稳定性、耐酸碱腐蚀性和高温稳定性的材料，由法国的特福厨具公司（Tefal）在 20 世纪 60 年代率先将其应用于锅具的生产。

自清洁涂料在纺织品领域也取得了广泛的应用。人们日常穿着的衣物，在保证原有材料的舒适度的条件下，如果能够做到疏水疏油和耐泼溅，那么将会非常有吸引力。目前已经有众多的公司开发出了具有防水、防油、防泼溅功能的纺织材料，比较出名的是哥伦比亚公司开发的 Omnitech 面料，具有疏水、透气和防污的性质，已经在其旗下众多产品里面得到了应用。近年来，由于在超疏水和超亲水仿生和机理方面的进步，一些具有超疏和自清洁功能的涂料层出不穷，应用于纺织品方面的特殊涂料也在陆续推出。如美国 NeverWet 公司推出的系列产品，已经可以在耐湿、耐污和自清洁方面取得了不俗的效果。

自清洁涂料另一主要应用领域是在建筑外墙和工业领域。在建筑领域，国内外都已有企业基于“荷叶效应”机理开发出自清洁外墙涂料，阿克苏诺贝尔公司在荷兰五年的户外测试结果表明，自清洁外墙涂料的色泽和干净程度远远高于传统涂料，这证明了自清洁涂层具有较高的实用价值，北京奥运会场馆亦采用了自清洁涂料进行涂覆。工业领域对于自清洁涂料的需求也是巨大的，船舶船体的涂覆是自清洁涂料需求的重要领域，随着国际海事组织对环保要求的提高（比如禁止含有锡类杀菌剂），急需开发自清洁耐污涂层，以降低海洋生物对船体的吸附（请见本书第 5 章详述）。而应用于太阳能发电站的自清洁涂料就可通过保持面板的洁净度来提升其发电效率的稳定性，当然还需要这类涂料本身对太阳光的低吸收率、耐高低温交变和干燥高温的性能。

自清洁涂料虽已在各个领域取得了一些应用，但是该项技术目前还谈不上完善，这主要是由于自清洁涂料的应用领域十分广泛，需要针对不同领域的需求开发特定产品，这加剧了自清洁涂料的开发难度。目前有关自清洁涂料机理的研究在学术界已经进行了几十年的探索，在国内也涌现出了众多具有国际水准的科学家和课题组。随着研究成果转化率和技术产业化水平的不断提高，自清洁涂料的应用将不断得到拓展。

3.1.3 浸润的基本理论

拓展阅读 3-1
托马斯·杨介绍

液体对固体表面的浸润性是研究开发自清洁涂料的重要理论基础。最早系统研究浸润现象的是英国科学家托马斯·杨（Thomas Young）。他系统地研究了液体在固体表面的浸润，并且提出了著名的杨氏方程来定量表征液体在固体界面的浸润程度，到现在仍被广泛应用。杨氏方程描述的是在热力学稳态的条件下液体在固-气界面的浸润情况。通过改变固体表面的化学性质，可以调控液滴在固体表面的浸润性。最常见的一个例子是普通玻璃一般为亲水型，水滴可以在充分清洁的玻璃表面完全铺展；在经过疏水型的硅氧烷修饰之后，水滴在其表面上只能形成点缀于玻璃板的离散液滴，且接触角一般大于 90°。一般而言，杨氏方程描述的是理想状态下的浸润状况，现实中固体表面的浸润性主要由表面的化学成分和微观结构决定[2,10]。

当液滴与固体表面接触时，可以有两个极端情况。一种极端情况是液体对固体表面有极好的浸润性，液体可以在固体表面形成一层均匀的薄膜，如水在亲水玻璃表面所形成的薄膜；另外一种极端情况就是液体完全不能浸润固体表面，液体在固体表面形成完美球形的液滴或者直接滚落，液滴对固体表面毫无黏附力。对于一般的固体表面，液体对其浸润处于这两种极端情况之间。当液体液滴置于固体表面时，液滴会在固体表面以一定的形状（大多为球冠的形状）附着于固体表面。如图 3-4 所示，以气、液、固三项的接触点（三相点）为起点，沿着液/气界面和固/液界面作切线，以液体这一侧的角度为接触角 θ。一般而言，如果液体在固体表面的接触角小于 90°，那么液体对固体表面是润湿的或者说是浸润的；如果液体在固体表面的接触角大于 90°（接触角一定会小于等于 180°），则称之为不润湿。水是最常见的液体，也是研究最多的模型体系。对于水而言，如果接触角小于 90°，那么这样的固体表面则被称为亲水表面；如果接触角大于 90°，则被称为疏水表面；如果接触角大于 150°（有些文献报道为 160°），则被称为超疏水表面。

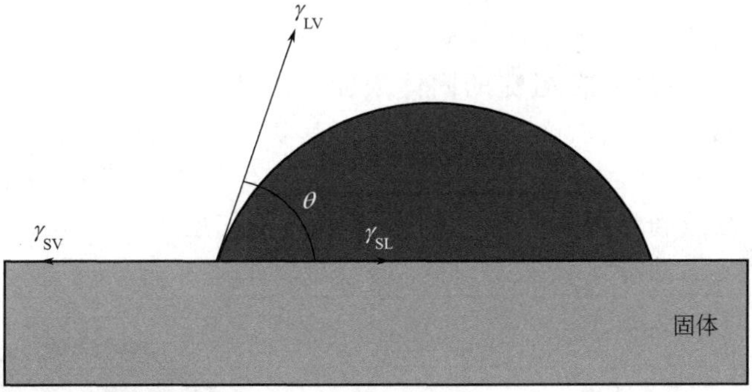

图 3-4　液滴在固体表面

液滴在固体表面形成的接触角，本质上是固、液、气三相热力学平衡的结果。在表现形式上，是三者之间表面张力相互平衡的结果。接触角的大小与三相之间的界面张力可以通过杨氏方程表示

$$\gamma_{LV}\cos\theta=\gamma_{SV}-\gamma_{SL} \tag{3-1}$$

式中，γ_{LV} 表示气-液之间的表面张力；γ_{SL} 表示液-固之间的表面张力；γ_{SV} 表气-固之间的表面张力。杨氏方程的几何推导可以通过简单的牛顿力学平衡得到，这在许多物理化学和热力学书籍会有涉及，此处不再赘述。通过杨氏方程可知，通过在固体表面修饰低表面能的物质，可以提高水滴在固体表面的接触角，比如氟化物具有比碳氢化合物更低的表面能，因此水滴可以在氟化涂层表面形成更大的接触角。研究表明使用氟化物可以得到的最低表面能为 $6.7mJ/m^2$，对于光滑涂层而言，即使在固体表面修饰上表面能足够低的涂料也无法将接触角提高到 120°以上。这样表面的疏水性质还远远不能令人满意。这说明杨氏方程预测的接触角在实际应用中有诸多限制。

如前所述，自然界中存在水接触角远大于 120°的表面。这种现象并不是说杨氏方程是错误的，这主要是因为杨氏方程的假设条件是物理上的光滑表面，但是这在现实中几乎是不存在的。实际上，任何实际中的固体表面，在分子水平或者说微观结构上都是具有一定的粗糙度的。表面粗糙度对表面浸润性的影响是比较复杂的。粗糙度不仅仅会对液滴在固体表面的接触角产生影响，并且还会产生一定的黏附性。

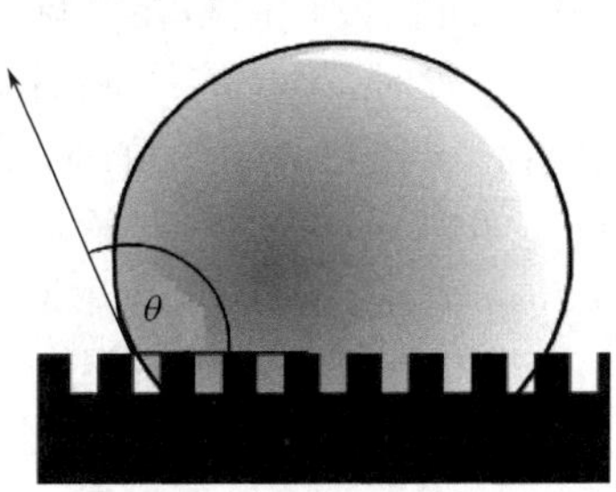

图 3-5　Wenzel 浸润模型

1936 年美国科学家 Wenzel 首先系统地研究了固体表面粗糙度对浸润性的影响，提出了著名的 Wenzel 模型。Wenzel 在杨氏方程中引入了粗糙度的概念。如图 3-5 所示，在一个均匀粗糙的固体表面，液滴的大小远

大于固体表面的粗糙度，那么液滴在固体表面形成的表观接触角 θ 可以用下式表示

$$\cos\theta = R_f \cos\theta_0 \tag{3-2}$$

式中，θ_0 为光滑平面下的理想接触角；R_f 为粗糙度因子。粗糙度因子定义为固体真实的固液面积 A_{SL} 与其几何投影面积 A_F 之比

$$R_f = \frac{A_{SL}}{A_F} \tag{3-3}$$

从上式可知，光滑平面的粗糙度因子为 1，而粗糙平面的粗糙度因子大于 1。由此可见表面越粗糙度因子 R_f 可以放大涂层表面的润湿性。在 Wenzel 模型中，液体对基材的润湿性较好，对于预测超亲性润湿具有指导意义，但是难以指导超疏水表面的润湿机制。

Cassie 和 Baxter 继续发展和完善了 Wenzel 的理论，提出了著名的 Cassie-Baxter 模型。Wenzel 的模型的基本假设是，在粗糙的固体表面，液体会进入其表面的凹凸之中，表面粗糙度存在增加了固液接触面积，这在微观层面上其实是比较难以实现的。Cassie 和 Baxter 模型的基本假设则是固体表面的粗糙结构并不会被液体浸润，其粗糙结构只是起到支撑作用。如图 3-6 所示，在液滴和固体表面之间形成了一个气层。在 Cassie-Baxter 浸润状态下，液滴的接触角可以用下式表示

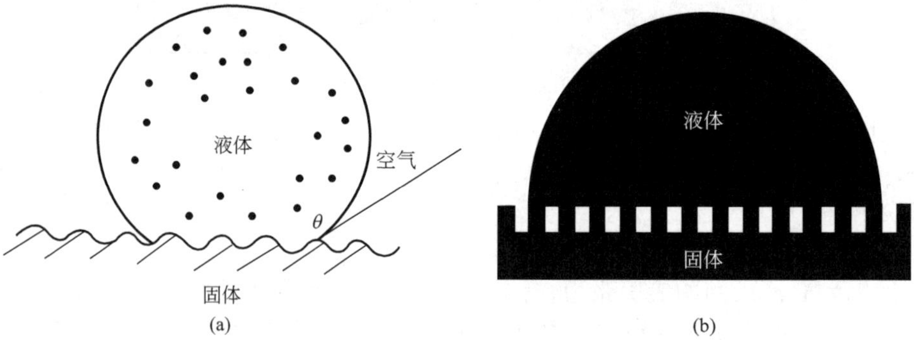

图 3-6 液滴在粗糙表面的接触角与液滴处于 Cassie-Boxter 状态示意图

$$\cos\theta = R_f \cos\theta_0 - f_{LA}(R_f \cos\theta_0 + 1) \tag{3-4}$$

式中，R_f 与 Wenzel 模型中的意义一致，而新引入的 f_{LA} 则是指液滴下方液气界面占整个粗糙结构的面积百分比。从 Cassie-Baxter 可知，对于疏水表面，接触角的数值会随着 f_{LA} 的增加而增加，这使得研究者有望通过调节 f_{LA} 的数值从而实现超疏水表面的制备，目前一些研究表明，通过控制表面微结构和界面性质可以制备出水滴接触角在 150°以上甚至超过 170°的超疏水表面。

上述理论模型描述的都是液滴在静止状态和水平情形下的浸润现象，但是在实际应用中，很多浸润过程是一个动态过程，特别是固体表面不处于水平位置时，如印染、胶片涂布等。为了描述液滴在非水平表面的浸润行为，引入了动态接触角、滚动角和接触角滞后的概念。动态接触角是液滴与固体表面在动态浸润过程中的接触角，如图 3-7 所示。在液滴动态接触固体表面的时候，会有前进角和后退角，分别以 θ_{ADV} 和 θ_{REC} 表示。前进角和后退角的差距越小，越有利于浸润。一般而言，与静态接触角相比，前进角会变大，而后退角会变小。除了在动态浸润过程中会有前进角和后退角的区别外，倾斜平面上的液滴同样存在前进角和后退角。前进角和后退角的差值 $\Delta\theta$ 一般称为接触角滞后。对于一个倾斜平面而言，液滴在其表面上能够滚动的最小倾斜角度，称为滚动角。如果液滴的静态接触角大于 150°，而滚动角和接触角之和小于 10°，则这样的表面一般具有超疏性质，可以轻易去除黏附于其

表面的污染物质。滚动角 α 和接触角滞后之间的关系可以用下式表示

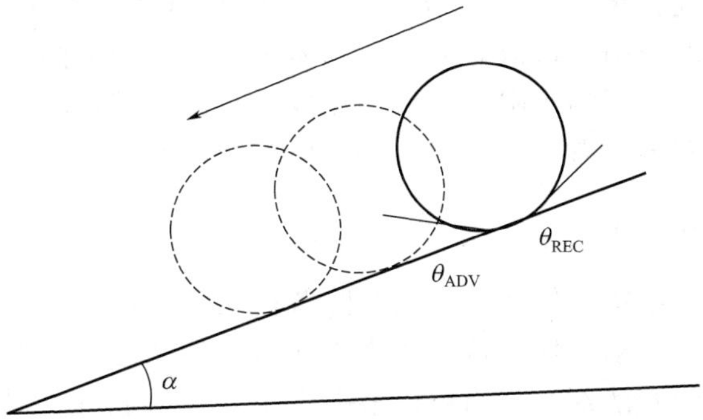

图 3-7　液滴在倾斜角度为 α 表面上的滚动过程
θ_{ADV}—前进角；θ_{REC}—后退角

$$\frac{mg\ (\sin\alpha)}{w}=\gamma_{LV}\ (\cos\theta_{REC}-\cos\theta_{ADV}) \tag{3-5}$$

式中，m 为液滴质量；g 为重力常数；w 为液滴与基材的接触宽度。从式（3-5）中可以看出，两者之间是正相关的。其中 θ_{ADV} 为前进角，θ_{REC} 为后退角，固体表面的接触角滞后和滚动角的大小代表了固体表面对液体的黏附能力，滚动角和接触角滞后越小，其对液滴的黏附性越小，越利于涂层实现自清洁功能。

以上讨论了液滴在多种情况下的浸润，在实际的应用中可根据具体情况选择合适的模型进行解释。

了解固体表面性质是针对不同基材制备自清洁涂料的关键。固体材料主要采用表面能来衡量其表面性质。固体表面可以分为高能表面和低能表面两类。一般而言，金属、金属氧化物、硫化物、无机盐等固体，其表面能比一般的液体高得多，属于比较典型的高能表面，这类表面可以轻易地被液体浸润。有机物如碳氢化合物、氟碳化合物、硅烷类物质等则具有较低的表面能，这类物质的表面能与液体在同一数量级，属于典型的低能表面。一些常见表面的表面能见表 3-1。

表 3-1　一些常见表面的表面能

固体表面	γ_c/(mN/m)	固体表面	γ_c/(mN/m)
高分子固体		有机固体	
聚四氟乙烯	18	石蜡	26
聚三氟乙烯	22	正三十六烷	22
聚二(偏)氟乙烯	25	季戊四醇四硝酸酯单分子层	40
聚一氟乙烯	28	全氟月桂酸	6
聚三氟氯乙烯	31	全氟丁酸	9.2
聚乙烯	31	十八胺	22
聚苯乙烯	33	戊基十四酸	26
聚乙烯醇	37	苯甲酸	53
聚甲基丙烯酸甲酯	39	萘甲酸	58
聚氯乙烯	39	硬脂酸	24
聚酯	43		
聚己二酰己二胺(尼龙 66)	46		

除了浸润本身之外，另外一个对浸润会产生影响的就是液体或者液体中其他物质对固体表面的吸附，将会改变固体表面本身的性质，从而改变其浸润性能。分子在物质表面的吸附，一般会形成有规律的排列，可以影响固体物质表面的表面能的大小。液体分子、气体分子或者其他可溶物在固体表面的吸附，是一个比较复杂的过程，相关的吸附理论最早由吉布斯提出，并在后期不断完善，有兴趣的读者，可以参阅界面化学和界面物理方面的书籍。

3.1.4 自清洁涂料的分类

自清洁涂料是指通过亲疏水作用或者化学降解作用，使污染物在重力、风力、雨水冲刷等外力作用下从涂料表面自动脱落，从而实现表面自清洁功能的涂料。在此过程中不需要额外人工作业和喷涂额外的清洁剂，从而可以节省人工和材料成本。根据涂料表面亲疏水性质的不同，自清洁涂料可以分为疏水型自清洁涂料和亲水型自清洁涂料。其中亲水型自清洁涂料按照有无光催化剂又可以分为光催化型亲水自清洁涂料和非光催化型亲水自清洁涂料。

3.2 亲水型自清洁涂料

教学课件
3.2亲水型自清洁涂料

亲水型自清洁涂料是指涂料本身具有优异的亲水性质，在成膜之后，其表面的接触角小于5°（有些报道是10°），涂料表面的污染物在雨水冲刷和外力的作用下可以自动清除，从而实现自清洁效果。亲水型自清洁涂料目前主要有两种类型，一种为涂料本身具有良好的亲水性，污染物在其表面附着之后，水可在涂料表面形成水膜，从而快速自动地去除污染物；另一种为具有光催化活性的亲水自清洁涂料，一般是在其中加入二氧化钛等无机纳米粒子。空气和环境中存在众多疏水型污染物，这些污染物较难单纯地利用水的冲刷清除干净。二氧化钛等具有光催化活性的纳米粒子的存在，可以在太阳光的照射下将这些污染物进行分解，使疏水型的污染物在光化学反应下转化成亲水型的物质，从而在雨水冲刷和外力作用下可以快速地实现自清洁的功能[11]。

3.2.1 普通亲水型自清洁涂料

普通亲水型自清洁涂料的亲水性主要来自于材料本身的性质，如聚乙烯醇、聚乙二醇等，在早期研究中，通常会在涂层表面接枝一层超亲水性的聚合物，研究污染物在表面的积聚和清除过程，从而探讨此种类型涂料表面的自清洁机理。聚乙二醇（PEG）是研究最多的一种亲水高分子，亲水的PEG分子链会在物体表面形成动态的高分子刷，从而阻止污染物的吸附和清除已经吸附的污染物。根据第一节中所述，涂料表面的亲疏水性质不仅仅与材料本身的物化性能有关，同时也与涂料表面形成的微区结构有关。对于亲水型涂料而言，仅仅在涂层配方中融入亲水性的聚合物往往并不能取得很好的自清洁效果，并且会由于污染物的叠加效应很快失效。因此，系统地研究和设计涂料表面的微区是普通亲水型涂料实现自清洁功能的重要手段。如江雷院士等提出了“二元协同”的概念，在亲水型聚合物的基底中同时引入含氟聚合物，这样形成的涂料，不仅在空气中具有超亲水的性质，而且在水下仍具有超亲水和超疏油的性质，可以起到很好的自清洁作用，具有广泛的应用前景。

在涂料领域，还可以通过添加亲水型助剂实现涂层的自清洁功能。在树脂基底中加入可以迁移的亲水性聚合物，在涂料表面形成一层亲水性薄膜，可以实现耐污和自清洁的效果。日本旭硝子公司通过在涂料中加入一种亲水助剂，该助剂会在涂料表面形成梳状亲水结构，使聚集于表面的污染物可以在雨水的冲刷下清除。目前已经有众多公司开发出了类似助剂，其一般为硅酸酯类缩合物及其改性物，将这些助剂添加进涂料中，在涂料的成膜过程中硅酸酯类及其缩合物的改性物会迁移至涂膜表面，从而水解形成亲水涂层。除此之外，科学家还开发出亲水型含氟树脂。在该树脂结构中，一般同时存在亲水单元、含氟单元和可交联单元。在制成涂膜之后，具有自迁移性质的含氟单元会将亲水单元带至涂层表面，从而实现超亲水的效果。在涂膜配方中引入亲水性的纳米粒子，也可以制得超亲水自清洁涂料。如在水性树脂中，引入三氧化二铝纳米颗粒，通过配方设计，可以得到超亲水涂料，具有良好的自清洁效果，在陶瓷、玻璃、墙面等领域均可使用。最后，涂料配方中引入可与水反应的活性基团，在反应之后产生的基团分布在涂层表面，从而使涂膜具有超亲水性，实现自清洁的效果。如在树脂配方中引入可水解的有机硅树脂，由于有机硅树脂具有较低的表面能，其可以在成膜之后迁移到涂料表面，然后与水反应，生成亲水基团，从而形成超亲水表面，实现自清洁的效果。

油性物质具有比较低的表面张力，其在涂层表面吸附之后更难除去。在亲水型涂料的研究领域，有一类涂料渐渐引起了人们的注意，即同时具有超亲水以及超疏油性能的涂料，这对于自清洁涂料的开发具有重要意义。一般而言，具有亲水或者疏水性的涂料，不具有疏油性质，并且油性污染物的吸附会破坏涂料表面本身的性质，从而导致亲疏水性能的改变，引起涂料自清洁性能的失效。制备同时具有超亲水与超疏油涂料的一个策略，即是制备出具有刺激响应性的表面。通过在疏水型涂层树脂中引入亲水性的纳米粒子或者亲水性高分子链段，形成具有一定微观结构的粗糙表面，在有水滴存在的条件下，水滴会诱导亲水基团重排，从而使水滴快速渗透，实现超亲水性能；而当油性物质置于涂层表面时，无法诱发亲水基团重排，在表面分布的疏油性基团使涂层表面具有超疏油的性能，这样涂层就可以提高材料表面的亲水疏油性（图 3-8）。研究结果表明，水滴在接触该涂层表面之后短时间内接触角可以从 160°以上降低至 0°左右，而油滴则可以长时间保持大接触角，实现超亲水超疏油效果。这种超亲水超疏油自清洁涂料，除了应用在涂层领域，还可以应用在油水分离领域[12,13]。

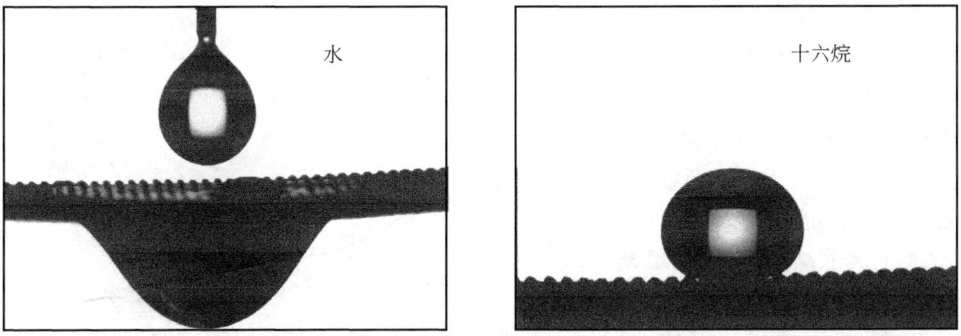

(a) 涂层对水滴具有超亲性，水滴能够快速渗透　　(b) 涂层对油滴具有超疏性，油滴在涂层表面的接触角大于150°

图 3-8　超亲水超疏油涂层处理的表面

3.2.2　光催化型亲水自清洁涂料

除了通过材料本身的亲水性来制备亲水自清洁涂料，还可以通过掺入具有光催化性能的无机纳米粒子来实现涂层的超亲水性。具有光催化活性的无机纳米粒子有很多，如二氧化钛、氧化锌、硫化锌等，但是真正在涂料领域具有实用价值的仅有二氧化钛纳米颗粒。光催化型二氧化钛纳米粒子早在 20 世纪 50 年代已经被广泛研究。到 70 年代，日本科学家 Fujishima 和 Honda 首次发现在近紫外光的照射下，金红石型二氧化钛单晶电极可以在常温常压下把水分解为氢气和氧气，由此引发了对二氧化钛纳米粒子的大规模研究。在紫外光的照射下，水的分解过程中会发生氧化还原反应，产生羟基自由基。羟基自由基具有很高的催化活性，可以有效地分解有机物。在紫外光的照射下，二氧化钛表面会转换成超亲水表面。在此两种作用下，分解的有机物在雨水冲刷下可以被轻易脱除，从而实现表面的自清洁（图 3-9）。

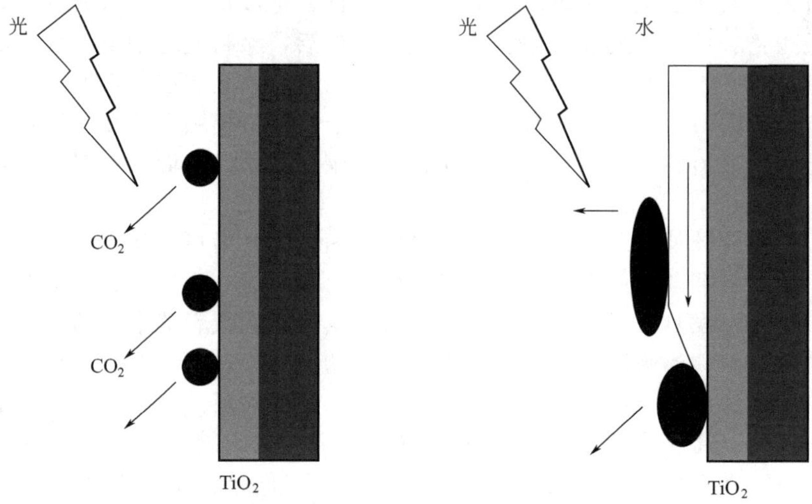

图 3-9 二氧化钛超亲水自清洁表面净化过程示意图

二氧化钛是一种半导体氧化物，在自然界中共有三种晶型，分别为金红石型、锐钛型和板钛型。其中锐钛型二氧化钛具有最高的光催化活性和化学稳定性，可以吸收紫外光，产生空穴和电子。二氧化钛的禁带带宽为 3.2eV，在紫外光的照射下（能量大于禁带带宽），导带和价带分别会产生一个电子和一个空穴。对于纳米二氧化钛而言，电子和空穴将会在合并之前快速迁移到纳米颗粒表面，从而起到催化作用。停留在纳米颗粒表面的电子与氧气分子结合形成氧负离子（O^{2-}），空穴则与羟基结合形成羟基自由基。上述两种物质，都可以有效地催化有机污染物的分解。电子和空穴的产生、传递、转移和在表界面的捕捉如图 3-10 所示，这是理解表面光催化自清洁的基础。

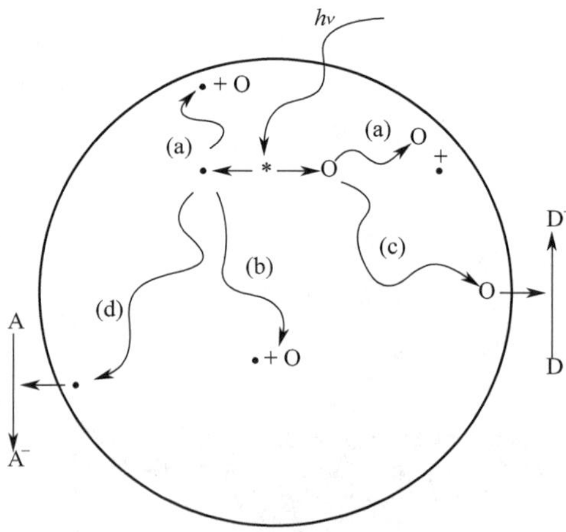

图 3-10 二氧化钛电子跃迁机理

二氧化钛应用于自清洁涂料的另外一个重要性质是其光诱导的超亲水性质，这主要有三方面的原因。第一，在紫外光照射下二氧化钛薄膜表面会形成交错的亲水微区和疏水微区，从而导致其具有一定的双亲性，水在二氧化钛薄膜表面的接触角趋向于 0°（图 3-11）；第二，二氧化钛表面的氧原子能与空气中的水形成悬挂的羟基，从而大大增强薄膜表面的亲水性；第三，二氧化钛薄膜的氧-氧桥键在光照条件下消失也会增加二氧化钛薄膜的亲水性。

图 3-12 所示为锐钛矿二氧化钛晶型的（110）晶面、（100）晶面和（001）晶面的原子排列。在（110）晶面和（100）晶面上，桥连的氧原子突出在晶面以外，具有较高的能量和反应活性。而（001）晶面由于没有桥连的氧原子，并没有催化活性。在紫外光照射下，（110）晶面和（100）晶面会产生氧原子空穴，从而诱导产生亲水性。水滴可以在涂层表面完全铺展，污染物可以在雨水冲刷下快速除去。

(a) UV光照之前的二氧化钛表面的摩擦力显微镜照片(5μm×5μm)

(b)UV光照射之后的二氧化钛表面的摩擦力显微镜照片(5μm×5μm)

(c)(b)图的局部放大图(1000nm×1000nm)，即(b)图中的方框部分

(d)(c)图的局部放大图(240nm×240nm)，即(c)图中的方框部分

图 3-11　在二氧化钛表面形成的亲水疏水微区

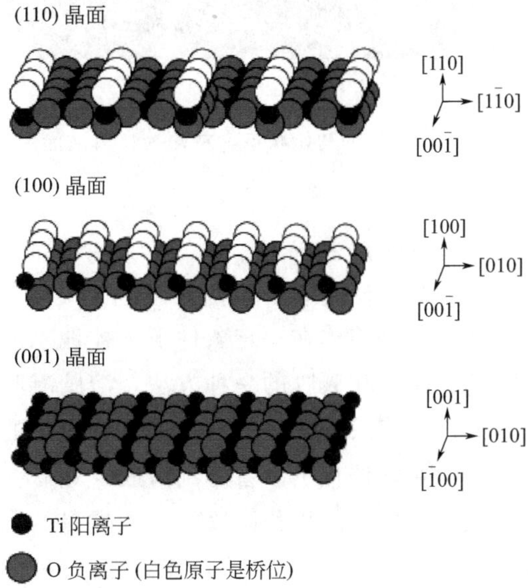

图 3-12　二氧化钛纳米颗粒不同晶面氧原子的排列情况

将二氧化钛纳米粒子掺入树脂基体，可以方便地得到具有自清洁性能的涂层。如图 3-13 所示，涂有二氧化钛自清洁涂料的 PVC 板一侧，在长期的户外试验中，显示出优异的自清洁效果。不过，二氧化钛光催化会导致树脂基底的粉化，加速涂层老化，并有环保方面的顾虑，如粉化之后的树脂产生的细微颗粒等[14,15]。所以，二氧化钛自清洁涂料主要应用于玻璃和陶瓷表面，在其他基底应用较少。从 20 世纪 70 年代以来，光催化自清洁和光催化导致的超亲水性已经被证明是自清洁玻璃领域最为关键的技术。吸附于玻璃表面的细菌，在光催化过程中会被杀死，而有机污染物则会被分解成二氧化碳和水，从而轻易清除。由于光诱导产生的超亲水性，吸附于玻璃表面的超细粉尘也可以在雨水冲刷下快速清除。英国皮尔金顿公司于 2001 年首次开发出 TiO_2 光催化自清洁玻璃，目前已经取得了广泛的商业应用。

3.2.3　亲水型自清洁涂料的制备方法

目前制备亲水型涂料的方法非常多，针对不同基底和不同配方，制备方法就会有所不同。如对于墙面所用树脂涂料而言，一般直接混合即可，在施涂之后涂料表面的性质在助剂的作用下发生改变，变得亲水，具有自清洁性能。而对于玻璃表面用自清洁涂料，考虑到透明性的要求，则需要使用溶胶凝胶法等。所以，制备亲水型自清洁涂料的时候，要考虑到制备工艺和应用领域，选择适用的方法。下面将会介绍制备亲水型涂料的几种

视频
光催化自清洁玻璃

图 3-13 PVC 板的初始状态（左侧为自清洁涂层，右侧为普通涂层）(a) 与室外三年之后的涂层效果 (b)

常见方法。

3.2.3.1 溶胶凝胶法

溶胶凝胶法是制备无机涂层的重要方法，其基本原理是将金属烷基化合物、金属醇化物、金属盐等前体在一定条件下可控地水解缩合，然后将溶剂挥发或者热处理之后得到紧密交联的金属氧化凝胶的一种方法。溶胶凝胶法可以单独使用，也可以与树脂体系进行配合使用。如使用溶胶凝胶法制备具有光催化型的超亲水自清洁涂层，一般会采取溶胶凝胶法。以四氯化钛在酸催化下制备得到溶胶，然后 300°C 下反应 24h，得到锐钛矿型二氧化钛纳米粒子。在纳米粒子的生长阶段，加入适量的二氧化硅溶胶，在玻璃板上涂膜。成膜之后，将涂膜在沸水中加热处理 20min，以除去酸和将膜彻底固化，这样可以得到具有催化功能的超亲水涂层。这种涂层的水接触角可以低至 0°，并且在光照条件下，可以降解积聚的污染物，实现自清洁效果。另外，可以将二氧化钛纳米颗粒的前驱体直接与树脂体系混合、涂膜，然后在空气或者水中发生溶胶到凝胶的变化，二氧化钛纳米粒子可以在涂层里原位生成。这样形成的涂料和涂膜，二氧化钛纳米粒子在涂层中会有非常均匀的分布。处于涂膜表面的二氧化钛纳米粒子在太阳光下具有光催化活性，除了可以让涂料表面超亲水和分解表面污染物之外，还可以让涂料产生微粉化，从而维持涂料表面的清洁。

3.2.3.2 自组装法

自组装是一种控制材料体系热力学过程的方法。一般而言，溶解或者分散良好的材料体系，在温度、pH 或者溶剂组分发生改变时，体系中的材料会经历一系列相变过程，如高分子链会形成各种复杂图案，甚至会从溶液中沉积出来。通过系统地控制热力学条件，自组装法可以制得具有规整表面的涂层。如将具有超亲水性的纳米粒子与树脂体系混合，通过控制纳米粒子在涂层表面的排布，可以得到具有规整表面纳米结构，从而制备出超亲水表面。另外，在亲水自清洁涂层的制备过程中，溶胶凝胶法也常常与自组装法结合，在原位生成亲水纳米粒子之后，同时通过控制粒子的排布得到具有规则微纳结构的涂层。

3.2.3.3 水热法

水热法是一种古老的合成方法，主要是利用密闭容器在高温高压条件下，将在低温低压难以溶解/分散的物质进行溶解/分散，使速度较慢的化学反应加速，从而制得分散性好、无团聚、超细和具有特殊晶型的无机氧化物纳米颗粒。另外，水热法可以制备出具有多孔结构的无机涂层，具有较高的比表面积，可以掺杂多种金属离子，制备出具有较强亲水性的涂层，在紫外光照射下，一般具有小于 5°的滚动角以及接触角，可以实现较好的自清洁效果。与溶胶凝胶法相比，水热法需要高温高压，对能源消耗较大，并且需要特殊的装备，成本较高，一般仅在其他方法无法实现超亲水性能时使用。

3.3 疏水型自清洁涂料

教学课件
3.3 疏水型自清洁涂料

疏水型自清洁涂料是以疏水型的助剂或者低表面能树脂体系为主要成分，在涂膜表面构建或者通过成膜过程的控制形成具有一定粗糙度或者规整结构涂膜表面，通过二者的协同作用，实现涂层的自清洁效果。虽然超疏水材料的表界面研究已经从基本理论到实验室实例上有非常大的进展，但是开发出具有在各种环境下可长期使用的超疏水涂料仍是一个亟待解决的难题，需要学术界和工业界共同的努力。在本节中，将会系统地介绍疏水型自清洁涂料的历史发展、基本原理、最新进展和制备工艺。

3.3.1 疏水型自清洁涂料原理

超疏水现象在自然界中大量存在，其中最为出名的就是荷叶。波恩大学的 Barthlott 教授等在 20 世纪 90 年代通过对多达几百种植物叶面微观结构的显微镜分析，提出了著名的“荷叶现象”。Barthlott 教授的研究表明，在荷叶表面分布着微米级的蜡状乳突，是荷叶实现自清洁的关键。蜡质首先具有低表面能，而微米级乳突则可以使滴落其表面的液滴处于 Cassie-Baxter 状态，从而实现超级不浸润。在荷叶表面的灰尘等污染物，可以被雨水冲刷走，从而实现叶面的自清洁。中国科学院材料学家江雷院士等在 2000 年左右进一步表征了荷叶表面的微结构，揭示了荷叶表面的乳突，还存在更细的纳米结构，这些多级纳米结构也是荷叶实现自清洁的重要因素。自此之后，科学家在该领域展开了详尽而广泛的研究[15~18]。

疏水型自清洁涂料中首先得到广泛应用的是各种低表面能物质，如含氟聚合物、硅氧烷聚合物以及氟硅聚合物等。含氟聚合物由于具有极强的电负性，其表面能很低，可以阻止污染物的富集。对于硅烷和硅氧烷类聚合物，由于硅氧键具有很高的灵活性，可以自由转动，也具有较低的表面能，可以用于自清洁涂料的制备。早期简易制备疏水型自清洁涂料的方法主要是将含有氟碳分子链的聚合物或者寡聚物与涂料的树脂基底复配，然后涂膜。由于氟化物具有极低的表面能，在成膜过程中会迁移到涂膜表面，从而在低添加量的条件下，即可实现优异的疏水性能。如丙烯酸类共聚体系的涂料配方中加入氟碳树脂，通过传统的成膜方法制备出的涂层即具有非常优异的疏水性能。该种复合涂料具有十分优异的力学性能，硬度、附着力和涂覆性能等都符合建筑物的使用要求。氟碳树脂的加入虽然能够降低涂膜的表面能，使其具备优异的疏水性能和自清洁性能，但是在实际使用中，油性污染物的存在会快速使其失效。另外氟碳聚合物和寡聚物助剂的加入，较易迁移至环境中，引发环保担忧。如美国、欧盟等已经陆续禁用含有氟化物涂料应用于与人体密切接触的物品，在未来不排除进一步扩大禁用范围的可能。

在涂料树脂配方中引入无机纳米胶体粒子是一种传统地增强涂膜性能的方法。当涂料树脂中引入无机纳米粒子之后，一方面可以大幅提高涂料的耐磨性能，另一方面可以引入具有功能性的无机纳米粒子，赋予涂膜一些特殊的功能，如导电性、介电性等。在超疏水自清洁涂料的研究中，通过各种方法引入无机纳米粒子，除了能够实现一些常见的功能外，通过精确地控制配方和涂料的成膜过程，更可以在涂膜表面形成具有一定规律的微观结构。这样的结构可以起到荷叶表面乳突的作用，大大地增加涂层表面的疏水性。如使用氟丙树脂与改性的二氧化硅纳米粒子进行共混，制备得到的超疏水涂料的接触角可以有 160°以上，滚动角小于 5°，具有优异的自清洁性能，并且使用寿命大幅提高[19,20]。在涂膜表面，纳米粒子的加入会形成一些微米大小的聚集体，这些聚集体同时又具有纳米尺度上的粗糙度，形成具有荷叶效应的表面。除了将纳米粒子直接与树脂体系进行共混之外，还可以首先对纳米粒子表面进行修饰改性。如将聚硅氧烷接枝到二氧化硅纳米颗粒表面，然后将其添加到涂料配方中进行复配。修饰过的二氧化硅纳米粒子，与树脂体系有更好的相容性，制备出的涂料成膜之后会具有更强的疏水性。这主要是由于纳米粒子在涂层之中可以良好地分散，在涂膜表面形成的粗糙度更为均匀，缺陷较少，所以具有更好的自清洁性能。

一般来讲，共混的方法产生的微观结构是很难控制的，并且粒子在共混过程中可能会产生聚集，这一方面会影响疏水性能，更为重要的是会影响涂膜的其他性能，如产生应力聚集和翘曲变形等。在一些比较精密的领域，对涂层性能的要求则更为苛刻，因此研究者们发展出了一系列复杂方法来制备出具有微观结构的表面，如离子溅射、化学刻蚀、电化学腐蚀、化学沉积等，这些方法的具体原理和操作过程我们将在后面做具体介绍，此处不再一一展开。最早制备表面微结构的方法是使用模板法，一般以荷叶为模板，通过将荷叶的拓扑结构印迹到材料表面，从而制备出具有荷叶效应的微观结构。更为精密微观结构的制备，需要一些精密仪器，成本昂贵，这在工业涂料研究中应用较少。3D 打印可以制备出有规律的三维结构，可以用来制备一些精细的微观结构，已经有报道其可以用来制备一些超疏水表面，但是目前未见其应用于超疏水涂层的研究。

超疏水涂层并不一定具有超疏油的性质。在自清洁涂料中，超疏水涂料往往由于油性污染物的附着而失效，因此使涂料同时具有超疏水和超疏油的性能，具有重要意义。与水相比，油类污染物具有较低的表面能，涂料需要具有特殊的表面结构才能具有超疏油性质。目前主要有凹形结构、悬臂结构、倒角结构和多重分层结构等。为了增强制备方法的通用性，目前各种特殊结构的制备基本上以无机物和有机物的复合分相方法为主。如在多孔材料的孔壁上进一步附着纳米级的疏水颗粒，从而实现多级结构的复合，提高表面的超疏油性能。

3.3.2　超疏水涂料的制备方法

拓展阅读 3-2
模板法：基于生物微结构复刻的创新材料制备技术

3.3.2.1　模板法

在“荷叶效应”被发现之后，研究者们首先就想到了通过模板法得到具有类似荷叶表面结构的材料表面。首先在荷叶表面铺一层有机物或者无机物，使其在荷叶表面沉积成型，把荷叶除去之后可以得到荷叶表面粗糙结构的负模，然后以此负模为模板，即可得到具有荷叶表面形貌的涂层表面。例如，将聚二甲基硅氧烷(PMDS) 浇注在荷叶表面，得到负模；然后以此负模为模板，即可得到与荷叶表面微观结构一致的涂层。这样得到的涂层表面具有良好的疏水性，水滴在其表面具有 150°以上的接触角。以植物叶子（如荷叶）等自然微观结构表面为模板制备超疏水涂层，方法非常简便，但是有一定的缺点。如在拓膜过程中，荷叶的微观结构可能会遭到破坏。另外，这种方法也很难成为大规模生产的手段。通过各种先进加工手段，在硬质基底上，如不锈钢、陶瓷等表面上加工出具有各种结构的微观粗糙度表面，然后通过模板法制得具有粗糙度的表面。该模板可以重复使用，并且易于大规模生产（图 3-14）[20,21]。

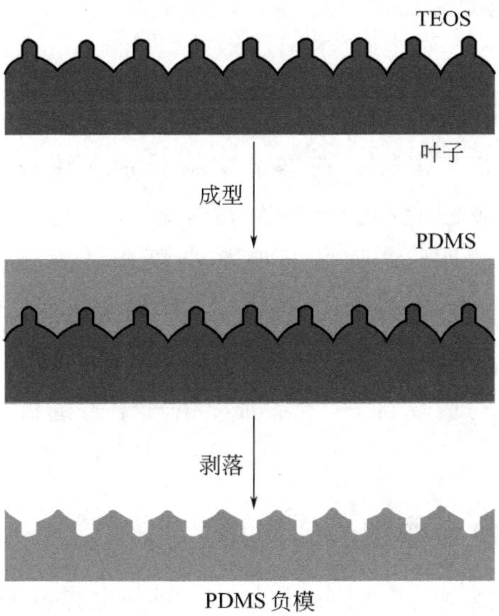

图 3-14　利用具有粗糙结构的模板制备具有超疏涂层结构的流程[22]

PDMS—聚二甲基硅氧烷；TEOS—正硅酸乙酯

3.3.2.2　刻蚀法

刻蚀法是使用等离子气体对材料表面进行刻蚀，由于各种基团对等离子气体的响应性不同，因而会产生刻蚀不均，从而产生粗糙表面。在有机物基底的刻蚀过程中，基底的各种价键会遭到破坏，会使表面比较亲水，一般需要进行疏水化处理，以降低表面能。例如将聚苯乙烯纳米颗粒分散于以聚甲基丙烯甲酯为基底的涂层体系中，由于等离子体对聚甲基丙烯酸甲酯的刻蚀较强，因此在刻蚀之后，在表面上的聚甲基丙烯酸甲酯会被完全刻蚀，而聚苯乙烯会被部分刻蚀，这样会产生毛绒状的聚苯乙烯微球，从而实现多级的微纳结构，在疏水化处理之后即可产生具有自清洁功能的涂层。

3.3.2.3 静电纺丝法

涂层表面的微观结构同样可以通过纤维的堆积实现。在高压静电场中，聚合物溶液或者纳米颗粒分散液会带负电荷，在高速喷射下可以在正极形成各种形貌和微观结构的涂层。在喷射液中加入疏水型聚合物或者疏水型粒子，即可得到具有自清洁性能的超疏水涂料。静电纺丝法快速高效，适用范围广，在纺织物、涂膜等领域有广泛应用。

3.3.2.4 自分层法

在多组分涂料体系中，当某一组分具有较低的表面能或者与基底树脂的相容性较差，在涂层固化之后，涂层之间会形成自分层的结构，涂层表面的性质就由最表面的材料结构与性能决定。聚二甲基硅氧烷具有较低的表面能，将其与基底树脂，如聚丙烯酸叔丁酯混合，涂层即可发生相分离，从而自分层得到聚二甲基硅氧烷在涂层表面富集的自清洁涂料。

3.4 自清洁涂料的应用

自清洁涂料已经在众多领域取得了广泛的应用。自清洁涂料的需求来源比较广泛，因此应用领域非常多样。在本节中将分别介绍自清洁涂料在建筑外墙、纺织品和玻璃领域的应用。建筑外墙领域，是自清洁涂料需求量最大的领域。大型建筑物的外墙，风吹日晒和污染物的富集，一方面会导致美观度降低，另一方面会加速涂料的老化。在纺织品领域，具有疏水、杀菌除渍功能的面料具有广阔的应用前景，可以降低洗涤次数，提高纺织品卫生程度。目前大型建筑很多采取面积巨大的玻璃面进行装饰，相较于普通涂料表面，玻璃幕墙更容易沾污，影响美观。

教学课件
3.4 自清洁涂料的应用

3.4.1 自清洁涂料在建筑外墙领域的应用

自清洁涂料在建筑外墙领域的应用占有最大比例，也是开发自清洁涂料最主要的诉求。虽然目前国际上已经有商品化的“荷叶”型超疏水自清洁涂料，并且也有国内厂家开发出超疏水型自清洁涂料，但是在实际应用中涂层表面的微观结构常常会因为污染物的富集，导致自清洁性能迅速失效。超亲水型自清洁外墙涂料一般与玻璃制品一样，是在涂层中加入二氧化钛纳米粒子，靠涂层的粉化来实现自清洁。与超疏水型自清洁涂料相比，这样的涂层在初期一般具有较好的自清洁效果，但是在使用一段时间之后，也会出现粉化程度不均导致的雨痕现象，自清洁效果会有所折扣。有鉴于此，国家逐渐出台一些规范性的标准，如GB/T 9780—2013《建筑涂料涂层耐沾污性试验方法》等来监管市场上出现的各种自清洁涂料。近年来，国内环境污染问题引发了广泛的重视，国家也采取了各种措施来改善环境污染，未来对自清洁性能的要求应该有所降低。

3.4.2 自清洁涂料在纺织领域的应用

在纺织领域，自清洁涂料以疏水型居多。20世纪中叶歌尔公司（Gore Tech）开发出具有膨胀性的聚四氟乙烯，该材料起初应用在工程领域，后期向消费领域扩张。目前全球自清洁织物最多使用的即是含氟超疏水涂层，其中大部分专利授权来自于歌尔公司。由于纺织品是通过极细的纤维纺织而成，因而顺其自然就具有规整的孔隙结构，更易实现超疏水性能，通过简易氟化处理即可实现超过150°的水滴接触角，从而实现汗水等污渍的快速清除。然而由于人体汗液成分非常复杂，不仅仅含有水分，通常还有一定比例的油脂等分泌物，会滋生细菌等，因此简单的疏水作用并不能实现优异的自清洁效果。近年来，有研究者开发出内嵌抗菌粒子的织物纤维，一方面，面料仍然具有超疏水的性能，另一方面，抗菌粒子可以实现对细菌的杀灭，实现自清洁的效果。自清洁涂料在织物上的应用，同样受到耐久性的困扰，目前大多数自清洁面料仅能实现大约30次的洗涤次数，其性能即大打折扣。另外需要注意的是，织物面料在用自清洁涂料处理之后的舒适度和透气性常常会变差，这也是自清洁涂料开发方面需要注意的问题。

3.4.3 自清洁涂料在玻璃上的应用

玻璃幕墙目前在大型建筑领域应用广泛，可以使建筑物更具有现代气息。但是普通玻璃本身对污染物具有极强的黏附性，当大气中灰尘较多，尤其是有空气污染的时候，玻璃幕墙就容易出现各式不均匀的条纹，影响美观。大型玻璃幕墙的清洗难度比较大，一般需要专业工人，费用昂贵。因此开发出具有自清洁功能的玻璃就成为研究的热点。与建筑外墙涂料不同，应用于玻璃表面的自清洁涂料要求形成涂层之后具有较高的透明性和平整性。目前，应用于玻璃幕墙领域的自清洁玻璃主要是光催化型自清洁玻璃。最早将自清洁玻璃应用于建筑领域的是世界知名的玻璃制造商皮尔金盾公司（Pilkington），其生产的各式自清洁玻璃已经广泛应用于世界各地。

3.4.4 自清洁涂料在光伏领域的应用

视频
沙尘环境光伏电站功率维持技术

随着国家“双碳”目标的推进，以光伏电站为代表的新能源在我国取得了高速发展，目前光伏发电占我国发电总量的6.2%（2023年），未来会持续提升到10%以上。然而，光伏组件表面积灰与组件衰减导致发电损失，其中积灰的影响可达12%～40%，人工维护、清洁费用高昂。据估算，全球范围内每年因为光伏组件积灰及污染等带来的经济损失可达数百亿人民币。在光伏组件表面施涂高耐候、高耐磨的透明自清洁涂料，能够使灰尘不易附着到基材表面，并通过雨水冲刷等方式将鸟粪、灰尘等快速除去，大幅降低光伏电站的运维成本，提高光伏电站的发电效率。目前国内及国际上已经有数家企业开发了适用于光伏面板的自清洁涂料，已经初步取得验证性的应用，大规模的应用相信在未来会逐步拓展。

3.5 自清洁涂料存在的问题

目前，自清洁涂料的研究与应用已经取得了巨大的进展。在基础研究领域，各种新的机理不断被揭示，各种新的材料和方法不断开发出来；在应用领域，以荷叶效应和光催化超亲水为代表的自清洁涂料已经在实际的生产生活中取得广泛的应用。虽然如此，自清洁涂料在实际的应用中仍然面临诸多技术问题亟待解决，目前在自清洁涂料领域的问题主要表现在以下几个方面。

3.5.1 耐久性和稳定性

无论是应用于外墙还是纺织，目前涂料在基材表面的自清洁耐久性都未能得到良好解决。在外墙涂料领域，目前的雨痕实验表明，在实际的使用过程中，无论是低表面能还是微纳结构涂料均会快速失效，有效期小于一年，远小于外墙涂料的使用期限。在纺织品领域，自清洁涂料一般能够给予纺织物自清洁性能，但是在数次洗刷之后，自清洁性能会急速下降。这严重制约了自清洁涂料的使用。

对于光催化亲水型自清洁涂料而言，在使用过程中面临的另一问题就是其稳定性。加入光催化组分的自清洁涂料，在使用中会不断降解涂层的树脂基底，从而加速了涂料的老化，导致涂层的脱落等。因此，虽然二氧化钛纳米颗粒已经应用于自清洁涂层，但是其导致的树脂体系的不稳定性是目前该领域的一大难题，需要后期的研究解决。在涂层中嵌入的二氧化钛纳米粒子在 UV（紫外）光照射下可以分解有机物和诱导超亲水性，但是在停止 UV 光照射之后，超亲水性可能会消失，影响自清洁性能。有研究表明，涂层的超亲水性能够在 UV 光重新照射之后再次恢复，但是在之前停止 UV 光照射的过程中积累的污染物通常还是会使涂层表面失去自清洁性能。

3.5.2 安全性

涂料的自清洁性能降低了涂层的维护费用，减少了清洗所耗费的人力物力，具有潜在的经济价值。但是自清洁涂料在使用过程中，同样会造成一些健康和环境问题。在自清洁涂料中的各种纳米粒子如二氧化钛、二氧化硅、碳纳米管等，在使用过程中会从基体树脂中脱落。纳米粒子的安全性，一直是一个有争议的领域。虽然一些研究者指出，纳米粒子掺杂的自清洁涂层通常具有安全性，但是更多的研究表明，纳米粒子对人体健康和环境具有不可忽视的影响。与涂层结合的纳米粒子，在整个寿命周期，如生产、使用和弃置中，都会有纳米粒子的释放。与树脂基底相比，这些纳米粒子更容易释放。这些纳米粒子释放到环境中之后，可以增加 PM2.5 浓度，当被人体呼入之后，对肺部有害，如引起肿痛、纤维化，甚至基因毒性等。纳米粒子在人体中的迁移，会引发心脑血管疾病。有研究证据表明，二氧化钛纳米粒子可以通过鼻部的毛细管迁移至中枢神经，引起神经性疾病。另外，已经有大量研究表明，排放入水体的二氧化钛纳米粒子，在 UV 光的照射下对水生生物有害。目前在发达国家中的水体和土壤中，已经检测出高于环境背景值的二氧化钛纳米粒子，需要长时间的观察，才能确定其对环境的长期影响。

最近有研究表明，光催化型自清洁涂料的降解产物可能具有潜在的危害性。如前所述，有机污染物吸附在自清洁涂层表面之后，在 UV 光的照射下完全降解只会产生二氧化碳和水。虽然这两者对健康和环境都影响不大，但光催化降解的中间产物和不完全产物，可能具有较强的毒性。另有研究表明在装备有自清洁玻璃的房间，室内空气中会飘散有二氧化钛纳米颗粒，其潜在的健康风险同样值得关注。

视频
由空气中吸入纳米颗粒是否构成健康风险?

3.6　总结与展望

与传统涂料相比，从功能角度出发的自清洁涂料在应用领域具有广阔的需求。目前自清洁涂料的类型主要分为疏水型和亲水型。在基础研究领域，疏水型自清洁涂料是近二十年来研究的热点。虽然从荷叶结构到各种其他类型的生物结构不断被解析，但超疏水自清洁涂料的应用依然有限。超亲水型自清洁涂料在二十年前已经有比较多的商业化产品，如自清洁玻璃、自清洁陶瓷、自清洁金属镀层等，但是此类型的自清洁涂料非常依赖于 UV 光的照射，这限制了其在多方面的应用。因此，开发出具有通用性的自清洁涂料仍是当前材料学研究的难点。随着材料学的基础研究不断深入，对材料性能的认知不断被刷新，新的表征方法层出不穷，笔者相信在不久的将来通用耐久的自清洁涂料将会被开发出来。

目前自清洁涂料正处于蓬勃发展的时期，挑战与机遇并存。第一，实际应用端对自清洁涂料有非常强烈的要求；第二，自清洁的基础理论研究在最近二十年取得了长足进展，这为大规模的工业应用奠定了基础；第三，目前已经有众多以最新的理论基础开发出的产品，有些已经进入应用阶段。在应用领域积累的经验教训反过来会进一步促进基础研究和理论创新，从而形成良性互动。

作业题

参考文献

[1] 童忠良．纳米功能涂料［M］．北京：化学工业出版社，2009.

[2] 崔正刚．表面活性剂、胶体与界面化学基础［M］．北京：化学工业出版社，2013.

[3] 江雷．仿生智能纳米材料［M］．北京：科学出版社，2015.

[4] Senez V，Thomy V，Dufour R. Nanotechnologies for Synthetic Super Non - Wetting Surfaces［M］. New York：John Wiley & Sons Inc，2014.

[5] Robin H A Ras，Marmur A. Non-wettable Surfaces：Theory，Preparation，and Applications［M］. London：The Royal Society of Chemistry，2017.

[6] Roach P，Shirtcliffe N J，Newton M I. Progess in Superhydrophobic Surface Development［J］. Soft Matter，2008，4：224-240.

[7] Daoud W A. Self-Cleaning Materials and Surfaces：A Nanotechnology Approach［M］. New York：John Wiley & Sons

Ltd，2013.

[8] Blossey R. Self-cleaning Surfaces—Virtual Realities [J]. Nature Materials，2003，2：301-306.

[9] Marmur A. Superhydrophobic and Superhygrophobic Surfaces：from Understanding Non-Wettability to Design Considerations [J]. Soft Matter，2013，9：7900.

[10] Valipour N，Birjandi F Ch，Sargolzaei J. Super-Non-Wettable Surfaces：A Review [J]. Colloids and Surfaces A：Physicochemical and Engineering Aspects，2014，448：93-106.

[11] Ymashiat Y. 超细二氧化钛型光学催化剂涂料及其形成的涂层 [P]. JP 132425，1998.

[12] 彭珊. 超疏水/超双疏材料的制备及其性能研究 [D]. 华南理工大学，2015.

[13] 屈孟男，侯琳刚，何金梅，马雪瑞，袁明娟，刘向荣. 功能化超疏水材料的研究与发展 [J]. 化学进展，2016，28 (12)：1774-1787.

[14] 丁晓峰. 聚（氟）硅氧烷/TiO_2纳米复合自清洁涂层的制备新方法与性能研究 [J]. 复旦大学，2011.

[15] 何庆迪等. 自清洁涂料的技术发展 [J]. 涂料技术与文摘，2012，33 (7)：30-34.

[16] Wu Z，Xu Q，Wang J，Ma J. Preparation of Large Area Double-walled Carbon Nanotube Macro-films with Self-cleaning Properties [J]. Journal of Materials Science & Technology，2010，26 (1)：20-26.

[17] Yuan R，Wu S，Yu P，Wang B，Mu L，Zhang X，Zhu Y，Wang B，Wang H，Zhu J，Superamphiphobic and Electroactive Nanocomposite toward Self-Cleaning，Antiwear，and Anticorrosion Coatings [J]. ACS Applied Materials & Interfaces，2016，8 (19)：12481-12493.

[18] Liu S，Liu X，Latthe S S，Gao L，An S，Yoon S S，Liu B，Xing R. Self-Cleaning Transparent Superhydrophobic Coatings through Simple Sol-Gel Processing of Fluoroalkylsilane [J]. Applied Surface Science，2015，351：897-903.

[19] Lu Y，Sathasivam S，Song J，Crick C R，Carmalt C J，Parkin I P. Robust Self-Cleaning Surfaces that Function when Exposed to Either Air or Oil [J]. Science，2015，347 (6226)：1132-1135.

[20] 郑海坤，常士楠，赵媛媛. 超疏水/超润滑表面的防疏冰机理及其应用 [J]. 化学进展，2017，29 (1)：102-118.

[21] Powell M J，Quesada-Cabrera R，Taylor A，Teixeira D，Papakonstantinou I，Palgrave R G，Sankar，G，Parkin I P. Intelligent Multifunctional $VO_2/SiO_2/TiO_2$ Coatings for Self-Cleaning，Energy-Saving Window Panels [J]. Chemistry of Materials，2016，28 (5)：1369-1376.

第4章 防雾涂料

4.1 概述

雾是气温下降时在接近地面的空气中水蒸气凝结成的悬浮的微小水滴。对于不透明基材而言，空气中水蒸气在基材表面的凝结、成雾并不会带来多大的问题，但是透明基材或者镜面基材上的雾气会严重改变基材表面的光学性质，产生漫反射，改变基材的透明性和反射性，使透明材料变得模糊不清，影响器件功能。例如，在浴室内洗澡之后，热水产生的雾气会在镜子表面快速凝结，影响镜面成像。在冬天从室外进入室内，如果戴有眼镜，那么镜片上极易起雾，影响视线[图 4-1(a)]。在交通领域，汽车挡风玻璃常常因外面或者内部的雾气而变得模糊不清，具有交通隐患，需要及时通过空调热风将雾气吹散。在医疗领域，医用内窥镜镜头在手术过程中由于雾气会导致其清晰度大幅下降，为了保证手术顺利进行，需不断擦拭内窥镜镜头来维持其清晰度[图 4-1(b)]。在农业领域，蔬菜、花卉种植大棚上方凝结的雾气会散射阳光、大幅降低阳光透光率，会严重影响植物的光合作用，造成蔬菜、花卉等作物减产[图 4-1(c)]。在食品包装领域，包装新鲜蔬菜等食品等的塑料薄膜也会因冷热变化起一层薄雾，使消费者无法直接观察到蔬菜的新鲜度，影响销量[1]。新冠疫情期间，在佩戴口罩之后，呼吸产生的水汽通过口罩边缘导出，极易在眼镜镜片内侧成雾，影响视线。在光伏发电领域，太阳能发电面板表面上形成的雾气会影响阳光穿透性，大幅降低太阳能面板的发电效率[图 4-1(d)]。综上可知，雾气在固体表面的形成和吸附在生产、生活等诸多领域造成了诸多危害，因而需要探究雾气的形成机制及开发相应防雾方法。

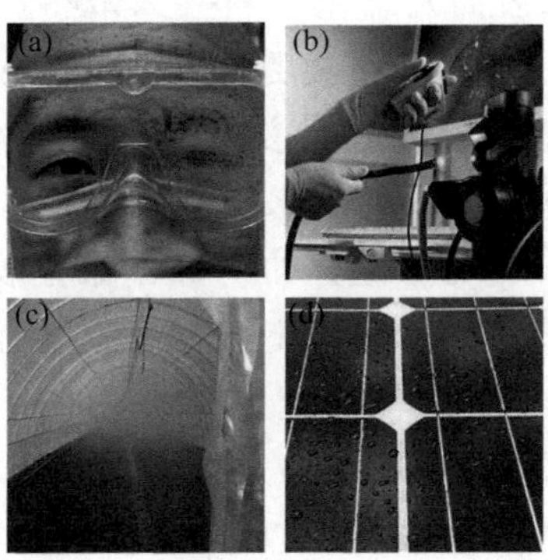

图片
蔬菜包装起雾

图 4-1　雾气在诸多领域影响基材的透明度

4.1.1 雾气的形成机制及防雾方法

水蒸气是液态水汽化之后形成的无色无味气体。在特定温度下，当空气中的水蒸气达到其在该温度下的饱和蒸气压时，水蒸气即开始凝结成极微小的液滴，弥漫在空气中形成雾气。当空气中弥漫的雾气遇到透明固体表面，即可进一步在固体表面凝结、成雾，影响基材的透明度。需要注意的是，即使空气中的水蒸气分压未达到饱和蒸气压时，其在遇到低温固体基材表面时，也会迅速在固体基材表面凝结，形成雾气。例如，冬天从室外进入室内，眼镜镜片的温度远低于室内温度，室内的水蒸气在接触到低温眼镜镜片时会迅速凝结、成雾。在天气晴朗的深秋早晨，即使空气中的湿度尚未达到水蒸气的饱和蒸气压，在小草、灌木等植物的叶子上常常能观察到晶莹的露珠，这是由空气中的水蒸气遇到低于空气温度的叶子表面而凝结、成雾及聚并而形成的。因此，归纳起来水蒸气在固体表面成雾只需满足以下两个条件之一：①特定温度下，水蒸气在空气中已经达到饱和蒸汽压；②水蒸气遇到比其温度低的固体表面[2]。

图片
露珠

目前，已经有多种手段可以防止雾气形成或者快速除雾。在家居设计中，为了避免浴室镜子起雾，可以在镜子背面安装电阻丝，通过加热的方式将镜面温度升高，阻止雾气形成。在汽车后视镜上，也可以通过安装电阻丝加热的形式，防止形成雾气。此外，当汽车前挡风玻璃形成雾气之后，一般是采取吹高速热风的形式，将雾气快速吹散。毫无疑问，以上防雾或者除雾方式需要消耗大量的能量，产品价格也较贵，且很难应用到缺乏电源供应的基材中。因此，通过物理或者化学的手段改变固体基材的表面性质，阻止雾滴在固体表面凝结、生长就成为必经之路[3]。

为了赋予固体基材表面防雾性能，一般主要有两种策略，即对固体基材表面进行亲水处理或者疏水处理[4]。对固体基材表面进行超亲水处理，可以将水蒸气在固体基材表面凝结的雾滴快速铺展成极薄的水膜，避免雾滴对光的散射、折射，从而起到防雾效果[5,6]。另外一种策略是对固体基材表面进行超疏水处理，阻止水蒸气在基材表面雾化或者使雾化后的水滴能够从基材表面快速滑落。

近二十年来，超疏水材料在学术领域得到了广泛的研究，尤其是国内的科研人员在这一领域处于领先地位[3,7-10]。

然而，在防雾涂料领域疏水表面及疏水材料并未取得广泛的工业化应用，尚无工业化的产品采取此策略。这主要是由于两方面的原因。第一，学术文献所开发的超疏水表面通常需要设计复杂的微观结构，加工困难，成本高昂，极易失效；此外，绝大多数超疏水材料极难成膜。第二，超疏水表面在实际的防雾测试中并未展现出优异的防雾、除雾效果，即使在聚四氟乙烯表面，雾气仍旧可以形成，并且超疏水表面所具有的精细结构在实际使用中极易损坏，难以取得广泛的工业应用。

拓展阅读 4-1
中国科学家超疏水材料研究破吉尼斯世界纪录

目前取得广泛应用的是对固体基材的表面进行亲水改性，利用防雾剂、防雾涂料等，使雾滴能够在基材表面快速铺展以形成极薄的液膜，从而阻止雾气的形成。因此，在下面的章节中，将以亲水性防雾涂料为主，对疏水性防雾涂料将不再叙述。

4.1.2 防雾涂料的发展历史

虽然诸多领域一直对透明基材的防雾功能有旺盛的需求，但是高效防雾剂及防雾涂料开发难度极大，防雾涂料直到 20 世纪 60 年代才得到系统开发。20 世纪 60 年代，美国国家航空和航天局（NASA）在进行第七次载人航天任务时，飞行员尤金·塞尔南（Eugene Cernan）报告在执行出舱任务时，其头盔面罩上有雾气形成，影响出舱活动[1]（图 4-2）。在此之后，美国及全球的科学家们在充沛研究资金的支持下相继开发了多种类型的防雾涂料。

图 4-2 宇航员出舱活动

面罩上起雾会导致宇航员完全看不清楚舱外情况，造成安全隐患

拓展阅读 4-2
双子座航天计划与防雾涂料研究

早期的防雾剂主要是小分子表面活性剂，如烷基苯磺酸、烷基内胺盐、脂肪酸甘油酯、脂肪烷醚磺酸盐等。当固体基材表面吸附一层表面活性剂分子后，将会改变固体基材的表面润湿性，使水滴的接触角趋近于 0°，实现防雾效果（在本书第 3 章“自清洁涂料”中详细讲解了固体基材表面的润湿性基本原理，此处不再赘述）。例如切一小块家用肥皂，将其用温水泡开，以肥皂水涂覆到浴室镜子上，镜面将具有一定的防雾效果。洗澡产生的高温水蒸气在遇到镜面之后将会直接铺展开，形成极薄的水膜，从而不会成雾。这类防雾剂具有明显的优点，即原材料廉价易得、无需开发新材料、工艺简单。然而小分子防雾剂的缺点也非常明显，小分子表面活性剂只是短暂吸附在固体基材表面，无法形成完整的薄膜，很容易被水分带走，在短时间内即失去了防雾效果。如果在亲水性组分中加入低挥发组分或者成膜物，那么涂料的防雾时效将会大幅延长。例如，在肥皂水中加一些乙二醇/丙三醇，将其施涂到镜面上，将具有数天的防雾效果。然而，这仍旧无法满足长期的防雾需求。

随着现代高分子工业的发展，基于亲水性树脂的防雾涂料在 20 世纪 80 年代越来越得到重视，逐渐成为防雾涂料的主流，在航空航天、医疗、农业及日用品等领域取得了日益广泛的应用。我国在 20 世纪 80 年代开始研发防雾涂料，主要集中在建筑、航天等领域的科研院所，也取得了不少成就。防雾涂料作为一种功能涂料，需要具备高效的防雾性能，并兼具优异的综合基础性能，具有用量少、附加值高的特点。防雾涂料的应用场景难以一概而论，大型的树脂企业和涂料公司极少有专门的业务部门针对防雾涂料进行定向开发，仅有少数几家公司提供防雾树脂可供选择。

需要指出的是，现在防雾涂料的开发难度是远高于早年的宇航员面罩防雾研究的，这是因为现在防雾涂料的应用场景对涂料基本性能的要求较高。例如，实验室用护目镜是保障实验人员眼睛安全的重要护具，但是护目镜起雾使得佩戴人员的舒适度大幅降低，导致很多实验人员不愿意佩戴。开发适用于护目镜的防雾涂料就需要考虑涂层的耐磨性，这是因为实验人员会经常擦拭护目镜，并会把护目镜随手插到实验服口袋中，这都会导致护目镜与其他物品摩擦。如果防雾涂料没有足够的耐磨性，那么护目镜的防雾性能将在中短期内大幅降低，甚至毫无防雾效果。目前，防雾涂料已经朝着多功能化（耐磨、抗反射等）、高耐久、高性能及环保等方向快速发展。

图片
实验室护目镜

4.2 树脂基防雾涂料

涂料的主要组分由功能树脂、溶剂、填料及助剂等组分构成。对于防雾涂料而言，功能树脂及助剂是防雾涂料的核心原材料。对于透明基材上施涂的防雾涂料，填料通常是不需要的。普通的涂料用填料会使涂层失去透明性，只有使用特种纳米填料才能不影响涂层的透明性。防雾涂料领域常用的防雾功能树脂主要有聚乙烯醇、聚乙二醇、丙烯酸树脂、聚氨酯、乙烯-醋酸乙烯共聚物、丙烯酸-氨基甲酸乙酯共聚物及壳聚糖等合成或者天然高分子[11]。一方面这些树脂可以提供良好的成膜性，另一方面可以在树脂结构中方便地引入亲水性基团，使雾滴在涂层表面快速铺展，从而达到防雾的效果。

4.2.1 水性防雾涂料

随着国家环保政策对涂料中 VOCs 的排放要求日益趋紧，溶剂型涂料的应用逐渐受限。水性涂料是以水作为主要溶剂的涂料体系，主要有乳胶型、水分散型及水溶型涂料等类型，已经在木器、建筑及工业涂料等领域取得了广泛的应用。在工业涂料领域，水性涂料的占比接近 40%。在汽车涂料及建筑涂料领域，水性涂料的占比已经接近 50%。因而，基于水性树脂开发防雾涂料具有广阔的市场前景，符合环保涂料的发展方向，已经在学术文献、专利及商业化涂料产品中得到广泛报道和应用。

早期水性防雾涂料的配方中，通常是直接在在原有的水性涂料配方中，直接加入与树脂体系相容性好的表面活性剂，实现防雾效果[9]。例如在涂料配方中加入聚氧化烷烃醚、烷基苯磺酸、聚氧化烷烃胺等表面活性剂，这会大幅提升涂层的防雾性能，并具有一定的耐久性。然而，这些表面活性剂分子并非通过共价键参与到涂层成膜中，在使用过程中表面活性剂分子会逐渐流失，使得防雾性能逐渐消失。所以，现在直接通过表面活性剂复配的方式制备水性防雾涂料已经退出了主流行业技术路线，转而以亲水性树脂及相应的交联剂为主要成膜物[12]。

拓展阅读 4-3
丙烯酸乳液聚合物发展简史

乳液聚合物是乳胶漆的主要成膜物，在建筑涂料、木器涂料等领域应用广泛。如果能在乳液聚合的过程中引入高亲水性单体，那么将能够提升乳液聚合物的防雾性能。含有羧基、羟基及氨基类的乙烯基及丙烯酸酯基单体在乳液聚合体系中能够提供良好的亲水性，在防雾涂层领域已经有不少研究。二甲基二烯丙基氯化铵（DADMAC）是含有季铵盐的一类水溶性单体，将其引入乳液聚合体系中，不仅能够提升涂层的防雾性能，还可以赋予涂层一定的抗菌性。然而，由于 DADMAC 带有正电荷，其不能直接应用到传统的乳液聚合体系中，需要使用带有正电荷的引发剂及表面活性剂，防止在聚合过程中出现凝聚现象。以偶氮二异丁脒盐酸盐和十六烷基三甲基氯化铵分别为乳液聚合物体系的引发剂和稳定剂，制备了丙烯酸酯基的防雾涂料体系。研究表明，当在聚合体系中引入约 4%（质量分数）的 DADMAC 单体时，涂层的防雾性能较为优异。虽然持续提高 DADMAC 单体的含量能够继续提升防雾性能，但是 DADMAC 在乳液聚合体系中会导致体系凝胶，难以进一步提升 DADMAC 单体的含量。为了解决这个问题，可以在聚合体系中进一步引入甲基丙烯酸羟乙酯作为亲水性单体，进一步提升涂层的防雾性能。总之，基于乳液聚合体系制备防雾涂料是一种比较简便、易得的策略，但是乳液聚合对单体的要求较高，导致防雾涂层的性能可调节空间有限。因而，利用水溶性的高分子实现涂层的防雾性能成为另外一种可行的策略[10]。水溶性高分子，如聚乙烯吡咯烷酮（PVP）、聚乙烯醇（PVA）、聚乙二醇（PEG）及聚丙烯酸（PAA）等均可通过各种方式引入到防雾涂料配方中，提升涂层的防雾性能[13,14]。

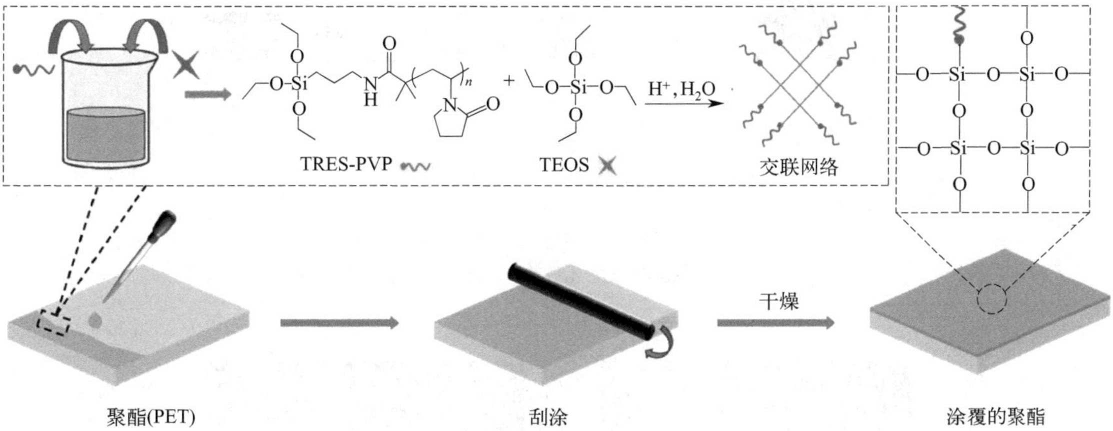

图 4-3　聚乙烯吡咯烷酮/硅氧烷复合防雾涂层的制备路线图

通过将 PVP 引入到水性涂料配方中，将赋予涂层优异的防雾性能。首先基于 4-氨基丙基三乙氧基硅烷（APTES）制备 APTES-Br 型自由基引发剂，利用该引发剂，以 *N*-乙烯基吡咯烷酮为单体，制备硅氧烷修饰的聚乙烯吡咯烷酮（TRES-PVP），该聚合物具有良好的水溶性[15,16]。进而，将 TRES-PVP 与正硅酸四乙酯（TEOS）进行共缩聚，即可得具有有机-无机杂化结构的聚合物交联网络（图 4-3），同时 PVP 能够赋予涂层优异的防雾性能。聚对苯二甲酸乙二醇酯（简称聚酯，PET）板材的本征水接触角在 85°左右，施涂该涂层可以大幅降低水接触角到 10°以下（图 4-4）。

分别将 PET 薄膜及涂覆含有 TRES-PVP 涂层的 PET 薄膜置于 80℃热水上方可以发现，未涂覆涂层的 PET 薄膜在短时间内即积聚明显雾气[图 4-5(a)]，而涂覆涂层的 PET 薄膜在长时间内没有雾气出现[图 4-5(b)]，这充分说明该涂层具有优异的防雾性能[12]。

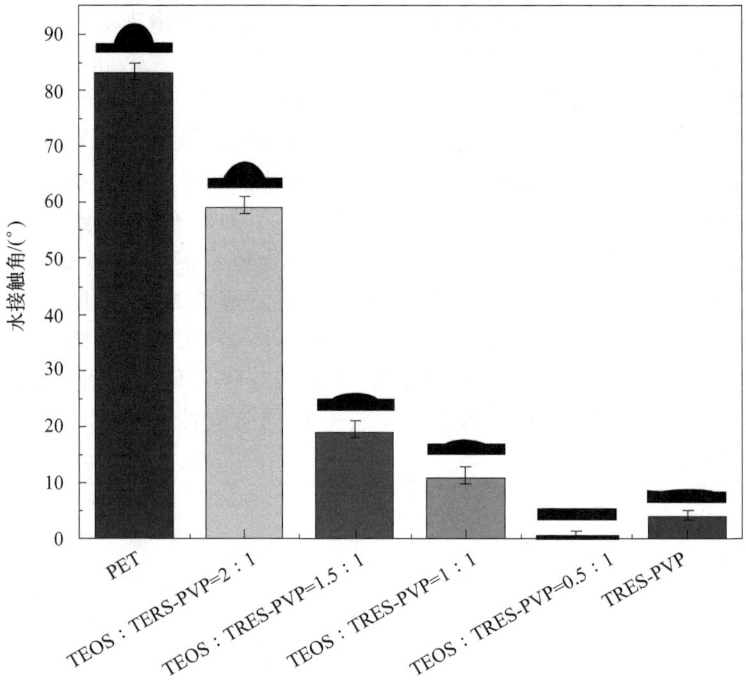

图 4-4　PET 板材及施涂涂层板材的水接触角

当 TEOS：TRES-PVP 的比例为 0.5：1 时，接触角最低

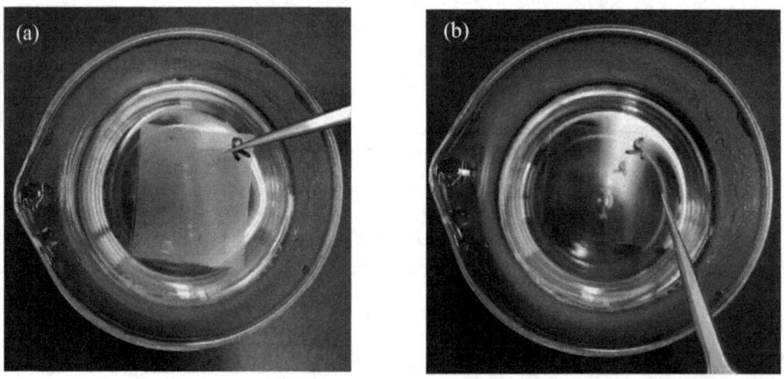

图 4-5　无涂层 PET 薄膜（a）及涂层 PET 薄膜（b）的防雾性能测试

PVA 和 PAA 均具有良好的水溶性。PVA 可以单独成膜，但 PVA 膜的亲水性不足，而 PAA 成膜性不佳。可以将 PVA 与 PAA 以一定比例溶解在水中，然后再于 140～150℃条件下加热，促进 PVA 的羟基与 PAA 的羧基之间的氢键作用，乃至发生酯化反应，得到具有防雾性能的涂层。如图 4-6(a) 所示，将该涂层涂覆到玻璃片上之后，玻璃片在可见光波段的透光率有所降低，但是仍旧在 85%以上，并且该涂层具有较好的耐擦拭性[图 4-6(b)]。将玻璃片放置到－6℃的冰箱中 24h 之后拿到室温环境中，涂覆涂层部分没有雾气生成，而未涂覆涂层部分有明显的雾气。需要说明的是，该涂层具有较好的耐擦拭及耐剥落性能，在多次擦拭及用胶带剥落之后，涂层仍具有较好的防雾性能[图 4-6(c)、(d)]。

拓展阅读 4-4
接触角测试方法

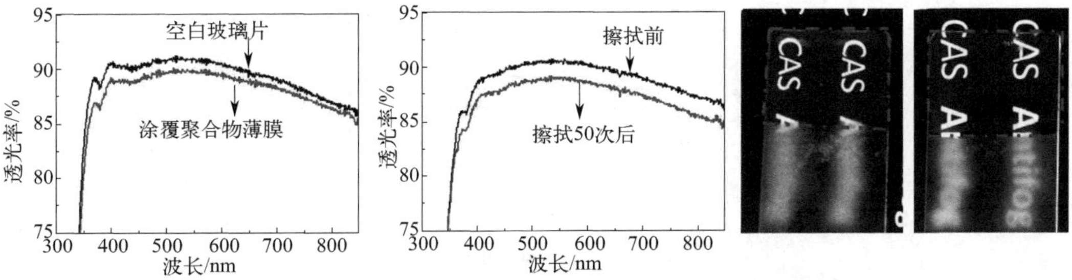

(a) 玻璃片与涂有防雾涂料的玻璃片的可见光透光率　(b) 涂有涂层的玻璃片及其在擦拭50次之后的可见光透光率　(c) 擦拭50次之后涂层的防雾效果　(d) 胶带剥落100次后涂层的防雾效果

图 4-6　玻璃片防雾效果测试

丙烯酸-2-丙烯酰胺-2-甲基丙磺酸（AMPS）及丙烯酸（AA）单体具有良好的水溶性，可以利用自由基聚合在水溶中方便地得到两者的共聚物聚（丙烯酸-2-丙烯酰胺-2-甲基丙磺酸-*co*-丙烯酸[p(AMPS-*co*-AA)][图 4-7(a)][17]。在聚合体系中引入少量 N,N'-亚甲基双丙烯酰胺（BIS）进行交联，可以适当提高 p(AMPS-*co*-AA）的分子量，有助于涂料成膜[图 4-7(b)]。首先，为了探究其是否适合作为防雾涂料，研究了涂层对玻璃片的透光率的影响。在施涂涂层之后，玻璃片的透光率有所降低，但是其值仍旧较高，仍可认为玻璃具有高透明度（图 4-8）。进一步的防雾测试表明，pAMPS 涂层在玻璃片上的防雾效果较差，而 p(AMPS-*co*-AA）涂层则具有较好的防雾效果（图 4-9）[18]。

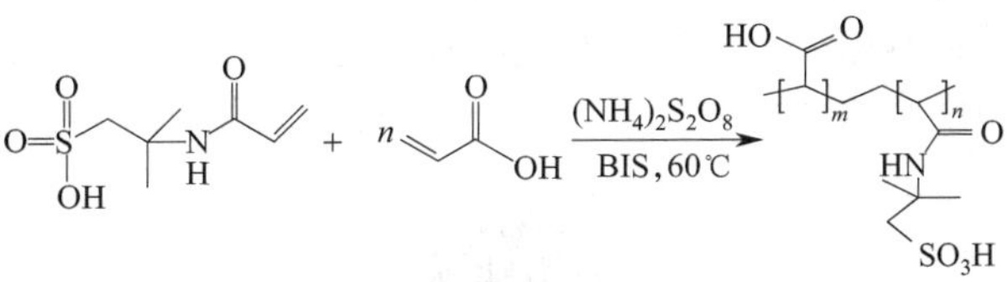

(a) 聚(丙烯酸-2-丙烯酰胺-2-甲基丙磺酸-*co*-丙烯酸)的合成路线

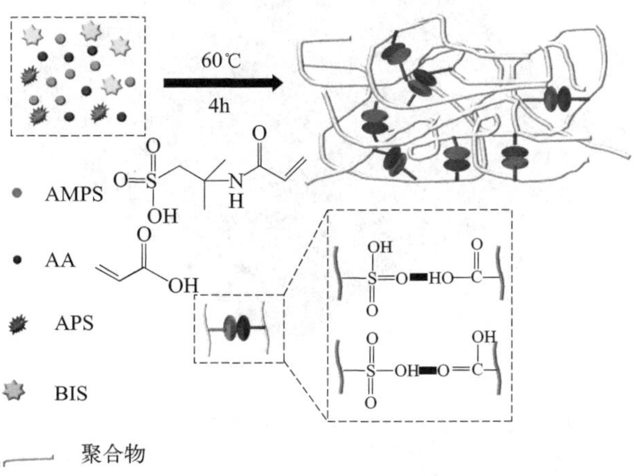

(b) 交联聚(丙烯酸-2-丙烯酰胺-2-甲基丙磺酸-*co*-丙烯酸)的合成路线

图 4-7　p(AMPS-*co*-AA）及其交联聚合物的合成路线

此外，天然高分子材料在防雾涂料方面也有一定的应用。壳聚糖是从甲壳素中提取的生物多糖，在甲壳类动物及真菌细胞壁中广泛存在[19]。壳聚糖的 pK_a 为 6.5，能够在 pH 低于 6.0 的水溶液中溶解，从而提供成膜的可能性。将 2.0%（质量分数）的壳聚糖溶液逐步滴加到月

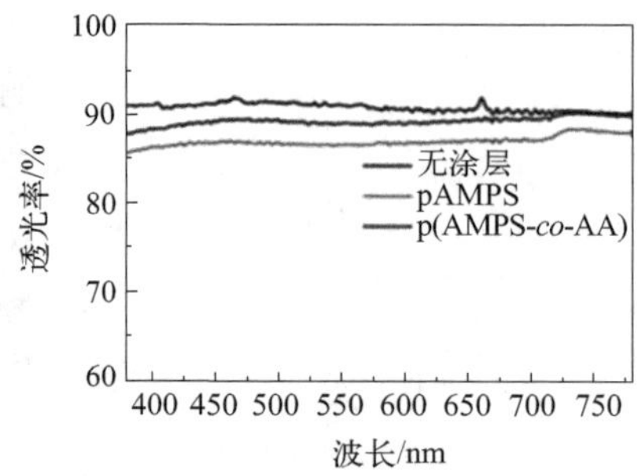

图 4-8 无涂层、涂覆 pAMPS 及 p(AMPS-*co*-AA) 涂层的玻璃片的可见光透光率

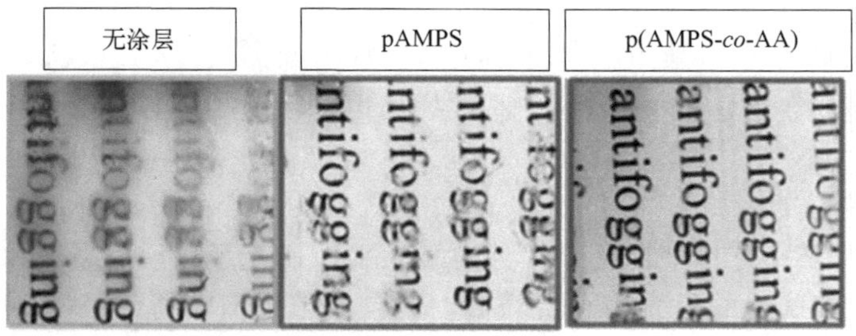

图 4-9 无涂层、pAMPS 涂层及 p(AMPS-*co*-AA) 涂层玻璃片的防雾效果

桂醇聚醚硫酸酯钠（SLES，Texapon N70）溶液中，两者之间可以通过正负电荷异相凝聚得到成膜性佳的涂料配方。通过原子力显微镜表征发现，壳聚糖/SLES 复合物所形成的涂层具有分区明显的微纳尺度的粗糙结构（图 4-10），这有利于提高涂层的防雾性能。

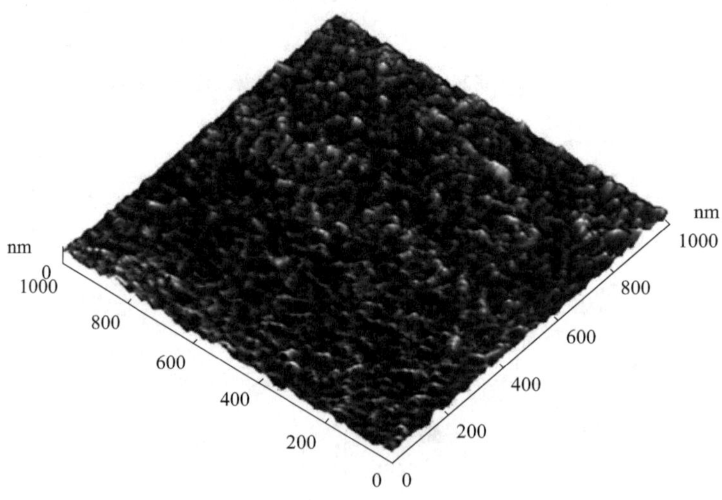

图 4-10 壳聚糖/SLES 涂层的原子力显微镜照片

由于壳聚糖/SLES 涂层的粗糙度远小于可见光的波长，因而涂层的透明度不会受到影响。将涂覆有壳聚糖/SLES 涂层的玻璃板放置到−18℃的冰箱里面 3h，在从冰箱中取出来之后，涂覆有壳聚糖/SLES 涂层的玻璃板可见光透光率在五分钟内可保持在 90%以上。依据 ASTM-F659-06 的防雾测试方法，壳聚糖/SLES 涂层在多次冻融循环之后，透光率仍在 90%以上（图 4-11）。需要指出的是，SLES 是水溶性极佳的表面活性剂分子，其在复合涂层中的含量不可太高，否则其吸水将降低涂层的透光率。一般而言，在配方制备过程中，

SLES 的浓度不可超过 0.1mol/L，否则涂层会发生水白等现象，透明度大幅降低，将无法作为防雾涂层使用[20,21]。

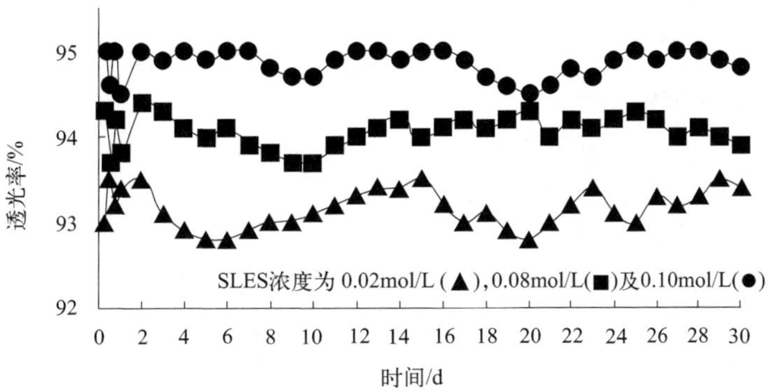

图 4-11　壳聚糖/SLES 涂层的 30 天透光率曲线

4.2.2　紫外光固化防雾涂料

以紫外（UV）光固化涂料为代表的辐射固化涂料具有高效、经济、环保、适应性广、节能等 5E 特性，已经在家具木器、电子、汽车等诸多领域取得了广泛的应用。随着 UV 光固化涂料应用场景不断扩展，UV 光固化防雾涂料也得到广泛研究，并取得了长足发展。必须在 UV 光固化涂料的树脂结构中引入含有大量磺酸基、羧基、羟基及乙氧基、酰胺基等亲水基团，才能使涂料具有防雾性能。

可以在 UV 光固化树脂中引入磺酸基，制成具有防雾功能的 UV 光固化树脂，其合成路线如图 4-12 所示[15,22]。首先，以甲基丙烯酸羟乙酯（HEMA）和异佛尔酮二异氰酸酯（IPDI）在乙酸乙酯（EAC）中反应，得到异氰酸酯基丙烯酸羟乙酯（HIp）。之后，以 2-丙烯酰胺基-2-甲基丙磺酸（AMPS）、HEMA、2-乙基己基丙烯酸酯、甲基丙烯酸甲酯为单体，在偶氮二异丁腈（AIBN）的引发下制备可 UV 光固化的丙烯酸酯寡聚物（PHEMA）。进而，将 HIp 的残余异氰酸酯基与上述丙烯酸酯寡聚物上的羟基进行反应得到具有氨基甲酸酯基团丙烯酸酯寡聚物（U-PHEMA）。以该寡聚物为基体树脂，以己二醇二丙烯酸酯、乙氧基化三羟甲基丙烷三丙烯酸酯等为活性稀释剂，辅以其他助剂，配制一系列光固化涂料配方，并将其施涂到玻璃或者塑料基材上。其中，对 AMPS 在合成工艺中的含量（质量分数）从 1.0% 到 10% 进行调控，从而可以探明 AMPS 对 UV 光固化涂层防雾性能的影响[23]。

透明度是防雾涂料应用的关键指标之一。在基材表面施涂 UV 光固化防雾涂料之后可以发现，无论是玻璃基材还是塑料基材，基材的透明度都未受影响。在 400～800nm 可见光范围内，可见光的透光率均可达 80%以上（图 4-13）。

研究表明，AMPS 在光固化树脂寡聚物及整个配方中的含量对于 UV 光固化涂层的防雾效果具有直接的影响。当体系中 AMPS 的含量（质量分数，下同）高于 7.0%时，涂层才具有良好的防雾效果。如图 4-14 所示，为含有 8.0% AMPS 树脂寡聚物所制备的光固化涂层，在热蒸汽下具有良好的防雾效果[图 4-14(a)]。同样的，在冷蒸汽的条件下，涂层亦有良好的防雾效果[图 4-14(b)]。在涂料配方中，如果树脂寡聚物的含量低于 50%，那么固化的涂层将不具有防雾效果。这充分说明涂层中 AMPS 即亲水组分的含量，是赋予涂层防雾性能的关键组分。

除了以磺酸基作为亲水组分，还可以在 UV 光固化树脂结构中引入铵盐作为亲水性组

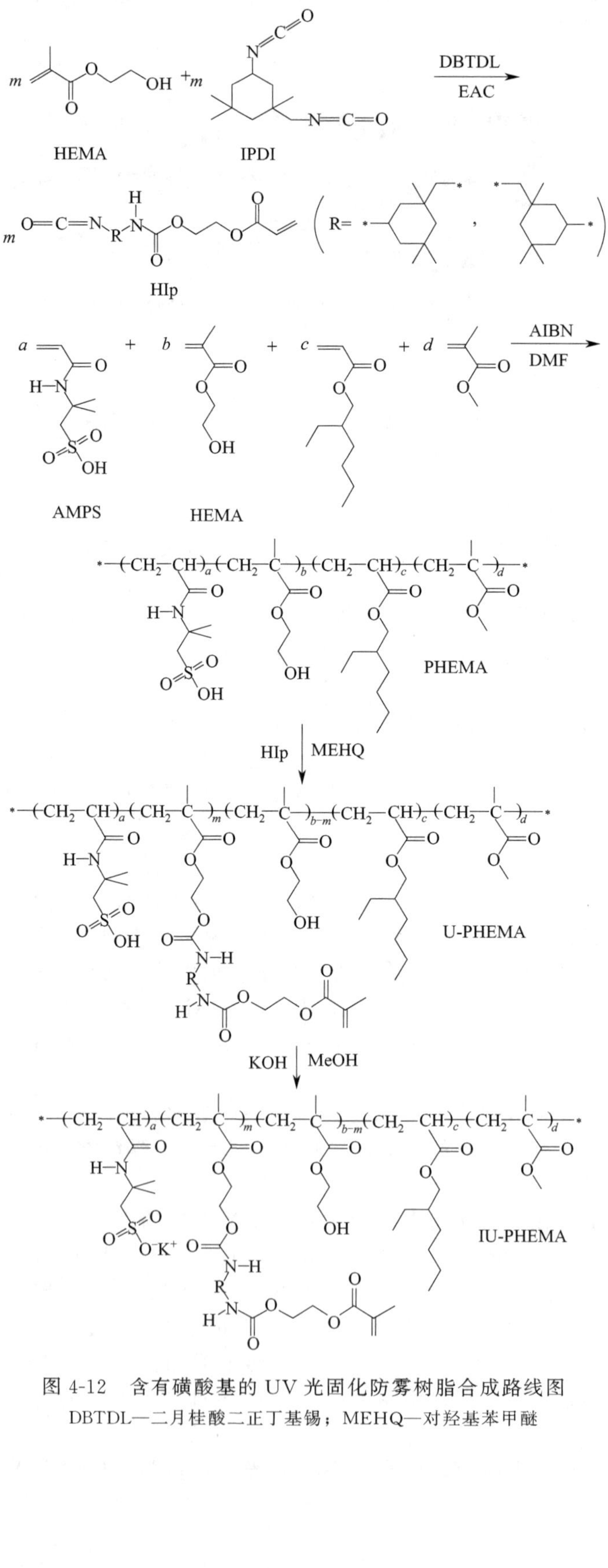

图 4-12 含有磺酸基的 UV 光固化防雾树脂合成路线图

DBTDL—二月桂酸二正丁基锡；MEHQ—对羟基苯甲醚

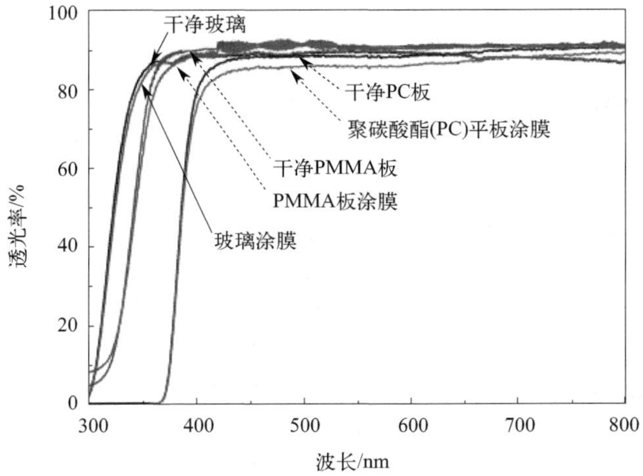

图 4-13　施涂防雾涂料 PMMA、PC、玻璃基材的可见光透光率

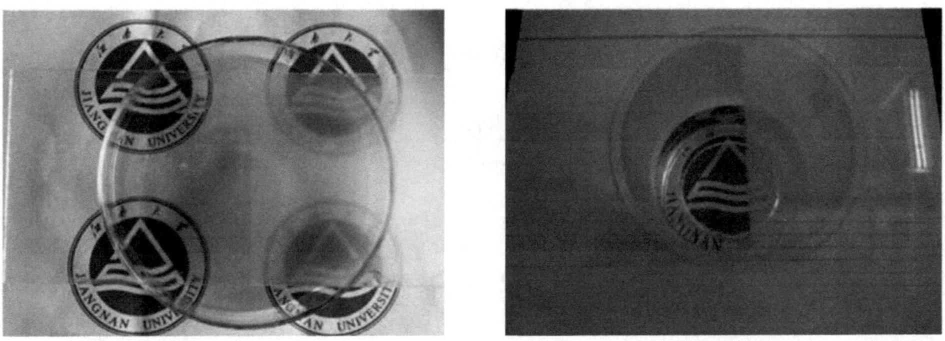

(a)热蒸汽　(b)冷蒸汽

图 4-14　含有 8.0% AMPS 光固化涂层的防雾效果（左侧施涂）

分，制备 UV 光固化防雾涂料[19]。首先以乙醇胺为起始原料，与含有十二或者十四个碳原子的缩水甘油醚进行反应，以氨基对环氧基团进行开环，将氨基的活泼氢全部反应，得到缩水甘油醚改性乙醇胺。进一步地，用硫酸二甲酯处理缩水甘油醚改性乙醇胺，得到含有大量羟基的季铵盐化合物（AS）（图 4-15）。在 AS 化合物中，其季铵盐结构具有极强的亲水性，而羟基将作为活性基团，利于进行光敏寡聚物设计。为了设计能够进行 UV 光固化的寡聚物树脂体系，首先用 IPDI 与季戊四醇三丙烯酸酯（PETA）反应，得到具有单异氰酸酯结构的三丙烯酸酯寡聚物。进一步地，利用 AS 单体上的羟基与上述产物的异氰酸酯反应，得到具有光敏活性与亲水性的三官能团丙烯酸酯单体（UV-UAO）（图 4-16）[24]。

将上面制备的含季铵盐光敏寡聚物作为防雾功能组分加入到光固化涂料配方中，在聚碳酸酯（PC）基材表面刮涂厚 20μm 的光固化涂料进行快速固化，系统研究该功能组分对涂层防雾性能的影响。如果未添加该功能组分，光固化涂层的表观接触角有 60°左右；在添加适当 UV-UAO 组分之后，水滴在光固化涂料表面的接触角可降低至 5°左右，这说明该涂层将具有较好的防雾效果。实验结果同样表明，无论是在热蒸汽条件下还是将试样从－20℃冰箱中取出，该涂层的防雾效果都极其优异（图 4-17）。在将样板从－20℃的冰箱取出后，未施涂层的聚碳酸酯一侧立即起雾，而有涂层的一侧则没有起雾现象[图 4-17(a)]。将样板置于 80℃热水上方，可以观察到未施涂涂层的一侧明显起雾，而有涂层的一侧则没有起雾[图

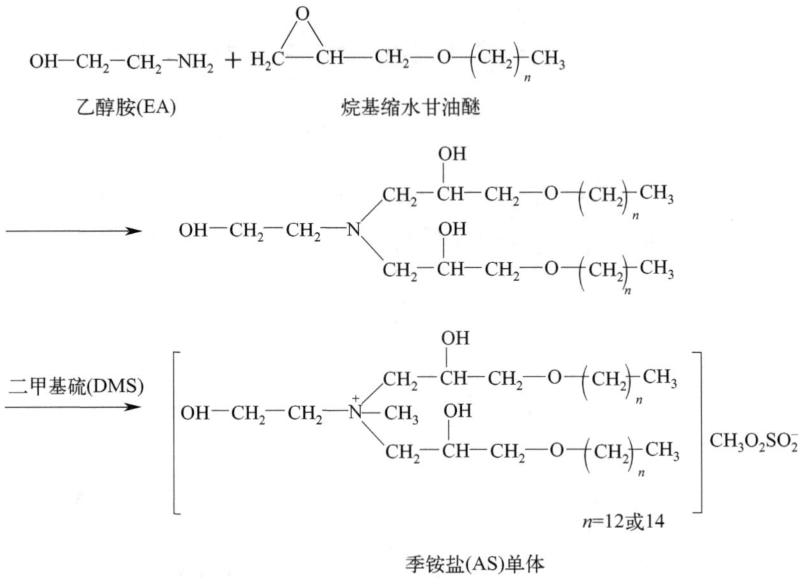

图 4-15 含季铵盐单体的合成路线

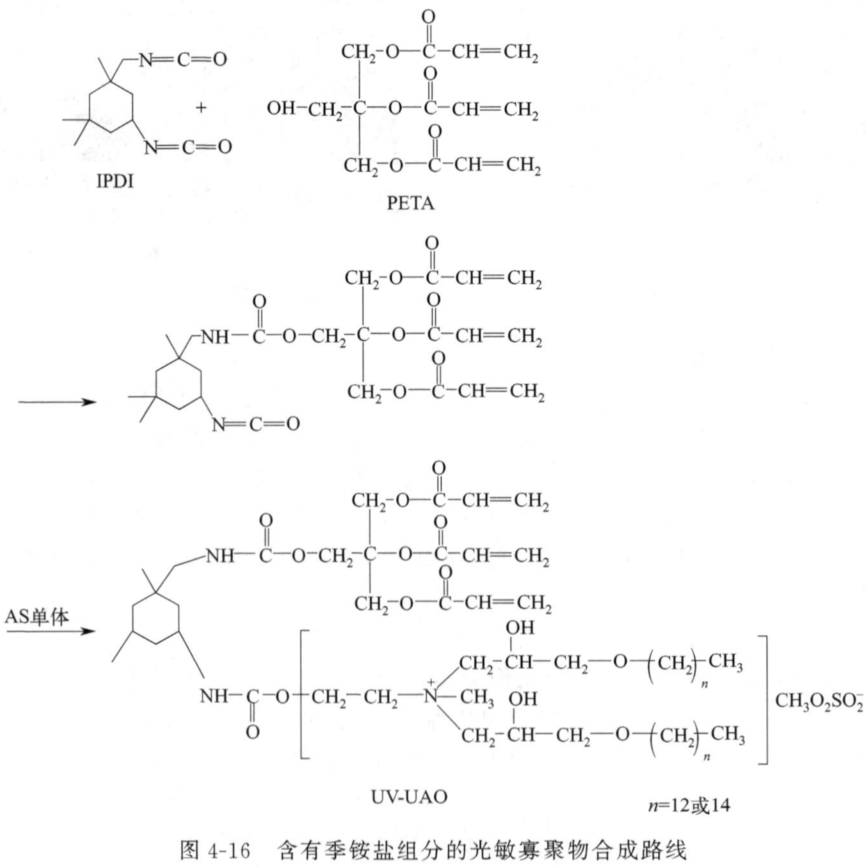

图 4-16 含有季铵盐组分的光敏寡聚物合成路线

4-17(b)]。这说明在涂料配方中引入可聚合的季铵盐作为亲水组分，能够赋予 UV 光固化涂层优异的防雾性能。

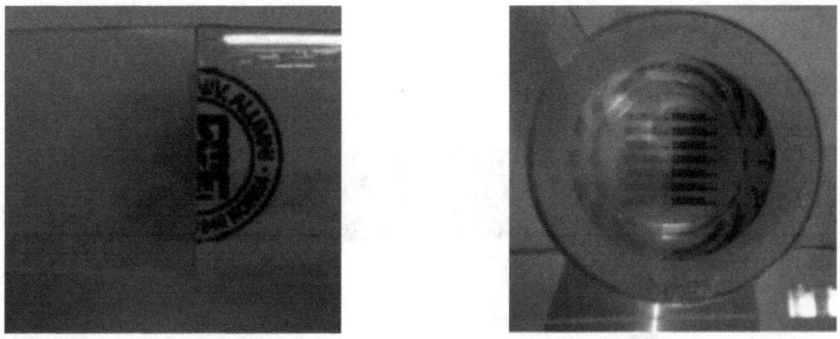

(a)从-20℃冰箱中取出的试样　　(b)在热蒸汽下的试样

图 4-17　防雾效果（右侧涂覆涂层）

然而，在 UV 光固化涂料配方中引入太多亲水性基团会导致涂层的耐水性及附着性能有所降低，因而考虑首先在玻璃表面引入光敏基团，继而进一步与光敏树脂反应，制备亲水性涂层[25]。如图 4-18 所示，干净玻璃表面首先用氢氧化钠溶液进行彻底清洗，在其表面施涂一层 4-（甲基丙烯酰氧基）丙基三甲氧基硅烷（MPS）。4-（甲基丙烯酰氧基）丙基三甲氧基硅烷会在玻璃表面水解，并进一步与玻璃表面的硅羟基进行缩合，在玻璃表面引入光敏丙烯酸酯基团。进而，将丙烯酸酯季铵盐作为光敏防雾剂加入到光固化涂料配方中制备防雾光固化涂料，并施涂到处理好的玻璃表面。这一方面可以增加 UV 光固化涂层与玻璃基材的附着力，另外一方面可以降低丙烯酸酯季铵盐在整个涂料配方中的用量，维持优异的涂层基础性能。

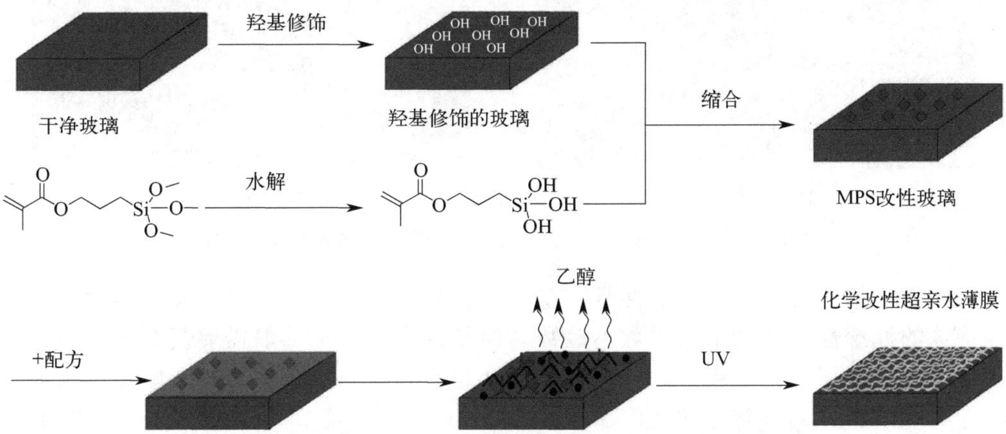

图 4-18　玻璃表面的光敏化修饰及防雾涂层的制备示意图

在将玻璃表面用氢氧化钠碱溶液处理之后，水滴在其表面的接触角较低，但是水滴无法直接铺展开。用 4-（甲基丙烯酰氧）丙基三甲氧基硅烷修饰之后，玻璃表面的接触角有所升高，这说明丙烯酸酯基团已经接枝到玻璃表面，玻璃的亲水性有所降低。在施涂防雾涂料之后，水滴在接触涂层的 2.5s 之内已经在涂层上完全铺展（图 4-19）。如图 4-20 所示，将无涂层的玻璃载玻片样品从－18℃的冰箱中取出到室温环境之后，无涂层的样品表面迅速成雾，而有涂层的玻璃载玻片样品的透明度仍旧不受影响。需要注意的是，水蒸气在低温固体表面仍旧在凝结，只是由于雾气在涂层表面能够迅速铺展，载玻片的透明度不受影响。

除了以上的策略，还有很多方式可以在 UV 光固化寡聚物及单体的树脂结构中引入羧基、硫酸根等亲水性基团以实现防雾效果，在此不再一一赘述。在第 3 章自清洁涂料中提

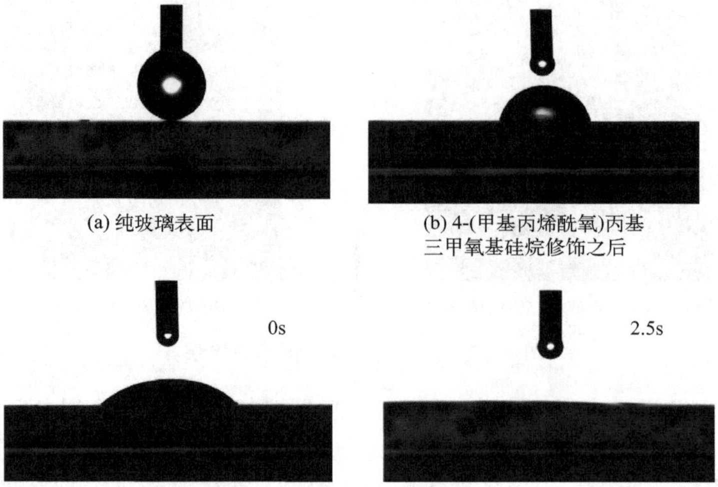

(a) 纯玻璃表面　　(b) 4-(甲基丙烯酰氧)丙基三甲氧基硅烷修饰之后

0s　　2.5s

(c) 施涂光固化防雾涂层的玻璃表面

图 4-19　水滴在玻璃表面的接触角

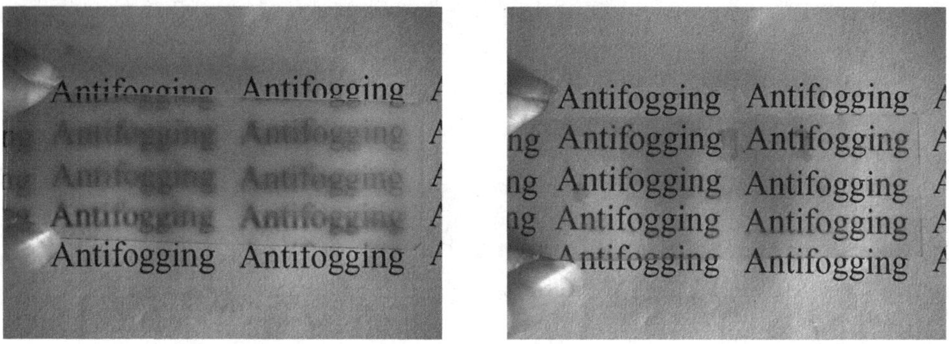

(a) 无涂层　　(b) 有涂层

图 4-20　刚从冰箱（－18℃）取出来的两片玻璃载玻片样品

到，涂层的微观结构对涂层的润湿性具有重要的影响。近年来，基于基材表面微结构设计从而实现特殊的润湿性在文献报道中数不胜数，但是这类微结构一般需要复杂的工艺条件，难以作为功能涂料获得广泛应用。一种可行的策略是，在涂料配方中，加入能够产生表面微结构的防雾功能填料，制备防雾功能涂层。如图 4-21 所示，将二氧化硅（SiO_2）粒子与聚苯乙烯微球进行静电组装，得到具有二级粗糙度的复合颗粒。首先将具有二级粗糙度的复合颗粒喷涂在涂层表面，并立即对 UV 光固化涂层进行固化，就可以得到表面具有多级结构的

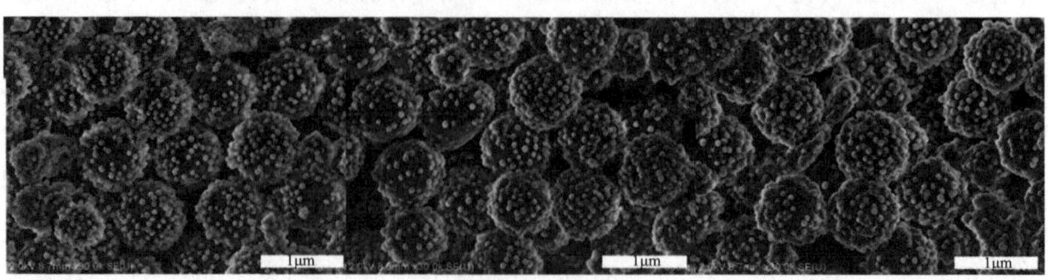

(a) 初始状态　　(b) 在水中超声30min　　(c) 在乙醇中超声30min

图 4-21　具有二级粗糙度的 SiO_2@聚苯乙烯复合颗粒

光固化涂料。研究结果表明，随着 SiO_2@聚苯乙烯复合颗粒在涂层配方中的含量（质量分数）从 2%提升到 6%，涂层的接触角逐渐从 19°降低到了 5°左右，这说明涂层具有优异的亲水性（图 4-22）。防雾实验结果表明，即使涂料配方中仅使用传统疏水的光敏寡聚物和活性稀释剂，通过该策略，涂层也将具有一定的防雾效果[26]。如图 4-23 所示，将无涂层和有涂层的玻璃盖玻片放置在 80℃热水上方 5min 之后，移到黑色背景下观察，可以发现无涂层的玻璃盖玻片的雾气已经非常明显，而有五层的玻璃盖玻片几乎没有雾气

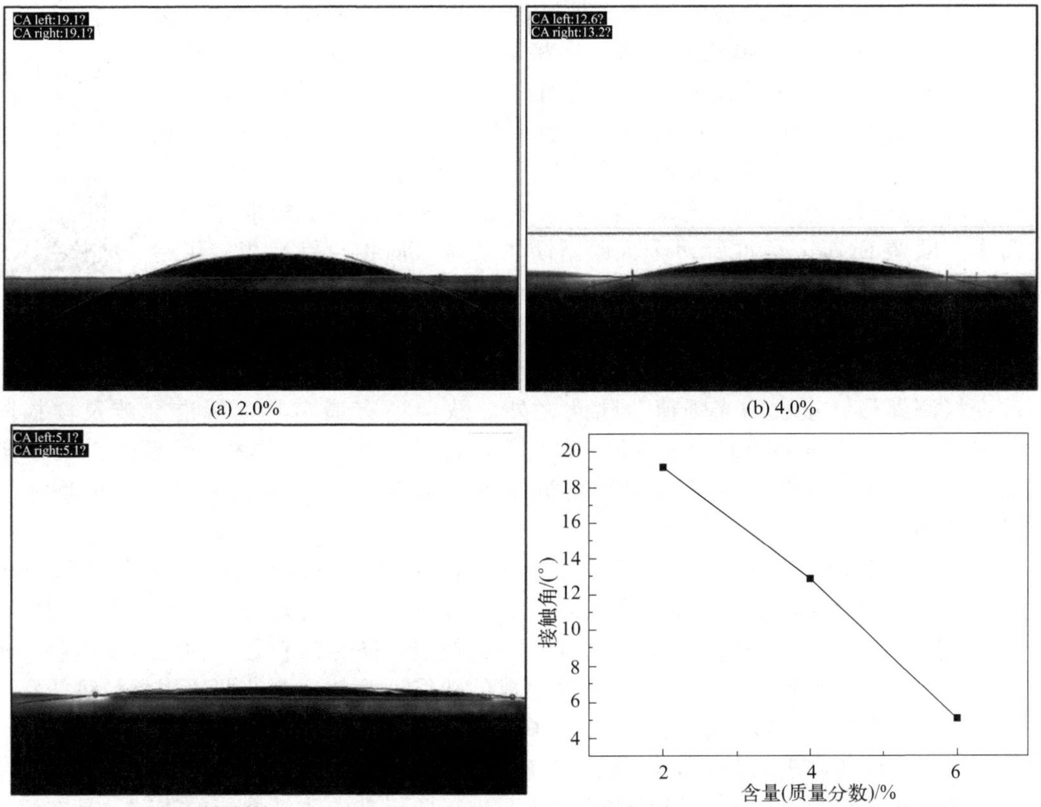

(a) 2.0%　(b) 4.0%　(c) 6.0%　(d) 接触角随复合颗粒含量的变化

图 4-22　表面含有 SiO_2@聚苯乙烯复合颗粒的光固化涂层接触角

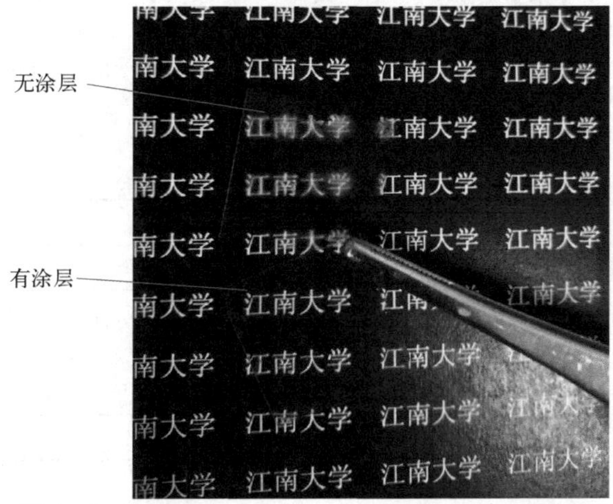

图 4-23　覆盖在 80℃热水上方的玻璃盖玻片清晰度

4.3 防雾涂料的测试方法

长期以来，我国是没有防雾涂料的国家标准的。在现有的文献研究中，比较简便易行的防雾性能测试有两种，即在上文中数次提到的，热蒸汽测试与冷-热测试。所谓热蒸汽测试，即将样板放置在热水浴上方一段时间，观察水蒸气是否会在样板上成雾。所谓冷-热测试，即将样板先置于冰箱中（−18℃或者−20℃）一段时间，然后取出到室温环境中，观察样板是否会起雾。这些简易的测试非常容易操作，是探究涂层是否有防雾效果的简便手段，然而这些简易的测试方法无法满足涂料行业对于标准化的测试的需求。欧盟 EN166 标准针对个人眼睛防护装备（即护目镜）规定了诸多参数，其中包括个人佩戴之后，必须满足 8s 以上 80％的透光率要求，才可获得欧盟防雾的相关认证。欧盟 EN168 标准是针对眼镜的防雾测试方法，其基本原理是将样板放置在 50℃热水上方，如果样板表面成雾，那么将会改变激光的传播路径，从而改变探测器最终接收的光强值。除此之外，欧美还有诸多其他标准会涉及样板防雾性能的测试，如 ASTMD1004、ASTM F659 等，此处不再一一讲述。然而，针对防雾涂料方面的相关标准，无论是国际标准化委员会还是欧美主流标准化组织，目前都还没有相应的标准颁布。

视频
玻璃防雾测试

拓展阅读 4-5
防雾涂层性能要求
（HG/T 6270—2024
《防雾涂料》）

鉴于此，由中国石油和化学工业联合会提出、全国涂料和颜料标准化技术委员会（SAC/TC5）归口的防雾涂料行业标准（HG/T 6270—2024）对防雾涂料的各方面指标进行了初步规范，已于 2024 年 10 月 1 日正式实施。其规定，防雾涂料是一种施涂于塑料、玻璃等透明基材表面能够起到防止或者减轻雾气生成的功能性涂料，并按照应用领域将防雾涂料分成了四类，即Ⅰ型护目镜、眼镜等面部防护产品用防雾涂料、Ⅱ型车辆灯具用防雾涂料、Ⅲ型安防用监控设备内表面防雾涂料及Ⅳ型其他类型防雾涂料。在此不对详细的测试方法进行罗列，仅简要介绍涂料防雾性能的测试方法。该行业标准中防雾性能的测试，是在恒温高湿的条件下，通过人眼观察样板背后标准视力表的清晰度，从而判断防雾涂料的防雾等级。目前，防雾涂料的防雾等级可以分成 4 级，其中 1 级最高，4 级最低，具体评判标准见表 4-1。在实际的实验中，需要至少进行两次平行实验。如果两次测定结果相差一个防雾等级，以较好的防雾等级作为测试结果；如果两次测试结果相差超过一个防雾等级，需要重新开展测试。

表 4-1 防雾等级对照表

等级/级	判定依据
1	均匀水膜，完全透明，无水滴；视力表的清晰程度与试验前完全一致
2	5％以下面积的局部不均匀水膜，透明性较好，少量水滴形成；视力表发生轻微形变，50％以上面积视力表的清晰程度与试验前完全一致
3	40％以下面积的局部不均匀水膜，较多水滴形成；视力表字体发生明显形变
4	40％以上面积的不均匀水膜，基本看不清视力表

4.4 总结与展望

雾气在固体基材表面的凝结非常常见，尤其是在透明基材的凝结、成雾会在日常生活、工业生产等诸多领域造成诸多问题。虽然已经有一些工业化应用的策略可以防止或者去除雾气，防雾涂料无疑是最经济、简便及环保的一种形式。学术文献中报道的防雾策略极其多样，包括疏水型、光催化型、亲水型等等。然而，考虑到实际应用场景，目前唯一取得大规模工业应用的防雾策略即亲水性防雾涂料。本章系统介绍了防雾涂料的应用背景、雾气的形成机制及防雾策略，重点讲述了几种环保型亲水性防雾涂料的设计思路。对于防雾涂料而言，在树脂结构、配方设计等阶段引入含有磺酸基、季铵盐等亲水性组分是至关重要的。在引入亲水性组分之后，雾气在涂料表面能够快速铺展成极薄的水膜，从而能够阻止肉眼可见的雾气在涂层表面的生成。防雾涂料的发展趋势目前主要有三个[12]。第一，发展高耐水性防雾涂料。防雾涂料对雾气的铺展和吸收依赖涂料配方体系中的亲水组分，这会导致涂层整体的耐水性变差，出现水白、附着降低等涂层缺陷，限制了防雾涂料的应用。所以在设计防雾涂料配方的时候，需要平衡涂层的防雾性能与涂层耐水性之间的关系[27]；第二，发展高耐磨性防雾涂料。防雾涂料的应用领域通常会受到不断擦拭、磨损，涂层表面的防雾性能在短期即会大幅下降，甚至完全失去防雾效果[28]。第三，发展高耐久性防雾涂料。防雾涂料一般有一定的防雾时间，超过该时间，涂层可能会失去防雾效果，这是因为防雾涂料对雾气的铺展及吸收是有一定限度的[29,30]。如果防雾涂料长时间处于高湿环境，水蒸气以雾气的形式不断在涂层表面凝结、聚并，当防雾涂层无法进一步吸收或者及时将凝结水排出，将失去防雾效果[1,30]。因此，虽然已经有防雾涂料在诸多领域取得了广泛应用，防雾涂料仍旧有进一步的提升空间，需要从理论、工艺、原材料等诸多围度进行创新设计，提升其综合性能。

作业题

参考文献

[1] Abouzar G, Mehrdad N. Superwettability-based Systems: Basic Concepts, Recent Trends and Future Prospects for Innovation in Food Engineering [J]. Trends in Food Science & Technology, 2020, 104: 27-36.

[2] Parker A R, Lawrence C R. Water Capture by A Desert Beetle [J]. Nature, 2001, 414 (6859): 33-34.

[3] Hao Chen, Xiaoping Li, Dachao Li. Superhydrophilic-Superhydrophobic Patterned Surfaces: From Simplified Fabrication to Emerging Applications [J]. Nanotechnology and Precision Engineering, 2022, 5 (3).

[4] Wen L, Tian Y, Jiang L. Bioinspired Super-Wettability from Fundamental Research to Practical Applications [J]. Angewandte Chemie-International Edition, 2015, 54 (11): 3387-3399.

[5] Duran I R, Laroche G. Water Drop-Surface Interactions as The Basis for The Design of Anti-Fogging Surfaces: Theory, Practice, and Applications Trends [J]. Advances in Colloid and Interface Science, 2019, 263: 68-94.

[6] Shi J, Xu L, Qiu D. Effective Antifogging Coating from Hydrophilic/Hydrophobic Polymer Heteronetwork [J]. Advanced Science, 2022, 9 (14).

[7] Zhai L, Berg M C, Cebeci F C, et al. Patterned Superhydrophobic Surfaces: Toward A Synthetic Mimic of The Namib Desert Beetle [J]. Nano Letters, 2006, 6 (6): 1213-1217.

[8] Chen D, Li J, Zhao J, et al. Bioinspired Superhydrophilic-Hydrophobic Integrated Surface with Conical Pattern-Shape

for Self-Driven Fog Collection [J]. Journal of Colloid and Interface Science, 2018, 530: 274-281.

[9] 万良财. 鼻内镜防雾材料研制及防雾机理探讨 [D]. 广州: 南方医科大学, 2013.

[10] Herbage G D, MinstM M B E. Anti-Fog and Frost Coatings [J]. Aircraft Engineering and Aerospace Technology, 1972, 44 (9): 49-50.

[11] Chevallier P, Turgeon S, Sarra-Bournet C, et al. Characterization of Multilayer Anti-Fog Coatings [J]. Acs Applied Materials & Interfaces, 2011, 3 (3): 750-758.

[12] 曹劲松, 曾如月, 申亮, 等. 亲水性丙烯酸防雾涂料的制备与性能 [J]. 江西科技师范大学学报, 2023, (06): 50-53+72.

[13] Maechler L, Sarra-Bournet C, Chevallier P, et al. Anti-Fog Layer Deposition onto Polymer Materials: A Multi-Step Approach [J]. Plasma Chemistry and Plasma Processing, 2011, 31 (1): 175-187.

[14] Ezzat M, Huang C-J. Zwitterionic Polymer Brush Coatings with Excellent Anti-Fog and Anti-Frost Properties [J]. Rsc Advances, 2016, 6 (66): 61695-61702.

[15] Hu J, Lou B, Wu S. Research on Preparation of Transparent Hydrophilic Antifogging Acrylate Resin [J]. Modern Manufacturing Engineering, 2007, (10): 74-77.

[16] Meng F, Wang W, Yu Y, et al. Superhydrophilic Multifunctional Antifogging Coatings based on Triethoxysilyl-Terminated Poly (*N*-vinylpyrrolidone) [J]. Journal of Coatings Technology and Research, 2023, 20 (6): 2091-2099.

[17] Zheng Z, Liu Y, Wang L, et al. A Novel Organic-Inorganic Zwitterionic Acrylate Polymer for High-Performance Anti-Fog Coating [J]. Progress in Organic Coatings, 2020, 142.

[18] Wang S, Wang H, Fan Z, et al. Facile Preparation of A High-Transparency Anti-Fogging/Frost-Resisting Poly (AMPS-*co*-AA) Coating with Self-Healing Property [J]. Progress in Organic Coatings, 2021, 151.

[19] Florea-Spiroiu M, Achimescu D, Stanculescu I, et al. Anti-Fog Chitosan/Sodium Lauryl Ether Sulfate Films [J]. Polymer Bulletin, 2013, 70 (12): 3305-3316.

[20] Zhang X, He J. Hydrogen-Bonding-Supported Self-Healing Antifogging Thin Films [J]. Scientific Reports, 2015, 5.

[21] Li N, Kuang J, Ren Y, et al. Fabrication of Transparent Super-Hydrophilic Coatings with Self-Cleaning and Anti-Fogging Properties by Using Dendritic Nanosilica [J]. Ceramics International, 2021, 47 (13): 18743-18750.

[22] Liang T, Li H, Lai X, et al. A Facile Approach to UV-Curable Super-Hydrophilic Polyacrylate Coating Film Grafted on Glass Substrate [J]. Journal of Coatings Technology and Research, 2016, 13 (6): 1115-1121.

[23] Yuan Y, Liu R, Wang C, et al. Synthesis of UV-Curable Acrylate Polymer Containing Sulfonic Groups for Anti-Fog Coatings [J]. Progress in Organic Coatings, 2014, 77 (4): 785-789.

[24] Hong J W, Cheon H K, Kim S H, et al. Synthesis and Characterization of UV Curable Urethane Acrylate Oligomers Containing Ammonium Salts for Anti-Fog Coatings [J]. Progress in Organic Coatings, 2017, 110: 122-127.

[25] Zhao J, Meyer A, Ma L, et al. Acrylic coatings with surprising antifogging and frost-resisting properties [J]. Chemical Communications, 2013, 49 (100): 11764-11766.

[26] Sun G, Fan M, Chen L, et al. Antifogging UV Curable Coatings Based on Hierarchical Composite Particles Through Electrostatic Interactions [J]. Colloids and Surfaces a-Physicochemical and Engineering Aspects, 2020, 589.

[27] Yang Y, Zeng L, Li X, et al. Hydrophilic/Hydrophobic Poly (AA-*co*-BA-*co*-BPA) Anti-Fog Coating with Excellent Water Resistance and Self-Healing Properties [J]. Progress in Organic Coatings, 2024, 187.

[28] Tobelmann B, Wang F-W, Tobelmann B, et al. Design of Abrasion-Resistant, Long-Lasting Antifog Coatings [J]. Acs Applied Materials & Interfaces, 2024, 16 (10): 13018-13028.

[29] Gong X, Yu H, Wang L, et al. Recent Progress in The Mechanisms, Preparations and Applications of Polymeric Antifogging Coatings [J]. Advances in Colloid and Interface Science, 2022, 309.

[30] Wahab I F, Bushroa A R, Teck S W, et al. Fundamentals of Antifogging Strategies, Coating Techniques and Properties of Inorganic Materials; A Comprehensive Review [J]. Journal of Materials Research and Technology-Jmr&T, 2023, 23: 687-714.

第5章 自修复涂料

5.1 概述

教学课件
5.1自修复涂料简介

涂料在使用过程中容易受到冲击而造成损伤，较为普遍的是涂料的微损伤(微裂纹)，如图5-1所示[1,2]。这些微损伤通常是目视很难检测的，此时涂料表面可能看不出什么异常，但其强度已大大降低。微裂纹造成涂料性能下降，其完整性受到破坏，甚至导致涂料的整体破坏。将自修复技术应用于涂料领域，即产生了自修复涂料。所谓自修复涂料，即涂层遭到破坏后具有自修复功能，或者是在一定条件下具有自修复功能的涂料。近年来，涂料技术与材料科学的发展紧密相联，各种功能涂料随着材料科学的持续进步不断涌现[3,4]，在这种背景下，自修复涂料的理论研究及实际应用均得到了快速发展。

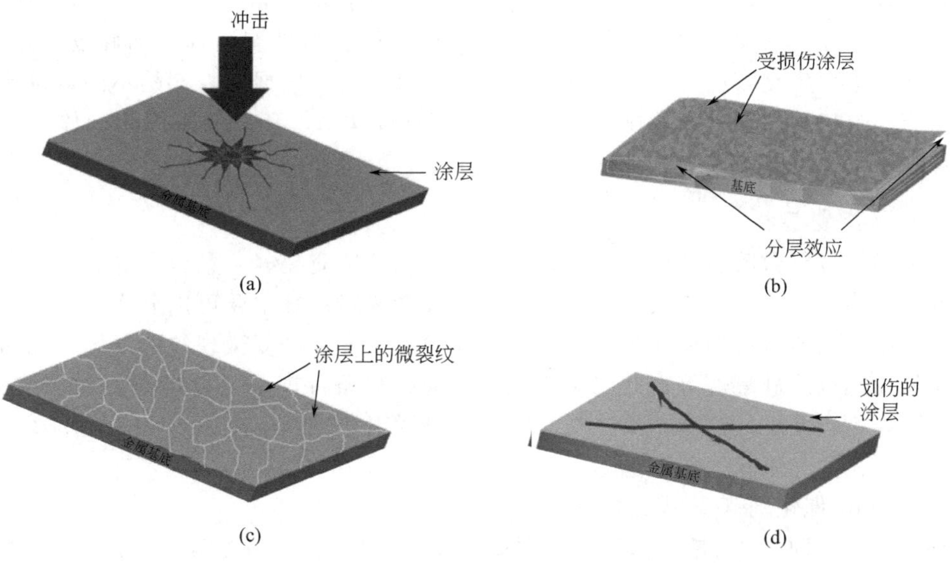

图5-1 自修复涂料中可能存在的损伤类型示意图[2]

自修复涂料按修复类型主要可分为外援型自修复涂料和本征型自修复涂料[5]。外援型自修复涂料是指在涂料中通过引入外加组分，如含有修复剂体系的微胶囊、碳纳米管、微脉管、玻璃纤维或纳米粒子等实现自修复功能。该方法需将各种修复剂体系预先包埋，然后添加到基体中，涂料受损时，在外界刺激（力、pH值、温度等）作用下导致损伤区域的修复剂释放，从而实现涂料的自我修复。本征型自修复不需外加修复体系，而是通过涂料本身含有的特殊化学键或其他物理化学性质，如可逆共价键、非共价键、分子扩散等实现自修复功能。该方法不依赖修复剂，省去了预先修复剂包埋技术等复杂步骤，且对涂料综合性能影响小，但对涂料基体分子的结构设计是该方法面临的最大挑战，目前已成为研究重点。

5.2 外援型自修复涂料

5.2.1 微胶囊自修复涂料

基于微胶囊技术的自修复涂料是目前发展最成熟，研究和应用最多的一种外援型自修复涂料。微胶囊是指封装有活性物质的微型容器，主要由作为芯材的活性物质以及防止芯材泄漏的囊壁（壳层）组成（图 5-2）。

教学课件
5.2外援型自修复涂料

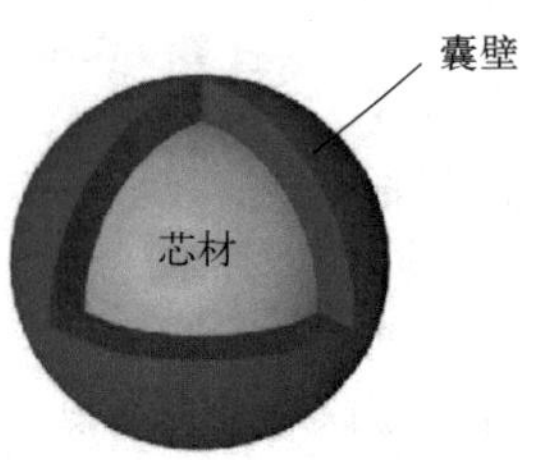

图 5-2 微胶囊结果示意图

自 2010 年起，微胶囊填充型自修复涂料逐渐成为研究热点，在混凝土涂料、黏结涂料、装饰性涂料、路面涂料等领域的生产与应用中起到重要作用。微胶囊自修复技术将自修复微胶囊埋植于基体中，在基体产生裂纹后，埋植于其内部的微胶囊受外力作用破裂，释放出芯材，在虹吸作用下芯材充满裂纹处并发生化学反应，完成自修复过程[6]。

2001 年，Nature 杂志首次报道了基于微胶囊技术的自修复聚合物材料，其自修复原理如图 5-3 所示[7]。该方法主要以脲醛树脂为壁材，双环戊二烯（DCPD）为修复剂，通过原位聚合法制备微胶囊，再将其和 Grubbs 催化剂一起分散在环氧树脂中。当材料产生裂纹时，微胶囊破裂，释放的修复剂在 Grubbs 催化剂的作用下发生交联反应，在材料裂纹处完成自修复。根据修复剂的不同，目前常见的微胶囊填充型自修复体系有双环戊二烯-Grubbs 固化剂体系、环氧树脂固化剂体系、干性油固化剂体系、异氰酸酯体系及其他体系。

5.2.1.1 微胶囊芯材

修复剂是自修复微胶囊的核心组分，其主要作用是填充裂缝、黏合裂缝表面或固化裂缝来修复涂层树脂基体，修复剂大多为可聚合单体或者树脂。其主要可以分为三类：第一类是在树脂基材中分散或溶解的催化剂（固化剂）作用下聚合以修复微裂纹的单体，例如双环戊二烯、环氧树脂以及硅氧烷等；第二类是无需任何外界条件即可自聚以修复微裂纹的单体，例如异氰酸酯类以及干性油类；第三类是在外界刺激下（光、温度以及 pH 值）聚合修复微裂纹的单体，例如光固化丙烯酸酯等。

（1）Grubbs 催化剂-双环戊二烯体系

双环戊二烯（DCPD）是自修复涂料中最早使用的修复剂，DCPD 具有价格低廉、易于胶囊化、与 Grubbs 催化剂反应速率快、自修复效率高等优点，以 DCPD 为修复剂的微胶囊型自修复涂料一直是研究热点。包覆 DCPD 微胶囊的添加会显著影响材料的性能，微胶囊的加入使材料断裂面形貌由平整的塑性断裂转变为阶梯状的韧性断裂[8~10]。此外，微胶囊的粒径、添加量对材料自修复性能也有一定影响，小尺寸微胶囊的添加会在一定程度上降低材料的自修复效率。对于该自修复体系，微胶囊的最佳直径为 180μm 左右。Grubbs 催化剂的质量分数会影响 DCPD 开环聚合的反应效率，开环聚合的反应原理如图 5-4 所示[11]。相

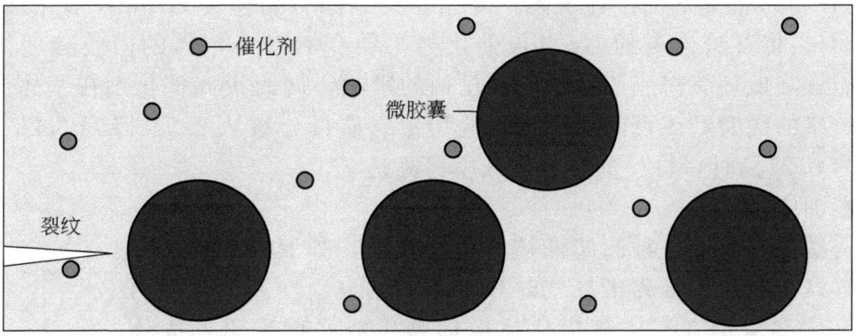

(a) 材料产生裂纹

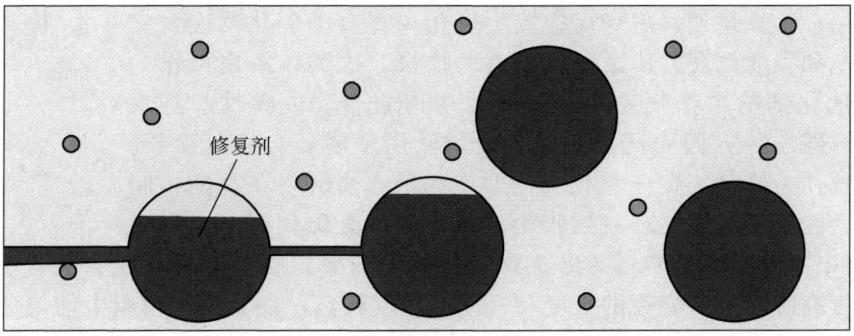

(b) 修复剂释放

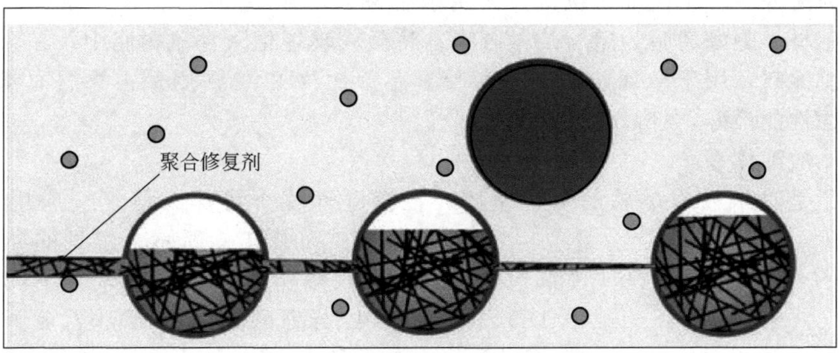

(c) 修复剂交联反应-修复材料裂纹

图 5-3　微胶囊自修复示意图[7]

关研究已经表明：催化剂的质量分数为 5%时，DCPD 的开环聚合反应效率最高。DCPD 聚合反应后会有一定程度的收缩，从而降低材料自修复后的力学性能。此外，Grubbs 催化剂易失活且比较昂贵，其在温度达到 120℃时会发生分解，在一定程度上限制了它在自修复领域的应用。

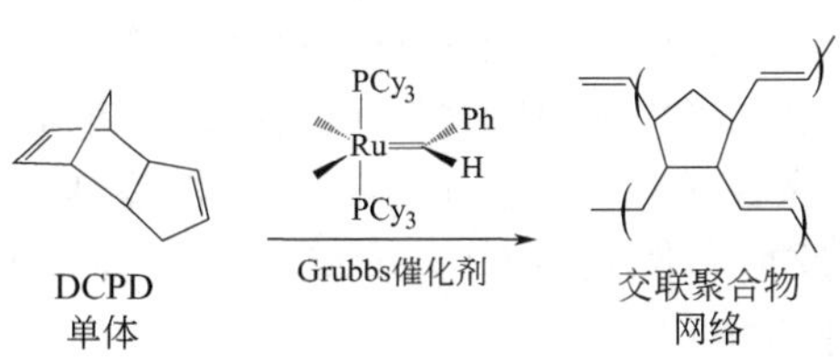

图 5-4　双环戊二烯（DCPD）与 Grubbs 催化剂反应原理

为解决 Grubbs 催化剂的上述缺陷，开始尝试利用石蜡包裹 Grubbs 催化剂以克服其易失活的问题[12]。将石蜡包裹的 Grubbs 催化剂与装有 DCPD 单体的微胶囊埋植在材料中，石蜡的存在能够降低环氧树脂固化剂对催化剂的影响，同时提高催化剂在基体内的分散性，提高自修复效率的同时，还可降低催化剂的用量（质量分数从 2.5%降到 0.25%）。当催化剂质量分数为 0.25%时，材料的自修复效率可高达 75%。

（2）干性油体系

从天然资源中提取的各种脂肪油被称为干性油，如亚麻籽油、紫苏油、桐油，这些脂肪油暴露于氧气时具有独特的成膜性。干性油内含有的大量不饱和双键在与空气氧化反应后会生成一层致密的固体膜，如图 5-5 所示，其交联成膜可以分为三个阶段：①导入期，天然抗氧剂被消耗；②氧化期，在空气中发生氧化；③自动催化反应，交联成膜，不饱和程度越高，其聚合反应速率越快。这类体系也可作为单组分、无催化剂的自修复系统。干性油快速聚合、成膜性、防水性、弹性和耐碱性等方面的优点，使其被广泛用于制备自修复涂料。亚麻油经常被作为修复剂用于替代 DCPD，将亚麻油封装在脲醛树脂壳层中制成微胶囊，添加在环氧树脂中，便可制备无催化剂的自修复涂料[13]。利用原位聚合也能制备出含有亚麻油的脲醛树脂微胶囊，亚麻油含量可达 82%，当合成温度较高时，微胶囊壳的强度和表面粗糙度较高，使其能在树脂中均匀分散且完好无损，展现出良好的自修复能力。[14]

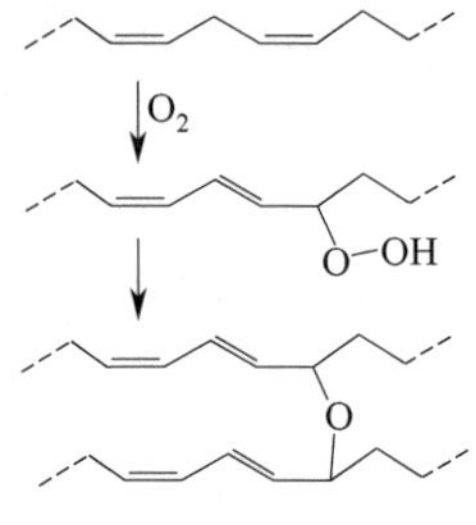

图 5-5 干性油的固化机理图

桐油作为另外一种干性油，也常常被用于制备自修复涂料[15]。采用原位聚合法可制备出以桐油为芯材、脲醛树脂为壁材的微胶囊。将微胶囊埋植入环氧树脂中，在金属基材上可制备出自修复涂料，用于金属防腐。当微胶囊芯壁比为 2∶1，用量占涂料总量的 10%时，涂料的耐腐蚀性能最好，自修复性能最优[16]。

（3）异氰酸酯体系

异氰酸酯是对水较为敏感的活性基团，在潮湿环境下可作为修复剂应用于自修复涂料[17]，其固化反应式如图 5-6 所示。常见的异氰酸酯类修复剂包括甲苯二异氰酸酯（TDI）、二苯基甲烷二异氰酸酯（MDI）、异佛尔酮二异氰酸酯（IPDI）、六亚甲基二异氰酸酯（HDI）及其三聚体。以 TDI 预聚物作为微胶囊外壳，通过界面聚合法可以合成 IPDI 填充的微胶囊，微胶囊平均粒径为 40～400μm，平均壁厚为 2～17μm，且储存稳定性较好。从破裂微胶囊中释放出的异氰酸酯与水反应，48h 后就可固化成膜[18]。制备包覆有 IPDI 的聚脲/脲醛（PU/PUF）双壳层微胶囊，可使其形貌更加规整，力学性能更好。将这种微胶囊（PU/PUF-IPDI）包埋在环氧树脂中制备的自修复涂料，在水中浸泡 48h 后，涂层表面划痕就可消失[19]。含 IPDI 的微胶囊还可用于制备自修复醇酸清漆，可在 Q235 钢表面实现自修复[20]。IPDI-醇酸自修复清漆可通过 IPDI 遇水固化成膜修补裂纹来保护涂层，进而提高 Q235 钢表面的耐腐蚀性能[21]。HDI 是一种脂肪族多异氰酸酯，其反应活性比 IPDI 略高。采用界面聚合的方法，也可包封 HDI 的微胶囊，过程与上述 IPDI 体系类似。

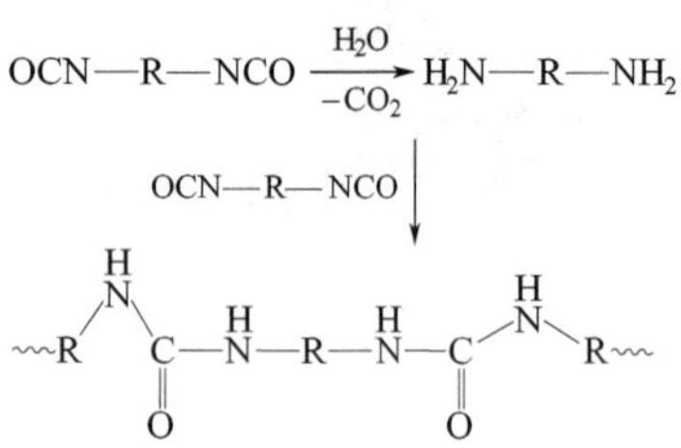

图 5-6 异氰酸酯类修复剂的潮固化反应式[17]

在合成具有自修复功能的异氰酸酯微胶囊的方法中，Pickering 乳液模板法简便易行，在近年来被广泛应用。Pickering 乳液模板法主要通过粒子在油水两相界面进行自组装，进而利用原位聚合或界面聚合制备出具有核-壳结构的微胶囊。利用木质素在不同 pH 下具有不同溶解度这一特点，可以制备出木质素纳米粒子。木质素粒子在水中乳化，包裹修复剂 IPDI/MDI 形成 Pickering 乳液，通过三聚氰胺与甲醛的原位和界面反应可制备出多层复合微胶囊，用于自修复环氧涂料。该类型自修复涂料在盐水浸泡腐蚀加速试验中展现了良好的修复性能及防腐性能，如图 5-7 所示[22]。除了木质素，用 SiO_2 纳米粒子稳定 Pickering 乳液，也可制备环氧微胶囊和胺微胶囊，进而制备出双核自修复环氧涂料[23]。这种微胶囊具有优异的耐热性，能保护聚氨酯壳。将涂料涂覆在钢板上，通过盐水加速腐蚀实验表明：这种环氧-胺双核自修复涂料表现出了良好的自修复和耐腐蚀性能。

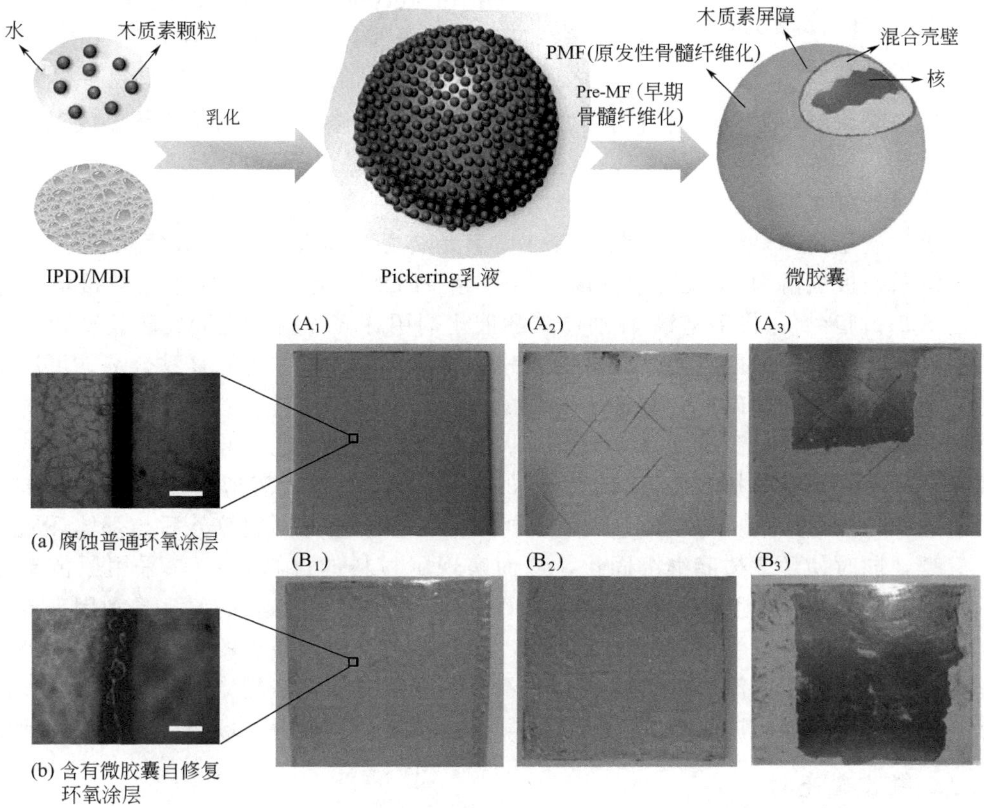

图 5-7　微胶囊制备流程示意图及盐水浸泡腐蚀加速试验数据图（基材为钢板，在盐水中浸没 120h）[22]

PMF—三聚氰胺甲醛聚合物；Pre-MF—三聚氰胺甲醛预聚物

（4）环氧树脂/固化剂体系

环氧树脂具有耐化性好、附着力强、绝缘性优、耐磨性强、力学强度高等优点，在涂料、绝缘、防火、防腐和防辐射等领域有着广泛的应用，已逐渐取代 DCPD 成为常用的修复剂[24]。环氧树脂型微胶囊与基体材料有更好的渗透性和相容性，且固化剂可选择的种类较多，因而在自修复涂料中研究较多。利用原位聚合法可较为容易地制备出以环氧树脂为芯材的脲醛树脂微胶囊，制备工艺对微胶囊的形貌、粒径、贮存稳定性、热稳定性及结构成分等性质有影响[25]。有学者开发了以环氧树脂为修复剂的微胶囊-固化剂自修复涂料[26]，当填充 30%（质量分数）的微胶囊和 2%（质量分数）的固化剂时，涂料的自修复效率可达 68%。该体系中的聚酰胺固化剂在自修复涂料中能够稳定贮存 60 天以上，稳定性好。类似的，环氧树脂/聚硫醇微胶囊二元自修复体系被开发出来[27]，以硫醇等为固化剂，环氧树脂

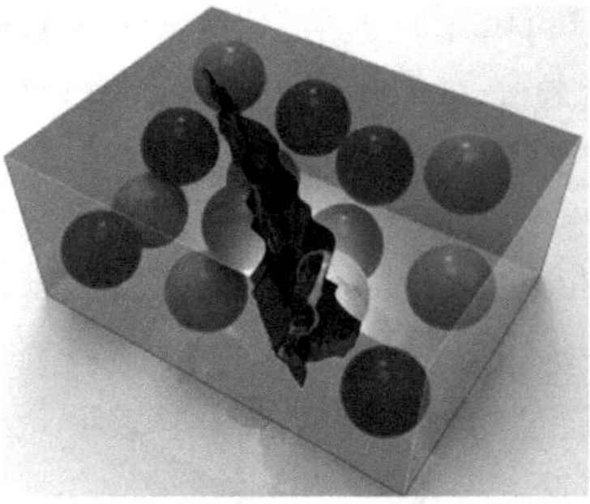

图 5-8 双组分微胶囊型自修复涂层的自修复机理

为修复剂的微胶囊的加入不会影响材料的初始力学性能，添加少量的微胶囊就可实现自修复。然而，直接将固化剂分散在树脂体系中会存在失活以及相容性差的问题。可以将固化剂封装在微胶囊中，同时将封装有修复剂的微胶囊一起加入到聚合物基质中，即可制备得到双组分微胶囊自修复涂层：涂层受损后，两种微胶囊同时破裂，并将修复剂以及催化剂（固化剂）释放到微裂纹中，一旦修复剂以及催化剂（固化剂）相遇即会聚合实现自修复，如图 5-8 所示[28]。使用 Pickering 乳液模板法分别将环氧树脂和固化剂——四乙烯五胺（TEPA）封装在聚脲（PU）微胶囊中，之后将两种微胶囊加入到环氧树脂中制备得到双组分微胶囊型自修复涂层，划伤涂层后划痕处被均匀填充，且修复后的划痕能够有效阻隔腐蚀介质的渗透。

（5）其他芯材

关于微胶囊型自修复涂料，目前还有一些其他体系，如聚二甲基硅氧烷（PDMS）/锡基催化剂体系、极性溶剂-环氧树脂自修复体系等。PDMS 基自修复体系已被报道，基体采用的是乙烯基树脂[29]。将丁基锡-甘油桂酸酯催化剂用脲醛树脂包覆形成微胶囊预埋在树脂中，采用具有羟基封端的聚二甲基硅氧烷和硅烷化衍生聚合物作为修复黏合剂，可制备出自修复乙烯基材料。在此基础上，制备了聚合物自修复涂料，在具有防腐蚀的功能同时兼具自修复功能。通过损伤腐蚀测试证明了该聚合物涂料的自修复功能，并通过电化学测试证明了自修复涂料具有保护基体材料免于环境腐蚀的作用[30]。此外，氯苯和二甲苯也可作为微胶囊芯材，这两种极性溶剂自修复体系的修复机理为该溶液渗透到裂纹处后与基体环氧树脂之间形成氢键，同时使环氧树脂继续固化，从而实现了材料的自修复[31]。采用原位聚合“两步法”也可制备出脲醛树脂包覆乙烯基硅油的新型微胶囊，自修复的原理是利用高沸点有机硅分子链上乙烯基的反应活性，添加光敏剂，微胶囊破裂后，溢出的囊芯材料在紫外光下实现固化，从而完成有机硅涂料的自修复。随着微胶囊填充型自修复涂料的快速发展，该类自修复涂料已在防腐领域被广泛研究，其在混凝土、粘接、军事等领域具有广阔应用前景。

5.2.1.2 微胶囊壳材

微胶囊的壳材主要起封装自修复剂的功能。一般来说，不同的壳层材料具有不同的力学性能、热稳定性和阻隔性能，因此将直接影响微胶囊在自修复涂层中的分散性、相容性、力学性能、阻隔性能以及耐久性。微胶囊壳层材料主要可分为有机微胶囊、无机微胶囊以及有机-无机杂化微胶囊[32]。

有机壳层不仅易于制备且具备较高的可调性，可以根据不同的应用场景调控有机壳层的交联密度、壳层厚度、曲率、材质以及形状，例如：通过乳液聚合或悬浮聚合能够制备得到球形有机微胶囊，而通过界面聚合或喷雾干燥则可以制备得到非球形有机微胶囊。此外，有机壳层不仅与多种修复剂具有优异的相容性，还与多种基体树脂具有良好的相容性，因此其不仅能够高效封装多种修复剂，还能够增强微胶囊在树脂基体中的分散性。有机壳层成本低、可用性高的优点同样有利于自修复微胶囊的实际应用。目前，常见的有机壳层材料为三聚氰胺-甲醛树脂、聚氨酯、脲醛树脂、聚（甲基丙烯酸甲酯）以及聚苯乙烯等[33,34]。三聚氰胺甲醛树脂是一种由三聚氰胺和甲醛缩合而成的热固性聚合物，具有良好的热稳定性、耐化学性和力学性能。聚氨酯是由多元醇或多元胺和异氰酸酯反应生成的聚合物，柔韧性、弹性和附着力等性能突出。聚（甲基丙烯酸甲酯）是一种由甲基丙烯酸甲酯聚合而成的透明热塑性塑料，其具有优异的光学特性和导热性。脲醛树脂是一种由尿素和甲醛缩合而成的热固性聚合物，其成本低、硬度高，是目前研究最多的有机壳层。

与有机微胶囊相比，无机微胶囊通常具有阻隔性能好、力学性能强、热稳定性优异、耐化学性好以及保形能力优异等优点[35]。无机壳层优异的热稳定性和耐化学性使其适用于高温以及恶劣的环境，而无机壳层更好的机械强度可防止微胶囊在外力作用下的提早破裂。不同的无机壳层还能赋予微胶囊功能性，例如：磁性、光热性能、导电性能以及导热性。目前，常见的无机壳层主要有铜、镍合金、银、二氧化硅、氧化铝、二氧化钛以及碳酸钙等。然而，无机微胶囊与高分子材料的界面相容性较差，因而无机微胶囊十分容易在涂层中聚集，聚集的无机微胶囊将向涂层中引入大量微孔以及缺陷，从而加速腐蚀介质的渗透，反而缩短涂层的使用寿命。此外，由于无机壳层的密度较高，因此无机微胶囊对修复剂的封装效率较低，不利于涂层的自修复。

拓展阅读 5-1
通过光聚合制备具有可控外壳组成和可调性能的聚合物微胶囊

有机微胶囊的性能及功能高度可调，但其力学性能较弱，而无机微胶囊具有优异的稳定性和较强的力学性能，但其刚性结构和惰性往往限制了其大规模应用范围。有机-无机杂化微胶囊的壳层由有机组分和无机组分组成，通过调整壳层组分即可制备得到多种杂化壳层[36]。有机-无机杂化微胶囊结合了有机微胶囊和无机微胶囊的优点，微胶囊的性能及功能高度可调还具有优异的稳定性以及力学性能。有学者采用相分离法结合光聚合技术制备了 SiO_2/聚合物杂化微胶囊[37]，将改性二氧化硅（SiO_2）粒子、亚麻籽油（芯材）、光固化低聚物（聚氨基丙烯酸酯，PUA）和共溶剂混合均匀后作为油相，一步乳化形成乳液模板。随着共溶剂的挥发，改性 SiO_2 粒子随着光固化低聚物向界面处迁移，并经光聚合后成为壳层的一部分，制备得到了负载有亚麻籽油的 SiO_2/PUA 杂化微胶囊（图 5-9）。微胶囊壳层中二氧化硅粒子的引入可以极大提高微胶囊的耐溶剂性和力学性能，这归因于壳层中 SiO_2 颗粒所形成的无机屏障作用和物理增强作用。

拓展阅读 5-2
光聚合法制备 SiO_2 聚合物杂化微胶囊及其在自润滑涂层中的应用

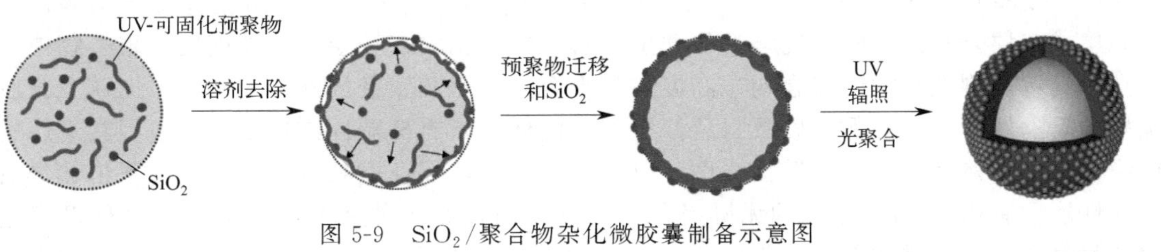

图 5-9 SiO_2/聚合物杂化微胶囊制备示意图

5.2.1.3 自修复微胶囊实际应用中面临的挑战

尽管目前已经有许多研究将微胶囊应用于自修复涂层，但自修复微胶囊的实际应用进程中仍面临着几个重大挑战，主要包括三方面：①微胶囊的阻隔性能：在涂料体系中溶剂以及活性稀释剂通常被用于降低涂料黏度以便于加工和涂装，如果微胶囊的阻隔性能不足，微胶囊中封装的修复剂将在溶剂或者活性稀释剂的溶胀作用下提前泄漏，进而无法在涂层受损时释放修复剂，以至于无法修复涂层损伤；②微胶囊的力学性能：在涂层加工、涂装以及使用过程中经常会面临较强的剪切、压缩和冲击等外力，只有微胶囊具有优异的力学性能才能长期保持自修复功能；③微胶囊在涂层中的分散性必须足够好，才能保证微胶囊的加入不会对涂层力学性能以及防腐蚀性能造成负面影响，并且只有均匀分散的微胶囊才能赋予涂层优异的自修复性能[38]。

(1) 阻隔性能（储存稳定性） 在商业涂料配方中，溶剂或者活性稀释剂是关键成分之一，其主要作用是降低树脂的黏度，以便于加工并降低涂料成本。然而，溶剂的溶胀效应可能会破坏微胶囊壳层的完整性，导致其致密性降低进而导致修复剂提前泄漏影响涂层的自修复性能，因此溶剂对微胶囊的影响不容忽视。为了确保微胶囊能够在涂料的制备以及储存过程中有效地封装自修复剂，微胶囊壳层必须能够耐水解、耐氧化以及耐溶剂溶胀等以防止自修复剂在水性或有机溶剂中提早泄漏，即微胶囊壳层在各种环境下需要保持较好的阻隔性能。修复剂在溶剂中的扩散速度与壳层材料的自由体积密切相关，自由体积越大，自修复剂的扩散速率就越高，而微胶囊壳层材料的自由体积又受壳层材料和结构的直接影响。因此，制备具有高阻隔性能的微胶囊壳层材料至关重要，只有微胶囊壳层能够防止各种溶剂的溶胀以防止自修复剂的过早泄漏才能在涂料的整个使用周期内提供有效的自修复功能[39,40]。

自修复涂层的制备和施工往往不可避免地会在高温条件下进行，甚至温度可能会超过100℃，因此对微胶囊在高温下的阻隔性能（热稳定性）具有极高的要求：如果微胶囊的壳层在高温下发生软化甚至降解，微胶囊中封装的自修复剂就会提早泄漏并扩散到聚合物基体中，进而在真正需要修复剂时无法修复涂层损伤。因此，自修复微胶囊必须具备出色的热稳定性，即微胶囊的壳层材料能够承受高温而不发生明显的物理或化学变化，以保证在涂层加工、施工乃至使用过程中的高温环境中仍能保持结构完整和功能长期有效；一般来说，壳层材料应具备高的玻璃化转变温度（T_g），确保壳层在高温下依然坚固而不变形，且高热稳定性壳材也能够防止其在高温下化学降解使得自修复剂过早泄漏。因此，选择和开发耐高温的微胶囊壳层材料对于自修复涂层的成功商业化至关重要，不仅能够保障涂层在制造和应用过程中的性能稳定，还能确保在涂层使用期间受损后及时进行自我修复，而通过精心设计微胶囊的结构以及选择合适的材料，可以大幅提高自修复涂层在高温应用中的可靠性和效率[41]。

目前大多数研究通过设计微胶囊的壳层结构以提升微胶囊的阻隔性能，主要包括多层有机壳层以及有机-无机杂化壳层[42-45]。多层有机微胶囊是指在单层有机微胶囊壳层表面再沉积一层或多层具有出色阻隔性能的外壳层，目前常用的第二壳层多为高度交联聚合物或者分子链中具有高刚性结构的聚合物。高度交联聚合物由于其紧密的网状结构，可以赋予微胶囊优异的阻隔性能，有效保护以及封装修复剂。同样，具有高刚性结构聚合物也因其卓越的结构稳定性和耐热性，能够显著提高微胶囊的热稳定性，保证微胶囊在高温环境下依然具有良好的性能。有机-无机壳层中的无机组分不会被涂料体系中的溶剂或者活性稀释剂溶胀进而增加壳材孔隙率，因此能够有效阻止芯材的泄漏。有机-无机杂化微胶囊主要分为两类：第一类是指直接将无机纳米材料分散或掺杂到有机壳层之中，制备方法相对简单，可以根据需要调整无机纳米材料的浓度和分布以制备得到不同性能的有机-无机杂化微胶囊；第二类是指有机微胶囊表面再次包覆一层连续且致密的无机壳层，从而制备得到有机-无机双层微胶囊。直接在微胶囊壳层中加入无机纳米材料，例如：金属及金属氧化物纳米粒子、MXenes、硅藻土、SiO_2、纳米黏土、碳纳米管、石墨烯等，壳层中的无机纳米粒子能够增强微胶囊的致密性，在一定程度上提高微胶囊的阻隔性能，但由于纳米材料之间不可避免存在空隙，芯材仍然会快速从空隙中泄漏。为了克服这一局限性，具有连续且致密无机壳层的有机-无机双层微胶囊被广泛研究，连续且致密的无机壳层孔隙率较小，因此能够有效提高微胶囊的密封性和阻隔性能。

（2）力学性能　微胶囊壳层必须具有足够的机械强度以确保微胶囊在涂层整个加工和施工过程中的完整性，例如：涂料加工以及施工流程中的搅拌、过滤、刮削、筛分、倾倒、流化和涂覆等操作均会对微胶囊施加机械应力，一旦微胶囊壳层不够坚固，微胶囊就会提早破裂。然而，即使是小部分的微胶囊破裂也会降低涂层的自修复性能以及其他性能：当微胶囊破裂时，其内部的自修复剂会提早泄漏出来进而减弱涂层与基底之间的黏合力，最终导致涂层的附着力下降；此外，自修复剂的提早泄漏也意味着在涂层真正受损时，没有足够的自修复剂来修复损伤，从而降低了涂层的自修复性能。因此，为了确保涂层具有优异的整体性能以及自修复性能，必须设计并优化微胶囊的壳层结构，使其足够坚韧能够抵抗各种应力以确保微胶囊在整个涂层使用期间具有足够的稳定性。目前，提高微胶囊力学性能的最常用方法主要有两个：①高度交联聚合物、分子间作用力极强的聚合物以及分子链结构高刚性的聚合物具有较高的力学性能，因此其作为第二壳层能够增加微胶囊抵抗变形的能力，进而使微胶囊不易提早破裂；②有机-无机杂化微胶囊中的无机组分能够增加微胶囊壳材的结构稳定性，在微胶囊受到外力剪切、压缩以及挤压时起到应力集中的作用，有效吸收能量，因此微胶囊的力学性能得到极大增强[46,47]。

拓展阅读 5-3
Ⅰ. 光聚合法一锅法制备具有良好阻隔性和力学性能的无机-有机双壳微胶囊
Ⅱ. 具有优异热稳定性和溶剂稳定性的聚苯胺双层微胶囊

（3）分散性　基于微胶囊自修复涂层的商业化面临的挑战还包括微胶囊在涂层树脂基体中的分散，微胶囊在涂层树脂基体中的团聚是十分常见的难题，其会对涂层的性能和应用产生极大的负面影响。微胶囊团聚体会成为涂层中的微观缺陷，同时降低了涂层的连续性和致密性，因此涂层的多种性能均会出现大幅度降低。微胶囊团聚体的存在会降低涂层的致密性和完整性，使得涂层更容易受到外部环境的侵蚀，如氧气、水和其他化学物质的渗透。涂层的力学性能也会因为微胶囊的团聚而受到影响。例如，团聚体可能成为应力集中点，从而降低涂层的抗划伤能力以及涂层硬度，且微胶囊团聚体会阻碍涂层受力后的能量分散，进而导致涂层的耐冲击性和柔韧性下降。微胶囊团聚体对自修复涂层的自修复性能也有较大的不利影响，微胶囊团聚体会导致涂层中微胶囊浓度分布不均，一旦微裂纹处的微胶囊数量不足，将无法释放足够的修复剂填充微裂纹，使得涂层自修复效果大打折扣。微胶囊分散性较好时涂层划痕被均匀填充，而当微胶囊在涂层中大量聚集时，涂层划痕仍有大部分未被填充，结果表明只有微胶囊在涂层中均匀分散，涂层才会有优异的自修复性能（图 5-10）[48]。

拓展阅读 5-4
一步合成具有优异分散性的改性微胶囊用于高效自我修复防腐涂料

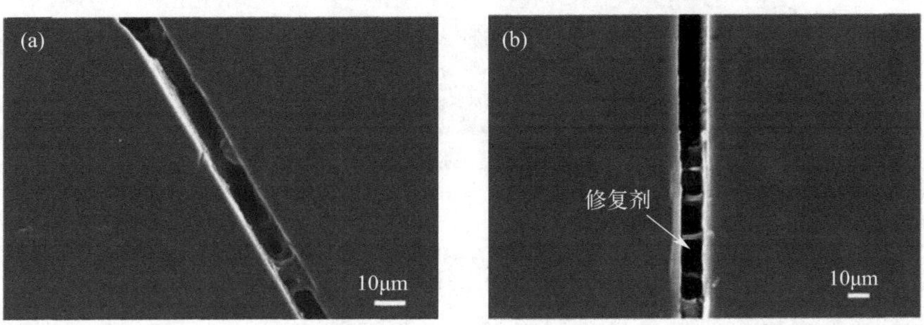

图 5-10　微胶囊在涂层中均匀分散（a）以及大量聚集（b）时修复后划痕的 SEM 图像[48]

为了提高微胶囊在涂料体系中的分散性，常用的物理方法通常有添加分散剂、机械搅拌、超声分散、高速高温剪切以及预分散等等[49]。添加分散剂的方式最为简单，但是可能会降低涂层整体性能，而较强的机械搅拌、超声处理或高速剪切则可能会使得微胶囊提早破碎，且预分散中需要将微胶囊提前分散到溶剂中也可能会使得修复剂提前泄漏。除了物理分散，还可以采取化学改性分散的方式，通常采用表面化学改性使微胶囊表面富含官能团，通过官能团提高微胶囊和树脂之间的相容性，从而提高微胶囊在涂层中的分散性[50,51]。

5.2.2　液芯/中空纤维自修复涂料

微胶囊自修复涂料的种种优点使得该自修复体系得到较快发展，但是微胶囊自修复涂料也存在一定的缺点：由于包覆有修复剂的微胶囊与主体树脂或涂料为非均相体系，当加入微胶囊用量较少时，无法达到修复效果；但当微胶囊用量较大时，对自修复涂料的其他性能会有影响。因此，液芯/中空纤维自修复涂料开始受到关注。

液芯/中空纤维自修复体系的修复机理是将中空纤维埋植在基体材料中，中空纤维内装有修复剂流体，材料被破坏时通过释放中空纤维内的修复剂流体来粘接裂纹处，实现损伤区域自修复。中空纤维的直径一般在 40～200μm，在基体中排列方式可垂直交叉、平行或呈一定角度。以平行排列的中空纤维为例，依据纤维内部修复剂类型又可分为如图 5-11 所示的几种类型。图 5-11(a) 中中空纤维内装有单组分修复剂，该组分可在空气等作用下不需固化剂便可实现自修复；图 5-11(b) 中修复剂及固化剂分别注入不同中空纤维内，自修复过程需要修复剂与固化剂反应才能实现；图 5-11(c) 中修复剂注入中空纤维内，固化剂以微胶囊形式分散在基体材料中，同样也需要两者反应后实现自修复。

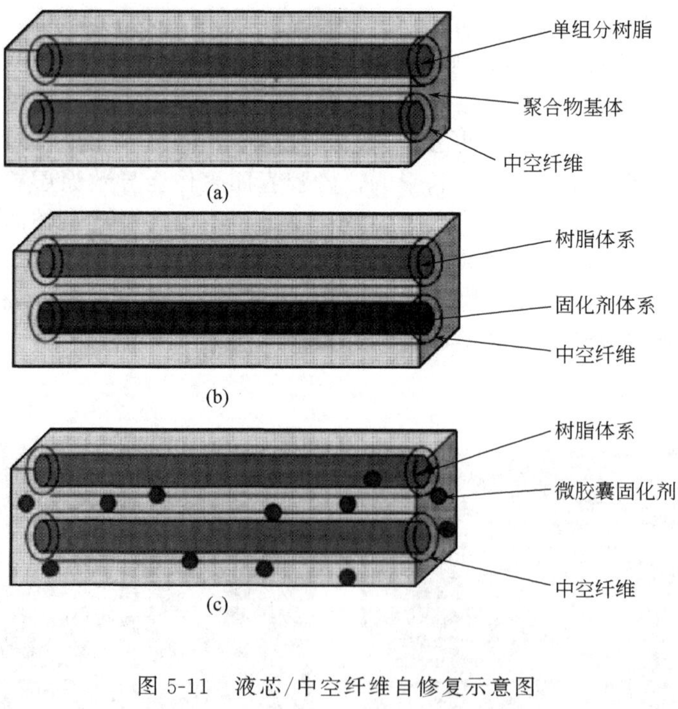

图 5-11　液芯/中空纤维自修复示意图

液芯/中空纤维自修复体系最早应用于纤维增强混凝土材料中，随后扩展到高分子材料领域。在聚合物复合材料的成型过程中，把装有单组分氰基丙烯酸酯或双组分环氧树脂黏合剂的中空玻璃纤维埋植在复合材料基体内部，最终实现材料的自我修复。可通过添加丙酮对修复剂进行稀释，借助真空技术将修复剂填充到较细（外径 15μm、内径 5μm）的中空玻璃纤维中，此类中空纤维的加入没有明显降低复合材料的冲击性能，但是其修复效率较低，仅为 10%左右[52]。有学者采用仿生学的方法，制备出一种含有未固化环氧树脂和固化剂的中空纤维，将这种中空纤维植埋于环氧树脂中（如图 5-12 所示），对添加中空纤维后树脂的机械强度进行了研究。修复剂中混合着紫外荧光材料，可清晰地检测到修复剂的释放和渗透。结果表明：当涂层发生破坏后，经包覆有修复剂的中空纤维实现自我修复后，可保持材料初始抗弯强度恢复 97%[53]。

有发明专利报道了一种具有多次自修复功能的沥青路面，其制备过程主要是在厚度为 3～20cm 的沥青混合料层内埋植了血管分支结构状的中空纤维，中空纤维内含沥青再生剂[54]。具有自修复功能的沥青路面出现微裂纹时，中空纤维破裂，释放出沥青再生剂，再生剂对微裂纹进行自我修复。也有发明专利报道了含有中空纤维的自修复环氧树脂[55]，将中空纤维与环氧树脂共混在一起，中空纤维中含有修复剂。纤维的直径在 1～2000μm，修复剂为双环戊二烯，中空纤维和环氧树脂的质量比在 1∶100～1∶90。当材料出现裂纹时，纤维发生断裂，释放出修复剂双环戊二烯，从而完成对裂纹的自我修复，延长了材料的使用寿命。此外，以液态环氧树脂或固化剂为芯材，PS 溶液为壳，采用同轴静电纺丝法可制备出具有核-壳结构的聚苯乙烯（PS）纤维。将其嵌入丙烯酸树脂中，制备得到自修复涂层，可在室温下实现自我修复[56]。

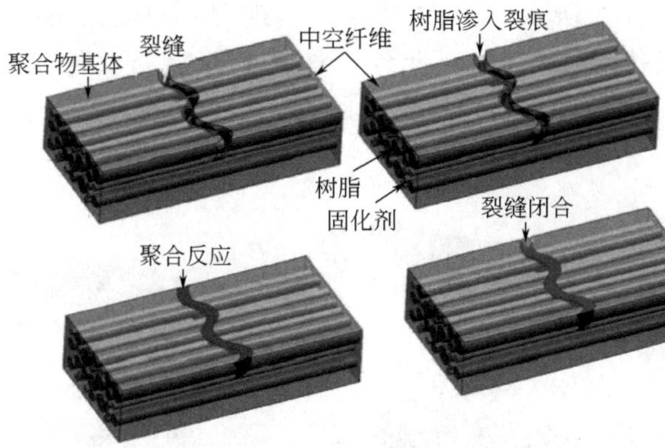

图 5-12 液芯/中空纤维自修复机制示意图[53]

总体来说，液芯/中空纤维自修复体系的影响因素较多，首先要考虑纤维的尺寸，如直径、壁厚、中空度等参数；其次要考虑中空纤维的浓度和修复剂的黏度；还需要考虑的是修复剂是否可以流入损伤区域并发生化学反应。要将该自修复体系应用到自修复涂料中，要考虑其对涂料其他性能的影响，如引入中空纤维是否会引起应力集中，从而降低涂料的相关性能。因此，液芯/中空纤维自修复体系还有很多影响因素需要进行系统深入的研究。

5.2.3 微脉管自修复涂料

一般来说，微胶囊自修复和液芯/中空纤维自修复只能进行单次自我修复。为解决这一问题，研究者开发了微脉管自修复体系[57～59]，实现了材料的多次自我修复。微脉管自修复体系是在复合材料中预埋含有修复剂，修复剂通过具有三维网状结构的微脉管可以实现持续补给，从而实现对同一损伤部位的多次自我修复，如图 5-13 所示。相比微胶囊型和中空纤维型自修复体系，微脉管型自修复体系有一些优点，如微脉管三维网状结构能够使材料本身增韧，修复剂可以持续补充以实现同一损伤位置的多次修复等。

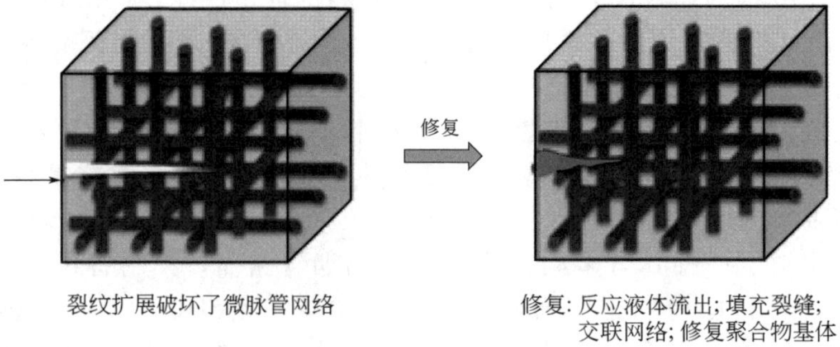

图 5-13 微脉管自修复涂料示意图[57]

微脉管自修复最早出现在环氧树脂体系中[57]，采用直写组装印刷技术制备了直径在200μm左右的微脉管，在微脉管内注入了DCPD单体，将其埋入含有Grubbs催化剂的环氧树脂中，制备了自修复材料，实现了材料同一损伤区域的七次自我修复。此后，双组分微脉管网络体系被开发出来[58]，如图 5-14(a) 所示。将环氧树脂修复剂和胺类固化剂分别注入两组独立的微脉管中，再将该微脉管埋入环氧树脂中，所制备的自修复材料可实现同一裂纹处的16次自我修复，且修复效率高于60%。在上述研究基础上，纵横交叉的微脉管网络体系被开发出来，如图 5-14(b) 所示[59]。该体系可实现同一裂纹损伤区域的30次自修复，且30次自修复后，修复效率仍可达50%。此外，将三元互穿的微脉管网络嵌入环氧树脂中，也可制备出自修复材料，如图 5-14(c) 所示[60]，随着温度的升高，自修复速率更快，修复时间更短。

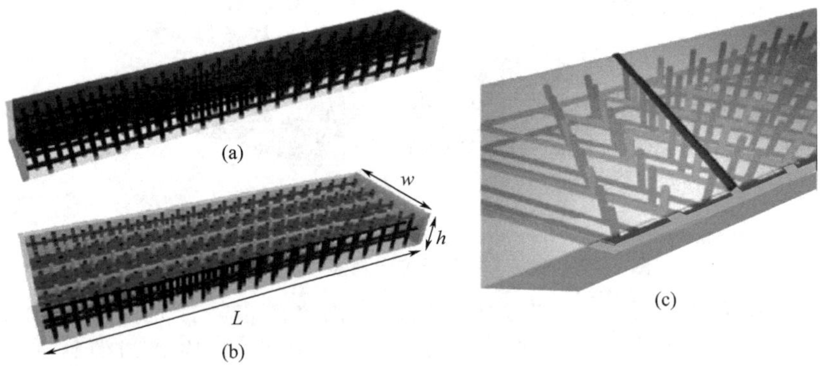

图 5-14 微脉管网络自修复材料及微脉管排列方式示意图[58-60]

近年来，为了应对大规模的损伤，通过在微脉管中加压传送修复剂的方法开发了环氧自修复涂层[61,62]。自修复过程同样包括触发、运输、修复三部分，如图 5-15(a) 所示。但这一体系存在的问题就是不能控制修复剂额外的流出，因此他们在微脉管上添加了一个由柔性薄膜组成的体积控制元件，如图 5-15(b)，从而实现涂层更为有效地修复。微脉管自修复体系可实现材料损伤的多次自我修复，从一定意义上更接近于生物体的自愈合，然而，微脉管中的三维网络结构制备过程复杂，要想达到较高的修复效率，需要降低修复剂黏度，使其容易注入和流出。此外，还要保持催化剂在基体中的反应活性，上述问题使这一自修复体系的应用受到了一定限制[63]。

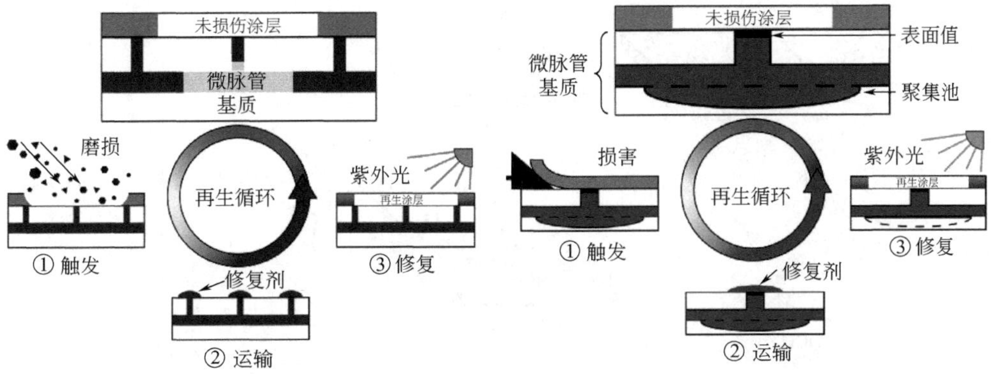

(a) 涂层的再生循环过程
磨料损伤触发储存在微脉管中的液体愈合剂的释放，一部分愈合剂暴露于阳光下固化修复涂层，以此进行多个周期循环

(b) 添加柔性薄膜组成的体积控制元件后自修复涂层系统

图 5-15　环氧自修复涂层及其优化

5.3　本征型自修复涂料

5.3.1　基于双硫键的自修复涂料

拓展阅读
5.3 本征型自修复涂料

将双硫键结构引入聚合物中可使其具有自修复性能，这主要是因为双硫键在一定的条件下具有可逆性。在较高温度或是在具有亲核性的体系中，含有双硫键的交联结构之间可以发生链交换反应，将此类聚合物作为涂料的基体树脂，可以制备出相应的自修复涂料。与此同时，在室温下，硫醇与二硫化物之间可以进行交换反应，同时，双硫键可以被还原成为硫醇，硫醇也可以再次被氧化成二硫化物，双硫键是种弱共价键，生成双硫键需要的能量较低，可以在较低温度下进行自修复。

1992 年，基于双硫键的自修复材料被首次报道，主要利用巯基的氧化还原反应和用水解与双硫化合物交联这两种方法合成含双硫键的聚噁唑啉水溶胶[64]。此后，研究者开始利用双硫键制备自修复涂料[65]，首先对钢板进行一系列预处理后，将其浸润在 3-巯丙基三甲氧基硅烷与乙醇的混合溶液中，对钢板表面进行硅烷化处理，在 110℃下热固化 2h，将钢板再次浸润于聚（乙二醇）甲基丙烯酸酯（PEGMA）、双（2-甲基丙烯）乙氧基二硫（BMOD）和乙醇的混合溶液后，用紫外光照射 1h，利用巯基与双键的聚合反应制备出防污自修复涂料。最后将这种涂料浸润到 *N*-羟乙基丙烯酰胺（HEAA）、甲基丙烯酰氧乙基三甲基氯化铵（META）、BMOD 和乙醇的混合溶液后，再次用紫外光照射 1h，将季铵盐结构引入体系中，制备出了防污抗菌自修复涂料，如图 5-16 所示。

还可以向聚氨酯主链中引入双硫键可以制备自修复水性涂料[66]。利用聚己内酯（PCL）、异佛尔酮二异氰酸酯（IPDI）和亲水扩链剂（2,2-二羟甲基丙酸）（DMPA）在催化剂作用下进行预聚反应，生成端位含有—NCO 基团的聚氨酯，再加入 2-羟乙基二硫化物（HEDS）进一步扩链得到含双硫键的聚氨酯预聚体，后加入三乙胺中和，最后加水分散乳化即得到水性聚氨酯涂料，如图 5-17 所示。可通过改变体系中 HEDS/DMPA 摩尔比，调控

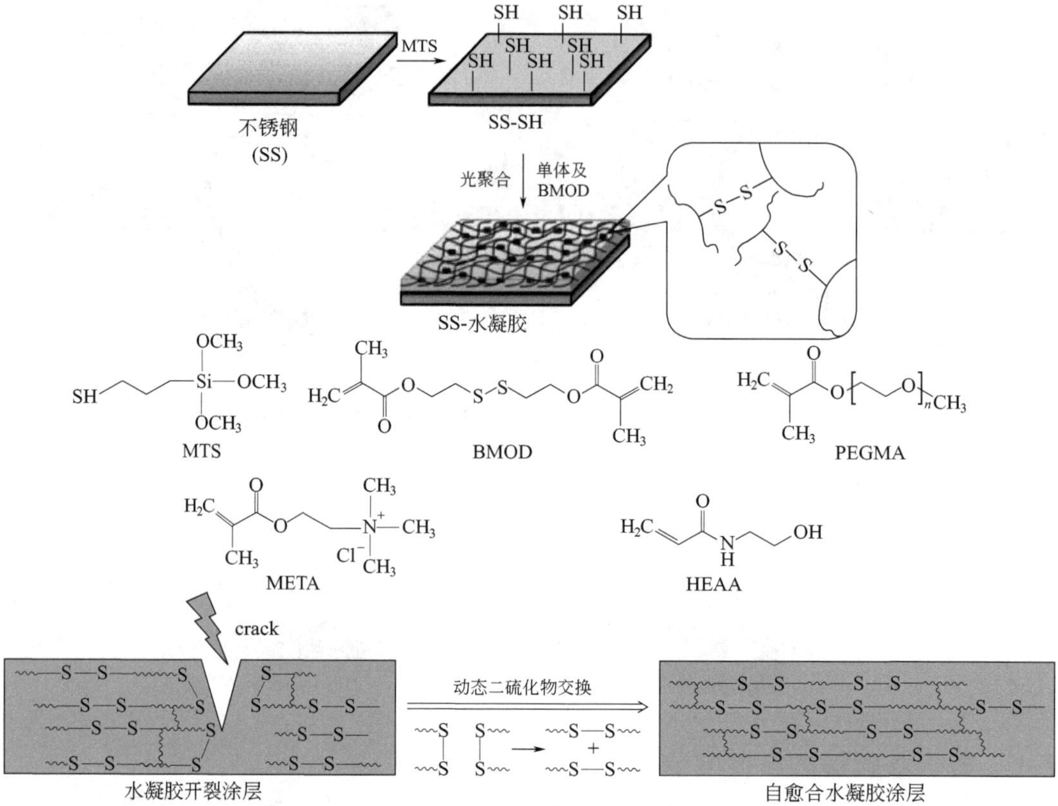

图 5-16 基于双硫键反应自修复涂料的制备及其自修复原理示意图[65]

聚氨酯水性涂料的粒径及稳定性。将涂料涂覆在基材上，涂层受到损伤时，在 65℃下加热一段时间，由于聚氨酯链的形状记忆效果，划痕会逐渐靠近，同时聚合物网络中双硫键交换反应的进行，使得链段重组，从而完成自修复过程。

5.3.2 基于氢键的自修复涂料

在各种超分子相互作用中，氢键除了具有快速响应性外，还具有一定的方向性，这在一定程度上可以增强材料的力学性能。当质子受体和供体之间的距离达到一定范围时，两者之间便可以形成氢键。根据其强度的大小，氢键可以分为强相互作用氢键（键能一般为 40kJ/mol）、一般相互作用和弱相互作用氢键（键能在 20～40kJ/mol）、非常规氢键（该类氢键的受体为过渡金属）三种。氢键键能大小主要由氢键的数量和受体与供体之间的距离决定，氢键的数量越多或受体与供体之间的距离越短，两者之间的氢键作用越强。根据氢键的数量可以将其分为一重、二重、三重、四重和多重氢键，具体分类如图 5-18 所示[67～69]。目前，基于氢键自修复的材料研究较多。

拓展阅读 5-5
99.95%的自修复效率！水性涂料实现“破镜重圆”

鞣酸作为一种含有儿茶酚和没食子酰基的植物来源多酚，其分子结构中有许多酚羟基，这特殊的结构赋予了它特殊的物理及化学特性。鞣酸无臭，微有特殊气味，味极涩。极易溶于水、热甘油、乙醇、丙酮，不溶于苯、氯仿、乙醚、石油醚、二硫化碳、四氯化碳。鞣酸结构中的大量酚羟基之间可以形成氢键，可以利用其结构特点制备自修复涂料[70]。将鞣酸和聚乙二醇以一定的比例进行共混，将基材浸泡在共混溶液中，使鞣酸和聚乙二醇沉积到

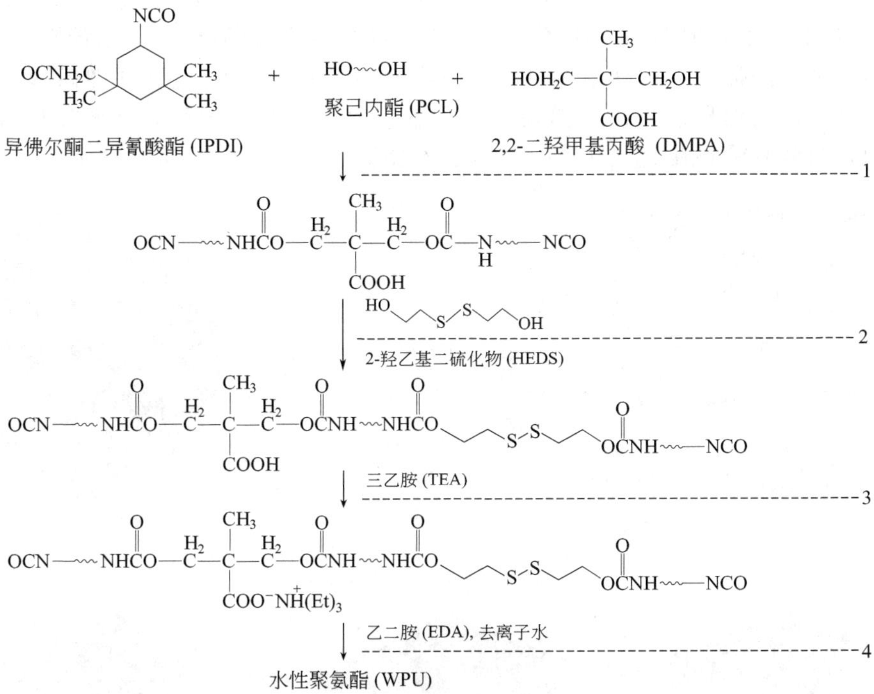

图 5-17　基于双硫键反应的水性自修复聚氨酯涂料制备示意图[66]

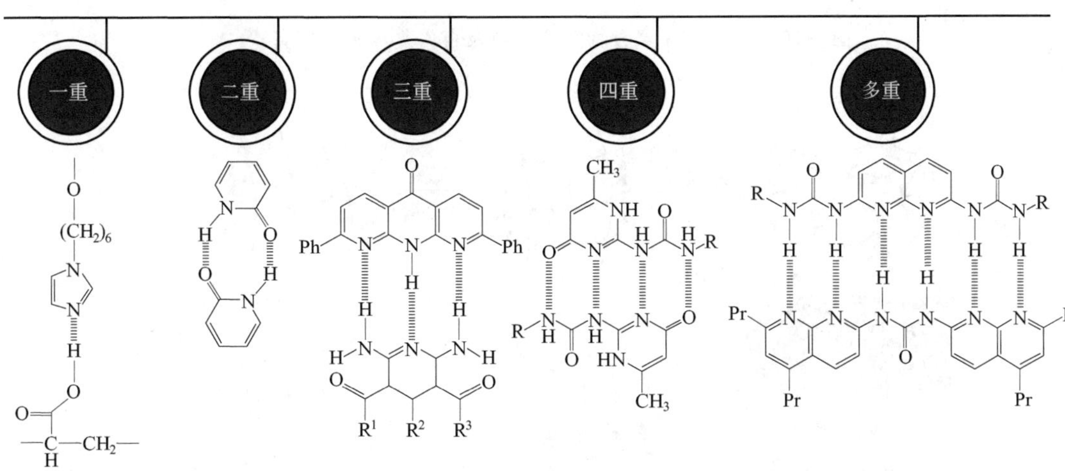

图 5-18　氢键的分类及举例

基材上，鞣酸与聚乙二醇可以通过氢键的作用形成物理交联网络，制备出一种具有较高透明性的自修复涂料。当涂料受损后，涂料在湿润的环境下能够吸水，破坏鞣酸与聚乙二醇之间的氢键作用，涂层变软而使分子链段发生移动，鞣酸与聚乙二醇之间重新形成氢键，从而完成涂料的自我修复，如图 5-19 所示。

近年来，光固化技术由于其独特的优势，如能耗低、固化设备占用空间小、投入资金少、挥发性有机化合物（VOC）排放量少、固化速度快、适应性广等，而备受关注。基于氢键作用去开发光固化自修复涂料，具有重要的意义。酰脲嘧啶酮（UPy）单体可以产生强烈的四重氢键作用，将 UPy 单体和双键单体引入聚氨酯结构中，制备出自修复聚氨酯，并以此聚氨酯为基体树脂，通过光固化技术制备具有一定化学交联结构的光固化自修复涂料[71,72]。通过加入不同种类的活性稀释剂，调控自修复涂料的硬度、光泽度、附着力等综合性能。当涂料受到损伤，升高温度可破坏涂层内部的氢键作用，使涂层内部聚合物链段具有一定的流动性，当温度冷却后，氢键重新形成，完成自修复过程，其修复机理如图 5-20 所示。光固化自修复涂料在金属防腐、汽车、木器等领域具有广阔的应用前景。

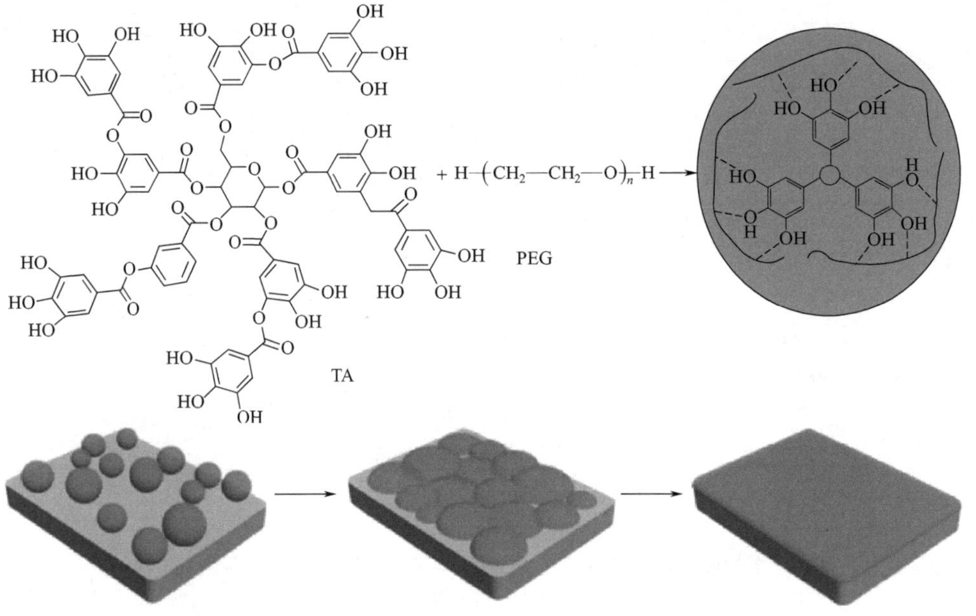

图 5-19 TA-PEG 聚合物复合材料及自修复涂料的制备[70]

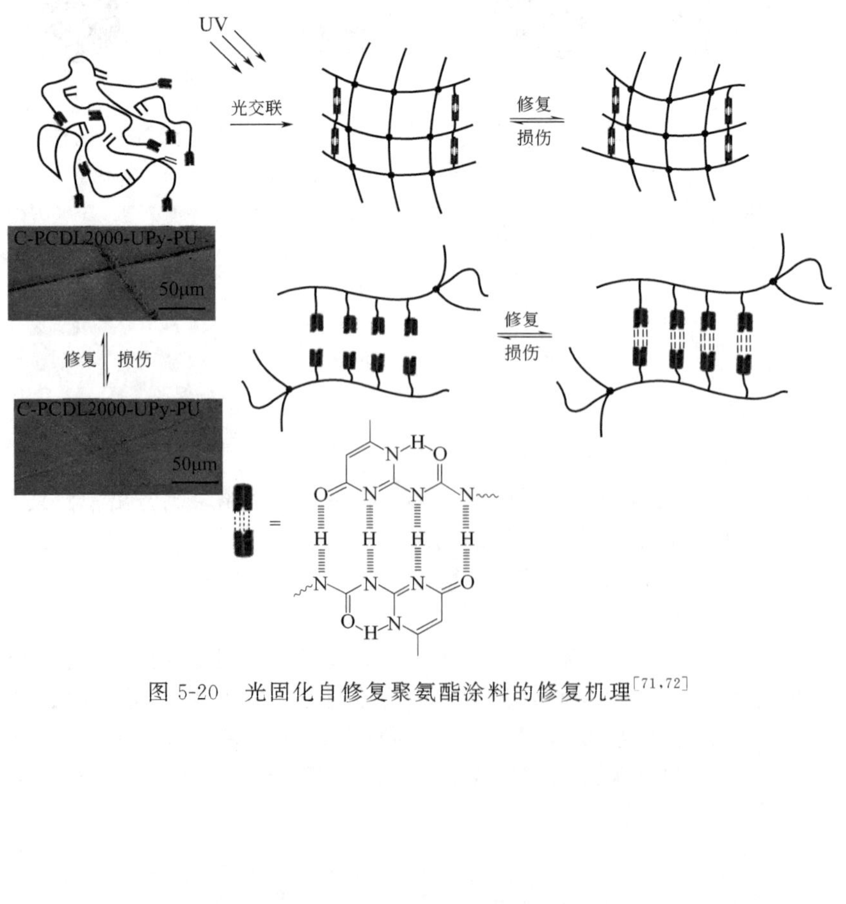

图 5-20 光固化自修复聚氨酯涂料的修复机理[71,72]

5.3.3　基于 Diels-Alder 反应的自修复涂料

Diels-Alder（D-A）反应是 1928 年由德国化学家奥托·迪尔斯和库尔特·阿尔德发现的，D-A 反应主要是通过富电子的双烯体（如环戊二烯和呋喃衍生物等）与缺电子的亲双烯体［如马来酰亚胺（MI）衍生物］等进行［4+2］环加成反应形成稳定的六元环化合物的反应（图 5-21），其特点是具有优异的热可逆性，键生成和断裂的条件温和、副反应少且无需额外添加催化剂[73]。如表 5-1 所示，常见的 D-A 反应目前大概有如下四种类型：①蒽和 MI 的 D-A 反应；②呋喃和 MI 的 D-A 反应；③二烯烃和双硫酯之间的杂原子 D-A 反应；④四嗪和环辛烯及其相关衍生物的 D-A 反应。

视频
自修复涂料

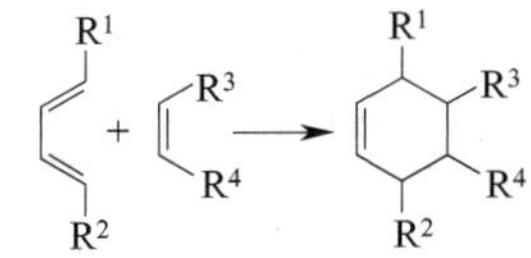

图 5-21　Diels-Alder 反应示意图

表 5-1　常见的 D-A 反应[73]

反应物 A	反应物 B	反应条件	加成产物
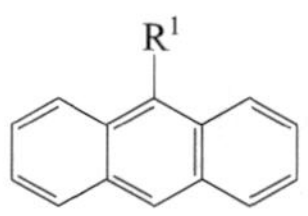 蒽衍生物	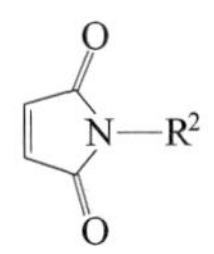 MI衍生物	无需催化剂，在甲苯中回流 10h	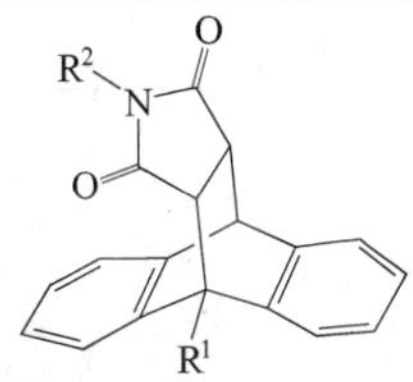
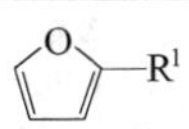 呋喃衍生物	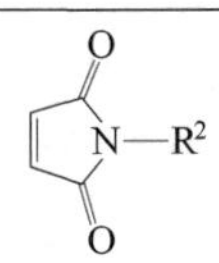 MI衍生物	无需催化剂，反应温度为 100℃以下，>100℃可发生逆反应	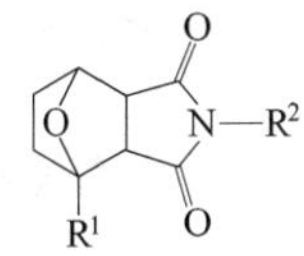
 二烯化合物	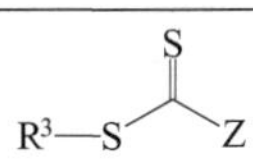 二硫酯	三氟乙酸，25℃快速反应	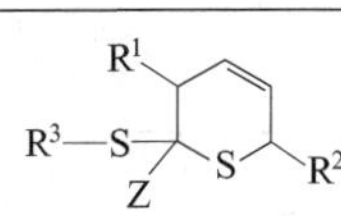
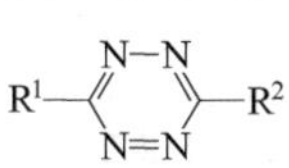 四嗪衍生物	 环辛烯	25℃快速反应，N_2 是为唯一副产物	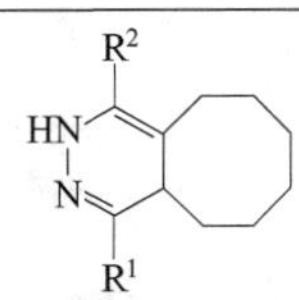

利用 D-A 反应制备自修复聚合物可实现多次修复，其修复原理可以简单表述为，当材料受到外力或其他作用受损后，受损的材料经过适当的热处理后，发生 D-A 逆反应，使得 D-A 化学键断裂，在较低温度下再次进行 D-A 反应，使得链段重组，从而使受损部位得到修复。利用二烯（如丁二烯、环己二烯、戊二烯、四氢呋喃或其衍生物）和亲二烯体（如马来酸酐、马来酰胺、共轭羰基等）之间的 D-A 反应，可合成多种自修复聚合物[74]。将其与乙烯基酯树脂、环氧树脂、丙烯酸或醇酸树脂等进行共混，涂覆在基材上可制备出自修复涂料。受损涂料放置在 100℃的热板上 5min，当温度降低后，涂层的损伤可实现较好的自我修复。此外，利用聚倍半硅氧烷有机-无机杂化材料可制备出基于 D-A 反应的自修复涂

料[75]。首先合成一种阶梯形结构的聚倍半硅氧烷，通过在侧链上引入二烯和亲双烯体，赋予聚合物自修复性能，如图 5-22 所示。此后，进一步在聚合物网络中引入丙烯酸或环氧基团，制备一系列基于 D-A 反应的高硬度光固化自修复涂料。由于交联密度较高，涂层的力学性能明显提高，硬度可达 6H，弹性模量超过 9GPa，同时，其具备优异的热稳定性及光学透过性。但其自修复仅可在涂层划痕深度小于 10μm 时才能实现，这主要是由于硬质涂层的厚度远低于同类膜材料，降低了分子链的相互作用，进而影响了其自修复效率。

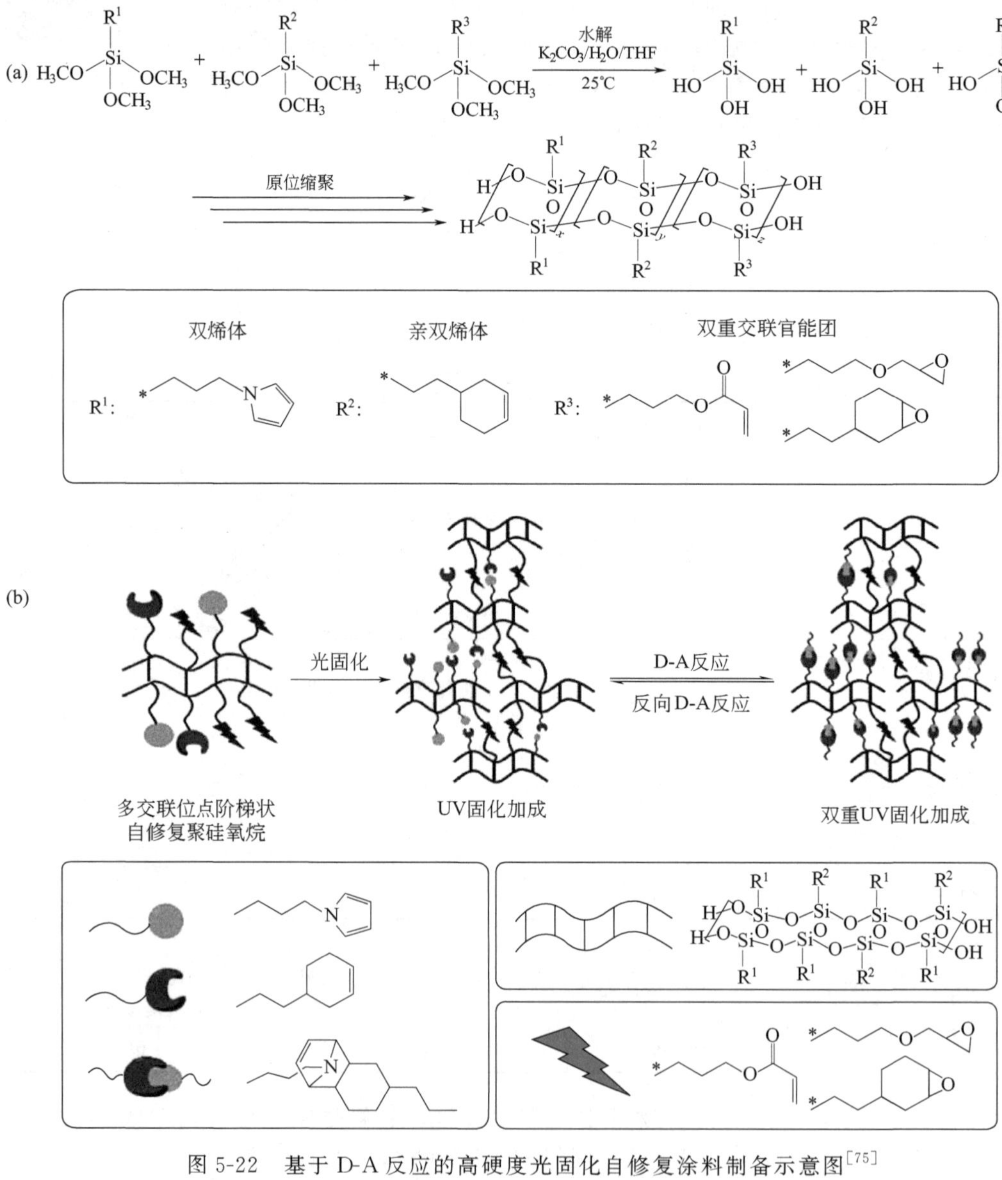

图 5-22 基于 D-A 反应的高硬度光固化自修复涂料制备示意图[75]

5.3.4 基于光致环加成反应的自修复涂料

在光的引发下具有可逆性的环加成反应（如［2＋2］、［4＋4］、［4＋2］环加成反应）被广泛应用在本征型自修复涂料的相关研究中。可发生环加成反应的基团主要包括肉桂酰基、香豆素和蒽等，反应原理如图 5-23 所示[76]。该类分子结构的总体设计在于这些特征基团可以通过上述某种环加成反应形成二聚体，使基体聚合物的链段产生交联结构；当裂纹扩散到聚合物网络中时，连接二聚体的可逆化学键的键能比其他共价键的键能低，会优先发生断裂，释放出大量可发生环加成的反应基团，在光照或加热等刺激的情况下，这些基团重新形成二聚体，使基体聚合物的结构再次交联，完成自修复过程。

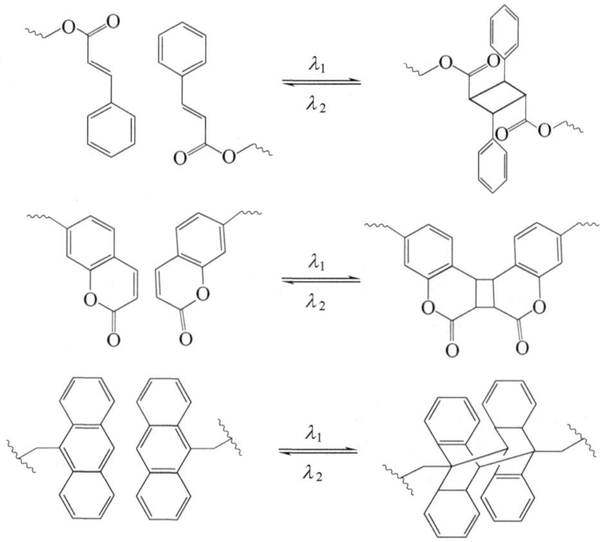

图 5-23 不同基团光致环加成反应的示意图[76]

香豆素可发生光二聚反应，经二聚后，产物的熔点为 262℃，远远高于香豆素本身。香豆素光照后形成的二聚体结构和光照条件（剂量、溶剂以及香豆素的浓度）有关。研究者用含香豆素结构的二元醇为扩链剂，制备出了一种自修复聚氨酯涂料，如图 5-24 所示[77]。在紫外光照射下，香豆素基团可发生［2+2］环加成反应，形成交联结构。将涂料产生划痕以后，将其置于 254nm 紫外光下曝光 1h，使交联的香豆素二聚体发生裂解，聚氨酯链段的流动性增加，后在 350nm 的紫外光下曝光 3h，涂料划痕区域的聚氨酯链段通过香豆素的加成反应再次交联，从而完成自我修复过程。

蒽是另外一个可以发生可逆光二聚反应的光敏性基团，也可用于制备自修复聚合物。将蒽的衍生物接枝到超支化聚丙三醇上，制备出一种可以进行光触发自修复的超支化聚合物，其结构如图 5-25 所示[78]。在该聚合物制备的涂层上切割出 $4.5\times1\text{mm}^2$ 的划痕，将其在波长为 254nm 的紫外光下照射 15min 后室温下放置一夜，使发生光裂解的聚合物链段移动到受损部位，后用波长为 366nm 的紫外光照射，使其发生光交联，从而完成自修复。将蒽结构引入环氧树脂体系中，利用酸酐作为固化剂，可制备自修复环氧涂层[79]。当涂层受损后，对其进行加热，在 130℃温度下，蒽的二聚体发生裂解，转换为单体结构，在紫外光的照射下，蒽单体重新进行光二聚反应，形成交联结构，对受损部位成功完成了自我修复。

5.3.5 基于光热效应的自修复涂料

近几年来，基于分子链运动效应的光热自修复涂层受到了广泛关注。通过将吸收的光能在短时间内以热的形式释放出来，使涂层加热到玻璃化转变温度（T_g）以上，树脂在涂层受损区域自由扩散移动，分子链段相互穿插缠结，从而实现划口处界面融合，即可实现对损伤的修复。通过光照产热触发自修复，可以实现对涂层局部的高精度、高效率自修复，有效避免对涂层完好区域的热损伤和副作用，同时对于在特殊环境（如水下、真空等）的材料修

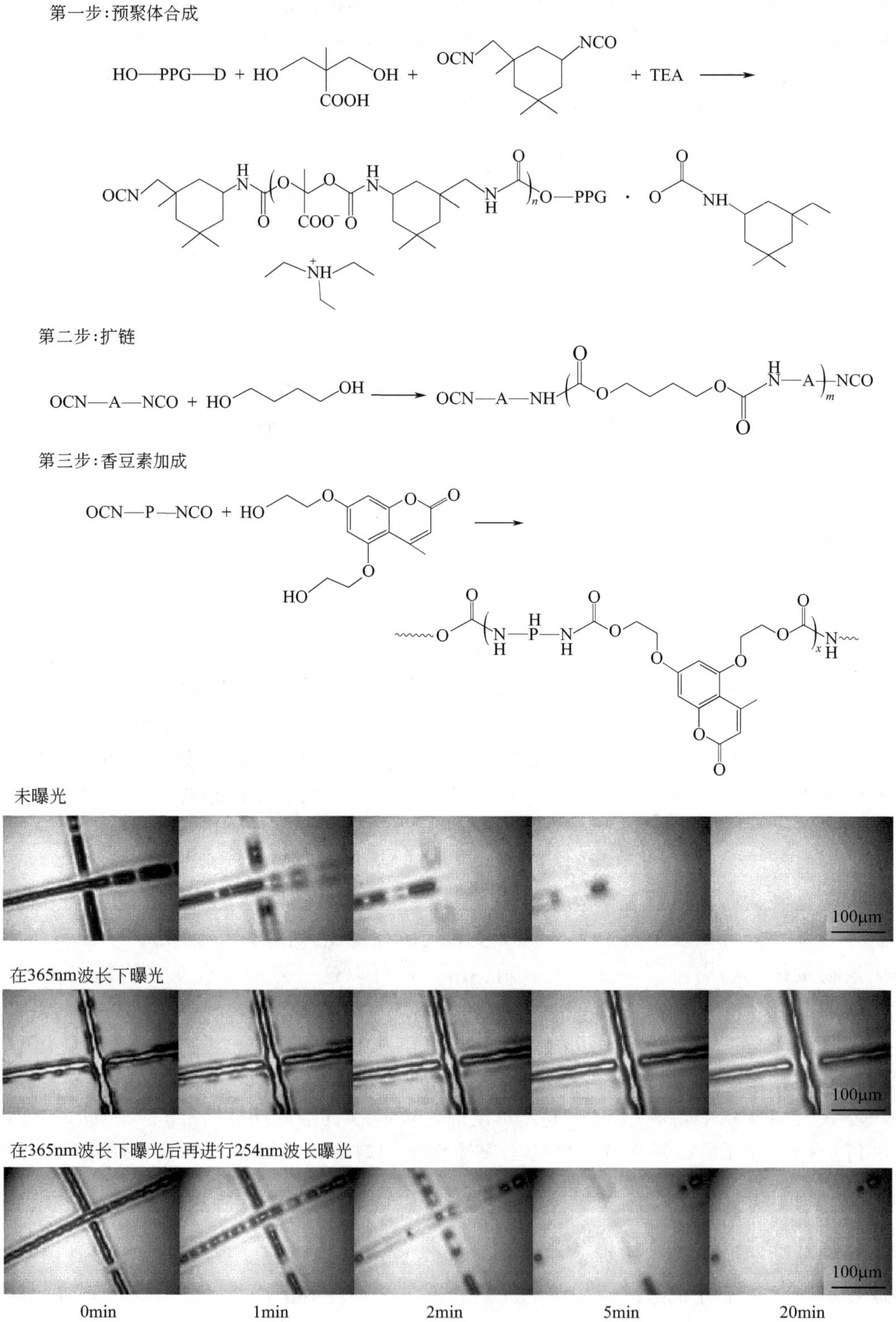

图 5-24 含有香豆素结构的自修复聚氨酯的合成及修复过程[77]

复有着极其重要的意义。此外，光作为一种清洁能源，更加环保。基于光热效应的自修复主要是在聚合物合中引入能够引发光热效应的功能材料，如金纳米粒子[80]、导电高分子[81]、

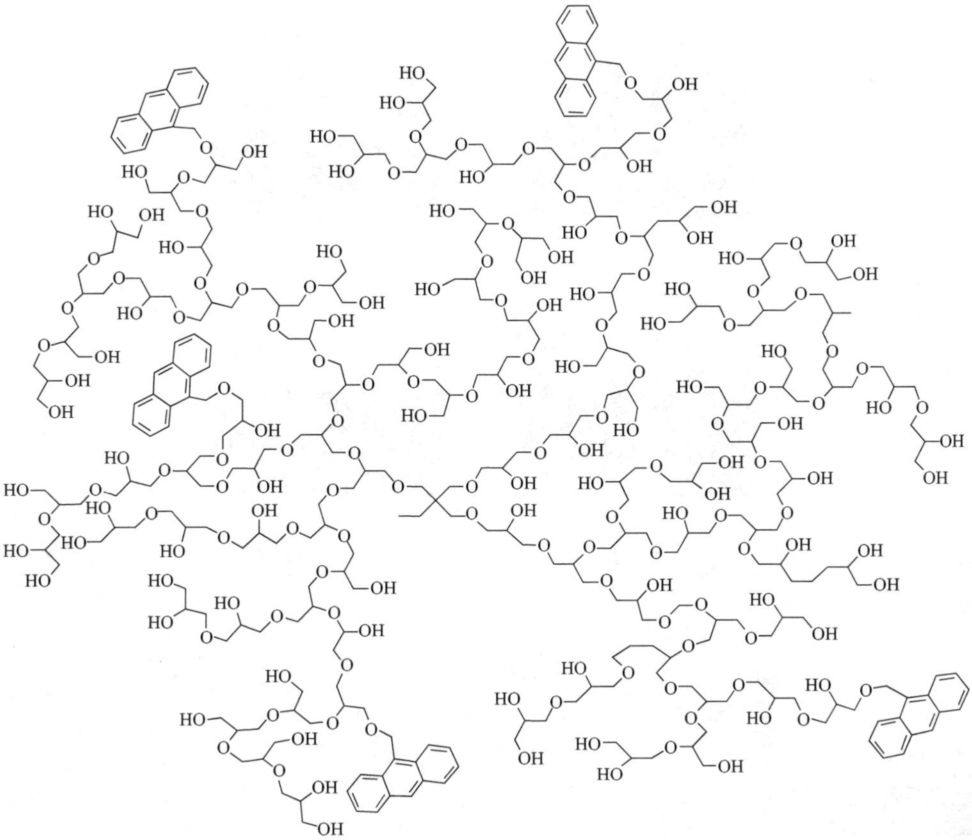

图 5-25 超支化聚缩水甘油醚蒽的化学结构[78]

聚多巴胺纳米粒子[82]、石墨烯[83]、碳纳米管[84,85]、Fe_3O_4 纳米颗粒[86] 等。将聚丙烯酸树脂溶液与不同质量分数的金纳米粒子溶液相混合，可制备出热塑性自修复涂料，其修复机理如图 5-26 所示[80]。当激光照射涂料表面时，由于金纳米粒子的光热效应，温度迅速上升，当温度高于聚合物玻璃化温度时，分子链段开始运动，从而完成自我修复，修复效率与金纳米粒子含量和激光强度有关。当金纳米粒子含量为 0.04%，激光能量密度为 150W/cm^2 时，涂料在 4s 内就可以实现高效的自我修复。类似的，以聚 ε-己内酯为基体，通过原位开环聚合反应，将聚多巴胺纳米粒子均匀地分散在聚合物中，在近红外光的照射下，聚多巴胺纳米粒子会通过光热效应使这种聚合物复合材料实现自我修复[82]。

碳纳米管和石墨烯等先进碳材料在近年来一直是材料领域的研究热点，利用这两种碳材料也可制备基于光热效应的自修复涂料。将碳纳米管引入环氧树脂中，可制备出具有良好自修复性能的环氧涂层，如图 5-27 所示[85]。首先用氨基官能化的碳纳米管与环氧树脂 E51 反应，使其更好地分散在树脂中，同时引入具有热可逆性的 D-A 反应基团，从而制备出了自修复涂层。与直接加热相比，低功率近红外光照射下的修复时间相对较短，且能够实现局部靶向修复。利用类似原理，将改性石墨烯片层与带有 D-A 基团的聚氨酯共混，制备了不同石墨烯含量的聚氨酯自修复涂料[83]。涂料在 980nm 红外激光的照射下可发生光热转换，随着石墨烯含量的增加，光热效应增强，温度在 30s 内可达到 150℃以上，修复效率高达 96%。此外，随着石墨烯的添加，涂料的力学性能逐渐提高，在石墨烯含量为 0.5%时，杨氏模量能够达到 127MPa，拉伸强度达到 36MPa。

四氧化三铁（Fe_3O_4）属立方晶系，反尖晶石结构，具有超顺磁性、小尺寸效应、量子

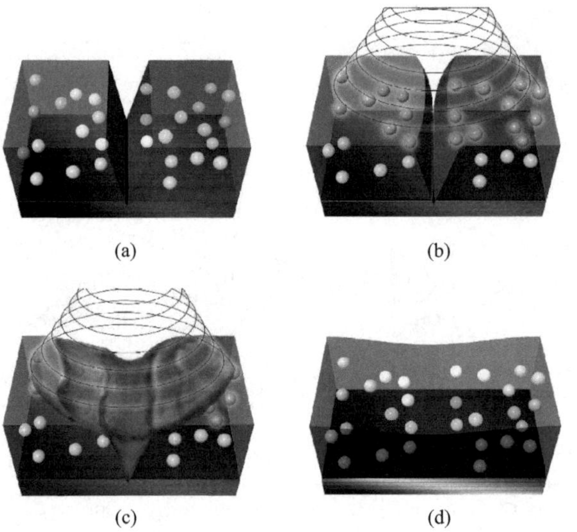

图 5-26 PAA/AuNPs 涂层的自修复机理示意图[80]

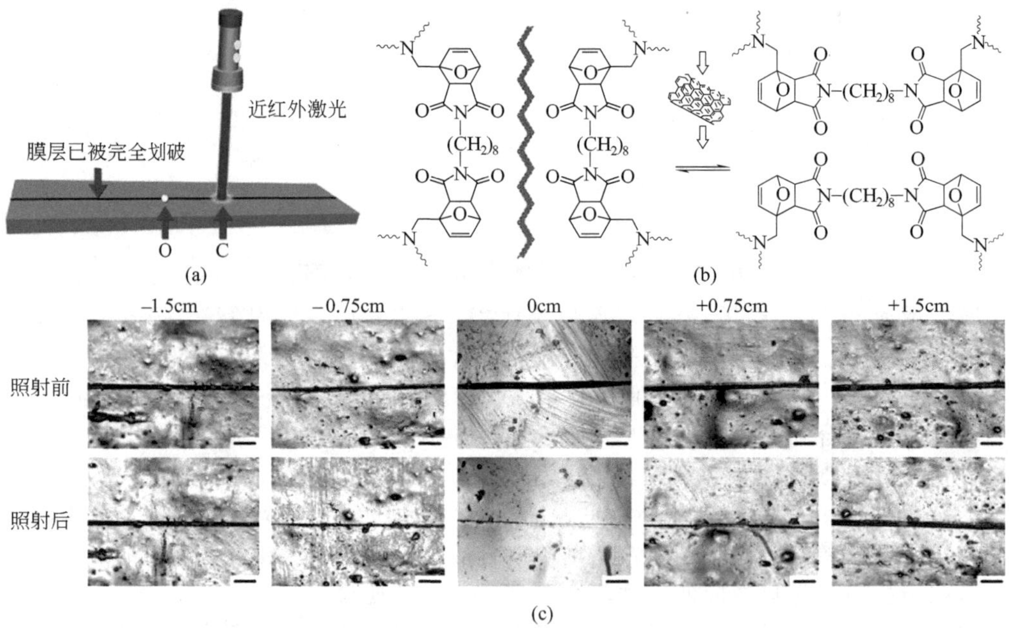

图 5-27 碳纳米管-环氧树脂复合涂层的自修复示意图[85]

隧道效应等，使其在磁存储材料、微波吸收、特种涂料、药物靶向引导、磁多功能复合材料、催化剂及生物工程等方面有重要的应用。利用四氧化三铁的光热转换效应，研究者制备了多种复合材料，主要用于光热治疗癌症的医院领域。近年来，制备 Fe_3O_4 纳米颗粒并将其掺入聚氨酯树脂中，通过改变 Fe_3O_4 纳米颗粒含量（0.2%、0.5%、1%、2%），可制备出一系列光热自修复涂料。在一定强度的红外或近红外光照射下，所制备的聚氨酯涂料在空气和水中均具有较好的光热转换能力，具备高效的自我修复能力[86]。利用四氧化三铁的光热效应，首次实现了涂层在水下的快速自我修复，且随着 Fe_3O_4 纳米颗粒含量的增加，涂层的修复效率及机械强度都有一定程度的提高。

聚苯胺（PANI）作为目前研究最为广泛的一种导电高分子，具有制备简便和化学稳定性好的优点，更是由于其近红外区强吸收、光热转换效率高等特点而有望成为一类新型的光热材料。而且，聚苯胺还是一种优异的绿色缓蚀剂（腐蚀抑制剂），与常规缓蚀剂相比没有任何的环境副作用。聚苯胺对金属材料表现出“活化-钝化”行为，即通过可逆氧化还原反应加速金属表面钝化膜的形成，从而有效抑制腐蚀反应的发生。如将植酸掺杂聚苯胺（PA/PANI）做为光热转换剂和防腐蚀抑制剂加入到光固化涂层中，可用于构筑绿色环保的光热自修复防腐智能涂层。经过仅 10s 的近红外光辐照后，涂层的表面划痕几乎完全消失，其阻隔性能得到有效恢复（见图 5-28）[81]。

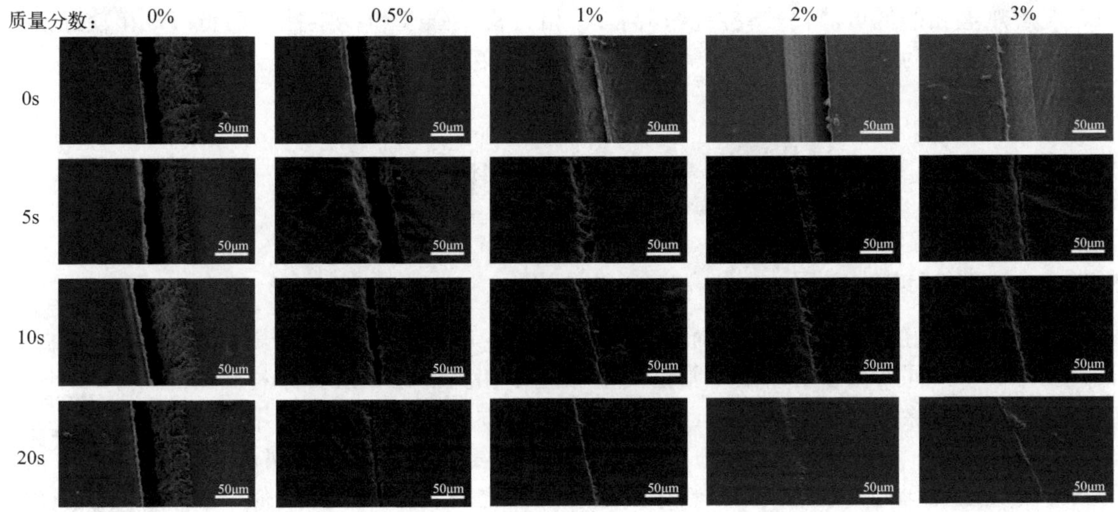

图 5-28　不同 PA/PANI 含量的涂层经近红外照射不同时间后的 SEM 图像[81]

5.3.6　其他本征型自修复涂料

聚电解质是带可电离基团的长链高分子，这类高分子在极性溶剂中会发生电离，使聚合物分子链段之间的静电相互作用降低，有利于聚合物链段的运动；当溶剂挥发后，带有不同电荷的聚电解质分子链段会相互吸引重新组合在一起。因此，利用静电相互作用的可逆性可制备出自修复涂料。利用 2-[（甲基丙烯酰氧基）乙基] 二甲基-（3-磺酸丙基）-氢氧化铵（MEDSAH）和聚乙二醇二甲基丙烯酸酯（PEGDMA）共聚，可以合成一种两性离子聚合物[87]。将聚合物溶解在水中，可制备出一定固含量的聚合物水溶液，利用旋涂或滴涂制备出一种新型的两性离子聚合物涂料，这种涂料具有良好的自修复和防腐性能。涂层被划伤后，加入水，受损区域的涂层内部聚合物链段发生运动，聚合物链段之间通过离子之间的静电相互作用重新形成超分子网络结构，完成了对受损涂层的自我修复。

主客体作用是存在于主体分子和客体分子之间的相互作用，主体一般都有空腔，由于主体分子与客体分子在多方面，如尺寸、形状、电荷或是极性等方面有相互作用，主客体相互作用是具有选择性和可逆性的。主客体体系属于超分子化学领域，具有可逆性的主客体相互作用具有较低的结合强度，利用这种可逆相互作用所制备的自修复聚合物材料很难在室温下保持固体的形态。利用光固化技术，使聚甲基丙烯酸羟乙酯（HEMA）、丙烯酸丁酯（BA）在紫外光照条件下进行光交联；利用 β-CD（β-环糊精）对二氧化钛的表面进行修饰，由于 β-CD-TiO_2 在空腔可以包覆金刚烷形成包合物，与 HEMA-Ad 自组装形成功能粒子；将这种功能粒子均匀分散在上述制备的聚合物中，将溶剂蒸发后，制备出一种自修复光固化涂料[88]。由于β-CD-TiO_2与HEMA-Ad之间的主客体作用，涂层在划伤后，β-CD-TiO_2与HEMA-Ad形成的包合物发生解离，在受损区域加入水后，促进了聚合物链段的移动，扩大了涂层体积，因此，划痕表面暴露的β-CD-TiO_2与HEMA-Ad会重新聚集并发生相互作用，使涂层的损伤逐渐修复。

此外，使用双相热固性/热塑性技术也可制备自修复涂料[89]。由于涂层的特殊性，涂层不具有自由流动的性质。然而，在大部分自修复的研究中，自修复过程都会引起材料的变形，为了克服这一难题，有美国专利通过双相热固性/热塑性技术来解决这一问题。相分离的热固性/热塑性涂层显示两个玻璃化转变温度（T_g）：与热固相相似的高玻璃化转变温度和对应于热塑相的低玻璃化转变温度；高T_g相将提供强度和稳定性，而低T_g相使涂层的聚合物具有足够的迁移性，以便在需要时修复微裂纹。

5.4 自修复涂料的应用

5.4.1 汽车领域的应用

教学课件
5.4 自修复涂料的应用

现有汽车划痕修复多半需要到汽车销售服务4S店进行重涂，修复时间长，费时费事。同时微小的划痕常常需要重涂整个相关部位，浪费涂料同时破坏了汽车原有涂膜的完整性，因此发展一种较为方便的自修复涂料用于汽车行业非常重要。鄢瑛等[90]发明了一种具有自修复功能的汽车防腐涂层，将自修复微胶囊均匀分散在汽车涂料中间漆与底漆之间，形成一种类似“三明治”结构的防腐涂膜。自修复微胶囊壁材为脲醛树脂，芯材为天然植物油。在形成微裂纹时，埋植于涂料内部的自修复微胶囊受外力破裂，释放出来的芯材无需催化剂可直接与空气中的氧气发生交联聚合反应，修补微裂纹以防止金属表面的进一步腐蚀，而广泛应用于汽车工业防腐涂层。

2015年立邦公司同样发展了两种超支化的树脂用来制备具有自修复功能的汽车涂料[91,92]，其中一种汽车清漆，由超支化球形高羟基丙烯酸树脂与氨基树脂及其他组分组成，由于形成的涂膜具有高的交联密度，同时具有相对较低的T_g值，因而具有良好的抗刮擦能力、耐擦性和耐酸性。同时高羟基树脂具有众多的端羟基官能团，与异氰酸酯反应可以形成高密度的氨酯键，氨酯键间的氢键赋予涂层划痕自修复能力。同样的一种自修复氨基烤漆组合物被研制，经涂装后所得漆膜在阳光照射时，漆膜表面温度升高，划痕消失，具有划痕自修复功能。

同时现有汽车修补涂料多为溶剂型涂料品种，使得污染环境增加，对于人身安全造成危害。因此，相对安全的水性自修复汽车涂料也成为比较重要的一类，刘娅莉等[93]发明了一种用于汽车划痕的快速自修复液，以聚酯多元醇水分散体为基础，以异氰酸酯固化。这种固化后的涂膜具有良好的自修复性能，光泽度高、硬度高，耐磨、耐腐蚀性能和老化性能优异。且与划痕周边涂料融合性好，有效解决了汽车划痕快速修复问题，省时便利。孔华英等[94]发明了一种汽车底盘用可自修复的改性水基氟碳绝热防锈涂料，该涂料通过在原料中添加纳米硅酸铝纤维、中间相炭微球以及羟基硅酸镁等原料来对氟碳乳液进行改性处理，从而达到所述的效果。在制备过程中，加入超支化聚醚乳液，提高了体系各原料间的亲和性，达到均匀稳定的填充改性效果，最终获得了具有长效防锈效果的涂料，其高效的绝热和抗磨损能力缓解了外界环境对底盘金属的侵蚀，同时其良好的自修复能力极大地延缓了锈蚀的扩展速度。

5.4.2　军事领域的应用

随着高新科技的发展，美国军方所希望研制的智能武器是一种能够模仿生命系统，同时感知环境变化并实时做出反应，从而可与变化后的战场环境高度适应的复杂武器系统，而且在这些智能武器的实际试用中，军方要求它们必须具备的一项重要功能就是自修复[95]。据美国陆军网透露，美国陆军纳蒂克士兵研究开发与工程中心、马萨诸塞大学洛厄尔分校与粹通系统公司（Triton）三家机构正在合作研发用于生化防护服的自修复技术。美国海军研究局和约翰•霍普金斯大学应用物理实验室联合开发了一种新的涂料添加剂，可使军用车辆的涂料具有类似于人体肌肤的自修复功能，从而防止车辆锈蚀[96]。这种粉末状添加剂被称为“聚成纤维原细胞”，可以添加到现有的商用底漆中，它由填满油状液体的聚合物微球组成，一旦划伤，破损包膜处的树脂便会在外露的钢材外形成蜡状防水涂层，防止锈蚀，特别适合在恶劣环境下的军用车辆上使用。海洋盐雾是军事硬件故障的首要原因，舰上运输和存放的车辆也易受海洋盐雾的影响。实验室测试表明，在充满盐雾的室内，聚纤维原细胞预防锈蚀的时间长达 6 周。

此外，美军还将自修复涂料应用在了武器装备中电子线路。美国科研人员发现了一种使用液态金属和特殊聚合物来制造野战被覆线的方法，他们将铟和镓的液态合金以微型胶囊的形式放置于同样具有可延展功能的聚合物之中，当金属芯因外界压力破损时，该力同样会碾破若干个载有修复材料的微型胶囊，释放出的液态金属能及时填充在破损导致的间隙之中，从而使得电流或电信号重新恢复联通。近年来，以美军为代表的西方军队开始研制自修复混凝土技术，相继出现了水泥基导电复合材料、水泥基磁性复合材料、损伤自诊断水泥基复合材料、自动调节环境温度/湿度的水泥基复合材料等，来构筑新的防御体系。美国、俄罗斯、英国等军事强国还高度重视飞行控制自修复技术，未来将成为信息化时代战斗机与无人机系统的核心技术之一，自修复涂料在军事领域具有重要的发展空间。

5.4.3　橡胶领域的应用

作为一种在人们生活中常用的高分子材料，硫化橡胶在使用寿命结束后，由于交联结构的存在，难以像热塑性高分子材料那样进行回收利用，由此产生大量的废弃物，造成环境污染。如能利用硫化橡胶自身分子的网络结构，使其遭受损伤时能够进行自我修复，无疑有利于节约资源、减轻环境负担。Klumperman 等[97] 利用大分子主链含双硫键的聚硫橡胶（EPS25）作为基材，经交联固化后制得具有自修复功能的材料。作者认为由于双硫键交换反应能够不断更新双硫键的分子结构，从而使断面上的网络结构能进行跨界重组，将断面重新结合在一起，最终修复损伤。结果表明，遭受损伤的聚硫橡胶在 60℃下热处理 1h 左右就能基本恢复其力学性能，修复效率随修复次数的增加未明显下降，但修复效率随双硫键含量的降低而急剧下降。在随后的研究中，Klumperman 等[98] 修正了原来的观点，将聚硫橡胶基于双硫键的动态可逆反应归因于巯基与双硫键之间的交换反应。Lei 等[99] 首先利用含双硫键的小分子和大分子物质模拟三正丁基膦（TBP）催化下的双硫键交换反应过程，研究表明该交换反应遵循二级反应动力学，交换过程属于离子反应机理。随后作者将 TBP 引入聚硫橡胶中，制备了在室温下具有多次自修复能力的弹性体材料，材料损伤后在室温下放置 24h 能恢复 90%以上的力学性能，且修复效率并不随修复次数的增加而明显下降。此外，将该弹性体材料剪碎后，在室温下模压，即可重新制得片材，它同样具有良好的多次修复效率。Rekondo 等[100] 发现芳香族双硫键无需外加任何催化剂就能在室温下进行动态交换反应，因而将其引入聚氨酯弹性体中，赋予后者室温自愈合能力。试验表明，切断的材料在室温下对接放置1h能恢复约62%的拉伸强度，2h能恢复80%，24h后基本完全恢复，但不含双硫键的对比样品也能恢复约50%的力学性能，这应是体系内氢键作用的贡献。Martin等[101]也将芳香族型双硫键引入聚氨酯弹性体中，使已成型的聚氨酯材料通过模压改变为其他形状，或将材料粉碎为粉末后在150℃下模压20min，再生材料的性能未出现明显下降。向洪平等[102]通过小分子模拟试验和应力松弛，发现甲基丙烯酸铜（MA-Cu）比氯化铜（$CuCl_2$）更适合用作硫化天然橡胶中双硫键的交换反应催化剂，并且硫化天然橡胶中的双硫键交换反应需要在高于120℃的温度下才能高效进行，这保障了相关制品在较低温工作时的结构与性能稳定。进一步的实验结果表明，硫化天然橡胶在MA-Cu辅助作用下获得了多次自修复与固相回收加工性能，损伤自修复后的硫化天然橡胶与固相回收加工的再生硫化天然橡胶，其拉伸强度均可恢复到原始材料强度的80%左右。

在日常生活当中，车辆上的橡胶轮胎经常被扎，一部分人选择打电话求助，一部分人将备胎拿出自行更换。米其林推出了自修复轮胎，多了一种解决轮胎被扎的办法[103]。橡胶轮胎内层表面有一层自修复涂料，可在轮胎被扎瞬间将穿孔堵住，对轮胎进行自修复。橡胶轮胎所用的自修复涂料密度较高，质地柔软，且会有黏手的感觉（图5-29）。

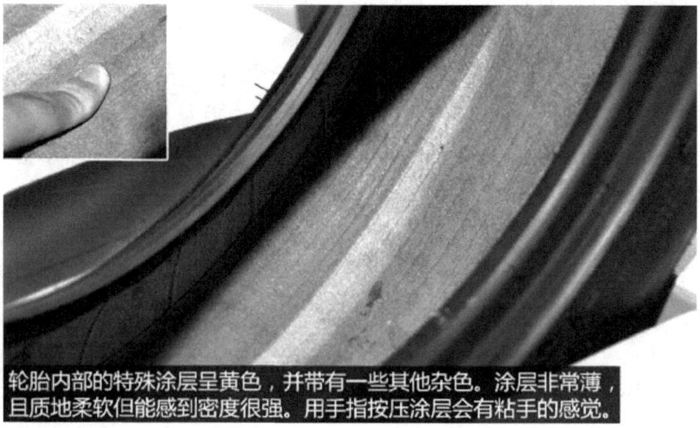

图5-29 自修复轮胎

5.4.4 防腐领域的应用

防腐涂料是人类挑战锈蚀的重要工具，然而，涂层会因受到外力的冲击而发生损伤和脱落，使金属表面不能得到有效防护。随着现代科学技术的发展，应对金属腐蚀的方法日益完善，相对于金属镀层、阴极保护法等方法[104,105]，涂覆金属防护层的方法在保持较好抗蚀性的同时，具有操作简单、成本低的特点，然而防护层无自修复能力，受外力作用损伤后，若无及时有效的修补，将逐渐丧失对金属防护功能。模仿生物体自修复功能的基本原理，使材料对内部或者外部损伤能够进行自修复，可以消除隐患，延长涂层使用寿命，实现对底材的长效防腐保护。自修复防腐涂料[106]将自修复功能添加到防腐涂层中，形成了一种在外界环境中能自主地将化学防腐与物理防腐相结合的防腐方式，是一种可长期稳定使用且在反复破坏情况下能够进行自我修补的智能防腐涂层。对于在特殊环境下的防腐需求，例如航空航天设备涂料、特种钢结构防腐涂料、风力发电塔身及叶片防腐涂料、军用车辆防锈涂料、海洋钻井平台防腐涂料、抗划伤汽车面漆、沿海灯塔防腐涂料等，自修复防腐涂料具有广泛的应用前景。有学者制备了负载自修复剂（亚麻籽油）的聚苯胺微胶囊，并将其分散于水性环氧树脂中，利用聚苯胺的防腐蚀以及所负载的自修复剂的自修复性能，成功构筑了具有优异的自修复性能和防腐性能的涂层[107]。得益于聚苯胺优异的腐蚀抑制功能，所制备自修复涂层在长达 2000 h 的盐雾试验后未发生腐蚀，30 天后涂层的低频阻抗值仍可达 $10^9\,\Omega$，高出纯环氧树脂涂层 3 个数量级。除了防腐性能外，所构筑的涂层还具有优异的修复剂填充-光热双重自修复功能：不仅微胶囊中封装的修复剂能够均匀填充划痕，且在近红外（NIR）照射下涂层划痕能够完全闭合，涂层的修复效果大大增加。当微胶囊添加量为 15%（质量分数）时，修复后划痕完全闭合且划痕处出现了较为明显的修复剂溢出；双重修复后的涂层在 1400 h 的盐雾试验后，划痕处仅出现了少许的锈蚀痕迹，且锈蚀痕迹限制在划痕处并未发生扩散。在高铁装备、海洋工程、铁路与公路桥梁及大型钢构、新能源、石油化工等重点领域，开发高性能自修复防腐涂料，有利于延长涂料维修重涂周期、减少防腐涂料全部生命周期对环境的影响。开展此类研究将提升我国在重防腐高端市场的领域技术，有利于经济社会发展和国家安全重大需求。

5.4.5　木器领域的应用

木家具在使用过程中，其漆膜表面经常受到各种各样的损伤（划伤或擦伤），如办公桌上面办公用品的移动造成的划痕（划伤）等，日积月累，家具表面出现伤痕累累，严重地影响家具表面的装饰效果。随着人们物质文化和生活水平的提高，消费者对家具的装饰效果的要求越来越高，为此提高家具涂料漆膜的抗划伤性以满足消费者的需求的呼声越来越强烈。近年来，涂料行业也投入了大量的精力对漆膜抗划伤性进行研究，基本上都是以提高漆膜的硬度和增强漆膜表面的光滑度的方法来考虑。杨泽生[109] 研究了一种具有自修复功能的抗划伤性木器涂料的制备方法和配方的设计原理，并就影响漆膜抗划伤、耐磨性、划伤自修复功能的影响因素进行了探讨。结果表明：基体树脂的性能是漆膜划痕自修复的决定因素；漆膜抗划伤性和耐磨性与功能性材料在漆膜表面的排布情况息息相关。功能材料的添加量占配方总量的 5%～6%，漆膜具有极佳的综合性能。

5.5　总结与展望

拓展阅读 5-6
华为布局新一代电池涂层技术——自修复绝缘涂层

目前，关于自修复涂料的理论研究较多，大部分工作仍停留在实验室的研究阶段，距离产业化还有一定的距离，需要进行大量的基础研究和应用研究。外援型自修复涂料需要复合修复剂来实现自修复，要考虑修复剂和涂料体系的相容性、修复效率、修复次数等问题。本征型自修复涂料主要通过氢键、π-π 作用、离子作用和主客体作用等实现自我修复，但本征型自修复涂料的修复源于修复位置链段的缠结，分子链的扩散是其自我修复的主要驱动力，因此，分子链的柔性越好，越有利于自修复的发生。为了实现涂料具有较好的自修复性能，大部分工作集中于软质自修复材料，分子结构设计难以兼顾涂料的物理力学性能。

对于自修复涂料，未来需要重点关注的是：①不同自修复涂料体系的相关修复机理研究；②简便易行的自修复涂料制备方法及其产业化研发；③计算机模拟结合实验来研究自修复涂料；④高性能、高强度自修复涂料研究。国内外只有少数公司有自修复涂料相关产品问世，且没有得到推广使用。因此，一旦有性价比较高的产品研发成功，必然具有巨大的经济效益和发展空间。可以预见：通过科学技术的进步，在不久的将来，自修复涂料必将在航空航天、军事、防腐。汽车等各个领域获得广泛应用。

作业题

参考文献

[1] 许飞，凌晓飞，许海燕等．自修复智能涂料研究进展：概念、作用机理及应用［J］．中国涂料，2014，29（8）：38-73.

[2] Ulaeto S B，Rajan R，Pancrecious J K，et al. Developments in Smart Anticorrosive Coatings with Multifunctional Characteristics［J］. Progress in Organic Coatings，2017，111：294-314.

[3] 桂泰江，刘希燕．自修复材料及其在涂料中的应用［J］．现代涂料与涂装，2007，10（12）：29-31.

[4] 刘登良．自修复涂层材料-由观念创新到材料和产品创新［J］．中国涂料，2007，22（7）：7-8.

[5] 李海燕，崔业翔，王晴．自修复涂层材料研究进展［J］．高分子材料科学与工程，2016，32（10）：177-182.

[6] 张勇，樊伟杰，张泰峰，等．涂层自修复技术研究进展［J］．中国腐蚀与防护学报，2019，39（04）：299-305.

[7] White S R，Sottos N R，Geubelle P H，et al. Autonomic Healing of Polymer Composites［J］. Nature，2001，409（6822）：794.

[8] Cheng M，Fu Q，Tan B，et al. Build A Bridge from Polymeric Structure Design to Engineering Application of Self-Healing Coatings：A Review［J］. Progress in Organic Coatings，2022，167：106790.

[9] Brown E N，White S R，Sottos N R. Microcapsule Induced Toughening in a Self-healing Polymer Composite［J］. Journal of Materials Science，2004，39（5）：1703-1710.

[10] Brown E N，White S R，Sottos N R. Retardation and Repair of Fatigue Cracks in a Microcapsule Toughened Epoxy Composite—Part Ⅱ：In Situ Self-healing［J］. Composites Science and Technology，2005，65（15）：2474-2480.

[11] Kessler M R，White S R. Cure Kinetics of the Ring-opening Metathesis Polymerization of Dicyclopentadiene［J］. Journal of Polymer Science Part A：Polymer Chemistry，2002，40（14）：2373-2383.

[12] Rule J D，Brown E N，Sottos N R，et al. Wax-protected Catalyst Microspheres for Efficient Self-healing Materials［J］. Advanced Materials，2005，17（2）：205-208.

[13] C Suryanarayana，K C Rao，D Kumar. Preparation and Characterization of Microcapsules Containing Linseed Oil and Its Use in Self-healing Coatings［J］. Prog Org Coat，2008，63（1）：72-78.

[14] Lang S，Zhou Q. Synthesis and Characterization of Poly（urea-formaldehyde）Microcapsules Containing Linseed Oil for Self-healing Coating Development［J］. Progress in Organic Coatings，2017，105：99-110.

[15] Samadzadeh M，Boura S H，Peikari M，et al. Tung oil：An Autonomous Repairing Agent for Self-healing Epoxy Coatings［J］. Progress in Organic Coatings，2011，70（4）：383-387.

[16] 赵鹏．金属防腐涂料自修复微胶囊的合成与性能研究［D］．广州：华南理工大学，2012.

[17] 冯建中，明耀强，张宇帆等，异氰酸酯胶囊型自修复高分子材料研究进展［J］．化工进展，2016，35（1）：175-181.

[18] Yang J，Keller M W，Moore J S，et al. Microencapsulation of Isocyanates for Self-healing Polymers［J］. Macromolecules，2008，41（24）：9650-9655.

[19] BD Credico，M Levi，S Turri. An Efficient Method for the output of New Self-Repairing Materials through a Reactive Isocyanate Encapsulation［J］. European Polymer Journal，2013，49（9）：2467-2476.

[20] Wang W，Xu L，Li X，et al. Self-healing Properties of Protective Coatings Containing Isophorone Diisocyanate Microcapsules on Carbon Steel Surfaces［J］. Corrosion Science，2014，80：528-535.

[21] W Wang，L Xu，X Li，et al. Self-healing Mechanisms of Water Triggered Smart Coating in Sea Water［J］. Journal of Materials Chemistry A，2014，2（6）：1914-1921.

[22] Yi H，Yang Y，Gu X，et al. Multilayer Composite Microcapsule Synthesized by Pickering Emulsion Templates and Its Application in Self-healing Coating［J］. Journal of Materials Chemistry A，2015，3（26）：13749-13757.

[23] Yi H，Deng Y，Wang C. Pickering Emulsion-based Fabrication of Epoxy and Amine Microcapsules for Dual Core Self-healing Coating［J］. Composites Science and Technology，2016，133：51-59.

[24] 胡宏林．环氧树脂微胶囊及其二元自修复材料的制备与性能研究［D］．哈尔滨：哈尔滨工业大学，2012.

[25] Yuan L，Liang G，Xie J Q，et al. Preparation and Characterization of Poly（urea-formaldehyde）microcapsules Filled with Epoxy Resins［J］. Polymer，2006，47（15）：5338-5349.

[26] Yin T, Zhou L, Rong M Z, et al. Self-healing Woven Glass Fabric/Epoxy Composites with the Healant Consisting of Micro-encapsulated Epoxy and Latent Curing Agent [J]. Smart Materials and Structures, 2007, 17 (1): 015019.

[27] Jin H, Mangun C L, Griffin A S, et al. Thermally Stable Autonomic Healing in Epoxy using a Dual-Microcapsule System [J]. Advanced Materials, 2014, 26 (2): 282-287.

[28] Yuan Y C, Rong M Z, Zhang M Q, et al. Study of Factors Related to Performance Improvement of Self-Healing Epoxy Based on Dual Encapsulated Healant [J]. Polymer, 2009, 50 (24): 5771-5781.

[29] Cho S H, Andersson H M, White S R, Sottos N R, Braun P V. Polydimethylsiloxane-based Self-healing Materials [J]. Advanced Materials, 2006, 18 (8): 997-1000.

[30] Cho S H, White S R, Braun P V. Self-healing Polymer Coatings [J]. Advanced Materials, 2009, 21 (6): 645-649.

[31] Caruso M M, Delafuente D A, Ho V, et al. Solvent-promoted Self-healing Epoxy Materials [J]. Macromolecules, 2007, 40 (25): 8830-8832.

[32] Mirabedini S M, Dutil I, Gauquelin L, et al. Preparation of Self-Healing Acrylic Latex Coatings Using Novel Oil-Filled Ethyl Cellulose Microcapsules [J]. Progress in Organic Coatings, 2015, 85: 168-177.

[33] Comlekci G K, Ulutan S. Encapsulation of Linseed Oil and Linseed Oil Based Alkyd Resin by Urea Formaldehyde Shell for Self-Healing Systems [J]. Progress in Organic Coatings, 2018, 121: 190-200.

[34] Miguel M D, Vallo C I. Influence of The Emulsifying System to Obtain Linseed Oil-Filled Microcapsules with A Robust Poly (melamine-formaldehyde) -Based Shell [J]. Progress in Organic Coatings, 2019, 129: 236-246.

[35] Ullah H, Azizli K A M, Man Z B, et al. The Potential of Microencapsulated Self-Healing Materials for Microcracks Recovery in Self-Healing Composite Systems: A Review [J]. Polymer Reviews, 2016, 56 (3): 429-485.

[36] Alizadegan F, Mirabedini S M, Pazokifard S, et al. Improving Self-Healing Performance of Polyurethane Coatings Using PU Microcapsules Containing Bulky-IPDI-BA and Nano-clay [J]. Progress in Organic Coatings, 2018, 123: 350-361.

[37] Jiangqing Liu, Kaiyun Wu, Ren Liu, et al. Robust SiO_2/Polymer Hybrid Microcapsule Synthesized via Emulsion Photo-Polymerization and Its Application in Self-Lubricating Coatings [J]. Progress in Organic Coatings, 2023, 184: 107856.

[38] 陈亚鑫. 自修复涂层用微胶囊的结构设计、制备与性能研究 [D]. 无锡: 江南大学, 2024.

[39] Zhang L Y, Zhang Y, Xu H Y, et al. Polymer/Graphene Oxide Composite Microcapsules with Greatly Improved Barrier Properties [J]. RSC Advances, 2016, 6 (9): 7618-7625.

[40] Latnikova A, Jobmann M. Towards Microcapsules with Improved Barrier Properties [J]. Topics in Current Chemistry, 2017, 375 (3): 1-18.

[41] Sarkar S, Kim B. Analysis of Graphene-Encapsulated Polymer Microcapsules with Superior Thermal and Storage Stability Behavior [J]. Polymer Degradation and Stability, 2017, 138: 72-81.

[42] 刘加童, 葛亚杰, 吴睿, 等. 聚脲基双壁微胶囊型自修复涂层及其拉伸力学特性研究 [J]. 涂料工业, 2020, 50 (11): 9-15.

[43] Sun D W, An J L, Wu G, et al. Double-Layered Reactive Microcapsules with Excellent Thermal and Non-Polar Solvent Resistance for Self-Healingcoatings [J]. Journal of Materials Chemistry A, 2015, 3 (8): 4435-4444.

[44] Yaxin Chen, Junjie Tao, Kaiyun Wu, et al. Robust Polyaniline Coated Microcapsules with Superior Thermal and Solvent Stability [J]. Colloids and Surfaces A: Physicochemical and Engineering Aspects, 2023, 656: 130356.

[45] Yaxin Chen, Junjie Tao, Kaiyun Wu, et al. One-Pot Preparation of Inorganic-Organic Double-Shell Microcapsule with Good Barrier and Mechanical Property via Photopolymerization [J]. Colloids and Surfaces A: Physicochemical and Engineering Aspects, 2023, 660: 130909.

[46] Caruso M M, Blaiszik B J, Jin H H, et al. Robust, Double-Walled Microcapsules for Selfhealing Polymeric Materials [J]. ACS Applied Materials & Interfaces, 2010, 2 (4): 1195-1199.

[47] Zhou X, Li W P, Zhu L Q, et al. Polymer-Silica Hybrid Self-Healing Nano/Microcapsules with Enhanced Thermal and Mechanical Stability [J]. RSC Advances, 2019, 9 (4): 1782-1791.

[48] Yu H C, Zhang Y T, Wang M J, et al. Dispersion of Poly (urea-formaldehyde) -Based Microcapsules for Self-Healing and Anticorrosion Applications [J]. Langmuir, 2019, 35 (24): 7871-7878.

[49] Cai X L, Fu D T, Qu A L. Effects of Dispersive Methods on Properties of Microcapsules for Self-Healing Materials [J]. Composite Interfaces, 2015, 22 (9): 837-845.

[50] Li H Y, Wang R G, Hu H L, et al. Surface Modification of Self-Healing Poly (ureaformaldehyde) Microcapsules Using Silane-Coupling Agent [J]. Applied Surface Science, 2008, 255 (5): 1894-1900.

[51] Chen Yaxin, Zhang Qingqing, Wu Kaiyun, et al. One-Step Synthesis of Functionalized Microcapsules with excellent

Dispersibility for Efficient Self-healing and Anticorrosion Coatings [J]. Industrial & Engineering Chemistry Research, 2024, 63 (17): 7688-7698.

[52] Bleay S M, Loader C B, Hawyes V J, et al. A Smart Repair System for Polymer Matrix Composites [J]. Composites Part A: Applied Science and Manufacturing, 2001, 32 (12): 1767-1776.

[53] Pang J W C, Bond I P. A Hollow Fibre Reinforced Polymer Composite Encompassing Self-healing and Enhanced Damage Visibility [J]. Composites Science and Technology, 2005, 65 (11): 1791-1799.

[54] 刘哲，张帅，刘鹏飞．一种具有自诊断及自修复功能的沥青路面 [P]. CN 206143560 U, 2017.

[55] 苏峻峰．一种含有中空纤维的自修复环氧树脂复合材料 [P]. CN 103937164 A, 2014.

[56] Li P, Shang Z, Cui K, et al. Coaxial Electrospinning Core-shell Fibers for Self-healing Scratch on Coatings [J]. Chinese Chemical Letters, 2018.

[57] Toohey K S, Sottos N R, Lewis J A, et al. Self-healing Materials with Microvascular Networks [J]. Nature Materials, 2007, 6 (8): 581.

[58] Shields Y, De Belie N, Jefferson A, et al. A Review of Vascular Networks for Self-Healing Applications [J]. Smart Materials and Structures, 2021, 30 (6): 063001.

[59] Hansen C J, Wu W, Toohey K S, et al. Self-Healing Materials with Interpenetrating Microvascular Networks [J]. Advanced Materials, 2009, 21 (41): 4143-4147.

[60] Hansen C J, White S R, Sottos N R, et al. Accelerated Self-Healing Via Ternary Interpenetrating Microvascular Networks [J]. Advanced Functional Materials, 2011, 21 (22): 4320-4326.

[61] Gergely R C R, Sottos N R, White S R. Regenerative Polymeric Coatings Enabled by Pressure Responsive Surface Valves [J]. Advanced Engineering Materials, 2017, 19 (11): 1700308.

[62] Gergely R C R, Rossol M N, Tsubaki S, et al. A Microvascular System for the Autonomous Regeneration of Large Scale Damage in Polymeric Coatings [J]. Advanced Engineering Materials, 2017, 19 (11): e201700319.

[63] 李海燕，张丽冰，李杰等．外援型自修复聚合物材料研究进展 [J]．化工进展，2014，33 (1): 133-139.

[64] Martin R, Rekondo A, de Luzuriaga A R, et al. Dynamic Sulfur Chemistry as a Key Tool in the Design of Self-healing Polymers [J]. Smart Materials and Structures, 2016, 25 (8): 084017.

[65] Yang W J, Tao X, Zhao T, et al. Antifouling and Antibacterial Hydrogel Coatings with Self-healing Properties based on A Dynamic Disulfide Exchange Reaction [J]. Polymer Chemistry, 2015, 6 (39): 7027-7035.

[66] Wan T, Chen D. Synthesis and Properties of Self-healing Waterborne Polyurethanes Containing Disulfide Bonds in the Main Chain [J]. Journal of Materials Science, 2017, 52 (1): 197-207.

[67] Zhu D, Ye Q, Lu X, et al. Self-Healing Polymers with PEG Oligomer Side Chains Based on Multiple H-Bonding and Adhesion Properties [J]. Polymer Chemistry, 2015, 6 (28): 5086-5092.

[68] Roy N, Tomovic Z, Buhler E, et al. An Easily Accessible Self-Healing Transparent Film Based on a 2D Supramolecular Network of Hydrogen-Bonding Interactions between Polymeric Chains [J]. Chemistry-A European Journal, 2016, 22 (38): 13513-13520.

[69] Sun Y, Lopez J, Lee H W, et al. A Stretchable Graphitic Carbon/Si Anode Enabled by Conformal Coating of a Self-Healing Elastic Polymer [J]. Advanced Materials, 2016, 28 (12): 2455-2461.

[70] Du Y, Qiu W, Wu Z L, et al. Water - Triggered Self - Healing Coatings of Hydrogen-Bonded Complexes for High Binding Affinity and Antioxidative Property [J]. Advanced Materials Interfaces, 2016, 3 (15).

[71] Liu R, Yang X, Yuan Y, et al. Synthesis and Properties of UV-curable Self-healing Oligomer [J]. Progress in Organic Coatings, 2016, 101: 122-129.

[72] Fei Gao, Jiancheng Cao, Qibo Wang, et al. Properties of UV-cured Self-healing Coatings Prepared with PCDL-based Polyurethane Containing Multiple H-bonds [J]. Progress in Organic Coatings, 2017, 113: 160-167.

[73] 熊兴泉，陈会新．Diels-Alder 环加成点击反应 [J]．有机化学，2013，33 (7): 1437-1450.

[74] Ou R, Eberts K, Skandan G, et al. Self-healing Polymer Nanocomposite Coatings for Use on Surfaces Made of Wood [P]. US Patent 8664298, 2014-3-4.

[75] Young Yeol Jo, Albert S Lee, Kyung-Youl Baek, et al. Thermally Reversible Self-healing Polysilsesquioxane Structure-property Relationships based on Diels-Alder Chemistry [J]. Polymer, 2017, 108: 58-65.

[76] Habault D, Zhang H, Zhao Y. Light-triggered Self-healing and Shape-Memory Polymers [J]. Chemical Society Reviews, 2013, 42 (17): 7244-7256.

[77] Aguirresarobe R H, Martin L, Aramburu N, et al. Coumarin based Light Responsive Healable Waterborne Polyurethanes [J]. Progress in Organic Coatings, 2016, 99: 314-321.

[78] Froimowicz P, Frey H, Landfester K. Towards the Generation of Self-healing Materials by Means of a Reversible

Photo-induced Approach [J] . Macromolecular Rapid Communications，2011，32 (5)：468-473.
[79] Radl S，Kreimer M，Griesser T，et al. New Strategies towards Reversible and Mendable Epoxy Based Materials Employing [4πs + 4πs] Photocycloaddition and Thermal Cycloreversion of Pendant Anthracene Groups [J] . Polymer，2015，80：76-87.
[80] Peng P，Zhang B，Cao Z，et al. Photothermally Induced Scratch Healing Effects of Thermoplastic Nanocomposites with Gold Nanoparticles [J] . Composites Science & Technology，2016，133：165-172.
[81] 林伟，刘江晴，罗静．基于植酸掺杂聚苯胺的光热自修复防腐涂层 [J]，涂料工业，2024，37，1-10.
[82] Xiong S，Wang Y，Zhu J，Yu J R，Hu Z M. Poly (ε-caprolactone) -grafted Polydopamine Particles for Biocomposites with Near-infrared Light Triggered Self-healing Ability [J] . Polymer，2016，84：328-335.
[83] Kim J T，Kim B K，Kim E Y，Kwon S H，Jeong H M. Synthesis and Properties of Near IR Induced Self-healable Polyurethane/Graphene Nanocomposites [J] . European Polymer Journal，2013，49 (12)：3889-3896.
[84] Yang Y，Pei Z，Zhang X，Tao L，Wei Y，Ji Y. Carbon Nanotube-vitrimer Composite for Facile and Efficient Photowelding of Epoxy [J] . Chemical Science，2014，5 (9)：3486-3492.
[85] Li Q T，Jiang M J，Wu G，et al. Photothermal Conversion Triggered Precisely Targeted Healing of Epoxy Resin Based on Thermoreversible Diels-Alder Network and Amino-Functionalized Carbon Nanotubes [J] . ACS Applied Materials & Interfaces，2017，9 (24)：20797-20807.
[86] Yin X，Zhang Y，Lin P，et al. Highly Efficient Thermogenesis from Fe_3O_4 Nanoparticles for Thermoplastic Material Repair Both in Air and Underwater [J] . Journal of Materials Chemistry A，2017，5 (3)：1221-1232.
[87] Wang Z，Van Andel E，Pujari S P，et al. Water-repairable Zwitter Ionic Polymer Coatings for Anti-biofouling Surfaces [J] . Journal of Materials Chemistry B，2017，5 (33)：6728-6733.
[88] Liang X Y，Wang L，Wang Y M，et al. UV-Blocking Coating with Self-healing Capacity [J] . Macromolecular Chemistry and Physics，2017，218 (19)：1700213-1700220.
[89] Kumar A，Veedu V P，Kamavaram V，et al. Reconfigurable Polymeric Self-healing Coating [P] . US Patent 8802801，2014-8-12.
[90] 张会平，梅燕，鄢瑛．一种具有自修复功能的汽车防腐涂膜及其应用 [P] . CN 102390147 A，2012.
[91] 果建军，邱绍义，王东月．一种耐擦洗和防御外来异物划伤损害及高耐酸的汽车清漆及包含该清漆的汽车涂料 [P] . CN 104927524 A，2015.
[92] 马永强，张浩，孙达．一种具有划痕自修复功能的氨基烤漆组合物及制备方法 [P] . CN 104610868 A，2015.
[93] 刘娅莉，王潇华，秦立．一种聚酯多元醇水分散体及其汽车划痕快速自修复液 [P] . CN 102816318 A，2012.
[94] 孔华英．一种汽车底盘用可自修复的改性水基氟碳绝热防锈涂料及其制备方法 [P] . CN 106543846A，2016.
[95] 赵志宏，郭志潘，洪岩．揭秘美军武器装备自修复技术 [J] . 军事文摘，2016 (9)：43-46.
[96] 佚名．汽车“疤痕”可自动愈合的自修复防锈涂料问世 [J] . 表面工程与再制造，2014，14 (3)：17-17.
[97] Canadell J，Han G，Klumperman B. Self-healing Materials Based on Disulfide Links [J] . Macromolecules，2011，44 (8)：2536-2541.
[98] Pepels M，Filot I，Klumperman B，et al. Self-healing Systems based on Disulfide-thiol Exchange Reactions [J] . Polymer Chemistry，2013，4 (18)：4955-4965.
[99] Lei Z Q，Xiang H P，Yuan Y J，et al. Room-Temperature Self-healable and Remoldable Cross-linked Polymer Based on the Dynamic Exchange of Disulfide Bonds [J] . Chemistry of Materials，2014，26 (6)：2038-2046.
[100] Rekondo A，Martin R，Ruizdeluzuriaga A，et al. Catalyst-free Room-temperature Self-healing Elastomers based on Aromatic Disulfide Metathesis [J] . Materials Horizons，2014，1 (2)：237-240.
[101] Martin R，Rekondo A，Ruizdeluzuriaga A，et al. The Processability of a Poly (urea-urethane) Elastomer Reversibly Crosslinked with Aromatic Disulfide Bridges [J] . Journal of Materials Chemistry A，2014，2 (16)：5710-5715.
[102] 向洪平，容敏智，章明秋．硫化天然橡胶的本征自修复与固相回收加工 [J] . 高分子学报，2017 (7)：1130-1140.
[103] 周楚然．轮胎被扎不可怕，体验米其林自修复技术 [EB/OL] . 汽车之家，2014-11-16 [2025-05-08] .
[104] 朱力华，张大全，高立新．智能防腐涂层的研究进展 [J] . 腐蚀科学与防护技术，2015，27 (2)：203-206.
[105] 曲爱兰．仿生自修复防腐涂层的研究进展 [J] . 涂料工业，2012，42 (4)：71-75.
[106] 谢婵，贾宇，薛名山，等．自修复防腐蚀涂层技术及研究进展 [J] . 高分子材料科学与工程，2022，38 (05)：171-181.
[107] Kaiyun Wu，Taijiang Gui，Jiahao Dong，et al. Synthesis of robust polyaniline microcapsules via UV-initiated emulsion polymerization for self-healing and anti-corrosion coating [J] . Progress in Organic Coatings，2022，162：106592.
[108] 杨泽生．具有划痕自修复功能的抗划伤木器涂料的研究 [J] . 广州化工，2009，37 (1)：79-83.

第6章 海洋防污涂料

6.1 概述

6.1.1 海洋生物污损

教学课件
第6章海洋防污涂料

视频
6.1海洋防污涂料概述

广袤的海洋占了地球表面积的70%以上，且蕴含着难以估量的资源，开发和利用海洋资源成为许多国家的发展战略。但是，在开发利用海洋资源的过程中，船舶、核电站和采油平台等海洋工程装备不可避免地会遇到海洋生物污损的问题，即海洋微生物、植物和动物在海洋设施表面吸附、生长和繁殖，从而形成的生物垢。它在海洋环境中无处不在，给海洋运输业、海洋资源的开放利用以及海洋生态环境带来不利的影响[1,2]。例如：海洋生物污损会增加船体重量和表面粗糙度、增大航行阻力，使得燃油消耗大为增长，造成每年数十亿美元的经济损失，同时还增加了二氧化碳的排放量，加剧温室效应。海洋生物污损不仅会破坏海洋设施表面的涂层，加剧金属表面的腐蚀，从而缩短设备服役期。而且它们还会堵塞输送海水的管道，严重影响核电站、潮汐发电机组和海水蓄能电站等大型设施的正常运行。此外，附着在远洋船舶上的生物还会进入不同海域，造成潜在的“物种入侵”，影响海洋生态平衡。因此，海洋防污对海洋资源的利用和开发意义重大。

然而，海洋环境极其复杂，海洋污损生物又具有多样性，目前全球海域中已被确定的污损生物多达4000多种，其中有细菌、硅藻和藻类孢子等常见的微生物；也有藤壶、管虫、苔藓虫、贻贝和藻类等常见的大型污损生物。通常认为海洋生物污损的形成（图6-1）会经历以下几个关键阶段[3]：①蛋白质和多糖等营养物质的吸附形成基膜；②单细胞生物在其基膜上附着形成生物膜；③硅藻孢子等多细胞生物附着繁殖形成黏液层；④最后藤壶等大型生物附着形成复杂的污损层。整个过程只需要数天就可初步完成，一般未经保护的设施表面在几个月内便会完全被海洋生物覆盖。需要指出的是，并不是所有的海洋污损生物都按部就班地遵循这个典型的附着繁殖过程。例如，生物膜的构建一般会在次级聚集发生前完成，但是一些多细胞生物在没有生物膜的条件下也能够附着。实际上，海洋污损生物的种类以及其繁殖生长的过程还受到周围环境影响，包括海水的温度、盐度、深度、酸碱性、营养程度、流速以及附着基底的表面等。因此，由于海洋环境的复杂性和海洋污损生物的多样性，解决海洋生物污损问题是一个全球性的挑战。

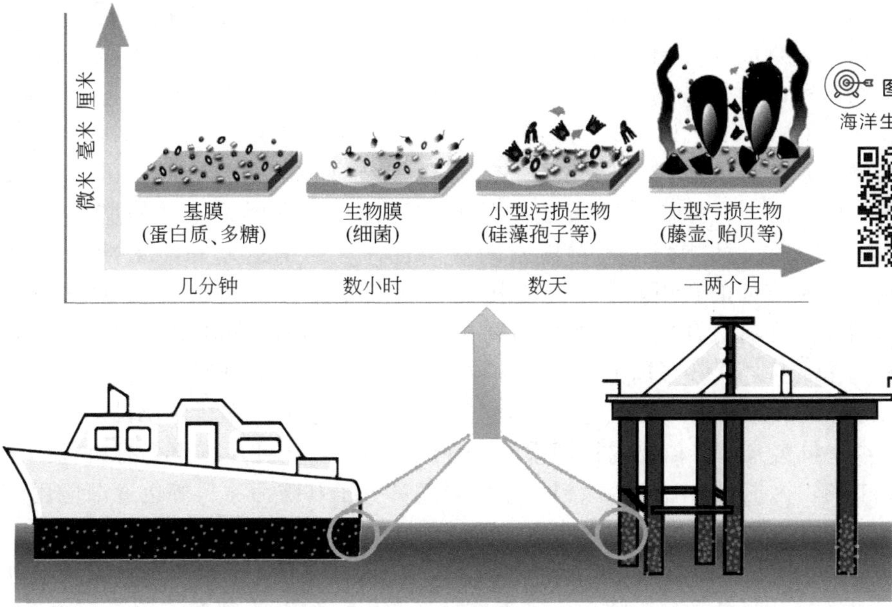

图片
海洋生物污损组图

图 6-1　海洋生物污损形成过程与其危害示意图[4]

6.1.2　海洋防污技术发展历史

自人类开始探索海洋以来，海洋生物污损带来的问题一直困扰着我们。相应地也发展了一系列海洋防污技术[5,6]（图 6-2）。公元前 7 世纪，人类开始探索将蜡、焦油和沥青涂在船底或者用铜皮覆盖船底来防污。公元前 5 世纪，人们将砷和硫黄混入油中涂在船底以阻止海生物的附着。之后，主要的防污手段是利用金属（铜、铅）的延展性来包裹木船表面以达到防污的效果。19 世纪中期以后，随着铁船的出现，金属包裹防污技术慢慢被舍弃，这是由于铜会加速钢铁的腐蚀。但人们在研究铜腐蚀的过程中发现了铜离子的防污作用，因此铜化合物被作为防污剂添加到涂料中，先后出现了以氧化亚铜或硫酸铜为毒性材料，松香、乙烯树脂和氯化橡胶为基料的防污涂料。

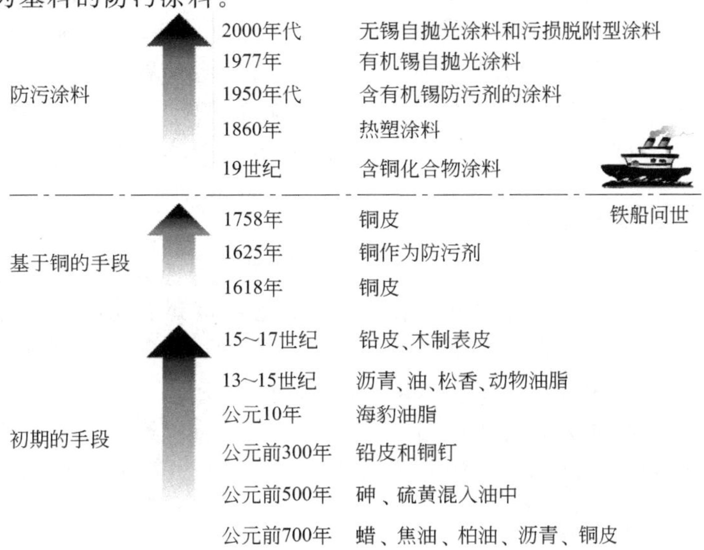

图 6-2　海洋防污技术的发展历史

拓展阅读 6-1
防污涂料相关标准

20 世纪 50 年代，具有广谱性和高效性的有机锡类防污剂开始出现，它逐渐取代了铜化合物成为普遍使用的防污剂。尤其是 20 世纪 70 年代出现了接枝有机锡基团的丙烯酸树脂，通过复配氧化亚铜，开发出有机锡自抛光防污涂料（TBT-SPC）。该类防污涂料在弱碱性海水的作用下，基料树脂可通过酯键的水解释放出具有防污功能的有机锡，同时填充在涂膜中的 Cu_2O 也释放出 Cu^+，在涂膜表面形成有效的防污薄层。同时，基体树脂水解后产生的亲水性基团增强了基料树脂的水溶性，在船的运动和海水冲刷作用下发生溶解、脱落从而达到表面的自更新，即“自抛光”。由于这种涂层能持续而稳定地释放防污剂，且涂层表面粗糙度在有效期内较其他材料要低，因此具有防污和减阻双重效果，防污期效可达 5 年之久。它曾占据了 70%以上的防污涂层市场份额，被誉为划时代的防污技术。然而随着有机锡防污涂料的广泛使用，有机锡化合物对海洋生物的危害也逐渐显现，研究发现，有机锡会在多种鱼类、贝类及海洋植物内长期累积，导致遗传变异，此后，不含有机锡的杀生型防污涂料占据了市场，污损脱附型防污涂料、生物降解高分子基防污涂料等也逐渐应用[7]。我国对海洋防污涂料的自主研究开发工作起步于 1966 年 4 月 18 日（后被称为“418 会战”），在国家领导人的批示下，由化工部涂料所、开林造漆厂、广州制漆厂等十余个单位组成协作组进行攻关，最终成功研制出沥青系、乙烯系、氯化橡胶系和丙烯酸系等防污涂料产品并实现其在军、民用船舶的应用，提高了我国防污涂料的技术水平和涂装工艺水平。然而，在 20 世纪 80 年代受经济形势和财力所限，我国海洋防污的整体技术与国外先进水平的差距逐渐拉大。近年来，随着海洋经济的发展和海洋强国战略的实施，有更多的科研机构投入海洋防污这一领域，出现了许多新型海洋防污材料，包括仿生防污材料、聚合物陶瓷防污材料等。

6.2　杀生型防污涂料

视频
6.2 杀生型防污涂料

杀生型防污涂料（antifouling coatings）施工简便，性价比高，目前占据了全球 90%以上的防污涂料市场。它主要由高分子树脂、防污剂、颜填料、助剂和溶剂等组成，其中最为关键的成分是高分子树脂和防污剂。树脂是防污涂料的基体，提供力学强度、粘接性和控制防污剂释放等作用，而防污剂则发挥驱散、杀灭污损生物的功能。防污涂料可依据其高分子树脂的种类分为基体不溶型、基体可溶型以及自抛光防污涂料[4,8]。

6.2.1　基体不溶型防污涂料

该类涂料的基体树脂不溶于海水，常用的有乙烯树脂、环氧树脂、丙烯酸树脂或氯化橡胶。如图 6-3 所示，涂料中的可溶性填料溶解后形成连续贯穿的孔洞，防污剂经过这些孔洞形成的通道扩散到涂层表面，毒死污损生物。这类涂料刚开始防污剂释放量很大，使用一段时间后，由于基体不溶，涂层的逸出层（leached layer）变厚，防污剂的扩散路径变长，防污剂的释放速率迅速下降而失去防污能力。此类涂料机械强度高，不易开裂，具有良好的抗氧化性和抗光降解性能，但防污寿命短，只有 12～18 个月，多应用于小型渔船。

6.2.2　基体可溶型防污涂料

该类涂料主要以松香为树脂，松香本身含有羧基，微溶于海水，因此在海水中具有一定

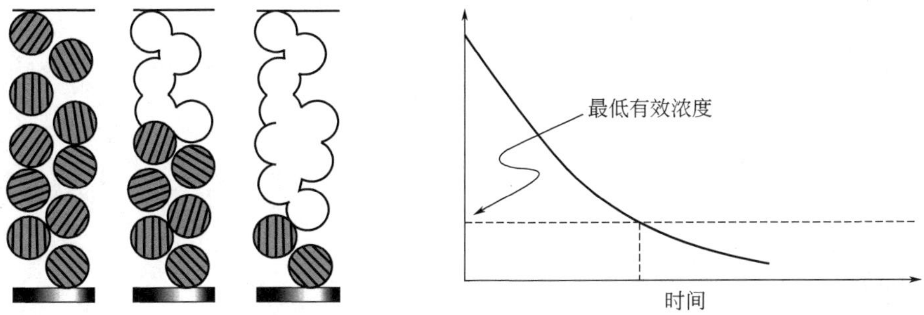

图 6-3　基体不溶型防污涂料工作原理和防污剂释放率曲线

的溶蚀速率。基体可溶使得涂层的厚度随时间的推移逐渐变薄，相比于基体不溶型涂料来说，逸出层的厚度不会明显变大，因此防污剂前期释放量大，而后期下降不会太快。这种涂料一定程度上解决了基体不溶型防污涂料期效短的问题，防污有效期最长可达 3 年（图 6-4）。但是松香性脆，且不能够有效阻止海水渗透到涂层内部，需添加各种增塑剂和填料来改善涂层的力学性能。当松香含量过大时，涂膜力学性能变差；含量过小，溶蚀速率和防污剂释放速率则不能满足防污要求，因此松香含量的调控是此类涂料的关键因素。这类涂料的溶蚀速率依赖于船的航行速率且不可控，防污效果不稳定，在静态环境中防污效果差。另外，松香基的涂料不耐氧化，涂覆涂层后的船在使用前或进船坞后，要进行涂层的密封保护，若是暴露在空气阳光中，涂层的性能会发生不可预测的变化从而影响防污效果。再者，松香的溶蚀导致表面粗糙度上升，会增大船行阻力。

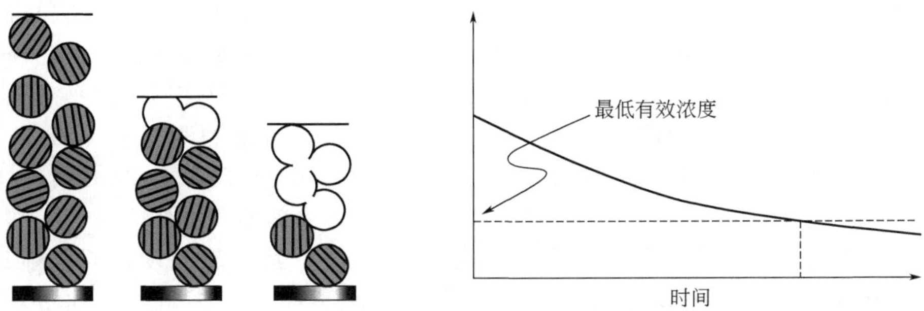

图 6-4　基体可溶型防污涂料的工作原理和防污剂释放率曲线

6.2.3　自抛光防污涂料

有关有机锡自抛光防污涂料（TBT-SPC）已在上文论述，并已被全球禁止使用。这里主要介绍无锡自抛光防污涂料。其防污机理与 TBT-SPC 涂料一致，只是将三丁基锡基团换成环境危害较小的其他基团，如含铜基团、含锌基团、含钛基团、含硅基团等。这些基团以离子键或共价键的形式连接到主链上，在海水的作用下，通过离子交换或水解作用脱离主链，从而使涂层表面具有一定的水溶性，可在水流冲刷下脱落抛光（图 6-5）。自抛光涂料逸出层比基体不溶型和基体可溶型涂料薄，防污剂可持续释放并维持在一定的有效浓度，是目前商业化产品中最有效的防污材料之一，防污期效可达 3～5 年，广泛应用于商船。

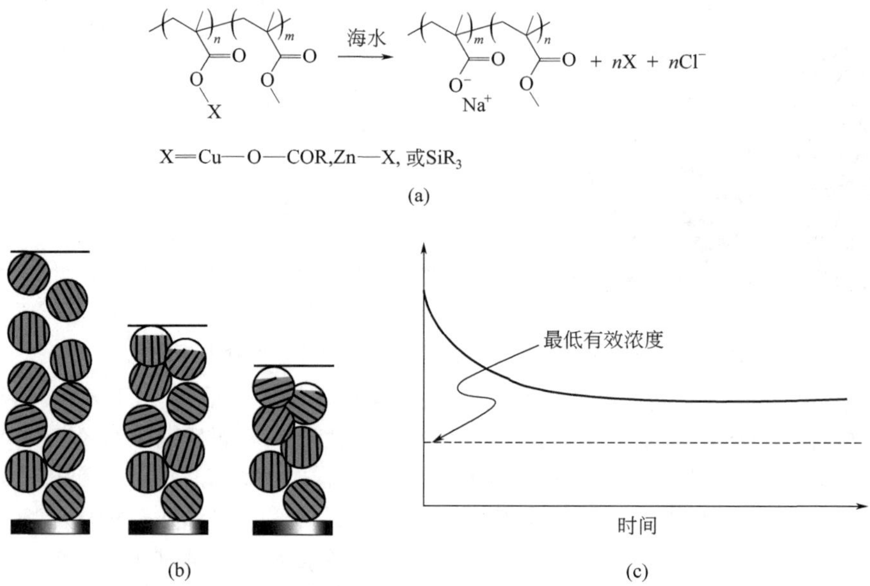

图 6-5 自抛光树脂在海水中的离子交换或水解反应（a）、
自抛光防污涂料工作原理（b）和防污剂释放率曲线（c）

然而，TBT-SPC 涂料之所以有很好的防污效果，很重要的原因是其自抛光产生的高毒性含锡基团，而无锡材料自抛光后产生的铜、锌离子的防污能力远不及有机锡，硅烷酯基团不具备防污能力，因此这类涂料需添加大量的氧化亚铜（40%～50%）防污剂和辅助有机防污剂，以保证防污的高效性和广谱性。氧化亚铜在海水中转化为水合氯化亚铜复合物，然后氧化为具有防污活性的二价铜离子，尽管它的毒性比有机锡低，但使用氧化亚铜并非一劳永逸的方法，研究已证明铜离子同样会在海洋中积聚（尤其是临港的海泥中），带来严重的环境问题。含氧化亚铜防污涂料已被我国列入“高污染，高环境风险”名单，随着人们环保意识的日益提高和环保法规的不断完善，发展环境友好防污涂料至关重要。

另外，现有的自抛光防污涂料主要适用于远洋船舶，其性能的发挥对停航比和航速都有一定的要求。在静态或低航速时，聚合物水解后不能及时溶解，表面更新速度慢，导致防污效果不理想，使得现有涂料很难满足低航速的船舶、潜艇以及海上采油平台的防污要求。实际上，静止状态下的长效防污一直是世界性的难题。此外，自抛光树脂的主链结构是稳定的 C—C 结构，在海水中难以降解，树脂将长期存在于海洋环境中，造成海洋微塑料污染。海洋生物误食微塑料后可能会出现体内物理损伤、进食行为改变、繁殖能力下降等问题。

需要指出的是，尽管目前自抛光防污涂料效果最好，发展速度最快，我国在这一领域的发展却较为缓慢，其主要原因是海洋防污涂料中的关键成分（即树脂）的合成和应用技术长期被国外跨国公司所垄断。树脂作为涂层的基体以及防污剂的载体，可直接影响涂层的性能并控制防污剂的释放，是海洋防污涂料的重要原材料。因此，国内防污技术要想获得突破，必须在新概念、新理论、新材料、新工艺的源头上取得创新，特别是在防污涂料关键基础材料方面寻找突破口。

在自抛光防污涂料中，除了核心的高分子树脂外，防污剂也是非常重要的关键组成。有机锡被禁用后，目前被广泛使用的人工合成的防污剂是氧化亚铜，但是它对藻类的防污效果并不好，也要复配其他防污剂以达到良好防污效果。另外，含铜防污剂会在海洋环境中富集，危及非目标生物的生存，例如会导致贝类海生物的呼吸频率下降，影响其生长繁殖。因此，从长远看，开发能够完全代替氧化亚铜，且高效、环境友好的防污剂是防污剂研究的重点。表 6-1 列出了目前主要的防污剂的使用情况。从表中信息不难看出，随着环保意识的加强和环境检测技术的发展，防污剂的使用必然是要经过筛选、淘汰、再筛选的过程，最终向低毒或无毒、高效、环保化的方向发展。

表 6-1　主要防污剂及其使用情况

名称	化学结构式	性质及使用情况
氧化亚铜 (cuprous oxide)	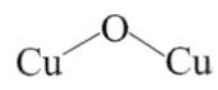	对藤壶、苔藓虫等硬体动物高效， 对藻类、水螅等软体动物低效； 毒性远低于三正丁基锡
硫氰酸亚铜 (cuprous thiocyanate)	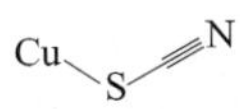	毒性与氧化亚铜接近， 有效铜含量低
4-*N*-叔丁基-2-*N*-环丙基-6-甲硫基-1，3，5-三嗪-2，4-二胺 (Irgarol 1051)	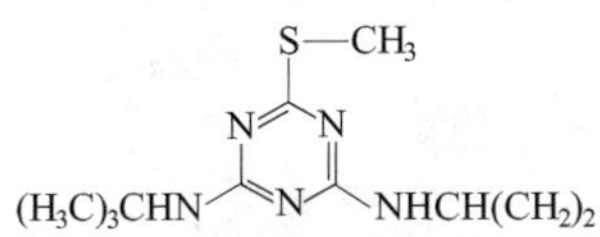	对藻类高效，对动物低效； 海水中半衰期为 100 天； 在英国和澳大利亚禁用； 已在美国和欧盟登记
3-(3，4-二氯苯基)-1，1-二甲基脲 (diuron)	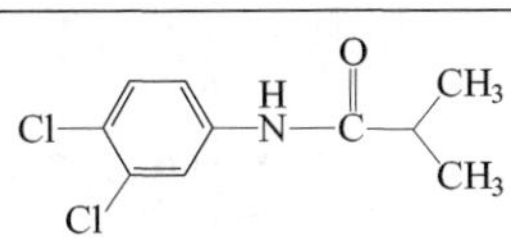	亦用作除草剂； 在欧盟和英国禁用
4，5-二氯-*N*-辛基-4-异噻唑啉-3-酮 (DCOIT)	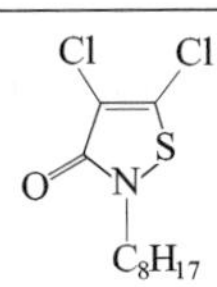	对藻类高效； 已在美国和欧盟登记； 海水中半衰期小于 1 天
吡啶硫酮铜/吡啶硫酮锌 (copper pyrithione/zinc pyrithione)	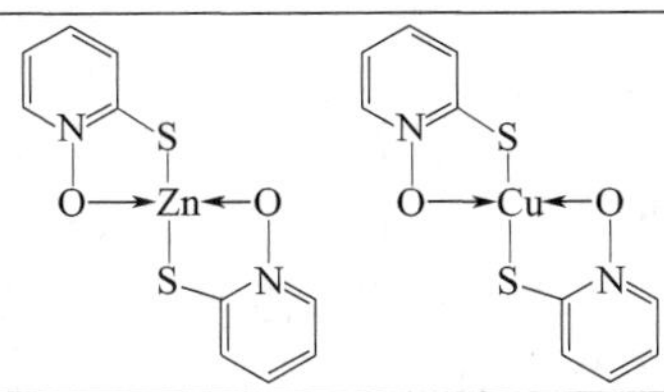	对软体动物高效； 吡啶硫酮铜：在欧盟登记； 吡啶硫酮锌：在美国和欧盟登记
亚乙基双(二硫代氨基甲酸锌) (zineb)	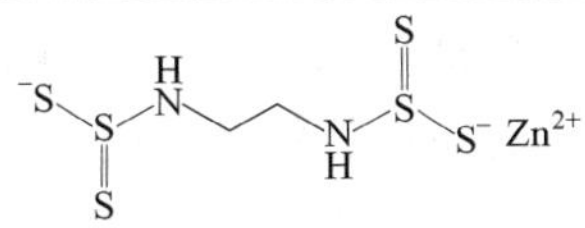	易分解出二硫化碳和硫化氢； 已在欧盟登记
吡啶三苯基硼 (pyridine-triphenylborane)	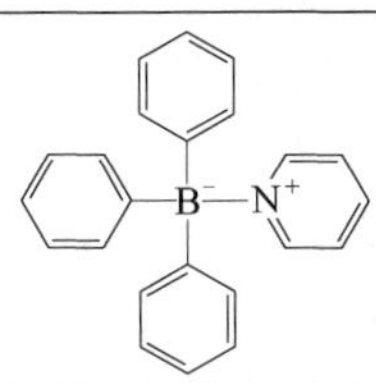	对藻类和动物皆有效； 与吡啶硫酮铜/锌配合效果好； 海水中半衰期小于 3h； 未在美国或欧盟登记
4-溴-2-(4-氯苯基)-5-三氟甲基-1*H*-吡咯-3-甲腈 (Econea)	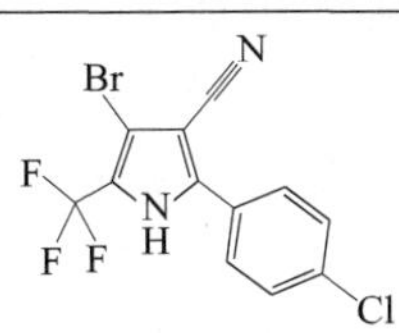	对无脊椎动物高效； 海水中半衰期 3～15h； 在美国和欧盟登记

6.3 污损脱附型防污涂料

污损脱附型防污涂料（fouling release coatings，FRC）是指与污损生物间的黏附强度较弱的材料，通过水流冲刷或机械清除可使污损生物脱离表面（图6-6），不需释放有毒的防污剂[9]。1977年，第一个与FRC有关的专利问世，当时有机锡防污体系效果很好，因此FRC并未受到重视，直到有机锡的环境危害暴露出来后，FRC才发展起来并商品化。这类材料防污机理的关键在于其低表面能和低弹性模量，通常由低表面能的有机硅或含氟聚合物制备。

视频
6.3 污损脱附型防污涂料

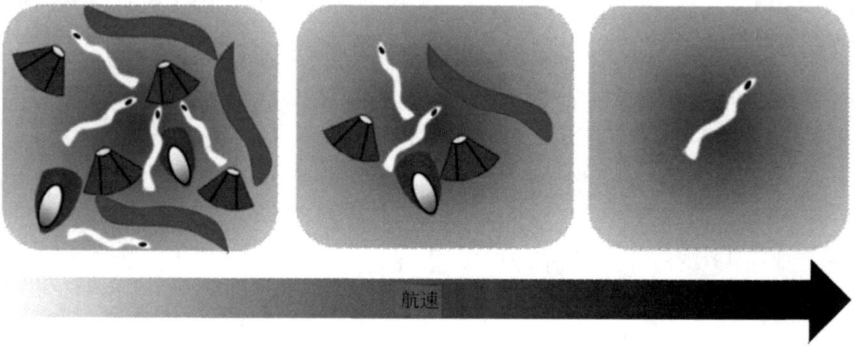

图6-6 污损脱附型涂料的防污作用示意图

6.3.1 有机硅材料

有机硅材料具有低临界表面自由能、几乎可以忽略的微小表面粗糙度和极低的玻璃化转变温度和低弹性模量等优势，是目前主要的污损脱附型防污材料。然而，任何事物都有两面性，对于污损生物不粘的同时，如何解决其对于基底的黏附力是一个首要的问题。目前的有机硅防污材料的黏附强度和力学性能较弱，往往需要连接漆来增加与底漆的黏结强度，另一方面，较差的力学性能会导致涂层在船舶的常规处理和航行期间容易损坏，从而降低其性能和使用寿命。因此，通过物理或者化学改性提升其性能是一个重要的研究方向。例如通过添加少量纳米海泡石纤维、碳纳米管等，可在不影响有机硅污损脱除能力的同时提高其拉伸强度[10]。此外，通过化学方法引入极性基团也可提高机械强度，如利用环氧树脂改性聚二甲基硅氧烷（PDMS），环氧基团的极性使涂层有较好的附着力，但材料的弹性模量随之增大，因此防污能力会比传统有机硅稍弱[11]。通过在有机硅体系中引入可逆键，例如有机硅-聚脲材料（图6-7），也为解决有机硅基FRC受损后无法修复、重涂的问题提供了一个新的思路[12]。

为了提高有机硅材料对细菌、硅藻的防污能力，通常是引入防污基团[13]，主要分化学结合和物理结合两种方法。化学结合方法主要是通过接枝或共聚的方法将防污基团引入有机硅材料。例如将两性离子接枝到PDMS中，由于两性离子的污损阻抗作用，材料有良好的抑制细菌和藤壶幼虫附着能力，但该材料在浸泡海水后表面会发生部分重构，表面性能不够稳定。季铵盐功能化的PDMS也有类似的防污能力，但这些亲水性基团含量过多时，材料的表面能会变高，不利于污损生物的脱除，还有可能带来涂层溶胀的问题。通过接枝或共聚的方法将防污基团［三氯苯氧氯酚（三氯生）、三氯苯基马来酰亚胺等］引入有机硅聚合物

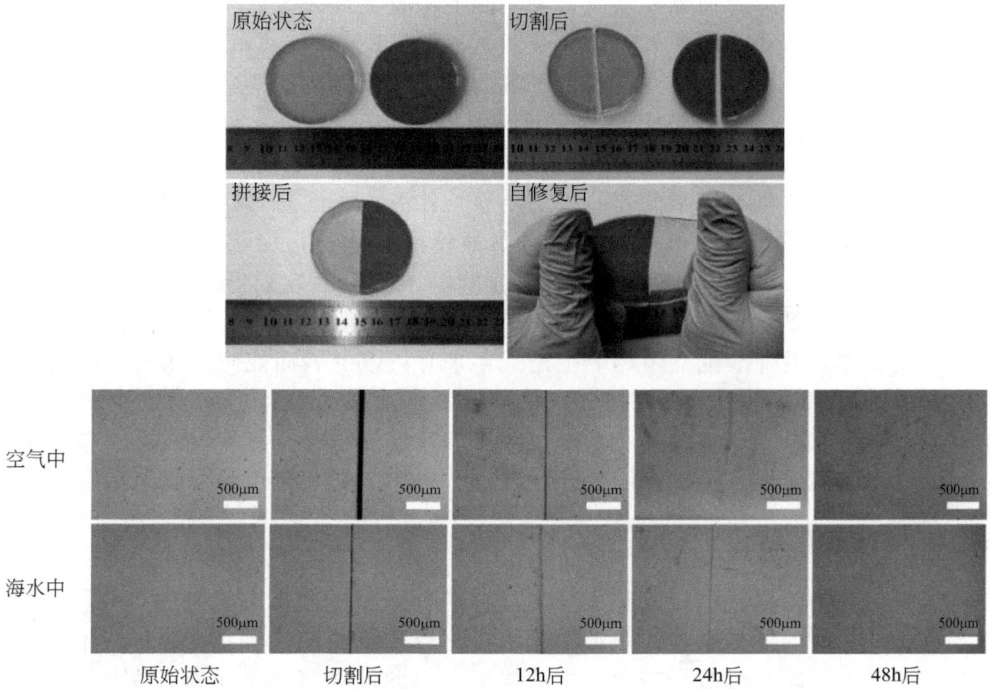

图 6-7　具有优异自修复性能 PDMS 基聚脲材料[12]

中是一种有效解决力学性能和防污性能的途径。物理方法则是直接共混加入防污剂等活性物质，例如将具有防污效果的天然活性物质（大叶藻酸等）添加到有机硅中以提高防污性能。

除了以上方法外，目前报道的另外一类提高有机硅涂层防污效率的方法是添加水凝胶或者液体的低表面能添加剂[14,15]。例如 Hempel 公司开发的 X3，据称是在传统的有机硅弹性体中引入亲水性的水凝胶分子，能够延缓硅藻黏膜的附着。在 PDMS 中加入低黏度的硅油其实在防污涂料配方中早已探索，这些具有低表面能的液体能够迁移到材料表面与空气的界面处，并逐渐渗出，从而在材料的表面产生一层非常薄的"油"层（或膜）。事实上，污损生物首先接触到的是这层"油"的表面，只能产生弱的黏附，因此，有助于污损生物从材料表面轻易地脱除。然而，在许多情况下，这些添加剂甚至会降低材料的使用寿命，因为低表面能添加剂会使得涂层变脆，从而降低涂层的力学性能，导致涂层容易开裂，添加剂流失过快甚至流尽，最终涂层完全被污损生物覆盖。此外，有机硅油的释放是否会对海洋生物的生长繁殖产生影响，是否会破坏海洋生态环境，目前，关于这方面的环境评估的报道还较少，尚缺乏有效的证据，因此，对有机硅油等的使用还存在争议。

6.3.2　有机氟材料

拓展阅读 6-2
自增强按需剥离海洋防污涂层

有机氟是另一类低表面能材料，其低黏附特性源于在界面处聚集的 CF_3 基团[16]。临界表面自由能大小与在表面聚集的化学基团有关，并按以下顺序依次减小：CH_2（36mJ/m^2）＞CH_3（30mJ/m^2）＞CF_2（23mJ/m^2）＞CF_3（15mJ/m^2）。一般情况下，全氟烷基链在涂层的成膜过程中会向表面富集，在表面形成紧密堆积状态，从而使得表面的自由能最小化。由于氟原子的极性较大，导致含氟链段的刚度增加，柔性下降，阻碍了其围绕主链的旋转，表面分子重排受到一定程度的限制，因此会有更少的污损。与有机硅弹性体相比，含氟聚合物具有更高的本体模量，需要更高的临界去除应力才能使生物胶黏剂失效。因此，附着在含氟聚合物涂层表面上的污损生物并不容易清除掉。聚四氟乙烯（PTFE）或氟化乙烯-丙烯共聚物具有耐酸碱、耐盐、耐紫外光、耐高温、耐有机溶剂、耐油等优良的特性，是开发防污材料良好的候选材料，不过，对用于制备涂料的有机溶剂也提出了挑战。此外，由于表面的非均一性，往往还有微孔，会导致污损生物的附着。

为了进一步改进有机氟树脂低表面能防污涂料性能，美国海军实验室采用氟化聚氨酯为基料，在涂料中大量添加聚四氟乙烯粉来研制氟化聚氨酯防污涂料，表面能可低至 12mJ/m^2，但由于漆膜中存在大量非低表面能的聚氨酯基团，防污效果仍然不够理想。该类防污涂料曾在美国海军“鹦鹉号”舰艇上应用，但每半年必须上坞用高压水清洗船壳底部。此外，全氟聚醚、含氟丙烯酸酯共聚物等也是近年来有机氟低表面能防污涂料的研究热点。例如可利用 UV 辐射固化技术来制备交联的氟化聚氨酯丙烯酸酯涂层和全氟聚醚弹性体，该技术具有涂膜制备简单、环境友好、生产效率高等特点，结合全氟聚醚的本体和表面性能的可调节性以及本身的惰性和无毒性能，这种系统有望作为未来海洋污损脱附型防污涂层。

6.3.3 氟硅聚合物材料

拓展阅读 6-3
自适应两性离子基聚硅氮烷广谱抗黏附涂层

在污损脱附型防污材料中，氟硅聚合物材料综合了有机硅和有机氟的各自优点：有机硅材料的低临界表面张力和有机氟化合物链的刚性和密集堆积能力，既保证低表面能又可减少表面重排的概率。因此以硅氧链为主链，在侧链中引入一定量的 CF_3 基团，利用该基团超低表面能特性趋于取向于表面，而整个大分子保持了线型聚硅氧烷的高弹性特性，使之兼有有机硅和有机氟防污涂料的特点。这种以氟代聚硅氧烷为基料的新型低表面能防污涂料，具有优异的防污性能。除了有机硅和氟共聚外，在有机硅中物理共混惰性的低分子量有机氟化合物（全氟聚醚、含氟丙烯酸酯共聚物等），也能够提高涂层的防污性能。

6.4 生物降解高分子基防污涂料

图片
1. 动态表面
2. 防污剂释放

由于海洋环境的复杂性、污损生物的多样性以及环保法规的日益严格，海洋防污材料研发技术难度极大，被称为海洋材料界的“桂冠”级难题。防污技术要想获得突破，必须在新概念、新理论、新材料、新工艺的源头上取得创新。特别是，在防污涂料关键基础材料方面寻找突破口。自抛光防污涂料是目前性能较好的防污材料，但其水解后的亲水性表层的溶解依赖于强水流的冲刷，且其稳定的聚丙烯酸酯主链结构使之长期存在于海洋环境中，形成海洋微塑料污染。生物降解高分子可在水或生物酶进攻下降解为小分子并被环境所吸收，常见有聚己内酯（PCL）、聚乳酸（PLA）、聚丁二酸丁二醇酯（PBS）等聚酯。在海水中，它们可以通过主链的断裂而形成不断更新的动态表面，使海洋微生物不易附着，同时材料降解为无毒的小分子，是环境友好的防污材料（图 6-8）。尤为重要的是，生物降解高分子在海水中降解形成的亲水性小分子或小分子片段很容易分散在海水中，涂膜表面没有残留的树脂骨架层，因此具有更好的表面更新性和防污剂控释性，更适合于静态和低速船的应用[17]。然而未经改性的可降解聚酯通常为高度结晶的高分子，在海水中的降解速度既慢又无法调控，同时在基材上的成膜性能也较差，容易脱落。这些问题限制了其在海洋防污材料领域的应用。

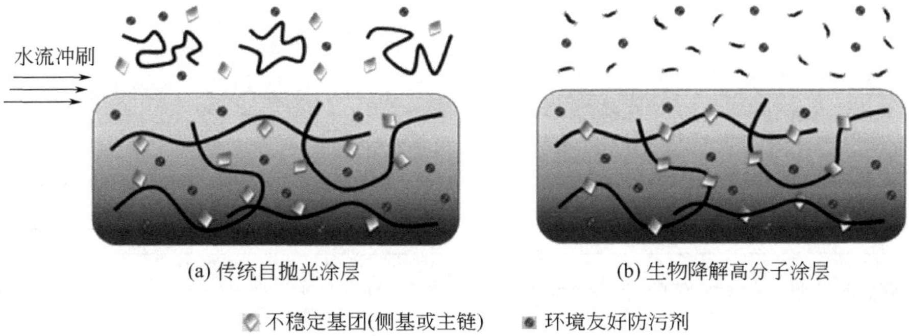

图 6-8　传统自抛光防污涂层与生物降解高分子涂层的作用机理对比

拓展阅读 6-4
华南理工团队研制动态表面防污材料，为海洋装备穿上高效“防护衣”

采用化学共聚法制备生物降解型聚氨酯材料是一种有效解决上述问题的途径[18~22]。例如，华南理工大学海洋工程材料团队通过丙交酯（GA）与己内酯（CL）的开环共聚制备出端羟基的低聚物，再将该低聚物与异氰酸酯反应制备了降解速率可调的聚氨酯。聚己内酯、聚（己二酸乙二醇酯）或聚乳酸等也可以作为可降解聚氨酯的软段，通过酯键密度及结晶度的调控，可制备出不同降解速率的防污材料。此外，还可以在生物降解聚氨酯中引入可水解侧基制备“主链降解-侧链水解”型聚氨酯材料，该材料可有效结合主链降解性和传统自抛光材料的侧链水解性，而且自更新速率可以通过调控主、侧链含量来实现，因此该材料即使在静态条件下也具有较高的自更新速度，克服了以往自抛光防污聚合物对航速的依赖。与只依靠侧链水解性的聚丙烯酸类自抛光材料相比，该材料在海洋挂板实验中展现出更好的防污性能。同时，材料浸入海水后，表面由于水解作用变得亲水，并能长期保持，有利于减阻。另外，利用巯基-烯反应和加成聚合反应，将环境友好有机防污剂通过共价键接枝到 PCL 基的聚氨酯中，可制备具有防污功能的生物降解高分子材料。研究表明防污剂会随着聚氨酯的主链降解而释放出来，同时，该材料的水解和降解速率会随着防污基团含量的增加而降低，这有利于提高降解防污材料的长效性和持久性。表面自更新作用与防污剂的稳定释放赋予材料优异的防污能力，提高了防污材料的广谱性和长效性。如图 6-9 所示。

拓展阅读 6-5
可生物降解聚合物作为有机防污剂的控释系统，用于防止海洋生物污染

物理共混法也是一种简便直接的改性方法[23,24]。例如通过生物可降解聚己内酯（PCL）与黏土（高岭土、蒙脱土）的共混，制备了生物降解高分子/黏土/环境友好防污剂复合体系，黏土的加入改善了 PCL 的降解性能和力学性能，并且对防污剂的释放起到了控释作用。通过共混不同生物降解高分子 PCL 和聚丁二酸丁二醇酯（PBS），并将共混物作为环境友好防污剂的载体，得到防污剂释放速率恒定、可控的防污体系。

生物降解高分子材料的来源广泛，成本较低，改性方法简单，适合大规模工业化生产。改性后的材料在海洋环境中有优异的降解自更新性能，能稳定、可控地释放环境友好防污剂。更重要的是，生物降解高分子材料（图 6-10）得益于其主链可在海水中降解成无毒的小分子，不会对海洋生态产生影响。这些优势都是传统自抛光防污树脂所不具备的，主链降解高分子已成为新一代海洋防污材料。特别是，生物降解高分子还可用于改性传统自抛光防污材料，例如华南理工大学海洋工程材料团队在国际上首次通过 2-亚甲基-1,3-二氧杂环庚烷、甲基丙烯酸三正丁基硅烷酯和甲基丙烯酸甲酯的自由基开环聚合制备了主链降解型自抛光树脂（degradable self-polishing copolymer，DSPC），该树脂不仅具备传统自抛光树脂的水解性侧基，

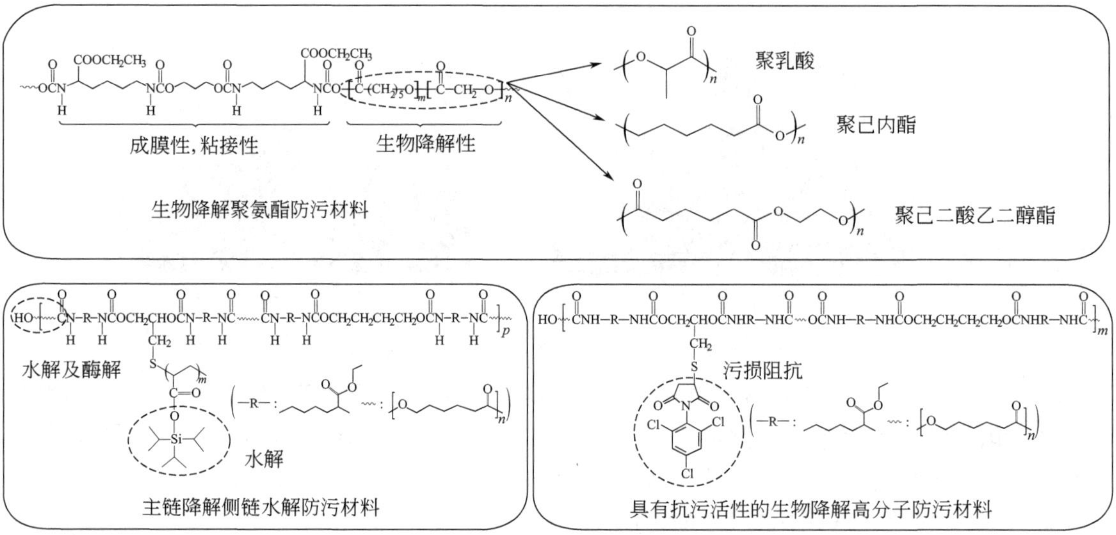

图 6-9 生物降解高分子基海洋防污材料

还具有可降解的主链结构，能有效地协调侧基的水解性和聚合物的溶解性，成功突破现有技术抛光速率调控性差、静态防污能力弱的局限[25～28]。特别是，该树脂可通过主链降解成小分子，不会造成海洋微塑料污染。该树脂技术具有环境生态友好、动静态防污性能优异等优势，是对传统自抛光树脂的重要革新。此外，通过选择合适的硅烷酯、锌/铜或自生两性离子单体可开发出系列降解、水解速率可调的主链降解型自抛光树脂，以适应不同使用场合。

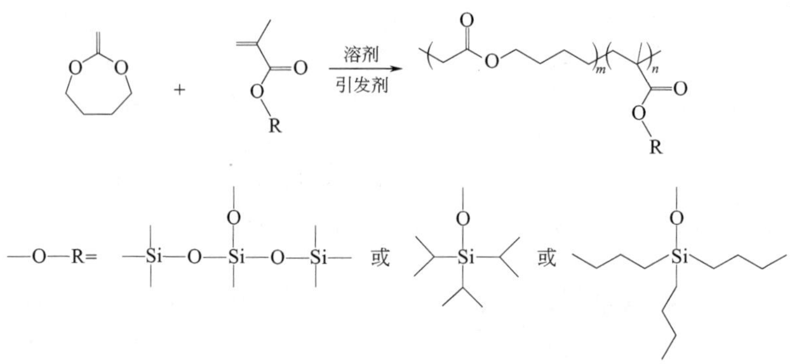

图 6-10 主链降解型自抛光树脂的合成[26]

进一步地，该团队还将传统的线型树脂制备成超支化结构。与线型聚合物相比，超支化聚合物具有低链缠结，低结晶度，高溶解度和高末端官能度，以其为基础的涂料具有高固含量、低黏度等特点。同时，独特的超支化结构使高分子链的断裂更容易，从而形成碎片化表面，有效提升了材料在高污损压力环境下（如我国南海海域）的静态防污能力。

总之，生物降解高分子基材料防污性能优异、力学性能好、施工工艺简单，多海域、多场景适用，综合性能优于国外发展的自抛光材料产品，而且制造成本更低。该材料目前已实现量产，在海军装备、远洋船舶、全球首个商用海底数据中心、海洋能源装备、海洋牧场等实现了规模化应用。

6.5 仿生防污涂料

奇妙的大自然是人类最好的导师，许多海洋生物（鲨鱼、海豚和部分软体动物等）的表面几乎不被其他生物寄生，其确切机理目前还不清楚，一般认为其防污性与这些生物体的表面微结构、分泌生物活性分子，表层自脱落、分泌黏液和水解酶等有关[29]。目前主要有两个活跃的研究分支：一是通过设计具有特殊表面的材料，模仿生物体表面特性，使其具有防污功能；二是从生物体内提取具有防污功能的活性物质，用于开发含防污活性物质的防污涂料，源于自然而用于自然，解决传统防污剂对海洋环境污染的问题。

6.5.1 仿生微结构防污涂料

具有微形貌的表面在自然界中是常见的，如荷叶、鲨鱼皮、壁虎脚、蚊子眼睛、海蟹和贻贝壳层等（图 6-11）。这种微形貌表面赋予了它们独特的性能，如鲨鱼皮的减阻、蚊子复眼的防雾等。因此，人们期望通过仿生微观结构实现防污。制备微观形貌表面最常见的方法有激光刻蚀、电子束光刻、反应性离子刻蚀、热压花或模具和铸造，使用的材料主要是聚二甲基硅氧烷（PDMS）、聚氯乙烯（PVC）、聚碳酸酯或聚酰亚胺[30]。尽管仿生微形貌表面防污具有无毒、环境友好的特征，防污损生物的效果也展现出了一定的乐观前景。但是在船体或其他大型海洋设备表面涂覆或制备微结构化表面并不容易，其成本较高，长效性也难以保证。

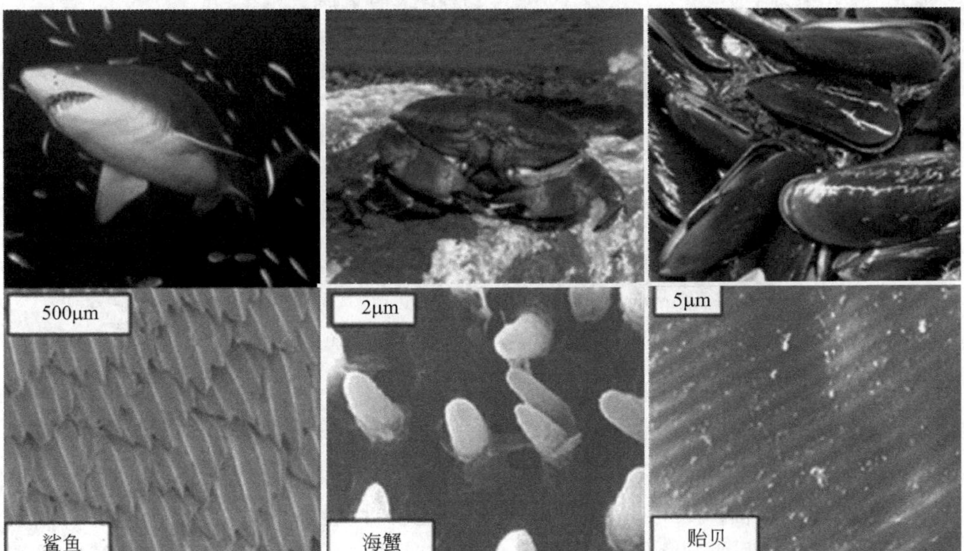

图 6-11　自然界中的表面微观结构[29]

6.5.2 天然产物基防污涂料

天然防污剂主要基于在海洋环境中，许多海洋微生物或藻类植物表面可以通过分泌活性物质，避忌或抑制污损生物吸附生长这一原理发展的。通过提取这些具有防污活性的天然产物作为防污剂，可防止海洋生物附着[31,32]。例如，来源于海绵的萜配糖和三萜烯糖、来源于红藻的卤代呋喃酮类等都具有优异的防污效果。此外，提取自陆生植物（如辣椒、胡椒等）的辣椒素和胡椒碱也可抑制海洋生物附着。但上述活性物质在植物体内的含量很低，而且提取、纯化步骤繁琐，大规模制备的成本非常高。通过化学合成制备出具有类似或优于天然活性物结构的防污剂，是更为高效、更适合应用的方法。目前，通过这种途径实现商品化的绿色防污剂有 2-（对-氯苯基）-3-氰基-4-溴基-5-三氟甲基-吡咯（ECONEA）和 4,5-二氯-2-辛基-4-异噻唑啉酮（DCOIT）。香港科技大学钱培元教授课题组在天然防污剂领域进行了深入的探索，通过对海洋链霉菌代谢物的结构改性，开发出丁烯酸内酯防污剂（图 6-12）。该化合物具有优异的防污活性与很低的毒性，且容易降解，不在海洋生态中累积，有着广阔的应用前景。但需注意到，要发挥天然防污剂的污损阻抗功能，必须搭配高性能的基体树脂使用，保证天然防污剂在海水中的稳定、可控释放是实现长效防污效果的关键[33]。

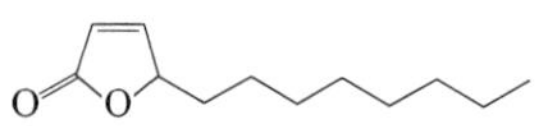

污损生物幼虫	半数效应浓度/(μg/mL)	半数致死浓度/(μg/mL)	半数致死浓度/半数效应浓度
藤壶 	0.52	>50	>97
管虫 	0.017	>2.0	>119
苔藓虫 	0.2	>50	>250

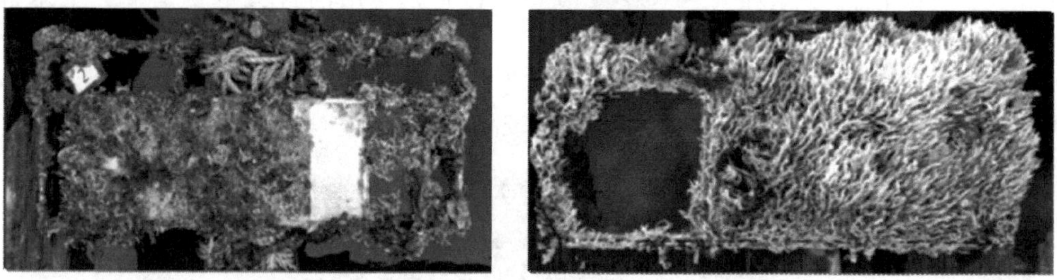

图 6-12　天然防污剂丁烯酸内酯的结构式、活性评价及海洋挂板实验

6.6 其他新型海洋防污涂料

6.6.1 污损阻抗型防污涂料

污损阻抗型（fouling resistant）防污涂料指可抑制、阻止海生物附着生长的涂料，通常为亲水性的高分子，它们与水之间的界面能很低，它的表面可形成一层水化层，当生物靠近时要突破水化层才能与基体表面黏结，需要更多能量，因此降低了黏附的可能性。这类材料主要包括聚乙二醇、两性离子聚合物和水凝胶等，对蛋白质、海洋细菌、绿藻孢子和藤壶幼虫等的阻抗能力良好。

聚乙二醇（PEG）因具有较大的排除体积、水化链的强活动性和空间位阻效应，能有效地减少细胞的附着生长和蛋白质的吸附，且当聚合度较高时防污效果更好[34]。研究表明，与低聚合度的 PEG 相比，长链 PEG 能更高效地阻止舟形藻和石莼孢子的黏附。此外，PEG 能被接枝到多种基底上，赋予基材优异的防污能力。两性离子聚合物（zwitterionic polymer）如磺基甜菜碱、羧基甜菜碱和磷酸胆碱等，结构中同时含有阳离子和阴离子，与非离子性的亲水聚合物（如 PEG）通过氢键形成水化层不同，两性离子聚合物通过静电相互作用来诱导水化，这使得它能与水紧密结合，因此防污效果很好[35]。研究表明，两性离子聚合物能有效抑制藤壶幼虫和硅藻的附着，石莼孢子在其表面的附着也不牢固，在弱水流的冲洗下就能脱除。水凝胶涂层由亲水性的高分子链交联而成，体系中含有大量的水，这类材料通常由 PEG 或甲基丙烯酸羟乙酯（HEMA）制备。HEMA 的分子链可高度伸展与取向从而排斥海洋生物，因此 HEMA 具有与 PEG 接近的防污能力。例如，通过紫外光引发的自由基聚合合成的含甲基丙烯酸聚乙二醇酯和聚甲基丙烯酸羟乙酯的材料，具有优秀广谱防污性，对多种海洋细菌、硅藻、石莼孢子、藤壶幼虫有显著的防附着能力。

尽管污损阻抗型材料在室内防污实验中展现出对多种海生物幼虫的防污能力，但目前未见成功的海洋挂板实验报道。事实上，由于海洋环境的复杂性和污损生物的多样性，污损阻抗型材料欠缺防污的广谱性，例如对一些大型海洋污损生物无效；再者，海洋中有大量的海泥、生物腐烂物，一旦覆盖了材料表面，防污性能便无法体现。因此，单纯地依靠污损阻抗有其局限性。

6.6.2 两亲性聚合物防污涂料

两亲性聚合物防污涂料的设计思路主要受血管内壁微相分离结构的启发。含有亲水和疏水链段的两亲性聚合物，由于相分离，形成纳米尺度上的“不均匀”表面，从而阻止或减少污损物的附着。Wooley 等用超支化含氟聚合物和 PEG 交联固化，形成不同尺度的相分离结构，据称对污损生物如石莼的附着阶段有阻碍作用，同时减少了蛋白质和脂多糖的吸附[36]。Ober 等合成了主链是聚苯乙烯，侧链含有 PEG 和氟碳链的两亲性梳状嵌段共聚物[37]。表面和频光谱检测表明，在水中该聚合物形成的涂膜表面亲水部分（PEG）和疏水部分（含氟基团）共存，即表面本身是两亲性的。室内防污实验表明，与低表面能 PDMSe 相比，该两亲性表面对石莼和舟形藻呈现出弱黏附。虽然两亲性聚合物具有很好的防污应用前景，但是如何确保这种材料在海水中维持长久的稳定性，不因溶胀而破坏力学性能，是发展该材料的一个技术难点。另外，这种材料是否具有广谱的抗污性有待进一步验证。

6.6.3 生物酶防污涂料

酶广泛存在于自然界中，是一类具有化学活性的蛋白质。酶的固定化已经在医疗、植入牙齿和食品包装材料领域得到了广泛应用。基于生物酶的防污涂料在 20 世纪 80 年代被首次提出，近年来随着环境保护意识的提高重新得到重视[38]。按照作用机理，具有防污作用的酶分为直接酶和间接酶。直接酶的作用机理是酶直接降解污损生物或者其产生的生物胶黏剂；而间接酶则通过产生趋避化合物如过氧化氢等发挥防污作用。最常用的可以降解生物胶黏剂的酶是蛋白酶（proteases）和糖基酶（glycosylases）。由于大部分生物酶是蛋白质，具有无毒、生态友好等特点，因此是其他防污剂潜在的替代品[39,40]。然而生物酶防污涂料的有效使用还需解决以下问题：①酶在与涂料其他成分混合后必须仍能保持活性；②酶的存在不能影响涂料的其他性能；③所选用的酶防污剂应具有广谱的防污作用；④在涂层干燥期间及浸入海水后，酶能够保持长期的活性及稳定性。

因此，目前酶防污大部分是理论研究，发表的一般仅是短期测试的结果，它是否具有长效性和广谱性有待验证。而且根据欧盟等国家和地区的相关条例，酶防污剂必须要跟传统的防污剂一样经过注册方能使用，因此商业化酶防污涂料仍然还有很长的道路要走。

6.6.4 聚合物陶瓷防污材料

基于柔性高分子聚合物的防污材料，如有机硅弹性体，虽然因无毒环保、光滑降阻等独特优势吸引国内外学者的极大关注，但存在力学强度差、不耐磨的问题。因而，该类材料难以应用于一些海洋船舶部件，如大型管道、螺旋桨及水下柔性传感设备。应用于其表面的防污涂层既需要具有高韧性以缓冲冲击能量，还需要具有高强度以抵御外界冲刷和磨损[41]。

近年来，有机-无机杂化法被广泛用于在防污涂料中实现类陶瓷硬度和类聚合物柔韧性这两种互斥特性的结合。通过有机-无机杂化法，可制备出兼备无机组分的高硬度、耐磨蚀与有机组分的柔韧性、可调控性的高强韧柔性硬质防污材料，即“聚合物陶瓷”防污材料。在该类型材料中，有机组分和无机组分间通过分子水平的杂化结合，形成的是强的共价键，而不是简单地包覆于有机基质中。根据杂化方式的不同，目前主要分为一步法和分步法。

一步法主要指小分子如有机硅烷偶联剂、硅醇盐以及金属醇盐等通过一步溶胶-凝胶反应形成杂化网络，从而使材料表现出有机聚合物和无机材料的协同特性。例如，美国学者曾尝试将多种烷基硅氧烷混合，通过一步溶胶-凝胶法制备了一种硬质涂层。同时，由于低表面能的存在，其污损脱附性能并没有下降。然而，该涂层柔韧性较差，且只在动态条件下具有污损脱附性能，无法实现静态防污。通过在杂化网络中引入两亲性硅烷调聚物或聚合物胶束可以使得涂层韧性得到增强，同时赋予涂层防污能力。然而，一步法也不可避免地存在一些问题，如固化时间较长、可调控差，且多数体系需高温固化交联才能获得高硬度，限制其在多种基材表面的应用。

分步法则是先制备纳米级构筑单元再进行后聚合。多种纳米材料如：支化聚硅氧烷、笼型聚倍半硅氧烷、梯形聚倍半硅氧烷、纳米级球形颗粒，以及碳聚合物量子点等都可以作为构筑单元。这些三维结构的构筑单元具有刚性的无机核心和有机外围（环氧基、氨基、乙烯基等），其中有机外围的有机部分可用于后续的防污功能化或后聚合（光固化、热固化）。特别是，在纳米尺度与聚合物基体或结构结合，最终的杂化材料可以表现出组分间的协同性能。例如，华南理工大学海洋工程材料团队通过硅氧烷纳米团簇和端氨基固化剂间的“环氧-氨基”交联体系，在室温下即可制备出高性能柔性聚合物陶瓷防污涂层。同时，由于体系中含有抗污性双亲性调聚物和低表面能聚二甲基硅氧烷，该涂层还具有优异的广谱抗菌、自清洁和防涂鸦性能。基于分步法，还可以制备出不同的无机纳米颗粒如锆纳米颗粒、笼形聚倍半硅氧烷等并利用其表面有机基团来接枝防污分子如两性离子、季铵盐、防污剂等以满足聚合物陶瓷材料的多场景应用[42]。

通过有机-无机杂化法制备高强韧聚合物陶瓷防污材料，极大拓展了防污材料的适用范围。特别是，通过分步杂化法，可对构筑单元的结构、有机-无机组分的比例以及交联形式调控更为精确、便捷，代表了新一代高性能防污涂层材料。

6.7 总结与展望

海洋生物污损是一个涉及能源、环境、国防等国家重大需求相关的全球性问题。随着航运事业的发展和海洋资源开发步伐的加快，海洋防污越来越重要。发展有效的海洋防污涂料体系具有重大的经济意义和战略意义。然而，海洋环境极其复杂，生物多样性十分丰富，而且污损生物就像投机主义者一样，一旦遇到机会黏附上海洋设施便绝不“放手”，这是对海洋防污的一个巨大挑战。因此，海洋防污不能仅依靠单一途径，综合防污才是未来研究的重点。例如将生物降解高分子和天然防污剂结合，构筑多功能协同海洋防污涂料体系等。从目前防污涂料的发展来看，完全摒弃防污剂是不现实的。由于传统防污剂对附着生物有毒杀作用，破坏海洋生态平衡，使用环境友好的天然和人工合成有机防污剂已成必然。然而，如何解决新型防污剂与高分子树脂的相容性和可控释放性，实现低含量有效是关键点。未来发展的重点应该关注在新型高分子树脂的设计和控释系统的构建。此外，目前对海洋防污性能的评价主要基于室内试验和实海实验，室内实验评价快速、高效，但由于海洋环境的复杂性和海洋污损生物的多样性，往往不够全面。实海实验评价准确，但其周期长、耗费高。因此，发展高通量、快速的防污性能评价技术以及服役寿命预测模型至关重要。

作业题

参考文献

[1] Yebra D M，Kiil S，Dam-Johansen K. Antifouling Technology-Past，Present and Future Steps towards Efficient and Environmentally Friendly Antifouling Coatings [J]. Prog Org Coat，2004，50：75-104.

[2] Schultz M P，Bendick J A，Holm E R，Hertel W M. Economic Impact of Biofouling on a Naval Surface Ship [J]. Biofouling，2011，27：87-98.

[3] Chambers L D，Stokes K R，Walsh F C. Modern Approaches to Marine Antifouling Coatings [J]. Surf Coating Tech，2006，201：3642-3652.

[4] 谢庆宜，马春风，张广照．海洋防污材料 [J]．科学（上海），2017，69：27-31.

[5] Almeida E，Diamantiono T C，de Sousa O. Marine Paints：The Particular Case of Antifouling Paints [J]. Prog Org Coat，2007，59：2-20.

[6] Hellio C，Yebra D M. Advances in Marine Antifouling Coatings and Technologies [M]. Cambridge，UK：Woodshead Publishing，2009.

[7] Callow J A，Callow M E. Trends in The Development of Environmentally Friendly Fouling-resistant Marine Coatings [J]. Nat Commun，2011，2：244.

[8] 马春风，吴博，徐文涛，张广照．海洋防污高分子材料的进展 [J]．高分子通报，2013，9：87-95.

[9] Lejars M，Margaillan A，Bressy C. Fouling Release Coatings：A Nontoxic Alternative to Biocidal Antifouling Coatings [J]. Chem Rev，2012，112：4347-4390.

[10] Beigbeder A，Degee P，Conlan S L，Mutton R J，Clare A S，Pettitt M E，Callow M E，Callow J A，Dubois P. Preparation and Characterisation of Silicone-based Coatings Filled with Carbon Nanotubes and Natural Sepiolite and their Application as Marine Fouling-release Coatings [J]. Biofouling，2008，24：291-302.

[11] Rath S K，Chavan J G，Sasane S，Jagannath，Patri M，Samui A B，Chakraborty B C. Two Componet Silicone Modified Epoxy Foul Release Coatings：Effect of Modulus，Surface Energy and Surface Restructring on Pseudobarnacle and Macro Fouling behaviour [J]. Appl Surf Sci，2010，256：2440-2446.

[12] Liu C，Ma C F，Xie Q Y，Zhang G Z. Self-repairing Silicone Coating for Marine Anti-biofouling [J]. J Mater Chem A，2017，5：15855-15861.

[13] Xie Q Y，Ma C F，Liu C，Ma J L，Zhang G Z. Poly (dimethylsiloxane) -Based Polyurethane with Chemically Attached Antifoulants for Durable Marine Antibiofouling [J]. ACS Appl Mater Interfaces，2015，7：21030-21037

[14] Thorlaksen P，Yebra D M，Catala P. Hydrogel-based Third Generation Fouling Release Coatings [R]. Royal Belgian Institute of Marine Engineers，2009.

[15] Xiao L L，Li J S，Mieszkin S，Di Fino A，Clare A S，Callow M E，Callow J A，Grunze M，Rosenhahn A，Levkin P A. Slippery Liquid-infused Porous Surfaces Showing Marine Antibiofouling Properties [J]. ACS Appl Mater Interfaces，2013，5：10074-10080.

[16] Corbett J J，Winebrake J J，Comer B，Green E. Energy and GHG Emissions Savings Analysis of Fluoropolymer Foul Release Hull Coating [J]. Energy and Environmental Research Associates，2011.

[17] 马春风，刘光明，张广照．环境友好海洋防污体系的研究进展 [J]．大学化学，2016，31：1-5.

[18] Ma C F，Xu L G，Xu W T，Zhang G Z. Degradable Polyurethane for Marine Anti-biofouling [J]. J Mater Chem B，2013，1：3099-3106.

[19] Chen S S，Ma C F，Zhang G Z. Biodegradable Polymer as Controlled Release System of Organic Antifoulant to Pre-

vent Marine Biofouling [J] . Prog Org Coat, 2017, 104: 58-63.

[20] Ma C F, Xu W T, Pan J S, Xie Q Y, Zhang G Z. Degradable Polymers for Marine Antibiofouling: Optimizing Structure To Improve Performance [J] . Ind Eng Chem Res, 2016, 55: 11495-11501.

[21] Xu W T, Ma C F, Ma J L, Gan T S, Zhang G Z. Marine Biofouling Resistance of Polyurethane with Biodegradation and Hydrolyzation [J] . ACS Appl Mater Interfaces, 2014, 6: 4017-4024.

[22] Ma J L, Ma C F, Yang Y, Zhang G Z. Biodegradable Polyurethane Carrying Antifoulants for Inhibitionof Marine Biofouling [J] . Ind Eng Chem Res, 2014, 53: 12753-12759.

[23] Yao J H, Chen S S, Ma C F, Zhang G Z. Marine Anti-biofouling System with Poly (ε-caprolactone) /clay Composite as Carrier of Organic Antifoulant [J] . J Mater Chem. B, 2014, 2: 5100-5106.

[24] Chen S S, Ma C F, Zhang G Z. Biodegradable Polymers for Marine Antibiofouling: Poly (ε-caprolactone) /poly (butylene succinate) Blend as Controlled Release System of Organicantifoulant [J] . Polymer, 2016, 90: 215-221.

[25] Zhou X, Xie Q Y, Ma C F, Chen Z J, Zhang G Z. Inhibition of Marine Biofouling by Use of Degradable and Hydrolyzable Silyl Acrylate Copolymer [J] . Ind Eng Chem Res, 2015, 54: 9559-9565.

[26] Xie Q Y, Ma C F, Zhang G Z, Bressy C. Poly (ester) -poly (silyl methacrylate) Copolymers: Synthesis and Hydrolytic Degradation Kinetics [J] . Polym Chem, 2018, 9: 1448-1454.

[27] Xie Q Y, Xie Q N, Pan J S, Ma C F, Zhang G Z. Biodegradable Polymer with Hydrolysis Induced Zwitterions for Antibiofouling [J] . ACS Appl Mater Interfaces, 2018, 10: 11213-11220.

[28] Zhang G Z, Ma C F. Method for Preparing Main Chain Scission-type Polysilyl (meth) acrylate Resin and Application thereof [P] . US Patent 9701794 B2, 2017.

[29] Magin C M, Cooper S P, Brennan A B. Non-toxic Antifouling Strategies [J] . Mater Today, 2010, 13: 36-44.

[30] Schumacher J F, Aldred N, Callow M E, Finlay J A, Callow J A, Clare A S, Brennan A B. Species-specific Engineered Antifouling Topographies: Correlations between the Settlement of Algal Zoospores and Barnacles Cypris [J] . Biofouling, 2007, 23: 307-317.

[31] Qian P Y, Xu Y, Fusetani N. Natural Products as Antifouling Compounds: Recent Progress and Future Perspectives [J] . Biofouling, 2010, 26: 223-234.

[32] Qian P Y, Li Z R, Xu Y, Li Y X, Fusetani N. Marine Natural Products and Their Synthetic Analogs as Antifouling Compounds: 2009-2014 [J] . Biofouling, 2015, 31: 101.

[33] Ma C F, Zhang W P, Zhang G Z, Qian P Y. Environmentally Friendly Antifouling Coatings Based on Biodegradable Polymer and Natural Antifoulant [J] . ACS Sustainable Chem Eng, 2017, 5: 6304-6309.

[34] Ekblad T, Bergström G, Ederth T, Conlan S L, Mutton R, Clare A S, Wang S, Liu Y L, Zhao Q, D' Souza F, Donnelly G T, Willemsen P R, Pettitt M E, Callow M E, Callow J A, Liedberg B. Poly (ethylene glycol) -Containing Hydrogel Surfaces for Antifouling Applications in Marine and Freshwater Environments [J] . Biomacromolecules, 2008, 9: 2775-2783.

[35] Zhang Z, Finlay J A, Wang L F, Gao Y, Callow J A, Callow M E, Jiang S Y. Polysulfobetaine-grafted Surfaces as Environmentally Benign Ultralow Fouling Marine Coatings [J] . Langmuir, 2009, 25: 13516-13521.

[36] Brown G O, Bergquist C, Ferm P, Wooley K L. Unusual, Promoted Release of Guests from Amphiphilic Cross-Linked Polymer Networks [J] . J Am Chem Soc, 2005, 127: 11238-11239.

[37] Krishnan S, Weinman C J, Ober C K. Advances in Polymers for Anti-biofouling Surfaces [J] . J Mater Chem, 2008, 18: 3405-3413.

[38] Kristensen J B, Meyer R L, Laursen B S, Shipovskov S, Besenbacher F, Poulsen C H. Antifouling Enzymes and the Biochemistry of Marine Settlement [J] . Biotechnology Advances, 2008, 26: 471-481.

[39] Dobretsov S. , Xiong H R, Xu Y, Levin L A, Qian P Y. Novel Antifoulants: Inhibition of Larval Attachment by Proteases [J] . Marine Biotechnology, 2007, 9: 388-397.

[40] Pettitt M E, Henry S L, Callow M E, Callow J A, Clare A S. Activity of Commercial Enzymes on Settlement and Adhesion of Cypris Larvae of the Barnacle Balanus Amphitrite, Spores of the Green Alga Ulva Linza, and the Diatom Navicula Perminuta [J] . Biofouling, 2004, 20: 299-311.

[41] 张云声，周佳宇，周欢，等．高性能有机硅海洋防污涂层研究进展 [J] ．涂料工业，2021，51 (11)：75-83.

[42] Zhang Z Q, Huang Y J, Xie Q Y, et al. Functional Polymer-ceramic Hybrid Coatings: Status, Progress, and Trend [J], Prog Polym Sci. , 2024, 154: 101840.

第7章 导电涂料

7.1 概述

7.1.1 导电涂料定义及分类

教学课件
7.1导电涂料概述

导电涂料是随着近代电子技术进步而飞速发展起来的一种特种功能涂料，指涂覆于绝缘基材表面，具有传导电流或者耗散静电电荷能力的涂料[1]。

导电涂料最早出现于20世纪40年代。1948年，美国公布了将银和环氧树脂制成导电胶的专利。随后其他各国也开始了导电涂料的研发，我国也早在50年代就开展了相关研究，如天津油漆厂生产的以石墨作为导电填料的导电涂料、原武汉化工中心生产的以银粉作为导电填料的环氧银系导电涂料[2]。

按照导电涂料的作用机理一般将其分为两大类：本征型导电涂料与复合型导电涂料。本征型导电涂料是指以导电高分子为基本成膜物质，利用高分子本身的导电性使涂层导电；而复合型导电涂料是以绝缘的高分子聚合物为基料，加入导电填料，利用导电填料在高分子基料中形成导电通路使涂层导电。

导电涂料的初期研发着重于复合型导电涂料，因为其制备工艺简便，导电填料选择性广，高分子基料各项性能优异。导电填料主要有金属系、碳系和导电高分子系三大类。其中在金属系导电填料中，铜具有导电性能优异、价格低廉的优势，但是由于铜表面易氧化造成电导率的下降，所以要对其表面进行改性处理。由日本朝禾集团研发的复合型导电涂料是以丙烯酸树脂作为基体材料，以表面抗氧化处理的铜粉作为导电填料。铜粉添加量仅为镍粉添加量一半的情况下，表现出更为优异的导电性能[3]。而随着碳系材料的发展，除了最初的炭黑和导电石墨外，还出现了碳纳米管、石墨烯、足球烯（富勒烯）等新型材料，尤其是2004年首次发现的石墨烯，除了具有优越的导电性外，同时也具有超薄、超轻、超高强度、透光性和高的比表面积（$2600m^2/g$）等特点[4]，成为导电填料的一个新选择。在树脂基体中掺入少量的碳纳米管或石墨烯即可产生明显的渗流现象，在导电涂料领域具有非常大的应用潜力[5]。

随着科技的发展，尤其是1974年导电聚乙炔的发现，科学家开始了对本征型导电涂料的研发。本征型导电涂料所使用的导电高分子均为具有共轭大π键的聚合物，如聚苯胺、聚吡咯、聚噻吩、聚对亚苯基和聚对亚苯基乙烯等经过掺杂后，电导率可达到半导体甚至金属导电的水平。其中聚3,4-乙烯二氧噻吩：聚对苯乙烯磺酸钠（PEDOT：PSS）是一类水溶性的聚噻吩衍生物，在1990年由德国Bayer[6] 首次合成，命名为Baytron® P，具有较高的电导率、优异的环境稳定性以及高透光率等特点。PEDOT：PSS成功解决了传统本征型导电高分子的加工问题，已在太阳能电池、透明导电膜、有机发光二极管（OLED）显示器、电子射频标签等领域获得广泛应用。

7.1.2 导电涂料的导电机理

7.1.2.1 本征型导电涂料的导电机理

众所周知，常规的高分子材料都是绝缘材料，但是1974年日本科学家白川英树（H. Shirakawa）研究室在合成聚乙炔时，加入了高浓度的催化剂（约为普通催化剂量的上千倍），意外获得了具有银灰色金属光泽的高顺式聚乙炔薄膜，白川英树受到启发，提出了高分子导电的可能性。从此以后，导电高分子的研究引起了众多科学家的关注，导电高分子材料也获得了巨大的应用。2000年10月，瑞典皇家科学院将2000年度的诺贝尔化学奖授予了艾伦·麦克迪尔米德、艾伦·黑格尔和白川英树，表彰他们在导电高分子材料领域的杰出贡献，此发现也为现代飞速发展的微电子信息技术领域提供了技术支持。

（1）导电高分子的结构特征　导电高分子中涉及一个重要的概念：载流子。在电学中，载流子指可以自由移动的带有电荷的物质微粒。导电的类型和难易程度与载流子的类型和多寡有关。根据导电载流子种类可将导电高分子分为两类：电子导电和离子导电。离子型导电高分子一般指的是高分子固体电解质，例如：聚环氧乙烷，聚乙二醇亚胺等。此类导电高分子本身不具有离子，但是能够溶解或者络合离子型化合物，从而通过离子型载流子的迁移而导电。

而本书中讨论的本征型导电高分子是以电子导电为主，导电时的载流子主要是电子或空穴。此类高分子的主体结构为共轭体系（至少是不饱和键体系），长共轭链中π电子具有强烈的离域性，容易从轨道上逃逸出来形成自由电子。而高分子链上的π电子轨道互相重叠可形成导电能带，为载流子的迁移提供通道。所以，共轭体系满足了电子导电的两大条件：①逸出电子作为载流子；②重叠轨道形成导电通路。所以，在发现聚乙炔为导电高分子的后几年，科学家们相继发现一批具有共轭大π键的聚合物，如聚苯胺、聚吡咯、聚噻吩、聚对亚苯基和聚苯硫醚等，它们经过掺杂后，电导率可达到半导体甚至金属导电的水平，如表7-1所示。

表7-1　常见导电高分子结构与电导率

聚合物名称	英文名及缩写	结构式	室温电导率/(S/cm)
聚乙炔	Polyacetylene(PA)	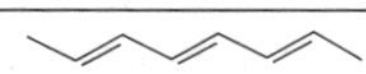	$10^{-10}\sim10^{5}$
聚亚苯基	Polyphenylene(PPE)	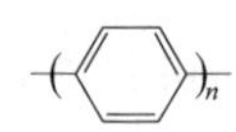	$10^{-15}\sim10^{2}$
聚吡咯	Polypyrrole(PPy)	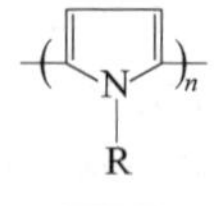	$10^{-8}\sim10^{2}$
聚噻吩	Polythiophene(PTH)	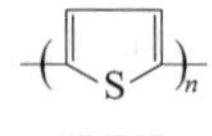	$10^{-8}\sim10^{2}$
聚呋喃	Polyfuran(PFA)	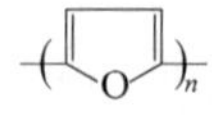	$10^{-8}\sim10^{2}$
聚苯胺	Polyaniline(PANI)	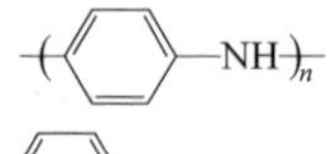	$10^{-10}\sim10^{2}$
聚亚苯基乙烯	Polyphenylene Vinylene(PPV)	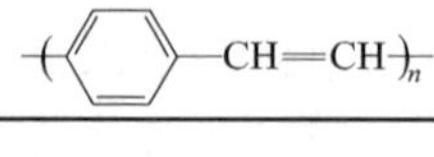	$10^{-10}\sim10^{2}$

（2）共轭体系的自由电子模型　有机化合物中的电子主要为σ电子和π电子，σ电子是成键电子，键能较高，离域性较小，被称为定域电子；π电子是由两个成键原子中的p电子互相重叠后产生的。当π电子孤立存在时具有有限的离域性，电子可以在两个原子核周围运

行。随着 π 电子共轭链长的增加，离域区域增大，π 电子可以在整条共轭链上流动。

以聚乙炔为例，聚乙炔具有最简单的共轭双键结构，链上单双键交替，组成了 $(CH)_x$ 主链的碳原子有四个价电子，其中三个为 σ 电子（sp^2）杂化轨道，两个与相邻的碳原子连结，一个与氢原子键合，余下的一个价电子为 π（p_z 轨道）电子，与聚合物链所组成的平面相垂直，如图 7-1 所示。随着 π 电子体系的扩大，出现被电子占据的 π 成键态和空的 π^* 反键态。随分子链的进一步增长，形成能带，其中 π 成键态形成价带，而 π^* 反键态则形成导带。如果 π 电子在链上完全离域，并且相邻的碳原子间的链长相等，则 π-π^* 能带间的能隙（或称禁带）消失，形成与金属相同的半满能带而变为导体。

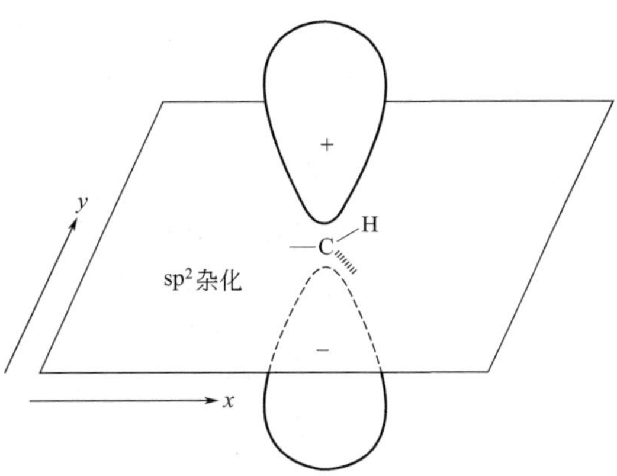

图 7-1 聚乙炔的价电子轨道

简单来说，价带和导带之间在能量上存在着一个差值，而导电状态 p 电子离域运动必须越过这个能级差才能成为自由电子，这个能量的最小值就是禁带宽度（E_G）。对于线性共轭体系聚合物，π 电子从其最高占有轨道（基态）向最低空轨道（激发态）跃迁的能量 ΔE（电子活化能）必须大于 E_G。而研究表明，线型共轭体系的电子活化能 ΔE 与 π 电子数 N 的关系为：

$$\Delta E = 19.08\,\frac{N+1}{N^2}\ (\mathrm{eV}) \tag{7-1}$$

反式聚乙炔的禁带宽度推测值为 1.35eV，若用公式（7-1）推算，$N=16$，由于一个聚乙炔单元（—CH═）有两个 π 电子，可计算聚合度为 8 时即有自由电子导电。而对于聚噻吩乙炔（图 7-2），经过计算，其在室温下激发载流子必须满足聚合度约为 370。

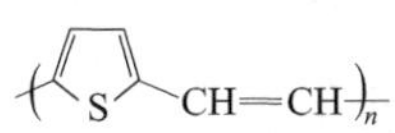
图 7-2 聚噻吩乙炔化学结构

由此引出了两个问题：①聚合度达到 8 的聚乙炔可以通过自由电子导电，为何白川英树研究室在 1974 年合成的聚乙炔导电效果不佳？②聚噻吩乙炔的聚合度需达到 370，即分子量接近 4 万，这样的聚合物是否容易合成？

这就涉及共轭体系自由电子模型的局限性，自由电子模型其实是把各个碳原子的 π 电子看成只能在一维共轭聚合物链上自由移动的电子。而双键的 π 电子与分子平面正交，双键无法自由旋转，因此存在有顺式和反式立体构型的区别。对于聚乙炔来说，就可以有图 7-3 所示的几种异构体。

而一维自由电子模型的局限就在于不能区分图 7-3 所示的各种异构体，而按照自由电子理论只有反式的结构才有可能满足电子导电的条件。同样，对于聚噻吩乙炔，首先要合成分子量接近 4 万的完整共轭链非常困难，其次，分子链也会出现链长不均，侧链立体障碍，共轭双键异构等问题。由此，单一的共轭体系聚合物虽然有导电的可能性，但是真实电导率很低，甚至并不导电。由此，科学家们提出了“掺杂”的概念，进一步提高其电导率。

（3）导电高分子的掺杂　已有报道，反式聚乙炔的电导率可达到 $10^{-4}\sim10^{-6}$S/cm，研究发现，这是由于聚乙炔被电子受体型聚合催化剂残留物掺杂形成 p 型半导体的缘故，如果不含任何掺杂剂，其也是处于绝缘体的状态。共轭聚合物的能隙较小，而电子的亲和力非常大，这表明它很容易和适当的电子受体或电子给体发生电荷转移。例如，白川英树等在聚乙炔薄膜中掺杂 AsF_5 或者 I_2 等电子受体，聚乙炔的 π 电子会向受体转移，电导率可增至 10^4S/cm，达到

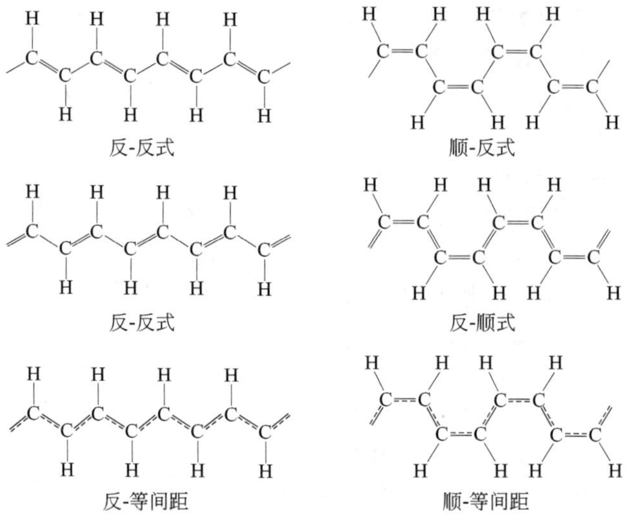

图 7-3　聚乙炔顺反异构的分子结构

金属导电的水平。也可向聚乙炔中加入碱金属的电子给体，使其接收电子而使电导率提高。

这种向导电高分子中添加电子受体或电子给体，使得高分子的电荷发生转移而提高其电导率的方法称为掺杂。掺杂的作用是在聚合物的空轨道中加入电子，或从占有轨道中拉出电子，进而改变现有 π 电子能带的能级，出现能量居中的半充满能带，减小能带间的能量差，使得自由电子或空穴移动的阻碍力减小，从而大大提高导电能力。

$$P_x + xyA \longrightarrow (P^{+x}A_y^-)_x$$

$$P_x + xyD \longrightarrow (P^{-y}A_y^+)_x$$

图 7-4　掺杂电荷转移反应式

如果用 P_x 表示共轭聚合物，P 表示共轭聚合物的基本结构单元（如聚乙炔分子链中的—CH ═），A 和 D 分别表示电子受体和电子给予体，则掺杂可用电荷如图 7-4 所示转移反应式来表示。

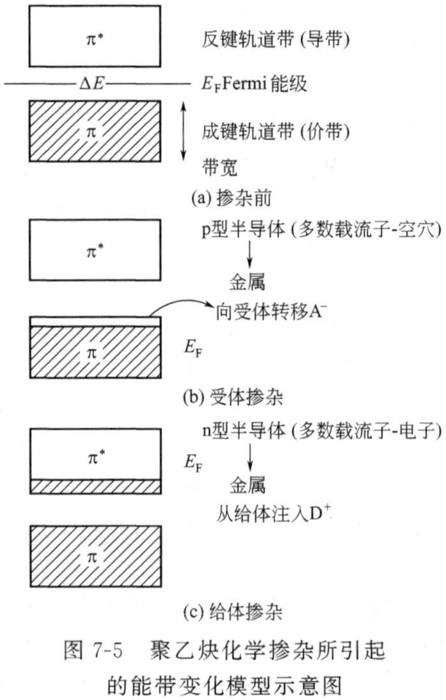

图 7-5　聚乙炔化学掺杂所引起的能带变化模型示意图

电子受体或电子给体分别接受或给出一个电子变成负离子 A^- 或正离子 D^+，但共轭聚合物中每个基本结构单元（P）却仅有 y（$y \leqslant 0.1$）个电子发生了迁移。这种部分电荷转移是共轭聚合物出现高导电性的极重要因素。同样以聚乙炔为例，当 y 从 0 增加到 0.01 时，电导率增加约 10 个数量级，电导活化能急剧减小，呈现出金属的特性。如图 7-5 所示。

掺杂的方法主要可以分为化学法和物理法，前者有气相掺杂、液相掺杂、电化学掺杂、光引发掺杂等，后者有离子注入法等。最初的导电聚乙炔是通过化学掺杂实现的。化学掺杂包括 n 型掺杂：给电子的物质（如 Na），又称还原掺杂；以及 p 型掺杂：接受电子的物质（如 I_2），又称氧化掺杂。电化学掺杂是通过电化学反应来实现的，包括高电位区发生的 p 型掺杂和低电位区发生的 n 型掺杂。发生电化学 p 型掺杂时，共轭链被氧化，价带失去电子并伴随对阴离子的掺杂；发生电化学 n 型掺杂时，共轭链被还原，导带得到电子并伴随对阳离子的掺杂。

掺杂剂有很多种类，主要类型见表 7-2。

表 7-2　主要掺杂剂类型

<table>
<tr><th colspan="2">电子受体</th><th>电子给体</th></tr>
<tr><td>卤素</td><td>Cl_2，Br_2，I_2，ICl，ICl_3，IBr，IF_5</td><td rowspan="3">碱金属：Li，Na，K，Rb，Cs</td></tr>
<tr><td>路易斯酸</td><td>PF_5，As，SbF_5，BF_3，BCl_3，BBr_3，SO_3</td></tr>
<tr><td>质子酸</td><td>HF，HCl，HNO_3，H_2SO_4，$HClO_4$，FSO_3H，$ClSO_3H$，$CFSO_3H$</td></tr>
<tr><td>过渡金属卤化物</td><td>TaF_5，WFs，BiF_5，$TiCl_4$，$ZrCl_4$，$MoCl_5$，$FeCl_3$</td><td rowspan="3">电化学掺杂剂：R_4N^+，R_4P^+（$R=CH_3$，C_6H_5 等）</td></tr>
<tr><td>过渡金属化合物</td><td>$AgClO_3$，$AgBF_4$，H_2IrCl_6，$La(NO_3)_3$，$Ce(NO_3)_3$</td></tr>
<tr><td>有机化合物</td><td>四氰基乙烯（TCNE），四氰代二次甲基苯醌（TCNQ），四氯对苯醌、二氯二氰代苯醌（DDQ）</td></tr>
</table>

7.1.2.2　复合型导电涂料的导电机理

复合型导电涂料与本征型导电涂料一样，需要达到两个条件：①导电通路的形成；②载流子在导电通路里的迁移。前者取决于导电填料的添加量和分散情况，两者共同影响形成导电网络的宏观过程；后者是指导电的载流子在网络里迁移的微观过程。导电通路的形成中，科学家们提出了很多理论模型，其中最常用的是渗滤理论。

图片
导电涂料的渗流阈值曲线

（1）渗滤理论　渗滤理论指的是导电填料的体积分数对复合材料电导率的影响。用电子显微镜技术观察导电材料的结构发现，当导电填料浓度较低时，填料颗粒分散在聚合物中，互相接触很少，故电导率很低。随着填料浓度增加，填料颗粒相互接触机会增多，电导率逐步上升。当填料浓度达到某一临界值时，体系内的填料颗粒相互接触形成无限网链。这个网链就像金属网贯穿于聚合物中，形成导电通道，造成电导率急剧上升，使复合材料变成了导体。电导率发生突变的临界导电填料浓度称为“渗滤阈值”。

渗滤理论里有个重要的概念称为粒子接触数 m，Gurland（1966 年）提出了球形粒子的 m 公式：

$$m=\frac{8}{\pi^2}\left(\frac{M_s}{N_s}\right)^2\frac{N_{AB}+2N_{BB}}{N_{BB}} \tag{7-2}$$

如图 7-6 中所示，黑线表示在粒子截面上画一条任意长度的直线穿过所有粒子，其中 N_s 是单位面积出现的粒子数，M_s 是单位面积出现的粒子-粒子接触数，N_{AB} 是粒子与基质（黑线）的接触数，N_{BB} 是指直线上粒子与粒子的接触数。

用电阻来解释渗滤理论的示意图如图 7-7 所示。渗滤理论认为导电粒子相互接触或者粒子间隙在 1nm 以内才可以形成导电网络。在渗滤阈值附近，复合材料的电导率和导电填料体积分数的关系如下：

$$\sigma_m=\sigma_h\ (\Phi-\Phi_c)^t \tag{7-3}$$

式中，σ_m 是复合材料的电导率；σ_h 是导电填料的电导率；Φ 是导电填料的体积分数；Φ_c 是渗滤阈值；t 是指数，与材料的维度和导电填料的尺寸形态相关。

（2）粒子导电机制　导电通路形成后，材料导电主要取决于载流子的迁移方式。载流子的迁移方式通常可以分为粒子导电和隧道导电机制。粒子导电机制指的是导电填料粒子在复

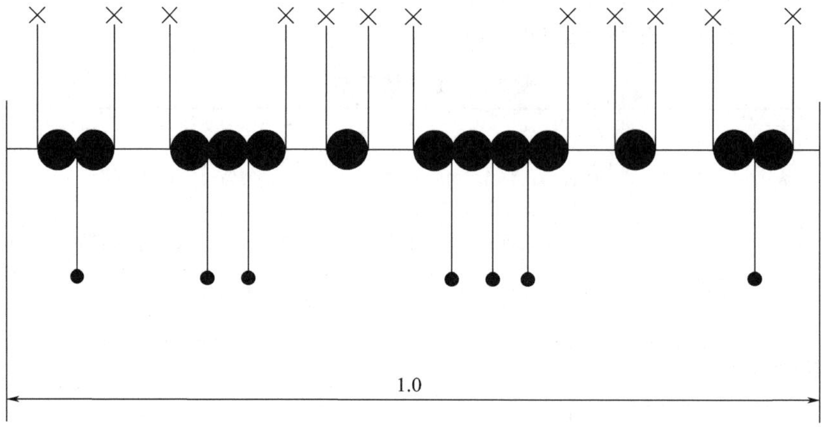

图 7-6 球型粒子接触导电示意图
× AB；● BB

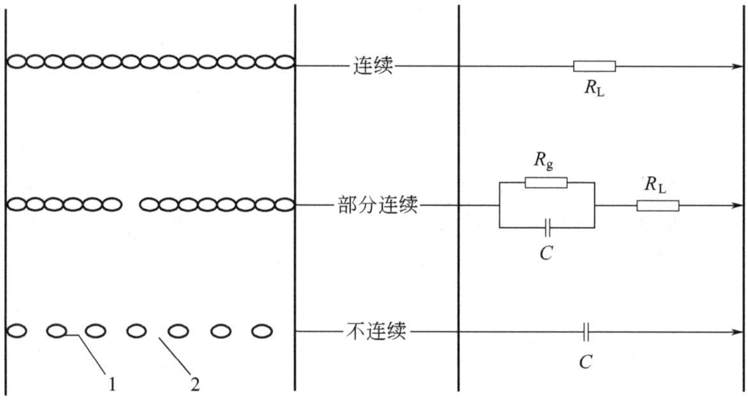

图 7-7 渗滤理论示意图
1—导电颗粒；2—导电颗粒隔离层

合物中达到一定量时，形成了完全接触的导电链，导致复合涂料的导电。

粒子导电机制认为形成复合材料时，由于导电填料与基体的晶体结构不同，所以导电粒子只能停留在基体中结构比较疏松的界面上。当镶嵌在界面上的导电粒子相互接触或间隙很小时，在绝缘相中会形成一部分导电能力很强的导电通道。导电粒子之间为欧姆接触，接触面上没有势垒，减小了电子在迁移过程中受到的阻力，从而提高了电子在试样中的迁移速率。处于接触状态的导电粒子越多，网络越密，导电粒子的间隙越小，材料的电导率就越高。

(3) 隧道导电机制 隧道导电机制指的是，电子在被绝缘的聚合物分隔开的导电粒子之间的隧道跃迁从而导电。把非常薄（1000nm 以下）的非导体夹在导体中时，在电场作用下，电子仅需越过非常低的势垒而移动，隧道理论认为这是热振动引起电子在粒子间跃迁造成的。

隧道导电理论的理论值与实验值基本吻合，是分析复合材料导电行为的有力工具。但该理论所涉及的各物理量（如电流密度、材料电导率等）均与导电粒子的间隙宽度及分布状况有关。当导电填料浓度过低时，导电粒子会由于间隙过大而无法发生电子的跃迁，因而无明显的隧道效应；当填料浓度过高时，大部分导电粒子相互接触，此时决定导电行为的主要是粒子导电机制。因此，隧道导电理论只适于在某一导电填料的浓度范围内分析不同复合材料的导电行为。

7.1.3　导电涂料表征手段

7.1.3.1　导电材料常用表征手段

导电材料常用电阻率和电导率来表征，两者都与材料的尺寸无关，只取决于它们的本身性质，因此是物质的本征参数，都可作为表征材料导电性的尺度。在讨论材料的导电性时，更习惯采用电导率来表示。材料的电导率是一个跨度很大的指标。从绝缘体到超导体，电导率可相差 40 个数量级以上。根据材料的电导率大小，通常可分为绝缘体、半导体、导体和超导体四大类。具体电导率范围请见表 7-3。

表 7-3　常见材料电导率范围及划分

材料	电导率/(S/cm)	典型代表
绝缘体	$<10^{-10}$	石英、聚乙烯、聚苯乙烯、聚四氟乙烯
半导体	$10^{-10}\sim10^{2}$	硅、锗、聚乙炔
导体	$10^{2}\sim10^{8}$	汞、银、铜、石墨
超导体	$>10^{8}$	铌(9.2K)、铌铝锗合金(23.3K)、聚氮硫(0.26K)

其中，电阻公式为：

$$R=\rho\frac{d}{S} \tag{7-4}$$

式中，ρ 为体积电阻率，单位为 Ω·cm 或 Ω·m（Ω 为欧姆）。

电导公式为：

$$G=\sigma\frac{S}{d} \tag{7-5}$$

式中，σ 为体积电导率，单位为 S/cm 或 S/m（S 为西门子）。

7.1.3.2　导电涂层常用表征手段

导电涂层的导电性则常用表面电阻或方块电阻来表征，表面电阻指材料表面上两点间的直流电压与通过的电流之比，单位是欧姆。表面电阻的大小除决定于材料的结构和组成外，还与电压、温度、材料的表面状况、处理条件和环境湿度有关。

涂层的导电性也可采用方块电阻（简称方阻）表征，方块电阻的大小与样品尺寸无关，任意大小的正方形测量值都是一样的，不管边长是 1m 还是 0.1m，所以方阻仪与导电层的厚度等因素有关，其单位为 Ω/□。需要用四探针测试仪进行测量。四根探针由四根导线连接到方阻测试仪上，当探头压在导电薄膜材料上面时，方阻计就能立即显示出材料的方阻值，具体原理是外端的两根探针产生电流场，内端上两根探针测试电流场在这两个探点上形成的电势（图 7-8）。

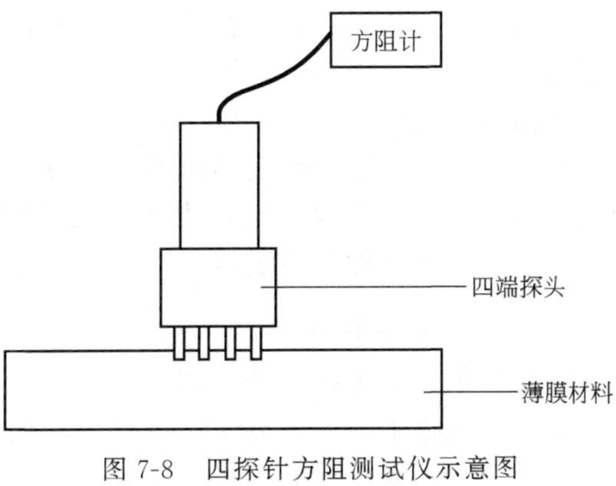

图 7-8　四探针方阻测试仪示意图

7.2 本征型导电高分子涂料

导电高分子涂料一般可以分为三大类：①合成导电高分子，直接进行涂装；②将传统的导电高分子与树脂基体进行复合，旨在利用树脂基体的优良性能提高涂料的加工性能和力学性能，同时保留导电高分子的导电性；③为了进一步提高电导率，将导电高分子与其他导电填料复合。第三种属于复合导电涂料的范畴，本书会在后续内容中详细介绍，此处主要介绍前两种。

教学课件
7.2本征型导电高分子涂料

7.2.1 导电高分子的合成

导电高分子的合成方法主要有化学聚合法、电化学聚合法、乳液聚合法、可溶性前体聚合法等。其中最常用的是化学聚合法和电化学聚合法，下面会着重介绍这两者。

7.2.1.1 化学聚合法

化学聚合法又称为化学氧化聚合法，即在有机溶剂或水溶液中加入氧化剂，使单体发生氧化聚合。在聚合过程中，单体分子在氧化剂的作用下发生氧化偶联聚合，生成高分子化合物。反应首先生成二聚体，二聚体再生成三聚体，以此类推，直到形成长链聚合物，反应过程中会生成活性阳离子自由基。常用的氧化剂有双氧水、过硫酸盐、高氯酸盐、重铬酸盐等；水溶液一般需加入高氯酸、盐酸、氟硼酸或硫酸调节成酸性溶液。单体的浓度、氧化剂的性质、氧化剂与单体的比例、聚合温度、聚合气氛、掺杂剂的性质及掺杂程度等诸多因素都会影响导电高分子的物理和化学性质。化学聚合法的优点是制备方法简单，获得的产物为粉末状，适合大批量工业化生产。下面以最经典的聚苯胺的化学聚合为例，详细说明聚合过程。

聚苯胺的化学聚合一般在酸性水溶液中进行，所用的氧化剂一般为过硫酸铵、重铬酸钾、双氧水和高碘酸钾，并且要求在较低的反应温度下进行，所得的产物一般为墨绿色粉末，电导率为1～10S/cm，产率为30%～70%[7]。在聚合过程中，氧化剂引发苯胺聚合，质子酸掺杂使聚苯胺分子链间发生氧化还原反应而生成苯醌阳离子自由基，部分削弱了共轭键，使电荷能在分子链上振动导电[8]。所以在聚苯胺中，苯式（还原单元）-醌式（氧化单元）结构共存，苯胺的聚合是一种阳离子自由基氧化沉淀聚合反应，反应首先生成二聚物、三聚物到低聚物，伴随活性阳离子自由基的产生从而引发反应。苯胺低聚物溶于水，所以初始反应为溶液反应。链增长阶段反应发生自加速，高分子量的聚苯胺不溶于水，随着反应沉淀析出，反应在聚胺沉淀物与水的界面进行，为界面反应，具体反应机理见图7-9。由于聚合过程后期的自加速效应，导致整个反应过程难以控制，分子量分布变宽，缺陷增多，严重影响了产物的导电性和稳定性。

7.2.1.2 电化学聚合法

电化学聚合法是在电场作用下电解含有单体的溶液，可在电极表面获得导电高分子的方法。在聚合过程中，单体分子在阳极的氧化作用下，发生氧化偶联聚合反应，生成沉积在电极表面的聚苯胺薄膜或者粉末。此方法采用外加电位作为聚合反应的驱动力，可在聚合过程中定量控制掺杂剂的量，所得产物可以直接进行化学研究。聚苯胺的电聚合是一种电化学缩

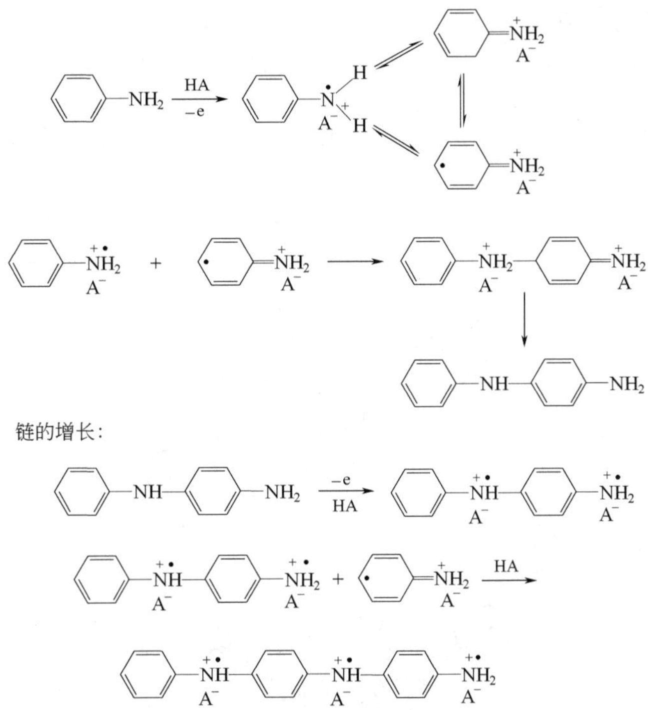

图 7-9 化学聚合法制备聚苯胺反应机理

合聚合反应。一般情况下，在苯胺的硫酸水溶液中进行电解，可以在阳极表面得到聚苯胺薄膜。苯胺的电聚合过程可描述为一个双分子的电化学反应，如图 7-10 所示。

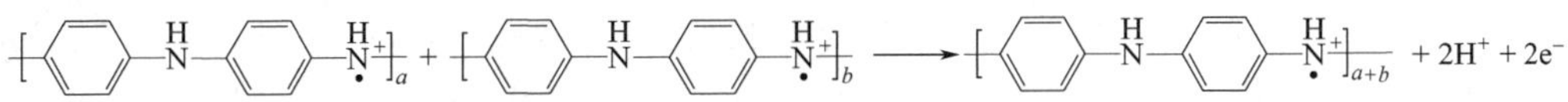

图 7-10 苯胺电聚合过程

由于反应介质呈酸性，电聚合反应得到的聚苯胺实际上已被质子酸掺杂，因而所得的聚苯胺本身具有导电性。这使得苯胺电聚合反应能够连续不断地进行下去，最终得到具有一定厚度的聚苯胺膜。这种方法类似于金属的电镀过程。但是当聚苯胺膜的厚度超过一定值时，由于溶剂分子的渗透，聚苯胺膜将变得疏松，部分脱附。总而言之，苯胺的电聚合反应是一个界面反应，并不需要氧化剂，较之于化学聚合法，其获得聚苯胺纯度更高，反应条件也简单易控，实验重现性好。

7.2.1.3 其他方法

化学聚合法与电化学聚合法均有利弊，因此新型的合成方法不断被开发，在改进聚合条件和设备的同时，提高导电高分子的导电性能。除此以外，共轭系导电高分子由于极强的刚性结构，存在着“不溶不熔”的问题，为其后续加工和材料制备带来困难。为了解决上述问题，乳液（微乳液）法和可溶性前体合成法被提出。

（1）乳液法（微乳液法） 导电高分子聚合的乳液法（微乳液法）是经典高分子聚合中的乳液法（微乳液法）和化学聚合法的结合。特别之处在于采用的乳化剂一般为小分子或者大分子的酸类，如十二烷基磺酸、十二烷基硫酸、聚乙烯磺酸等。采用这类表面活性剂一方面可以将不溶于水溶液的高聚物稳定分散在水相中，另一方面其也可以充当质子酸一步完成反应和掺杂过程，得到导电高分子。尤其在微乳液聚合法中，单体的聚合发生在高浓度的乳液滴中，反应速率快，产率高，电导率好。可采用十二烷基苯磺酸（DBSA）同时作为表活剂和掺杂剂，用乳液法合成具有层状结构的聚苯胺。产物的掺杂程度非常高，粒径很小只有20～30nm，电导率可达24S/cm，乳液模型和聚合机理如图7-11所示[9]。

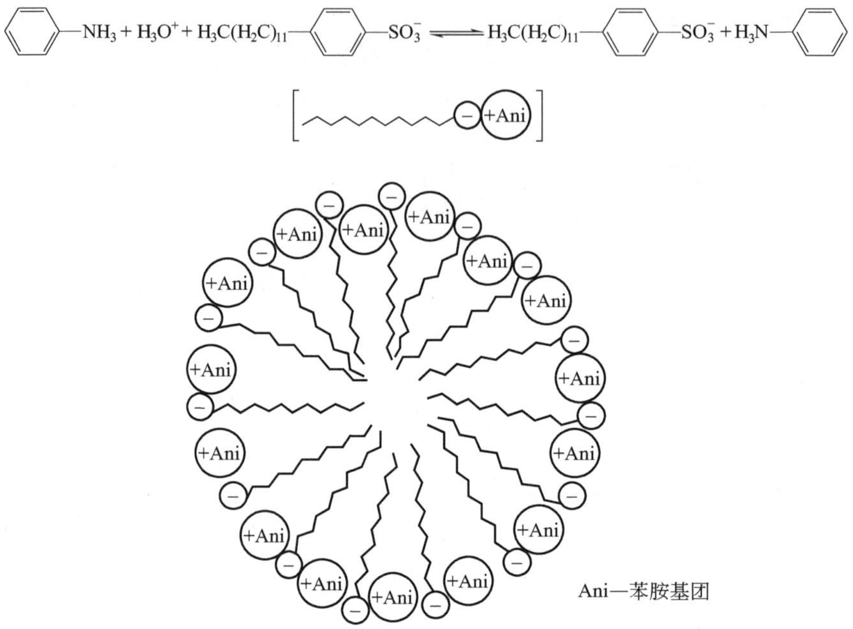

图7-11 PANI/DBSA乳液模型和聚合机理

（2）PEDOT与模板法 上文提到的PEDOT：PSS的合成就是典型的模板法。这种方法采用水溶性高分子PSS作为EDOT的软模板，过硫酸铵作为氧化剂来进行化学聚合反应。EDOT被分散在PSS水溶液中，之后在氧化剂作用下引发氧化聚合反应，反应得到PEDOT：PSS水分散体[10]。如图7-12所示，PEDOT在PSS聚合物链上聚合分散，PEDOT：PSS链互相缠绕，形成了空间网状结构并固定了大量的水分子，形成了类似于微凝胶的胶体粒子的结构，从而使PEDOT能稳定分散在水中。

图片 PEDOT：PSS乳液制备耐水导电涂层

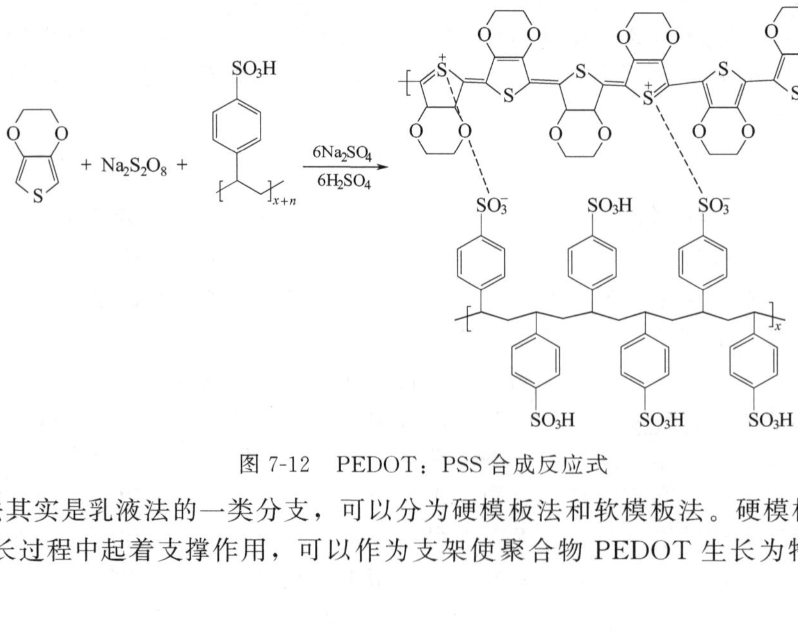

图7-12 PEDOT：PSS合成反应式

模板法其实是乳液法的一类分支，可以分为硬模板法和软模板法。硬模板在聚合物PEDOT的生长过程中起着支撑作用，可以作为支架使聚合物PEDOT生长为特定的形状。常用的几种硬模板有多孔氧化铝（AAO）、无机氧化物粒子、高聚物粒子（如苯乙烯）和介孔二氧化硅等[11]。在反应后，硬模板可以去除形成多孔、中空以及管状结构，也可将硬模板保留形成复合材料。硬模板法的优势是微纳米结构高度可控，通过改变模板的形貌即可得到不同尺寸和形貌的微纳米粒子[12]。

软模板法也叫做自组装法，反应物与作为模板的表面活性剂分子在溶液中发生自组装，形成胶束或微乳液，构成微反应器，反应单体在微反应器内完成反应，成为纳米材料。对于聚合物纳米材料的制备，可将软模板分为三大类：①无模板（自模板）法；②微乳液法；③反向微乳液法。它们的区别仅仅是形成的微乳液方法的差别。所形成的微乳液为水包油型，称为微乳液聚合；所形成的微乳液为油包水型，则称为反向微乳液聚合。常用的作为软模板的表面活性剂包括十二烷基磺酸钠（SDS）、十二烷基苯磺酸钠（DBSA）、聚苯乙烯磺酸盐（PSS）、癸基三甲基溴化铵（DeTAB）和二甲基十六烷基溴化铵（CTAB），PEDOT：PSS 就是采用软模板法。表面活性剂不仅可以将单体充分均匀地分散在水溶剂中生成稳定的胶体，而且部分阴离子型表面活性剂可以对导电高分子进行掺杂，进而提高电导率。

7.2.2　导电高分子涂装

采用传统的化学和电化学聚合所得到的导电高分子既难溶解又难熔融，加工性能差，难以直接对其进行涂装。采用新型合成方法（乳液法、可溶性前聚体法和模板法）获得的导电高分子，在特定溶剂中可形成均一分散液进行涂装，或者采用单体原位聚合的方式进行涂装。

7.2.2.1　传统涂装方法

传统的涂装方式如浸涂、旋涂等同样也适合导电高分子分散液，将商品化的 PEDOT：PSS 分散液与强极性溶剂混合，随后通过浸涂的方式涂装在 Kevlar（聚对苯二甲酰对苯二胺）纤维的表面，再经过酸掺杂，获得抗静电织物纤维。当使用 DMSO 为溶剂时，浸涂 10 次时，纤维的表面电阻低达 39Ω。具体制备过程如图 7-13 所示[13]。利用传统的涂装方式获得的导电高分子涂料简单易得，但是由于导电高分子与基材结合力较差，涂层易剥落，所以科学家采用一些新型的涂装方式提高涂层与基材的结合力。

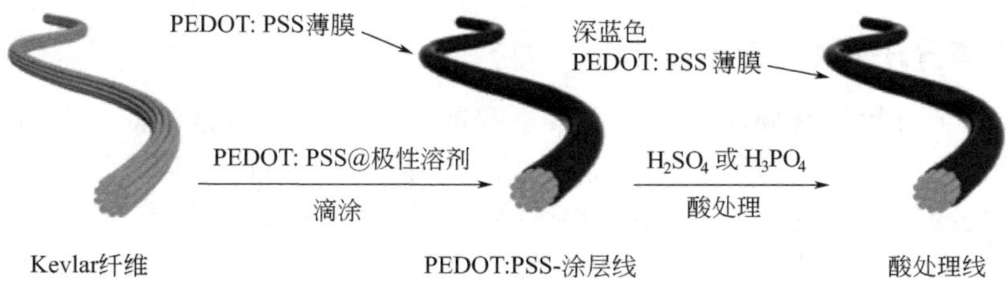

图 7-13　抗静电 Kevlar 纤维制备示意图

7.2.2.2　静电自组装

静电自组装技术是一种将带正电和带负电的聚电解质在基底上逐步浸泡沉积成膜的方法，如图 7-14 所示，最早由 Decher 于 1991 年提出。这种方法操作简单，不需要复杂的设备，对基材无要求。将溶于水的荷正电的吡咯单体静电组装在带有负电荷的细菌细胞表面，然后在 Fe^{3+} 引发作用下发生原位聚合，获得独立的导电聚吡咯涂装的细菌细胞，可作为微生物燃料电池的阳极。静电自组装法无需考虑基材的形状，且可以利用静电作用提高导电高分子与基材的结合力，但是其制备过程需用相反电荷的聚电解质，对导电高分子结构限制较大，不适合大型工业化生产[14]。

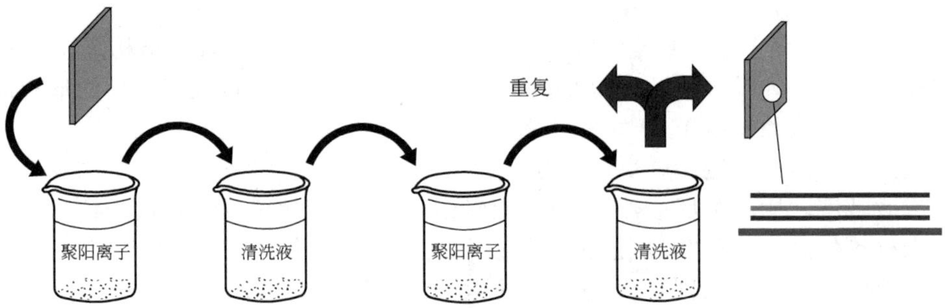

图 7-14 静电自组装沉积方式

7.2.2.3 印刷电子法

印刷电子法是一项融合创新了三项技术领域——微电子、化学、印刷技术的新兴学科。通过印刷技术将功能性油墨在基材上进行沉积，快速、大面积、低成本地制造各类电子器件。其中的喷墨打印技术（inkjet printing）是在计算机控制下，通过非接触的方式使连续的微小墨滴打印到基底上形成薄膜的印刷技术。这种技术非常适合水溶性或油溶性导电高分子的涂层制备。以 PEDOT：PSS、葡萄糖氧化酶（GOD）和辣根过氧化酶（HRP）制备成生物墨水，将其喷印在 PET 膜上，经过乙烯纤维素膜覆盖，得到 PEDOT：PSS/GOD/HRP 生物传感器，可用于检测葡萄糖，具有快速的响应及较高的灵敏度[15]。也可用于制备可穿戴器件[16]，在聚丙烯腈（PAN）和聚（对苯二甲酸乙二醇酯）（PET）织物上喷印添加了硝酸铁的 EDOT 墨水，并通过高温加热使 EDOT 在织物表面聚合为 PEDOT，PEDOT 可以很好地黏附在织物的表面上，同时可提供约 150Ω/□的表面电阻，为织物提供良好的电性能。这种方法制备速度快，基材选择广泛，现在已经被用作大批量生产柔性化电子器件。另外，PEDOT：PSS 透明易加工的特性可在电致发光器件中能够替代氧化铟锡透明导电膜（ITO），虽然 PEDOT 的电导率与 ITO 玻璃相比较差，但是其柔性更好（ITO 为脆性材料）。PEDOT：PSS 还被广泛应用在聚合物发光二极管（PLED）器件、太阳能电池、导电线路、电致变色器件、气流监测等领域。

7.2.3 导电高分子/树脂复合涂料

本征态高分子虽然具有导电性，然而其本身的力学性能还不够理想，因而所制备的导电高分子涂层存在着界面结合力弱、涂层综合性能差等缺点，所以通常需要将导电高分子与树脂进行复合，提高涂层性能。比如前文提到的聚苯胺（PANI），具有良好的环境稳定性和优异的电化学性能，原料便宜、易于合成，是目前导电高分子的研究热点。最初人们用电化学沉积法在金属阳极上得到 PANI 涂层，或者将 PANI 与溶剂形成共溶物涂覆于金属基体上，待溶剂挥发后形成涂层。但是，单一的 PANI 涂层综合性能上都不理想。所以通常将其与环氧树脂、丙烯酸树脂、聚氨酯、氟碳树脂等具有较强耐化学性、黏结性和良好成膜性的树脂混合成膜。

7.2.3.1 物理共混法

常用的物理共混法一般首先合成掺杂型 PANI，一般无机酸掺杂的 PANI 电导率可达 10S/m 左右，再将其与树脂机械共混制备了掺杂 PANI/树脂复合涂料，但是此类涂料的电导率一般 10^{-8}～10^{-5}S/m 范围，可用作防腐涂料或抗静电涂料。这种 PANI/树脂复合涂料虽然在力学性能上得到了改善，然而由于绝缘性树脂的引入使得复合涂料的电导率比导电高分子低 5～8 个数量级，大大降低其导电性能。为了提高复合涂料电导率，有研究者采用加入强极性溶剂或者熔融共混的方式，提高 PANI 在复合涂料中的添加量。采用氧化聚合法合成了聚苯胺、聚吡咯及聚苯二胺的磷酸盐，然后将其与锌粉混合，加入含有强极性溶剂的环氧树脂中，获得复合涂料，然而这种方式导电聚合物最多只能添加到 3%的体积含量，与树脂的相容性仍不佳[17]。还有研究者采用聚对苯乙烯磺酸为掺杂剂制备了水性 PANI，电导率可达 0.19S/m，与水性环氧树脂共混后，PANI 添加量可提高到 15%（质量分数），但是涂层的电导率仍未有很大提高，只有 4.7×10^{-6}S/m。由于物理共混法获得的复合涂层电导率较低，一般只用作防腐涂层使用，不能达到导体的范畴。

7.2.3.2　原位聚合法

为了进一步提高聚苯胺与树脂基体的相容性，可采用原位（in-situ）聚合的方式。例如可在棕榈油基的醇酸树脂中，加入商品化的聚苯胺及丙烯酸酯活性稀释剂，在紫外光辐照下固化，最终获得涂层的阈值高达 20%（质量分数），然而电导率的提升并不大，只能作为防腐涂层使用[18]。而有研究者[19] 利用苯胺单体、过硫酸铵和不同种类的酸加入聚乙烯醇（PVA）的水溶液中，60℃下聚合 6h，然后再加入环氧树脂中混合，原位聚合获得导电涂料。研究苯胺聚合过程中加入酸的种类与含量，发现当加入盐酸的浓度为 0.5mol/L 的时候，电导率可高达 1500S/m，涂层的 SEM 图如图 7-15 所示。可见，这种原位聚合制备导电单一方向生成的纤维状导电微区，大大提高了涂料的电导率。

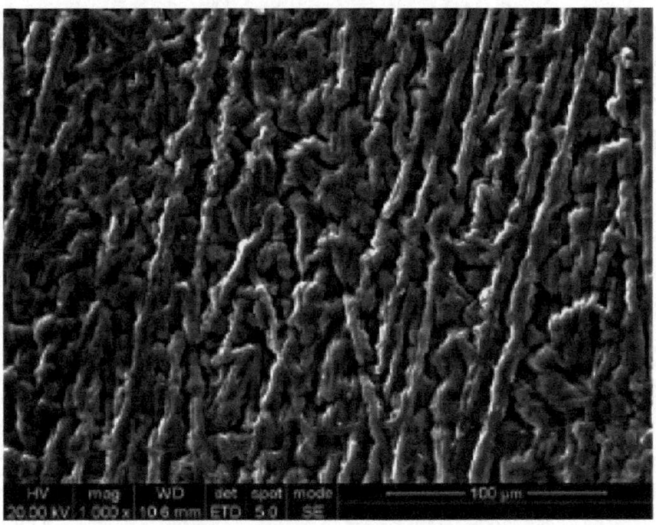

图 7-15　聚苯胺的 SEM 图[19]

7.3　碳系导电涂料

教学课件
7.3 复合型导电涂料

复合型导电涂料是由导电填料和不导电的树脂复合而成的，导电填料在其中起到导电的作用，而不导电的高分子涂料作为黏结基料并提供优良的理化性能。导电填料一般可分为碳系、金属系、金属氧化物系等，而高分子树脂基料一般会采用环氧树脂或聚氨酯等力学性能优良、价格低廉的通用树脂。

其中使用最为广泛的为碳系导电填料，传统的碳系导电填料包括导电炭黑、石墨、碳纤维等，具有导电性好、着色力强、化学稳定性高、密度小、价格低廉等优点，以其制备的导电油墨、导电胶等广泛应用于电子、化工等领域[20]。但是，碳系导电填料存在分散稳定性差、颜色深等问题，因此在实际应用中受到一定的限制。近年来，先进新型碳材料的开发弥补了这一不足。其中最杰出的代表有碳纳米管和石墨烯，两者具有纳米材料的诸多优异特性，被科研界和工业界广泛应用。

7.3.1 碳纳米管类导电填料

碳纳米管（CNTs）是由日本科学家 Iijima 于 1991 发现的一种具有完整分子结构的纳米尺度的新型碳材料[21]，可看成是由石墨烯片材卷曲而成的管状石墨晶体，因此按照石墨烯的片层数，碳纳米管可以简单地分为单壁碳纳米管（SWCNTs）和多壁碳纳米管（MWCNTs），如图 7-16 所示。据碳纳米管的导电性质可以将其分为金属型碳纳米管和半导体型碳纳米管，其中，SWCNTs 是金属型和半导体型的混合物，而 MWCNTs 则是金属型。碳纳米管奇特的结构赋予其优异的电学、光学和力学性能，能应用于透明导电薄膜、晶体管、电容器、传感器、催化剂、高强度材料等多个材料领域。研究发现单根半导体型 SWCNTs 的迁移率可达 $10^5 cm^2/(V \cdot s)$，单根金属型 SWCNTs 的电流负载能力可达 $10^9 A/cm$，而直径为 0.4nm 的极细单壁碳纳米管具有一维超导现象，被称为世界上最细的纳米超导线。因此碳纳米管被认为是可以取代氧化铟锡（ITO）透明导电薄膜的导电材料之一。

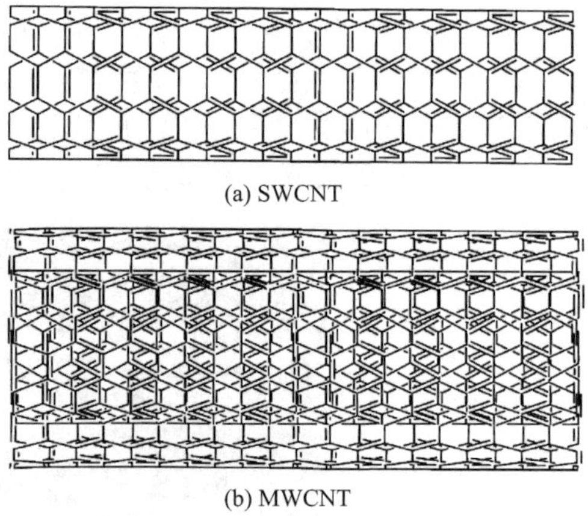

(a) SWCNT

(b) MWCNT

图 7-16 单壁和多壁碳纳米管结构示意图

与炭黑和石墨相比，CNTs 巨大的长径比使其分散在树脂基体中时更容易搭接形成导电网络，所以 CNTs 作为填料制备的导电涂料渗流阈值常低于 5%（质量分数）。许多研究者将 CNTs 直接通过物理共混的方式与聚合物进行复合，将 MWNTs 与聚氨酯直接机械混合后进行静电喷涂制备导电耐蚀涂层，当 MWNTs 含量为 0.5%时，涂层的电导率为 $9 \times 10^{-6} S/cm$[22]。将 MWCNTs 和 PMMA、PC 或 PVDF 进行熔融共混，然后加入溶剂制备出涂料，进行多层喷涂形成导电涂层，其中 MWCNTs/PVDF 复合涂层的表面电阻可达 $6.4 \times 10^4 \Omega/\square$[23]。

但是，物理共混方式获得的复合涂料电导率不高，只能达到抗静电涂层的范畴。这是因为 CNTs 管与管之间较强的范德华作用力使其紧紧地束缚成束，造成 CNTs 几乎不溶于任何溶剂和有机物，所以未改性 CNTs 在树脂中的分散性不佳。因此，各国科学家对其改性做了大量的研究工作，尤其集中在对 CNTs 进行共价或非共价改性来提高其分散性。通过化学基团与碳纳米管上的共轭结构发生共价键作用，称为共价改性。最常用的共价学改性是采用强酸对 CNTs 进行氧化处理使其表面带上羧基、羟基等可反应基团，随后通过酰胺化、酯化等反应，获得有机修饰的 CNTs（图 7-17）[24] 可用此法改性 MWCNTs，再用高速剪切搅拌分散工艺制备了 MWCNTs/苯丙乳液导电涂料，MWCNTs 的含量为 2.5%时（质量分数），涂层的表面电阻最小可达 $1.42 \times 10^7 \Omega$。还有通过加成反应、接枝反应等方法均可进行共价改性，但是由于其会破坏碳纳米管表面的共轭结构，会对其导电性能产生一定影响。

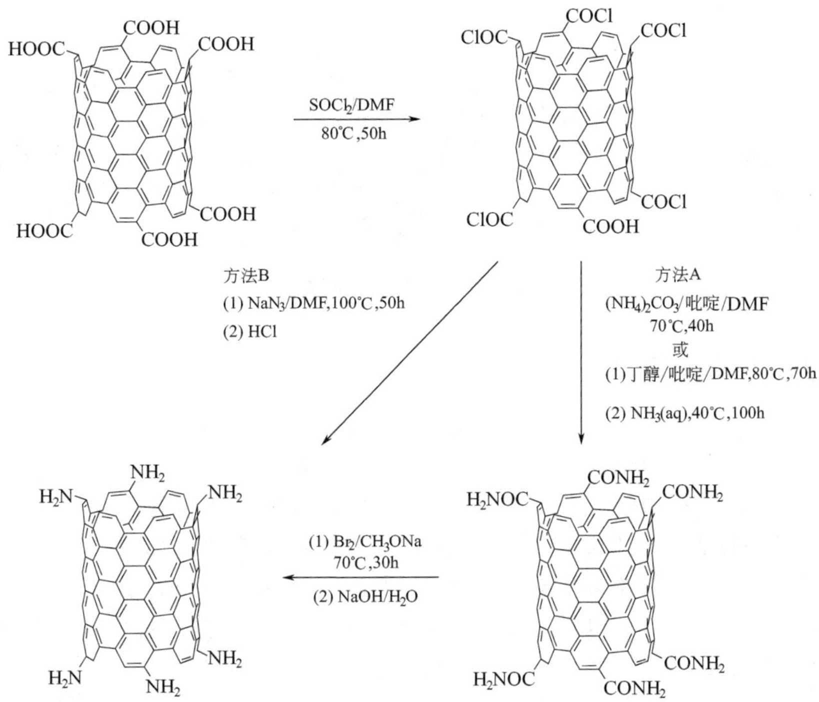

图 7-17　CNT 的改性示意图

另一种通过非共价键作用将各种功能化分子吸附或包裹到碳纳米管壁上的方法，称为非共价改性。非共价改性 CNTs 是基于碳管和分散剂之间的范德华力和 π-π 等作用，这种改性的优势在于既能很好地解决 CNTs 分散性问题，又可以尽可能地减少改性对 CNTs 结构和电性能上的扰动，成为现在主导的改性方式，其中最为普遍的方法主要有小分子表面活性剂处理和聚合物改性。可用于碳管改性的表面活性剂有阴离子、阳离子与非离子型表面活性剂，常见的如十二烷基硫酸钠（SDS）、十二烷基苯磺酸钠（SDBS）、十六烷基三甲基溴化铵（CTVB）、十二烷基三甲基溴化铵（DTAB）等。例如有研究者[25]分别用联苯三酚、吐温-80、曲拉通-100 对 CNTs 进行分散，随后将改性的 CNTs 与环氧树脂乙醇溶液进行超声混合，并在高温下固化。改性 CNTs 含量为 0.5%（质量分数）时，复合涂层的电导率在 0.3S/m 左右。其中，联苯三酚改性的 CNTs 拥有最大的电导率，主要是由于苯环与 CNTs 发生共轭作用，在非共价改性的同时保留 CNTs 中 p 电子的流通。

但是小分子表面活性剂与碳管间的相互作用较弱，其改性的碳管分散液稳定性差，在低温下易解离、散开，所以近期的研究偏向于用聚合物取代小分子表面活性剂，赋予 CNTs 更好的成膜性和稳定性。例如可利用光敏双亲共聚物［苯乙烯（St）-7-(4-乙烯基苄氯氧基)-4-甲基香豆素（VM）-马来酸酐（MA)），P(St/VM-*co*-MA)，PSVMA］在混合溶剂中形成胶束、分散 MWCNTs(图 7-18)，将稳定的碳纳米管分散液通过滴涂法制备电化学传感涂层，传感涂层可对不同浓度的多巴胺进行检测，且能消除抗坏血酸的干扰，对多巴胺的检测下限为 5×10^{-8}mol/L[26]。可通过对聚合物的结构单元、分子量大小、亲疏水比、凝聚态结构等进行调整，按照需求构筑不同种类的聚合物进行 CNTs 的分散。

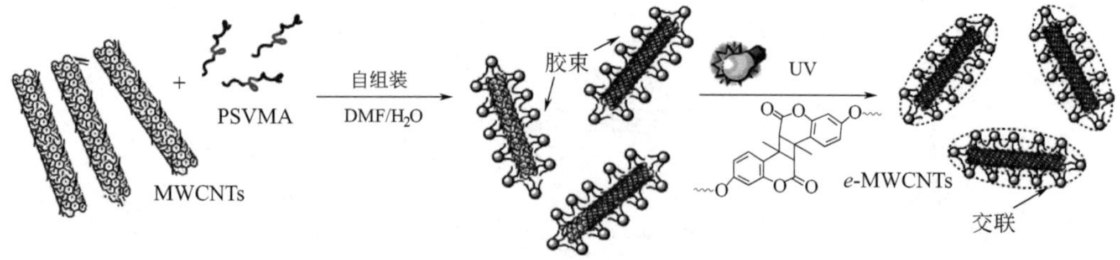

图 7-18 电化学传感涂层的制备示意图[26]

7.3.2 石墨烯类导电填料

英国 Manchester 大学的 Andre Geim 和 Konstantin Novoselov 在 2004 年首次证明石墨烯可以单独存在，两人在 2010 年获得了诺贝尔物理学奖[27]。经过十几年的发展，石墨烯的应用得到了质的飞跃。石墨烯是由碳原子紧密堆积而成的二维晶体，单层石墨烯厚度仅为 0.35nm，石墨烯中存在着 π 自由电子，因此具有优越的导电性，常温下其电子迁移率超过 $1.5\times10^4 cm^2/(V\cdot s)$，比纳米碳管更高，而电阻率只有 $10^{-6}\Omega\cdot cm$，比铜或银更低，为目前世上电阻率最小的材料。同时也具有超薄、超轻、超高强度、高的导电导热性和透光性，结构稳定和具有高的比表面积（$2600m^2/g$）等特点。

石墨烯有许多合成方法，如机械剥离法、外延生长法、化学气相沉积法、化学合成法等。与 CNTs 一样，石墨烯片层间也存在着较强的范德华力，在溶剂和聚合物中分散不佳。所以，常用的石墨烯/树脂导电复合涂料的制备一般采用溶液法、熔融法及原位改性法。将石墨烯和水性丙烯酸树脂进行机械共混，制备了水性导电涂料[28]。石墨烯含量在 1.5%（质量分数）时达到了渗滤阈值，电阻率为 $0.5\Omega\cdot cm$，对频率在 0.1～1000 MHz 内的电磁波的衰减都在 30dB 以上，有良好的电磁辐射屏蔽作用。

还有一种常见的方法是氧化还原法，采用石墨烯的前驱体——氧化石墨烯（GO）为原料进行还原获得石墨烯。GO 表面含有丰富的羧基、羟基和环氧基团，这些基团的存在使 GO 的分散性、亲水性、可改性程度及与聚合物的相容性等方面都要比石墨烯更有优势，但是由于这些基团的存在破坏了大共轭结构的完整性，阻碍了 π 电子的流动，其导电性能不如石墨烯。

从 GO 出发，一般可通过两种方法获得石墨烯/树脂导电涂料。第一种，将 GO 原料进行非共价修饰，提高其在树脂基体中的分散性，获得 GO/树脂复合涂料，再进行还原，获得石墨烯/树脂复合导电涂料。例如将 GO 用十二烷基苯磺酸钠（SDBS）进行超声修饰，获得分散良好的 GO 水分散液，随后与 PEDOT：PSS 进行机械共混，再通过还原获得石墨烯/PEDOT 复合涂料，将涂料通过旋涂的方法涂覆于基材上，制备柔性透明电极[29]。第二种，将 GO 原料进行共价修饰，一方面提高其在树脂基体中的分散性，另一方面在改性过程中消耗 GO 上的环氧、羧基等基团，在改性的同时还原 GO。有研究者[30]通过异氰酸酯与 GO 表面边缘上的羧基以及中间部位的羟基反应，得到异氰酸酯共价修饰石墨烯（图 7-19）。异氰酸酯共价修饰的石墨烯分散性和稳定性好，能够稳定地分散在二甲基亚砜（DMSO）、*N*-甲基吡咯烷酮（NMP）、*N*,*N*-二甲基甲酰胺（DMF）、四氢呋喃（THF）等极性非质子溶剂中，静置数周后分散液不发生团聚，仍能保持稳定。同样也可以通过硅烷偶联剂进行接枝改性。然后再将此类改性石墨烯与树脂共混，获得导电涂料。前一种方法在还原时会采用水合肼等强还原剂，在还原 GO 的同时可能会破坏树脂的结构，而后一种还原方法较温和，但是还原率较低。

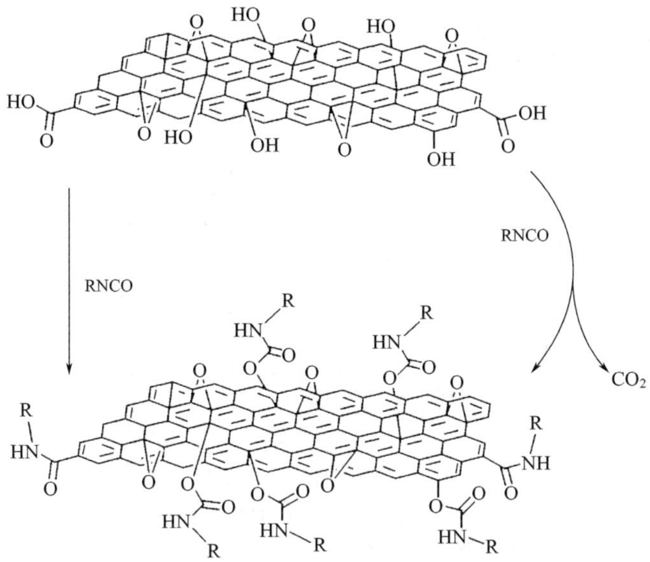

图 7-19 异氰酸酯改性氧化石墨烯[30]

7.3.3 其他碳类导电填料

炭黑和石墨是最早用于导电涂料的碳类导电填料，拥有价格低廉、质轻等优点。但是这两者的尺寸较 CNTs 和石墨烯的大，在树脂体系中同样存在难分散的问题，除此以外，涂层外观也可能出现裂纹、脱落等现象。所以，同样需要进行改性后再与树脂基体混合。有研究者通过偶联剂改性炭黑[31]，研究其在醇酸树脂中的分散性及导电性，发现采用硅烷偶联剂 KH-550 时电导率最低。或以片状石墨为导电填料，苯丙乳液为基体树脂，利用先超声震荡后球磨的方法，制备了水性导电涂料[32]。结果表明，石墨占 14%（质量分数）时，涂层的体电阻率为 0.25Ω·cm。

碳纤维是一种性能优异的纤维材料，含碳量大于 95%，微观结构类似人造石墨，为乱层石墨结构，层与层之间靠范德华力连接，具有高强度、高模量、密度低、高导电性等特点。但是由于其制备技术要求较高，价格昂贵，适用范围并不广泛。但是近年来，随着我国碳纤维制备技术的突破，低于 200 元/千克，碳纤维复合涂料有望爆发式增长。海洋化工研究院有限公司研制了一种碳纤维抗静电涂料，该涂料采用特种碳纤维与多种导电粉体复配，形成了一种复合式的导电网链结构，导电网链中降低了导电粉体的用量，将现有机抗静电涂料的损耗角正切值降低了一个数量级，实现了技术突破。该涂料采用空气喷涂方式施工，已实现批量化生产，目前已用于我国某型号武器装备[33]。

还有一些研究中，将几种碳材料进行混合，综合几种碳材料的优点，进一步提高复合涂料的电性能。如 Song 等[34] 将石墨烯及 CNTs 分别与聚氨酯在超声下进行复合，结果发现碳填料量在 5%（质量分数）时涂层并不导电。而将石墨烯和 CNTs 以质量比 1∶1 作为混合填料，当加入量为 5%（质量分数）时，涂层的电导率为 0.77S/m，推测是由于石墨烯片层和 CNTs 长管状的混合，使得导电填料的有效搭接面积增大，从而提高了涂层的电导率。

还有些研究将导电高分子与碳材料结合在一起，来进一步提高导电高分子的导电性能，同时提高复合体系的力学性能和热稳定性，所得到的复合材料可作为透明电极、超级电容器、传感涂层等。如 Dhawan[35] 等利用酸性条件下苯胺带有氨基正电荷，使其自发组装在 CNTs 表面，再进行苯胺的原位聚合，获得了聚苯胺/CNTs 分散液（图 7-20），其较单一的聚苯胺或单一的 CNTs 都有较高的电导率，可作为电磁屏蔽涂层。

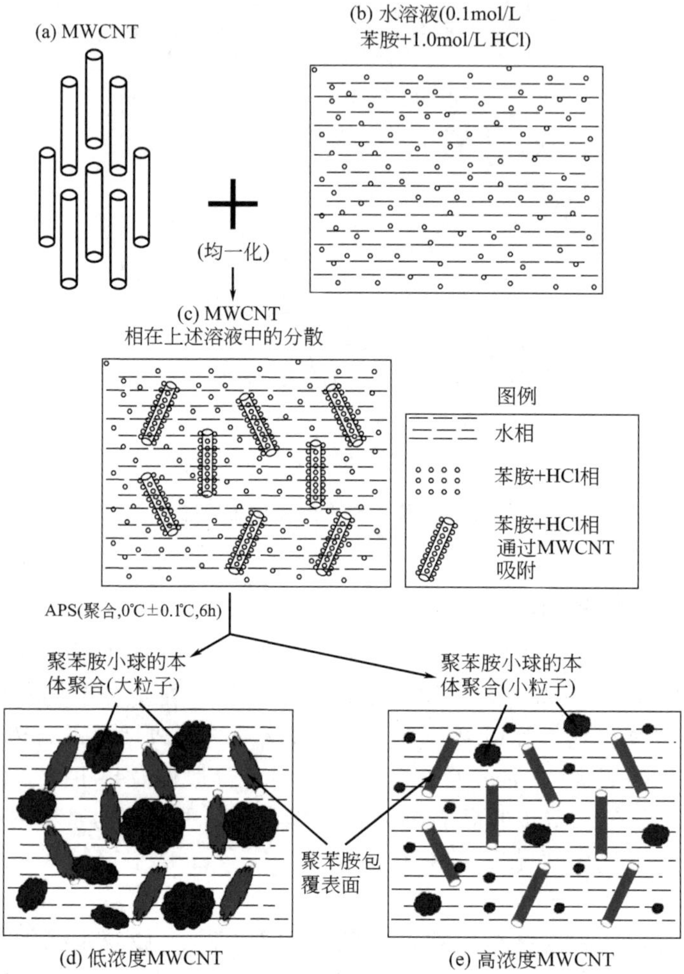

图 7-20 聚苯胺/CNTs 复合导电涂层制备示意图[35]

7.4 金属系导电涂料

金属系导电涂料是另一类重要的复合导电涂料，导电机理与碳系复合导电涂料类似，在此不再赘述。相比碳系填料，金属系填料有着更高的本体电导率，适用于高性能的复合导电涂料，具体的金属材料复合物电阻率和各自的优缺点见表 7-4。从表中可以看出，大部分金属材料的电阻率在 $10^{-5}\sim10^{2}\Omega\cdot cm$ 之间，满足导体的条件，而其中最优异的为银、铜和金三者。其中，金作为贵金属成本极高，所以常用的金属系导电填料为银系和铜系。银的抗氧化能力强，即使被氧化，氧化物也具有较高的电导率，但是其价格较为昂贵，且在湿热环境下易发生银迁移现象，造成导电涂料电性能下降。铜在空气中易氧化，电导率下降非常严重，但是其价格低廉，成本优势远胜于银，所以铜系导电涂料的研究主要集中在对铜的表面修饰，避免过多的氧化物生成。

与碳系填料类似，金属系填料也存在与聚合物树脂基体相容性差的问题，大部分研究集中在对金属的颗粒尺寸及形貌的控制，复合制备工艺与碳系类似。

表 7-4 金属材料复合物电阻率和各自的优缺点

填充料种类	复合物电阻率/Ω·cm	优缺点
银	$10^{-5}\sim2\times10^{-3}$	价格昂贵，存在 Ag 迁移问题，性质稳定，电阻率低
金	10^{-4}	价格昂贵，电阻率低
镍	10^{-3}	电阻率较低，性质较稳定
铜	$10^{-4}\sim10^{-3}$	电阻率低，但易氧化
氧化锡	10^{1}	稳定性好，颜色浅，电阻率较高
氧化锌晶须	10^{1}	用量少，稳定性好，颜色浅，电阻率较高
不锈钢短纤维	$10^{-3}\sim10^{2}$	价格较高、稳定性好，原色，电阻率较低
氧化钛-氧化锡体系	1～100	分散性好，颜色浅，电阻率较大
导电性锌	$\leqslant10^{2}$	性质较稳定，电阻率较大
金-银、镍-银复合体	$10^{-4}\sim10^{-2}$	价格较高，性质较稳定，电阻率低
镀银玻璃珠	$6\times10^{-3}\sim100$	价格较高，分散性好，电阻率较低

7.4.1 银系导电涂料

银系导电涂料主要在电子工业中作为导电胶使用。由银粉和高分子树脂混合制备的导电银浆是混合电路封装的基础材料，主要作为厚膜导电带应用于各贴片元件的相互连接和微电子精密电路。导电银浆的电导率高低主要取决于银粉的尺寸和形貌。如今，通常采用纳米银粉取代微米级银粉，一方面可以提高银粉的比表面积，另一方面也可降低单位元件的银耗量，从而大大降低成本。在纳米银/聚合物复合导电涂料中，纳米银颗粒的含量、尺寸、形貌以及与聚合物的复合方式，都会对涂料的电导率产生很大的影响。

7.4.1.1 纳米银形貌对电导率的影响

纳米银按照维度划分可分为：纳米银线，纳米银片和纳米银颗粒（球状）。其中拥有较大长径比的纳米银线，比其他维度的纳米银填料更容易搭接，形成导电网络。且线和线的接触点数量远小于纳米银颗粒与颗粒的接触数量，减小体系接触电阻，所以纳米银线填充的导电涂料比纳米银颗粒填充的导电涂料有着更好的电性能。有研究者[36]比较了纳米银线、纳米银片和纳米银颗粒作为填料制备的导电胶。研究结果发现，导电胶的渗滤阈值随着纳米银填料长径比的增加而减小，且一维银线的运动性差，所以在体系烧结后，纳米银线导电胶的导电网络较其他两者更为牢固。所以，纳米银线导电胶比其他两者有着更好的电性能和力学性能。

但是纳米银填料制备工艺复杂，成本较高。在工业生产上为了兼顾成本与性能，通常会采用微米银作为主体填料，提供导电颗粒，再加入少量纳米银填料，提供搭接点的方法。例如有研究者[37]制备了微米银片/改性环氧树脂复合导电胶，发现添加了纳米银线（其中纳米银线：微米银片质量比为 1∶6）的复合银导电胶不仅可以降低体系的渗滤阈值，还可以提高体系的剪切强度。这是因为纳米银线颗粒填充到微米银片的缝隙中，促进未搭接的微米银片形成导电通路。所以，当微米银片的体积含量在渗滤阈值附近时，少量纳米银颗粒的添加就可形成导电通路，从而降低体系的渗滤阈值。还有研究发现混合组分银比单组分银有更好的分布，常见的是银球和银片共混形成的导电网络更致密。银球和银片共混可提升整体的堆积密度，高温烧结后的孔隙少导电性优越，同时银球也可降低片状银粉间的“滑移”来实现更好的导电性[38]。

7.4.1.2 纳米银填料的表面改性

纳米银表面活性较高，将其分散于聚合物基体中时，易发生局部团聚现象，使其失去了本身所具有的独特性能，体系中不易形成均匀连续的整体导电网络。所以，对纳米银进行适当的表面改性，既可以提高其在聚合物基体中的稳定性，获得分散均匀的导电涂料，还可以获得新的聚集体，提高导电涂料的其他性能。

纳米银常用的表面活性剂有有机胺、二元硫醇、二元羧酸、硅烷偶联剂等，利用有机物的官能团和银表面发生螯合作用，围绕在纳米银表面，起到稳定和保护的作用，同时有机基团可以促进纳米银与树脂基体的相容性，从而提高纳米银在树脂中的均匀分散，有利于形成有效导电网络，减小纳米银的用量，降低渗滤阈值。

例如可用硅烷偶联剂 KH-560 对纳米银颗粒进行表面修饰，作为环氧导电胶的导电填料[39]。研究表明，KH-560 可以很好地稳定纳米银颗粒，使颗粒粒径保持在 20nm 左右。并且，在纳米银颗粒含量为 55%（质量分数），固化时间仅为 15min 时，电阻率可达 $2.5\times10^{-3}\Omega\cdot cm$，比未修饰的纳米银颗粒电阻率下降至原来的 1/3～1/5。有研究者[40] 研究了不同有机结构的表面改性剂对纳米银颗粒的改性效果，并用耗散粒子动力学（dissipative particle dynamics，DPD）模拟了表面处理的纳米银在树脂基体中的分布状态。研究表明，用柠檬酸、蚁酸、乙二胺和巯基琥珀酸等对纳米银颗粒进行表面处理，会通过弱分子间相互作用使纳米银进行自组装，在颗粒之间形成桥键，少量的导电填料即可形成有效的交联网络，获得良好的导电性。

7.4.1.3 纳米银的烧结

纳米银熔点较低，通常在 200℃左右，所以纳米银在低温下可以发生烧结行为，从而显著降低粒子间的接触点数目，降低接触电阻，提高导电涂料的电导率。有研究者用尺寸为 30nm 的纳米银颗粒与树脂复合制备导电银胶。研究结果表明，银胶经 280℃烧结 10min 后，内部出现大量微孔，电导率为 $2.6\times10^{5}S/cm$，且在 650℃仍可保持稳定，如图 7-21 所示[41]。

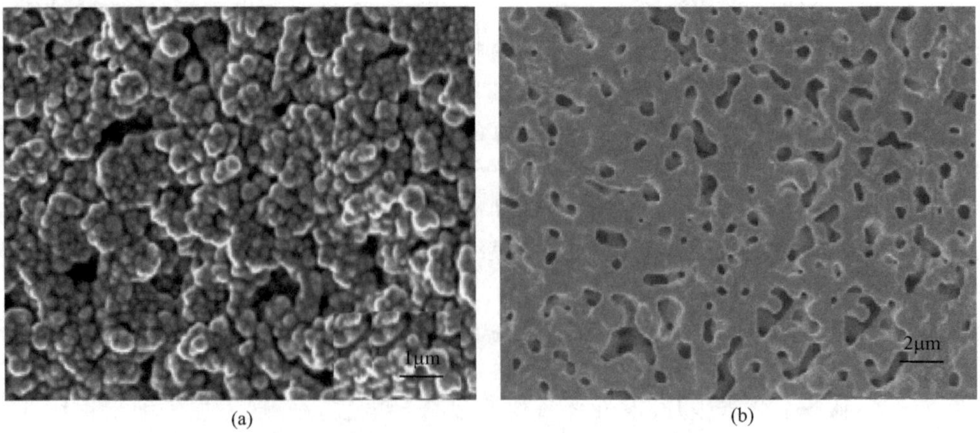

图 7-21 纳米银胶在 280℃烧结前（a）和烧结后（b）的隧道扫描显微镜（SEM）照片[41]

7.4.2 铜系导电涂料

铜的电导率可以与银媲美，价格却只有银的1/20，所以铜成为许多低成本导电涂料的首选。但是，铜在空气中容易氧化生成CuO和Cu_2O，造成电导率的下降，比表面积越大的微米铜和纳米铜越容易氧化。所以，在导电涂料中，必须对铜进行表面修饰保护，避免其氧化。铜表面修饰与银类似，一般也采用表面活性剂或硅烷偶联剂类，如可利用硅烷偶联剂KH550改性超细铜粉[42]，然后环氧树脂共混制备导电胶。研究结果表明，随着KH550的加入，超细铜粉在树脂中不会出现团聚的现象，导电胶结构规整，固化性能良好。KH-550改性Cu为50%（质量分数）（相对于环氧树脂质量而言）时，导电胶的导电性能良好。

还有一类改性铜粉表面的方法，是将电导率良好且不易氧化的贵金属包覆在铜表面，其中银覆铜是最常用的方法，也有锡覆铜、锡-铋合金覆铜等研究。如采用银包覆铜片的方法，制备了环氧树脂导电胶，导电胶的渗滤阈值在40%(质量分数)，电阻率为$5.7\times10^{-3}\Omega\cdot cm$[43]。曹洋等[44]以银离子配合物为银源，利用化学还原法制备了树枝状的纳米银覆铜颗粒，以双酚A环氧树脂为基体树脂制备导电胶，研究了导电胶的固化工艺和导电、力学性能，研究表明纳米银覆铜导电胶的渗滤阈值为23.5%（体积分数），此时导电胶的体积电阻率为$6.4\times10^{-6}\Omega\cdot cm$，电性能优良。这是因为微米铜粉上的纳米银颗粒不但提高了抗氧化性，其表面能高，为电子跨过势垒，形成隧穿电子提供足够的能量。

7.5 导电涂料的应用及展望

7.5.1 抗静电涂层

抗静电涂层是一类可以及时排除积累静电电荷的导电性涂层，其表面电阻率一般在$10^6\sim10^9\Omega\cdot cm$之间。通过将积聚在物体表面的静电荷及时泄放，从而避免静电积累所导致的各类问题，因此广泛应用于电子、电器、航空、化工、印刷等多种工业领域。抗静电涂层伴随现代科学技术而发展，至今约有半个多世纪的历史。20世纪50年代日本开始生产银系和碳系的抗静电涂料，60年代美、英、日等国相继研制出抗静电涂料，80年代国外抗静电技术和电热涂料技术获得迅速发展。我国也早在20世纪50年代开始了抗静电涂料的研究和应用。

教学课件
7.4 导电涂料应用

以纳米金属及其氧化物粉末作为导电填料制备的水性抗静电涂料仍是目前导电涂料领域研究的重点之一。相比于其他导电填料和抗静电剂，金属导电填料的导电性能更加的优异，金属和金属氧化物导电填料常用于制备低电阻率涂层，一般用于军工等要求比较高的领域。其中，以铜填料为例，通过锌粉、铜粉配合使用和制备核-壳型铜-银双金属粉末的方法，以降低铜粉被氧化的可能性，达到延长抗静电涂层使用寿命的目的[45]。

拓展阅读 7-1
静电的产生与危害

相比于传统的银粉、铜粉、锌粉、镍粉及其合金粉等金属系填料，金属氧化物，如氧化钛（TiO_2）、氧化锡（SnO_2）、氧化锑（Sb_2O_3）、氧化锆（ZrO_2）等由于其成本更低、环境稳定性更好、更耐腐蚀、颜色更浅等优点成为当前重点研究与发展的填料。但是，这些无机纳米粉末填料普遍存在与高分子基体材料和水相相容性差、分散性差、涂料贮存过程中易沉降、涂层使用后易脱落、不易着色等难题。

与金属及其氧化物材料相比，导电炭黑（CB）、石墨、碳纳米管（CNT）、石墨烯等碳系材料具有来源丰富、成本较低、耐腐蚀性好等优势。其中，炭黑和石墨在原料来源和成本方面具有优势。当前，碳系导电填料的研究主要集中在提高碳系导电填料的分散性上，例如，前文提到的用硅烷偶联剂处理石墨来提高其分散性，并在石墨中掺入碘形成石墨-碘导电络合物，提高石墨的导电性能，进而提高所制备涂料的抗静电性能[46]。除此以外，石墨烯、CNTs 等新型碳系纳米材料在抗静电涂层中的应用逐渐成为一个研究热点，且在高分子基体材料中的添加量更少，而且涂层的导电和力学性能更加优异。CNTs 具有强烈的微波吸收特性，在吸收时会伴随着大量热的释放。所以有研究者将聚乙烯基材表面涂覆 CNTs，然后用微波进行辐射，利用放出的热量固化 CNTs/聚合物涂层，连续排列的 CNTs 在数十秒内即可嵌入到融化的 PE 基材中。这种抗静电涂层，制备时间短、能耗低，并且可在曲面上制备，有着良好的应用前景[47]。

与无机金属或碳系填料相比，导电聚合物具有易加工、轻质、导电性可控等优点，不仅可以作为有机导电填料与水性树脂共混，而且自身也可同时作为成膜物质，不需要再外加高分子基体材料，直接制备水性抗静电涂料。另外，作为具有丰富结构和光、电、磁、力、催化等特性的本征导电高分子，还容易实现涂层抗静电与防腐、电磁屏蔽、杀菌等功能协同。不过，导电高分子和高分子基体材料之间的稳定性和相容性也是其应用所面临的重大挑战。为了解决导电聚合物分散不均匀的问题，有科学家利用原位沉积/聚合的方式，在树脂表面聚合形成一层聚苯胺，所得到的复合材料电性能十分稳定[48]。也有研究将苯胺原位聚合到纳米纤维素表面，抗静电效果优异，在抗静电涂层、电极材料制备方面有较大应用前景[49]。

7.5.2 透明导电膜

透明导电膜是一种既具有良好导电性又具有高透光率的薄膜，在便携式电子器件、显示器、柔性电子器件、电致变色屏、太阳能电池以及薄膜晶体管等光电产业方面有着广阔的应用前景。经过近一个世纪的研究，目前的透明导电膜主要有：金属膜、金属氧化物膜、其他化合物膜、高分子膜、复合膜等，如表 7-5 所示[50]。

拓展阅读 7-2
导静电涂料标准与规范

在玻璃基片上生成氧化铟、氧化锡等半导体薄膜与金属薄膜的技术是人们最早熟悉的一类透明导电膜。自 1907 年，Bakdeker 将溅射的镉进行热氧化首次制备出透明导电氧化镉薄膜以来，相继出现了 SnO_2 基薄膜、In_2O_3 基薄膜等不同类型的透明导电薄膜材料，并在众多领域实现了应用，形成了一定的市场规模。

表 7-5 透明导电膜的种类和参数

薄膜种类	薄膜材料	表面方阻/(Ω/□)	透光率 T/%
金属材料	Au,Ag,Pt,Pd,Al	$1\sim10^5$	60～80
氧化物半导体	$ZnO-Ga_2O_3$,$ZnO-ZrO_2$,$ZnO-Al_2O_3$	$1\sim10^5$	75～95
导电性氮化物	TiN,HfN		60～80
导电性硼化物	LaB_4		
高分子	聚吡咯、聚噻吩、聚苯胺		80～85
多层薄膜	ITO-金属-ITO,ZnS/Ag/ZnS	$10^2\sim10^3$	75～89

目前，电子工业中最常用的透明导电氧化物是氧化铟锡（ITO）。氧化铟锡（ITO）是

一种通常通过磁控溅射（MSP）制备的透明导电膜，由于其高透光率、良好的导电性和稳定性，在触摸屏、液晶显示器、太阳能电池等领域具有不可替代的地位。然而，ITO 膜主要存在三个问题限制其应用：第一，ITO 的制备中使用了大量的稀有金属铟，原材料价格相对较高，铟的储量有限，导致 ITO 价格居高不下，而且铟有剧毒，在制备和应用中会对人体有害；第二，ITO 膜一般通过磁控溅射法成膜，而磁控溅射法原料利用率低且耗时；第三，ITO 膜具有陶瓷脆性的缺点，不能承受弯曲和拉伸，而电子器件的发展方向是柔性（可弯曲），在柔性光电器件的应用中，ITO 电极的性能受到了其高度脆性的限制，它在中等机械应力下容易开裂，从而导致电导率下降和器件性能退化。随着电子时代的进步，特别是柔性电子器件的发展，对柔性透明导电膜材料有了大量需求，也推进柔性透明导电膜材料的研究，这其中取得显著进展的材料包括金属纳米线、碳系导电膜和导电高分子透明薄膜。

金属纳米线具有优异的导电性和机械变形性，其网络结构具有高纵横比，被看作透明导电电极的最理想可换代产品。其中银纳米线（AgNWs）网络结构具有优异的机械柔性且薄层电阻可低于 30Ω/□，透光率则高于 80%，在商业化发展中，大规模的银纳米线的制备和生产是有价值的研究方向之一。银纳米线，为一种横向最大限度为 100nm（1×10^{-7}m），纵向没有限制，长径比>100 的一维结构，可分散到水、乙醇等不同的溶剂中，涂覆成膜则可形成网状编织的二维结构。由于其优异的电学性能和在溶液中良好的可操作性，AgNWs 可作为导体或电路印刷在一些柔性电子器件中，并显示出 80%的透光率，在一些研究中甚至与 ITO 相当。因此，银纳米线已经成为替代 ITO 的潜在材料，并且由于具有灵活、阻力小、可操作性好等特点。具体特性如下：①高导电性：银纳米线具有优异的导电性能，适用于电子器件和电路中的导电元件。②灵活性和可拉伸性：银纳米线可以嵌入柔性和可拉伸材料中，实现柔性电子、可穿戴设备和可拉伸显示器的开发。③透明性：银纳米线可以形成透明导电薄膜，可应用于触摸屏、太阳能电池和显示器等透明电极（图 7-22）。④高纵横比：银纳米线具有高纵横比（长度与直径之比），有助于形成高效的渗透网络和导电性。

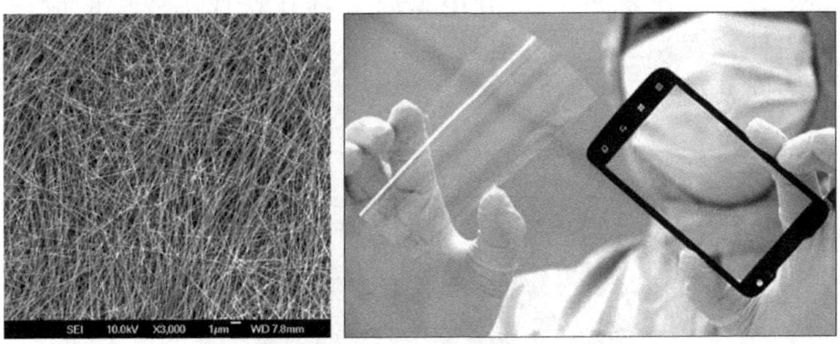

拓展阅读 7-3
长在身上的可穿戴设备

图 7-22 银纳米线及其透明导电膜

1985 年，Takea Ojio 和 Seizo Miyata[51] 用气相聚合法合成了聚吡咯-聚乙烯醇（PPy-PVA）透明导电复合膜，从而开发了导电高分子的一个新应用领域——光电领域，也使透明导电膜由无机材料向加工性能较好的有机材料方面发展。用化学聚合方法在聚丙烯腈基质上形成了 PTH-PAN 透明导电膜，解决了聚噻吩难加工的问题，所得膜的电导率依引发剂种类或浓度不同可达 $10^{-7}\sim10^{-3}$S/cm，593nm 下最大透光率为 90%。另外，作为二维纳米材料的典型代表，石墨烯具有很多优异而独特的光学、电学和力学特性[52]，基于溶液法制备的石墨烯薄膜的方阻和透明度大约为 2000Ω/□和 85%；通过化学气相沉积法（CVD）

制备的薄膜方阻和透明度分别达到 700Ω/□和 90%；通过制备掺杂石墨烯薄膜[53]，其方阻和透明度分别能达到 150Ω/□和 87%。最近，Khrapach[54] 报道了通过 $FeCl_3$ 掺杂的微机械剥离的石墨烯薄膜，方阻和透明度分别达到 8.8Ω/□和 84%，该性能指标与 ITO 非常接近。常见的石墨烯透明导电薄膜有旋涂法、喷涂法、抽滤沉积法、层层自组装法、界面自组装法和电泳沉积法等[55~58]。

拜耳公司研发人员采用高分子电解质聚苯乙烯磺酸根作为掺杂阴离子进行 EDOT 的化学聚合得到稳定的 PEDOT：PSS 水性分散体（参见图 7-12）。PSS 含有两性官能团，磺酸又是强酸，所以它不仅可以作为分散剂，改善 PEDOT 的溶解性，而且可以作为平衡电荷的掺杂剂，提高 PEDOT 的电导率。PEDOT：PSS 水分散体可以通过目前通用的工业加工技术成膜，如刷涂、旋涂、印刷工艺、喷涂、辊涂及浸涂等工艺，涂覆在塑料、玻璃、金属或其他基材上，干燥后得到透明且耐用的连续导电涂层。PEDOT：PSS 涂层本身具有高导电性、出色的光学透明性、优越的热稳定性、纳米尺寸以及高机械强度等优点。PEDOT 本身的高度稳定性及其 PSS 水性分散体的环保特性和高度可加工性使 PEDOT：PSS 水性分散体作为水性涂料取得了巨大的商业成功。PEDOT：PSS 目前主要由德国贺利氏（Heraeus）公司承接，以 CLEVIOS 品牌出售相关产品。CLEVIOS PH1000 作为 PEDOT：PSS 系列产品中的代表。其涂布后的干膜是迄今为止在商用产品中发现的导电性最高的聚合物材料。PEDOT：PSS 水性涂料已经广泛应用于抗静电、固态电容器、太阳能电池、印刷电路板、电致变色等领域，并有衍生产品出现，如比利时爱克发（AGFA）公司的 OrgaCon 系列透明、可丝网印刷的 PEDOT：PSS 导电油墨。

拓展阅读 7-4
PEDOT：PSS 在太阳能电池空穴传输层中的应用

7.5.3 导电胶

导电型胶黏剂（简称导电胶）是一种经固化或干燥后既能有效地粘接各种材料，又具有导电性能的特殊胶黏剂（图 7-23）。在电子工业中，导电胶已成为一种必不可少的新材料。随着电子元器件向小型化、微型化和集成化等方向的迅速发展，需要不断开发新型的连接材料，由此推动了导电胶的快速发展[59]。导电型胶黏剂在现代工业中的应用十分广泛，已广泛用于印刷电路板组件、发光二极管、液晶显示器、智能卡、陶瓷电容器、集成电路芯片和其他电子元件的封装和粘接。

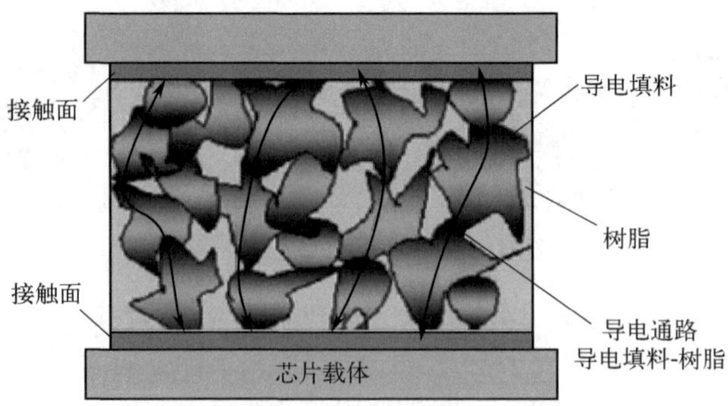

图 7-23 导电胶连接元件和芯片导电路径示意图

图片
不同类型的导电胶产品

导电胶的主要优点是间距小、加工温度低、柔韧性高。这些优点使导电胶成为制造小型电子产品的理想选择，并且可用于比其他技术（如无铅焊接和银烧结）更广泛的基材。与 Pb/Sn 焊料相比，它具有五大优点：

① 线分辨率大大提高，能适应更高的 I/O（输入/输出）密度；

② 涂膜工艺简单，连接步骤少；

③ 固化温度低，减少能耗，避免基材损伤，可应用在对温度敏感的材料或无法焊接的材料上。

④ 热机械性能好，韧性比合金焊料好，接点抗疲劳性高；

⑤ 与大部分材料润湿良好。

导电胶分为本征型导电胶和复合型导电胶两类。本征型导电胶以导电高分子为基体，但是其制备十分复杂，且电导率通常只能达到半导体的程度，导电稳定性及重复性较差。复合型导电胶一般由基体、固化剂、稀释剂、催化剂、导电填料以及其他添加剂组成。复合填充型导电胶按照导电填料的种类不同可以分为金属导电胶（如 Ag、Cu 和 Ni 导电胶等）、碳系导电胶（石墨导电胶、炭黑导电胶、碳纳米管导电胶和石墨烯导电胶等）和复合导电胶（金属与金属、金属与非金属复合导电胶）等几大类。如前文提到的纳米银导电胶中，有研究者采用简易大规模的液相还原法制备了纳米银颗粒，当填充微米银粉 50%（质量分数）和枝晶结构纳米银粉 10%(质量分数)时，以环氧树脂制成导电胶的体积电阻率为 $1.3\times10^{-4}\Omega\cdot cm$。有研究采用柔性电子设备封装用银/MWCNTs 改性热塑性聚氨酯弹性体（TPU）导电胶，当 MWCNTs 为 4.5%、银粉为 50%（质量分数，均相对于导电胶质量而言）时，电导率增加 85.6%，减少 Ag 粉填充量，起到了降低增效的作用[60]。除此之外，还可以按固化方式的不同，将其分为热固化型、光固化型、微波固化型和双重固化型导电胶。其中，紫外（UV）光固化导电胶是近年来开发的新品种[61]。与普通导电胶相比，该导电胶具有固化温度低、固化速率快、不含溶剂或含少量的惰性稀释剂、环境污染小、能耗低、效率高、收缩率低和化学稳定性好等优点，能够满足精细线路连接自动化流水生产线的生产工艺要求。

目前，国内市场上一些高端领域使用的导电胶主要源自进口，美国的 Ablistick 和 3M 几乎占据了所有的集成电路（IC）和发光二极管（LED）领域，日本的三键控制导电胶在整个石英晶体谐振器中的应用。在海外市场中，导电胶生产商主要有美国坎特龙、美国 3M、美国 Masterbond、美国 Epoxy、德国汉高、德国 Panacol 公司、荷兰 Holland Shielding、日本住友、日本三键、日本日立、中国台湾冠品化学等。

拓展阅读 7-5
商用导电胶的基本信息

目前，我国导电胶的生产工艺技术已取得了长足的进步。以辐射法、紫外光固化法和互穿聚合物网络法等为代表的生产技术，在改进产品性能、提高产品质量方面起到了重要作用，并且耐高温导电胶和无机导电胶也有了新的突破。伴随着新技术的应用与推广，新产品也层出不穷。但是，国内外导电胶的性能差距仍较大，主要表现在国内导电胶的综合性能较低，而国外导电胶在电导率、老化频漂稳定性、粘接强度和储存期等方面具有明显的优势。要大幅度提高国产导电胶的综合性能，必须从下列几方面着手。

① 开发新体系。寻找新的树脂和固化剂及其配方，制备多功能、高性能的导电胶。银系导电胶存在银迁移和腐蚀等问题；铜和镍系导电胶易氧化，电导率较低且固化时间相对较长。因此，聚合物的共混、改性以及由此制备的新型导电聚合物，是近几年来的研究重点之一。

② 开发新型的导电颗粒。制备以纳米颗粒为主的导电填料，以覆镀合金或低共熔合金作为导电填料，并且对导电粒子表面进行活化处理，是制备导电胶的重要条件。

③ 研究新的固化方式。室温固化耐高温粘接材料是未来的发展趋势；虽然目前热固化导电胶体系仍占主导地位，但其固化剂及偶合剂等存在污染环境等问题，因此光固化、电子

束固化等技术已在涂料、油墨、光刻胶和医用胶等领域中得到广泛应用；另外，微波固化技术，也取得了阶段性的成果；双重固化体系（UV固化+热固化）的开发，也是未来的发展方向。

7.5.4 电磁屏蔽涂料

当今社会，电子产品的应用越来越广泛，电子信息设备在工作时不可避免地存在电磁波，这些电磁辐射犹如一把双刃剑，一方面它实现了信息的无线、高速和远距离传播；另一方面它也存在负面效应，电磁波之间的相互干扰不但影响设备的正常运转，而且电磁辐射对人体的伤害也十分明显，尤其随着5G（第五代移动通信技术）时代的到来，电磁辐射污染早已经成为国家乃至国际上无比重视的问题之一。

拓展阅读 7-6
电磁辐射及带来的危害

电磁屏蔽的实现有多种方式，传统屏蔽电磁波的方法是使用金属及金属复合物材料，但它们存在不易加工、笨重、环境稳定性不好、屏蔽波段不宜控制等缺点，应用范围有限。相比之下，在材料表面涂覆一层电磁屏蔽涂料的成本相对较低、施工灵活、方便，已成为目前国内外应用最为广泛的电磁屏蔽材料，约占电磁屏蔽材料70%以上市场份额。电磁屏蔽涂料是一种功能型涂料，要使涂层具有电磁屏蔽作用，首先涂层要具有优良的导电性，因此电磁屏蔽涂料也是一种导电涂料。电磁屏蔽涂料能够对电磁波进行吸收、反射和折射，不断削弱电磁波，使电磁波的能量降到不能干扰仪器正常工作的程度（图7-24）。军事上，当电磁屏蔽涂料应用于飞机雷达罩表面时，可以很好地解决天空中各种电磁波干扰的问题，增强飞机的综合性能。

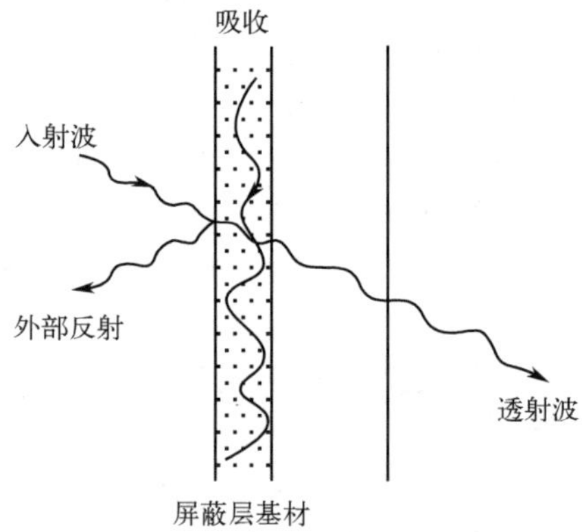

图7-24 电磁波在电磁屏蔽材料表面损耗示意图

GJB 2604—1996《军用电磁屏蔽涂料通用规范》中明确要求，电磁屏蔽涂料涂层厚度为30～60μm时，A类产品屏蔽效能（30MHz～1.5GHz）应≥60dB（B类≥35dB），表面电阻率≤0.06Ω/□（B类≤0.5Ω/□）。GB/T 34938—2017《平面型电磁屏蔽材料通用技术要求》中要求，电磁屏蔽薄膜材料在10MHz～1GHz波段屏蔽效能应≥20dB，电磁屏蔽塑料在10MHz～3GHz波段屏蔽效能应≥20dB。

根据电磁波的屏蔽机理，电磁屏蔽涂料就是在基体（成膜物质）中加入能够屏蔽电磁波的填料（导电填料）。不同的屏蔽剂对于不同频段的电磁波屏蔽效果不同。对于低频率的电磁波（<100kHz），屏蔽填料主要是铁氧体、铁镍合金、铁粉、铁硅合金粉体。对于高频电磁波（100kHz～20GHz），也是电磁波屏蔽领域需求最大的屏蔽对象。屏蔽填料主要是具有良好导电性能的金属类粉末或纤维（金、银、镍、铝和铜类、银包铜粉）、碳基类和导电高分子，这一类是当前研究和应用的主体[62]。

镍系涂料价格适中，屏蔽效果好，抗氧化能力强，是目前电磁屏蔽涂料研究的主流。将镍粉与丙烯酸树脂混合制备水性镍基涂料，评定了涂刷在混凝土建筑物上的电磁屏蔽性能、环保性能及建筑施工性，镍粉含量在30%～40%（体积分数）为涂料的渗流区，此时涂刷后的建筑用混凝土块在30MHz～1.0GHz的屏蔽效能≥50dB[63]。通常镍系涂料在中频段效果较好，但在低频区和高频区电磁屏蔽性能不理想，铜系涂料导电性能好，但抗氧化性较差。有学者系统考察了利用不同金属粉末作为电磁屏蔽材料的屏蔽效能，银粉和镀银铜粉构成的电磁屏蔽材料随着电磁波频率的增加，首先表现出屏蔽效能的降低，但是当电磁波频率增加到1200MHz以上时，电磁屏蔽效能又有所增加。而由镍粉构成的电磁屏蔽材料随着电磁波频率的增加，其电磁屏蔽效能单调地降低。

碳系屏蔽涂料的特点是价格低但导电性不好。以水性丙烯酸乳胶为成膜物，采用石墨粉、导电炭黑作为导电填料，通过高速分散的方法制备出一种环境友好型的电磁屏蔽涂料。其中当导电炭黑质量分数为4%～10%，石墨粉质量分数为15%～20%，涂层厚度≥80μm时，涂层表面电阻率$R_s \leqslant 1\Omega/\square$，在30MHz～18GHz频率范围内屏蔽效能大于30dB，具有很好的电磁防护能力。导电炭黑的介电常数和损耗不及其他碳系导电材料。如果需要更优的导电性涂层，导电炭黑添加量需要在30%（质量分数）以上，但会降低涂层的力学性能。因此，对于薄涂层而言，需要和其他导电材料搭配使用，以降低对涂层力学性能的影响。导电炭黑材料在电磁屏蔽工程应用较多，由于其成本低的优势，仍是现阶段电磁屏蔽涂料主要应用的碳系导电剂。纳米系碳材料，如石墨烯、碳纳米管，具有更高的电导率和更好的电磁屏蔽性能，能够在低添加量的情况下赋予涂层较好的电磁屏蔽性能。陈汉彬[7]采用共混法制备出一种以石墨烯为导电填料的水性聚氨酯电磁屏蔽涂料。当石墨烯添加量为3.5%时，厚度为400μm的复合涂层的电磁屏蔽效能在22dB左右。2021年，中国电子科技集团公司第三十三研究所与大同墨西科技有限责任公司通过对石墨烯电磁屏蔽涂料及其工程应用技术的联合研究，在国内首次将石墨烯电磁屏蔽涂料应用于屏蔽工程，并完成了石墨烯电磁屏蔽涂料屏蔽防护样板间的施工。

单一的屏蔽填料对于电磁波的屏蔽范围较窄，将不同种类的屏蔽填料进行复合能够拓宽吸收频段，改善单一导电填料的吸波性能，从而满足实际应用对电磁屏蔽材料“薄、轻、宽、强”的综合要求。如将3%（质量分数）的0.5～1mm长度碳纤维、20%（质量分数）银包铜粉和镍粉的混合物分散在聚酯树脂/环氧树脂（1∶1）的树脂基体中所制备的热固性粉末电磁屏蔽涂料，在30MHz屏蔽效能达到90dB。还可以将氧化石墨烯（GO）分别与镍、钴、铁金属离子溶液混合均匀，采用强还原剂水合肼同步还原GO和金属离子，制备出石墨烯负载镍磁性复合粉体（N/RGO）、石墨烯负载钴磁性复合粉体（C/RGO）、石墨烯负载铁磁性复合粉体（F/RGO）用于构建电磁屏蔽涂料。石墨烯优异的导电性和纳米结构铁氧体的磁性相结合，可使涂料同时具备电损耗和磁损耗，实现电磁吸收的阻抗匹配。

7.6 总结与展望

作业题

导电涂料是伴随现代科学技术而迅速发展起来的特种功能涂料，至今约有半个世纪的发展历史。随着导电涂料研究开发的不断深入，其应用也日益广泛，在电子、建筑、航空等领域具有重要的应用价值，尤其在导电、抗静电方面有很大的实用价值。导电涂料从其作用机理上分为本征型导电涂料及添加型导电涂料。所谓本征导电材料，是指以导电高聚物为基本成膜物质，以高聚物自身的导电性使涂层导电；而掺杂型导电涂料是以高分子聚合物为基础加入导电物质，利用导电物质的导电作用使涂层导电。导电涂料作为一种新型特种功能涂料，已在生产、生活和军事等方面获得广泛的应用。随着科学技术的进步，我们对导电涂料的需求量亦将会增大。同时，对其性能的要求也不再是单一追求导电性，对耐腐蚀性、耐冲击性、耐老化性、耐高低温性等也会有所要求，未来的导电涂料应该是多功能合一的复合涂料。导电涂料的研究和发展对我国的经济建设和国防建设都有着长远的意义。

参考文献

[1] 杜新胜，焦宏宇．导电涂料的研究进展［J］．中国涂料，2009，2：12-22.

[2] 陆文明，袁兴．导电涂料的应用探索［J］．涂料技术与文摘，2003（6）：15-17，26.

[3] 李哲男，黄昊，张雪峰等．导电涂料中纳米铜粉抗氧化性的研究［J］．材料科学与工艺，2008，12（6）：826-829.

[4] Bolotin K I，Sikes K J，Jiang Z，et al. Ultrahigh Electron Mobility in Suspended Grapheme［J］. Solid State Communication，2008，146（9）：351-355.

[5] 孟晓明，楼平，赵永生等．碳纳米管、石墨烯在导电涂料中的应用研究进展［J］．涂料工业，2015，45（5）：82-87.

[6] Jonas F，Heywang G，Schmidtberg W，et al. Polythiophenes，Process for Their Preparation and Their Use［P］. US Patent 4959430，1990-9-25.

[7] 王献红．聚苯胺的制备及应用［M］．北京：科学出版社，2019.

[8] MacDiarmid A G. Synthetic Metals：A Novel Role for Organic Polymers［J］. Synthetic Metals，2001，125（1）：11-22.

[9] Han M G，Cho S K，Oh S G，et al. Preparation and Characterization of Polyaniline Nanoparticles Synthesized from DBSA Micellar Solution［J］. Synthetic Metals，2002，126：53-60.

[10] Zotti G，Vercelli B. Gold Nanoparticles Linked by Pyrrole- and Thiophene-Based Thiols. Electrochemical，Optical，and Conductive Properties［J］. Chemistry of Materials，2008，20：397-412.

[11] Martin C R，Dyke L S V，Cai Z，et al. Template Synthesis of Organic Microtubules［J］. Journal of the American Chemical Society，1990，112（24）：8976-8977.

[12] Zhang X，Manohar S K. Bulk Synthesis of Polypyrrole Nanofibers by a Seeding Approach［J］. Journal of the American Chemical Society，2004，126（40）：12714-12715.

[13] Choi C，Kwon S，Na S. Conductive PEDOT：PSS-coated Poly-paraphenylene Terephthalamide Thread for Highly Durable Electronic Textiles［J］. Journal of Industrial and Engineering Chemistry，2017，50：155-161.

[14] Song R，Wu Y，Loo J，et al. Living and Conducting：Coating Individual Bacterial Cells with In Situ Formed Polypyrrole［J］. Angewandte Chemie International Edition，2017，56：10516-10520.

[15] Yun Y H，Lee B K，Choi J S，et al. A Glucose Sensor Fabricated by Piezoelectric Inkjet Printing of Conducting Polymers and Bienzymes［J］. Analytical Sciences the International Journal of the Japan Society for Analytical Chemistry，2011，27（4）：375.

[16] Stempien Z，Rybicki E，Rybicki T，et al. Reactive Inkjet Printing of PEDOT Electroconductive Layers on Textile Surfaces［J］. Synthetic Metals，2016，217：276-287.

[17] Kohl M，Kalendova A，Schmidova E. Enhancing Corrosion Resistance of Zinc-filled Protective Coatings Using Conductive Polymers［J］. Chemical Papers，2017，71：409-421.

[18] Ramlan S，Basirun W，Ang D，et al. Electrically Conductive Palm Oil-based Coating with UV Curing Ability［J］. Progress in Organic Coatings，2017，11：2 9-17.

[19] Wang H，Tang Q，Mu Y，et al. Preparation of PANI-PVA Composite Conductive Coatings Doped with Different Acid［J］. Advances in Polymer Technology，2017，36（4）：21633（1-5）.

[20] 李达，刘金库．导电材料的分类及其在涂料中的应用［J］．涂料工业，2010，40（11）：67-75.

[21] Iijima S. Helical Microtubules of Graphitic Carbon［J］. Nature，1991，354：56-58.

[22] Staudinger U，Thoma P，Lüttich F，et al. Properties of Thin Layers of Electrically Conductive Polymer/MWCNT Composites Prepared by Spray Coating［J］. Composites Science and Technology，2017，138：134-143.

[23] 冯拉俊，李善建，沈文宁等．MWCNTs/聚氨酯功能涂层的静电喷涂制备和表征［J］．功能材料，2014，45（24）：24140-24143.

[24] 鲍宜娟，刘宝春，顾辉平．碳纳米管 /苯丙乳液导电内墙涂料的制备［J］．涂料工业，2011，41（7）：54-57.

[25] 赵学英，环氧树脂/碳纳米管导电涂层材料的制备与研究［D］，北京：北京化工大学，2013.

[26] 赵福君，巴恒静，潘雨．碳纳米导静电涂膜的分散及耐油老化性能研究［J］．武汉理工大学学报，2006，28（5）：

17-20.

[27] Novoselov K S, Geim A K, Morozov S V, et al. Electric Field Effect in Atomically Thin Carbon Films [J]. Science, 2004, 306 (5696): 666-669.

[28] 何文龙，王立，戴艺强等．基于石墨烯的水性导电涂料的制备及其电磁屏蔽性能的研究［J］．中国涂料，2017，32（2）：11-13，23.

[29] Chang H X, Wang G F, Tao X M, et al. A Transparent, Flexible, Low-Temperature, and Solution Processible Graphene Composite Electrode [J]. Advanced Functional Materials, 2010, 20: 2893-2902.

[30] Stankovich S, Piner R D, Nguyen S T. Synthesis and Exfoliation of Isocyanate-treated Graphene Oxide Nanoplatelets [J]. Carbon, 2006, 44 (15): 3342-3347.

[31] 黄鹏波，杜仕国，闫军等．偶联剂对炭黑导电涂料导电性能的影响［J］．化工新型材料，2005，33（1）：49-51.

[32] 王恒飞，张其土．水性石墨导电涂料性能研究［J］．电子元件与材料，2008，27（5）：62-64.

[33] 宁亮，王贤明，韩建军等．碳材料在导电涂料和隐身涂料领域的研究进展［J］．中国涂料，2016，31（6）：40-45.

[34] Tong Y, Bohm S, Song M. The Capability of Graphene on Improving the Electrical Conductivity and Anti-corrosion Properties of Polyurethane Coatings [J]. Applied Surface Science, 2017, 424: 72-81.

[35] Saini P, Choudhary V, Dhawan S K, et al. Polyaniline-MWCNT Nanocomposites for Microwave Absorption and EMI Shielding [J]. Materials Chemistry and Physics, 2009, 113: 919-926.

[36] Tao Y, Xia Y P, Wang H, et al. Novel Isotropical Conductive Adhesives for Electronic Packaging Application [J]. IEEE Transactions on Advanced Packaging, 2009, 32 (3): 589-592.

[37] 李幸师，片状银粉混合纳米银线对导电胶的性能影响研究［D］，深圳大学，2016.

[38] 束俊杰，秦卫华，汪洋，等．银导电涂料导电性能的影响因素［J］．涂料工业，2022，52：83-88.

[39] Li X X, Zheng B Y, Xu L M, et al. Study on Properties of Conductive Adhesive Prepared with Silver Nanoparticles Modified by Silane Coupling Agent [J]. Rare Metal Materials and Engineering, 2012, 41 (1): 24-27.

[40] Kowalik T, Amkreutz M, Harves C, et al. Conductive Adhesive with Self-organized Silver Particles [J]. Materials Science and Engineering, 2012, 40 (1): 1-7.

[41] Bai J G, Zhang Z, Calata J N, et al. Low-Temperature Sintered Nanoscale Silver as a Novel Semiconductor Device-Metallized Substrate Interconnect Material [J]. IEEE Transactions on Components and Packing Technologies, 2006, 29 (3): 589-593.

[42] 段国晨，赵景丽，赵伟超．铜粉/环氧树脂导电胶的研制［J］．中国胶黏剂，2016，25（12）：30-33.

[43] Zhao J, Zhang D M. Epoxy-Based Adhesives Filled With Flakes Ag-Coated Copper as Conductive Fillers [J]. Polymer Composites, 2017, 38 (5): 846-851.

[44] 曹洋．覆纳米银铜粉填充导电胶的制备工艺及性能研究［D］．哈尔滨：哈尔滨工业大学，2015.

[45] 刘栗加，周雪松，周郁文．铜金粉电磁屏蔽导电涂料［J］．材料保护，2009，42（9）：57-59.

[46] 汪卫东，徐青，周双喜等．水性石墨电磁屏蔽导电涂料的制备及性能研究［J］．材料导报，2013，27（5）：29-32.

[47] Xie R, Wang J P, Yang Y, et al. Aligned Carbon Nanotube Coating on Polyethylene Surface Formed by Microwave Radiation [J]. Composites Science and Technology, 2011, 72: 85-90.

[48] 易波，王群，郭红霞．聚苯胺/环氧树脂防静电涂料的研制［J］．化工新型材料，2010，38（6）：112-114.

[49] Luong N, Korhonen J, Soininen A, et al. Processable Polyaniline Suspensions through in situ Polymerization onto Nanocellulose [J]. European Polymer Journal, 2013, 49 (6): 335-344.

[50] 张亚萍，殷海荣，黄剑锋等．透明导电薄膜的研究进展［J］．光机电信息，2006，2：56-60.

[51] Ojio T, Miyata S. Highly Transparent and Conducting Polypyrrole-Poly (vinyl alcohol) Composite Films Prepared by Gas State Polymerization [J]. Polymer Journal, 1986, 18 (1): 95.

[52] 刘湘梅，龙庆，赵强等．石墨烯透明导电薄膜的研究进展［J］．南京邮电大学学报（自然科学版），2013，33（04）：90-99.

[53] Kim K, Reina A, Shi Y, et al. Enhacing the Conductivity of Transparent Graphene Films Via Doping [J]. Nanotechnology, 2010, 21 (28): 285205 (6pp).

[54] Khrapach I, Withers F, Bointon T H, et al. Novel Highly Conductive and Transparent Graphene-Based Conductors [J]. Advanced Materials, 2012, 24 (21): 2844-2849.

[55] Wu J, Agrawal M, Becerril H, et al. Organic Light-Emitting Diodes on Solution-Processed Graphene Transparent Electrodes [J]. ACS Nano, 2009, 4 (1): 43-48.

[56] Gilje S, Han S, Wang M, et al. A Chemical Route to Graphene for Device Applications [J]. Nano Letters, 2007, 7

(11): 3394-3398.

[57] Eda G, Fanchini G, Chhowalla M. Large-area Ultrathin Films of Reduced Graphene Oxide as A Transparent and Flexible Electronic Material [J]. Nature Nanotechnology, 2008, 3 (5): 270-274.

[58] Gunes F, Shin H, Biswas C, et al. Layer-by-Layer Doping of Few-Layer Graphene Film [J]. ACS Nano, 2010, 4 (8): 4595-4600.

[59] 王飞,黄英,侯安文. 导电胶的研究新进展 [J]. 中国胶黏剂, 2009, 18 (10): 47-51.

[60] Dai K, Zhu G, Lu L, et al. Easy and Large Scale Synthesis Silver Nanodendrites: Highly Effective Filler for Isotropic Conductive Adhesives [J]. Journal of Materials Engineering and Performance, 2012, 21 (3): 353-357.

[61] Luo J, Cheng Z J, Li C, et al. Electrically Conductive Adhesives based on Thermoplastic Polyurethane Filled with Silver Flakes and Carbon Nanotubes [J]. Composites Science and Technology, 2016, 129: 191-197.

[62] 李明展,李恩,潘亚敏,等. 电磁屏蔽导电涂料的研究与应用进展 [J]. 复合材料学报, 2024, 41, 572-590.

[63] 张松,李永,倪余伟,等. 水性镍基电磁屏蔽涂料的研究与应用 [Z] //全国首届特种涂料及其应用研讨会论文集. 西安:《涂料工业》杂志社, 2007: 122-125.

第8章 传感涂料

传感涂料是一种能够识别环境中的信息并给出相应的响应信号，如把光、声、力、温度、磁感应强度、化学作用和生物效应等待测信号或待获取信息转化为容易传输与处理信号的智能涂料。无论传感涂料的外形、力学、结构、检测对象如何，首先都要有选择性地“捕捉”或“介绍”信息，然后把已感应到的信息转换成某种可测量的信号而输出，来满足信息的传输、记录、显示和控制等要求。

传感涂料种类非常多，据其基本感知功能分为热敏涂料、光敏涂料、气敏涂料、力敏涂料、磁敏涂料、湿敏涂料、声敏涂料、色敏涂料等。而根据信号识别原理大概可以分为三类：物理类，基于力、热、光、电、磁和声等物理效应；化学类，基于化学反应的原理；生物类，基于酶、抗体、激素等分子识别功能。其中，光信号和电信号易于传输、记录和显示，因此根据输出的信号又可将传感涂层主要分为光信号传感涂层和电信号传感涂层。

传感涂料一般都是由敏感探针和聚合物树脂组成，敏感探针的作用为识别外部环境的变化并给出相应的光、电等可测量的信号，而聚合物树脂的主要作用为固定探针分子，并提供必要的力学性能、耐候性以及与待涂覆基质的黏附性能。

本章首先介绍了传感涂料的制备方法，然后根据涂料的基本感知功能对传感涂料进行分类和介绍，大体上可分为压敏涂料、温敏涂料、腐蚀监测涂料等。

8.1 传感涂料的制备方法

教学课件
8.1 传感涂料的制备方法

传感涂料由敏感探针和聚合物树脂两部分组成，因此传感涂料的制备主要是采用合适的方法将敏感探针与聚合物树脂结合起来。根据敏感探针的固定方式，传感涂料的制备方法大致可以分为三大类：一是聚合物包埋法，即将敏感探针与聚合物树脂以一定比例混合，敏感探针通过非共价键作用包埋在聚合物网络内；二是化学接枝法，将敏感探针通过化学键结合到易于成膜的高分子链上；三是原位聚合法，首先制备含有光电敏感探针的共聚单体，再通过聚合得到敏感探针的聚合物树脂。如图 8-1 所示。

8.1.1 聚合物包埋法

聚合物包埋法是将敏感探针按一定比例与易于成膜的聚合物在溶液中混匀，然后将混合液通过旋涂或流延的方式在固体基质表面成膜，敏感探针被包埋于高分子三维空间网状结构中，形成稳定的包埋有探针分子的传感涂层。该技术的特点是操作简单，只需要将敏感探针和高分子树脂混匀即可，实验条件温和，特别是对于生物敏感探针（如酶、抗体）比较适用。大多数敏感探针可以很容易地与聚合物树脂相混合，一般不需要化学修饰，因此对探针

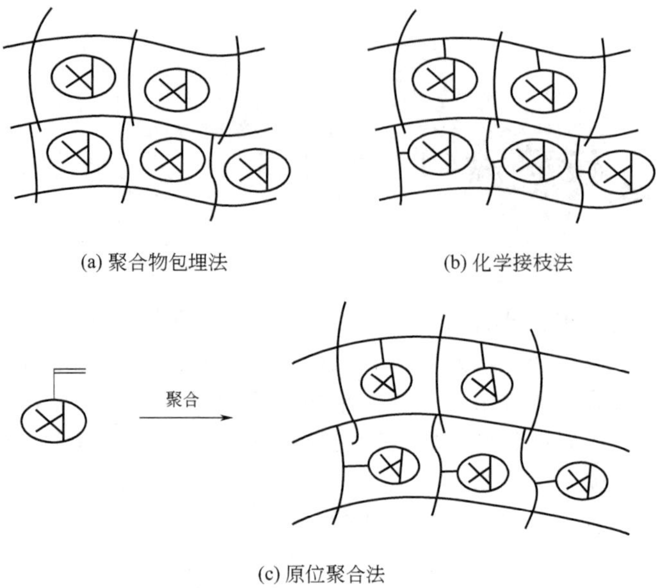

图 8-1 传感涂料的制备方法

的活性影响较小。

基于高分子包埋法制备的荧光传感涂料被广泛应用于气相氧以及溶解氧检测方面。例如，将卟啉铂包埋于聚苯乙烯或其他共聚物膜中，基于氧气对卟啉铂荧光的动态猝灭机理，就可以得到检测氧气的传感涂料[1]。而以聚砜包埋氧气敏感探针 $Ru(dpp)_3Cl$，所得到的传感涂料可用于测定细胞的耗氧量[2]。还可以将芘-苝作为能量给体-受体对，将其按照一定比例包埋于硅橡胶中，得到具有生物相容性的氧气传感涂料[3]。

虽然高分子包埋方法简单，成本低廉，但由于探针分子是靠物理作用固载在高分子膜内，两者之间的作用力有限，因此在使用过程中存在敏感探针的泄漏问题。

8.1.2 化学接枝法

与高分子包埋法不同，化学接枝法是先将敏感探针通过化学键结合到易于成膜的高分子链上，加入合适的溶剂，然后通过旋涂或流延在固体基质表面成膜。这种方法对高分子树脂和敏感探针都有一定的要求，高分子树脂不仅要具有较好的成膜性，其链上一般都需要有大量的活性基团，便于其与敏感探针发生化学反应，从而将敏感探针接枝到高分子链上。由于探针分子与高分子之间是化学作用力，探针分子会牢固地固定在高分子膜内，不会发生泄漏现象。

壳聚糖（CS）具有良好的成膜性，带有大量氨基，因此具有较高的反应活性，交联后的壳聚糖膜耐酸、碱及一般有机溶剂，因此被广泛用作树脂基质。例如在壳聚糖链上接枝上荧光小分子芘后，所成的膜在高纯水中显示出稳定的荧光光谱，而任意杂质（包括粉尘）的引入都使该膜荧光急剧增强，从而有望用于对水的品质进行跟踪与检测[4]。还可以通过磺酸基团与壳聚糖链上的氨基官能团之间的酰化反应，将荧光探针丹磺酰化学键合于壳聚糖链上［图 8-2(a)］，丹磺酰具有分子内电荷转移特性，对溶剂的极性非常敏感，利用该特性实现了对水/乙醇体系中水含量的半定量检测[5]。同样的，利用壳聚糖上的伯氨基与生物素琥珀酰亚胺酯的反应将辣根过氧化物酶（HRP）固定在壳聚糖聚合物链上，辣根过氧化物酶（HRP）对双氧水具有特异识别性，运用鲁米诺（3-氨基苯二甲酰肼）-双氧水-HRP 化学发光体系实现了对水样中微量双氧水的检测[6]。除了荧光敏感基元，还可以将电活性基元三联吡啶合钌化合物化学键合于壳聚糖链上，制备了三联吡啶合钌修饰壳聚糖［图 8-2(b)］，然后用滴涂法将三联吡啶合钌修饰壳聚糖涂在铂电极上，制备了用于电化学发光的传感涂层。该涂层保持了三联吡啶合钌的电化学活性和光化学活性，并且对草酸和氨基酸具有较好的分子识别能力和响应能力，能用于检测草酸和氨基酸[7]。

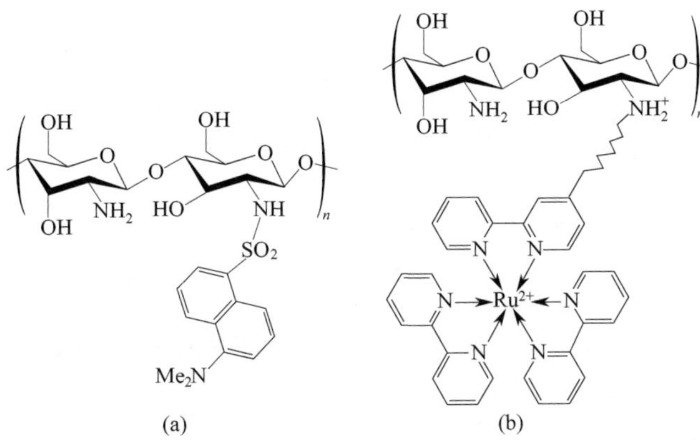

图 8-2　丹磺酰修饰壳聚糖（a）以及三联吡啶合钌修饰壳聚糖（b）

除了壳聚糖，其他易于成膜的聚合物也被广泛地用于接枝敏感探针来制备传感涂料。如将缩水甘油甲基丙烯酸酯（GMA）共聚到聚乙烯链中，然后利用 GMA 上的环氧基在乙二胺的催化作用下与丹磺酰氯反应，将丹磺酰共价接枝到聚乙烯膜上（图 8-3）[8]。该共聚物的溶剂依赖性和丹磺酰的溶剂敏感性，使得所制备的丹磺酰氯接枝聚乙烯涂层对溶剂极性具有较好的响应性。还有文献报道将带负电荷的芘衍生物与带有正电荷的硼酸衍生物（猝灭剂分子）共价连接在聚甲基丙烯酸-2-羟乙酯和聚二甲基丙烯酸乙二醇薄膜表面，制备得到了能检测葡萄糖的传感涂层（图 8-4）。硼酸单元能与葡萄糖进行可逆、高亲和性的结合，具有特异识别葡萄糖的特性，因此利用涂层内部硼酸基元与葡萄糖特异结合前后猝灭行为的不同，实现了对葡萄糖的检测[9]。

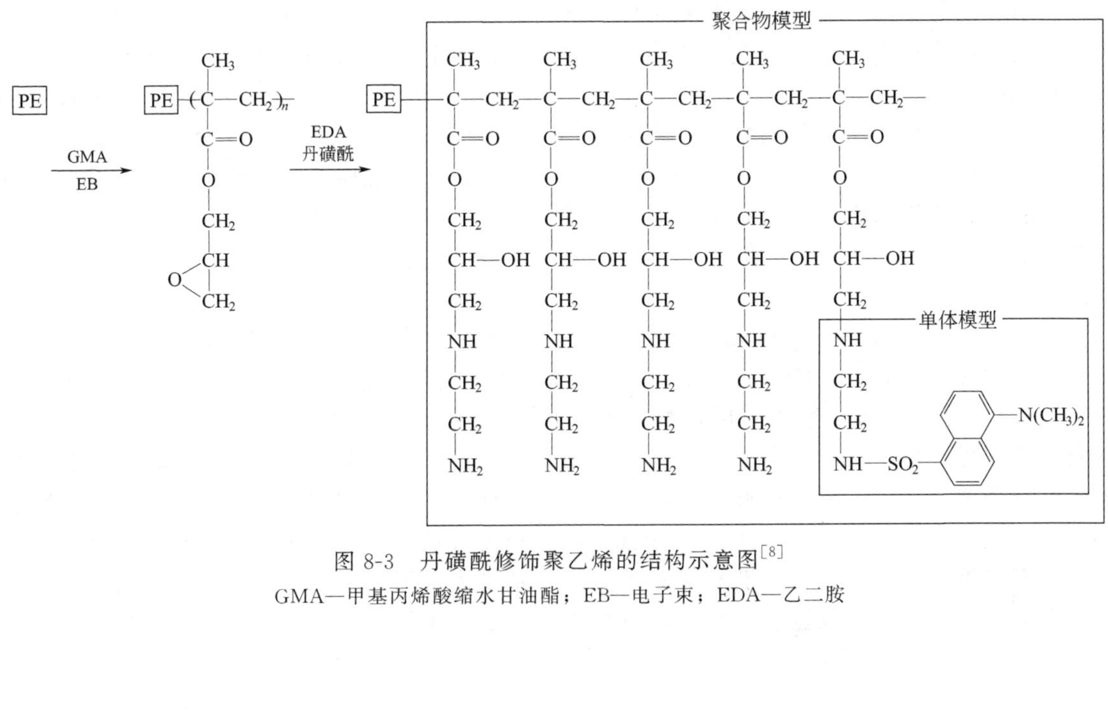

图 8-3　丹磺酰修饰聚乙烯的结构示意图[8]

GMA—甲基丙烯酸缩水甘油酯；EB—电子束；EDA—乙二胺

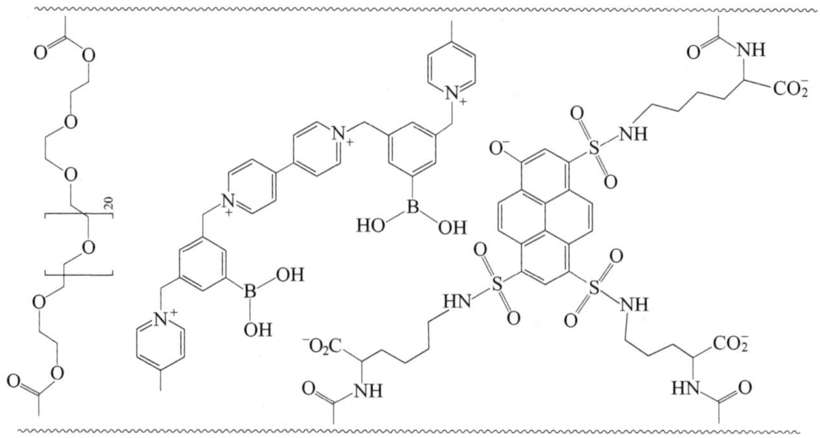

图 8-4 硼酸修饰的对葡萄糖特异识别传感薄膜的结构示意图[9]

8.1.3 原位聚合法

除了将敏感探针接枝到现有聚合物链上的接枝法，人们后来又开发了以带有敏感探针的功能单体为聚合单体通过聚合来制备传感涂料的方法，探针分子也是通过化学键合的方式与高分子主链相连接或者聚合物主链本身就是由敏感探针构成，所以也不存在探针分子泄露的问题。不过该方法含有敏感探针的可聚合单体比较少，可选择范围比较小。

这种方法以共轭荧光高分子为代表。共轭荧光高分子的主要特征是其链呈长程共轭结构，π 键中的电子像云团一样弥漫于整个高分子链。因为这种共轭结构，基于共轭荧光高分子的荧光传感涂层展示出独特的优势：激发能量能够在整条高分子链内或整个共轭体系中迁移，任何一处受到的微小干扰都有可能导致整个体系荧光性能的变化，表现出特殊的“分子导线效应”（molecular wire effect），这种效应能够成百上千倍地放大传感响应信号，即对待检分子表现出“一点接触、多点响应”的特点，从而使得检测灵敏度大大增加。该优势在实际应用时表现为：①共轭高分子的光诱导电子转移或者能量转移非常迅速，一般可在数百个飞秒内完成，比正常的辐射衰变还要快 4 个数量级，因此与猝灭剂（如待测分子）作用时表现为荧光超猝灭；②共轭高分子具有天线收集功能（light-harvesting），任何一处接收到的激发能量均转移到另一能量较低的荧光基团，并发射出不同于原来共轭高分子的荧光，共轭荧光高分子的摩尔消光系数可达 10^6 L/（mol·cm）。很多传感体系就是充分利用了共轭高分子激发能量的迁移从而实现对待测物的超高灵敏检测。基于以上特点，将共轭荧光高分子溶解在合适的溶剂中，再通过滴涂、旋涂等方式形成传感涂层，可对分析物实现超灵敏检测[10]。

早在 1995 年时，Swager 等以含冠醚官能团的苯乙炔为单体通过钯催化偶联合成了含冠醚官能团的聚苯乙炔衍生物（图 8-5），聚合物侧链的冠醚官能团能够识别百草枯（一种农药），当冠醚与百草枯发生作用后，聚苯乙炔衍生物的荧光会发生猝灭，百草枯浓度越高，荧光猝灭的程度越大，因此可以用于检测百草枯[11]。而且该聚合物荧光猝灭的效率为其单体模型分子的 70～100 倍，因此灵敏度高，表现出较好的检测效果和低的检测下限。此后，将共轭荧光高分子用于离子、小分子和蛋白质检测的报道也相继出现。

人们多采取旋涂法将共轭荧光高分子固定在基质表面形成传感涂层，在使用时存在着待测物在涂层中的穿透性问题，如果待测物在涂层中的穿透性比较弱，必然会影响传感涂层的

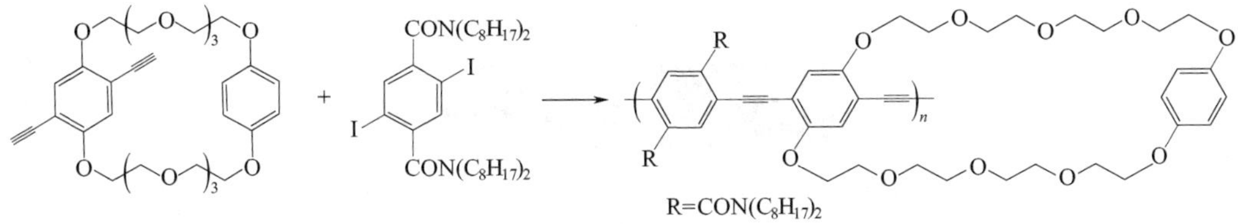

图 8-5　含冠醚官能团的聚苯乙炔衍生物结构示意图

响应速度等性能。经过研究发现，决定这类传感涂层响应速度、灵敏度、可逆性的主要因素就是待测物在传感涂层中的穿透性及其与传感单元的结合能力。为了提高待测物在共轭荧光高分子传感涂层中的穿透性，可以通过在共轭高分子侧链引入大体积基团在涂层中形成分子通道，降低待测物在涂层中的扩散阻力，从而改善涂层的传感性能。例如，Swager 将聚苯乙炔链侧链接上大体积单元［参见图 8-6（a）］，利用旋涂法将该聚合物固定在基材表面制备得到共轭荧光高分子传感涂层，由于大体积单元的存在使得聚合物链与链之间无法紧密接触，具有大的自由体积，从而在该涂层中形成分子通道［参见图 8-6（b）］。该共轭高分子具有富电子特性，可以和缺电子的硝基芳香化合物发生作用，通过二者之间的电子转移猝灭共轭高分子荧光，实现了对气相中硝基芳香化合物的检测，并且也证明了涂层中分子通道的形成有助于提高涂层对硝基芳香化合物的响应速度[12]。

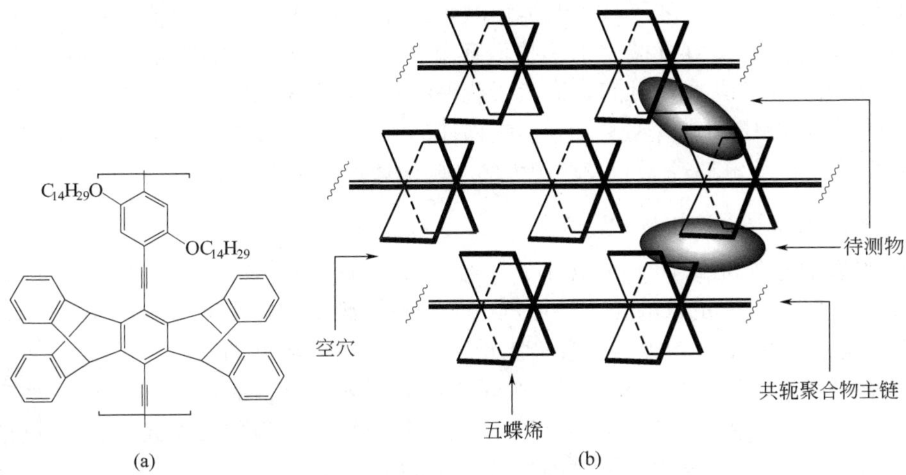

图 8-6　聚苯乙炔衍生物及其所形成传感涂层通透性示意图[12]

共轭荧光聚合物另外一个好处是可以通过改变聚合物本身的化学结构、所带官能团以及拓扑结构来对其传感性能进行调节。例如，可以通过向共轭荧光高分子侧链引入强拉电子基团将富电子共轭荧光高分子转变为缺电子共轭荧光高分子，实现了对气相中酚类和吲哚类等富电子污染物的检测[13]。除了传统的直链高分子，树枝状高分子也被用于制备传感涂层。利用带有电子给体的树枝状高分子涂层可以提高对硝基芳香化合物蒸气的检测灵敏度，结果表明将该涂层暴露在间二硝基苯蒸气中 5min 后，荧光猝灭可达 90%[14]。电子给体的存在使这类树枝状高分子表现出极强的荧光响应特性。与直链高分子不同，树枝状高分子所形成的薄膜中存在大量孔洞结构，从而使含有强拉电子基团的硝基芳香化合物可在涂层中快速扩散，对硝基芳香化合物具有很高的检测灵敏度。

8.2 压敏涂料

8.2.1 光学压敏涂料

教学课件
8.2压敏涂料

拓展阅读 8-1
飞机为什么要进行风洞试验?

压力测量一直是飞行器风洞试验的重要内容。传统的表面压力测定往往是在所需位置利用压力孔通过小管连接到压力传感器上来进行。为了在复杂的飞行器模型上得到合适的压力场，经常需要在飞行器表面设置数百个压力孔，这带来的打孔、接管和准备工作不仅劳动强度大，耗时长，还会耗费大量资金。而对薄的模型，如小尺寸的风扇叶片以及超声速运输机/军用飞机，在其表面设置大量的压力孔是不现实的，而且，以非连续的压力孔所测得的压力分布最终限制了所测结果的空间分布率。

光学压敏涂料（光学压力敏感涂料，pressure sensitive pain，PSP）是国际上20世纪80年代后期发展起来的用于空气动力学试验中测量表面压力的新型涂料，基于该涂料的光学压力测量技术带来了压力测量技术的革命。PSP由氧敏感发光探针和高分子基质组成，基本工作原理是来自该涂料中氧敏感发光探针（光敏分子）的氧猝灭效应（图8-7）。PSP测量的优点在于它是一种无接触测量，不会对被测表面的流场产生破坏和干扰，避开了传统方法所需的大力机械、工艺技术环节，节省了设计、制造和装配测压仪器仪表的大笔费用，大大节省了成本和时间，同时所获得的压力数据是连续的、大范围的，并且可实现较高空间分辨率的点测量，可全景表达模型表面任何一处的压力分布，在空气动力学有关领域受到极大的重视，被视为21世纪最具发展潜力的实验流体力学和空气动力学测量技术之一[15]。

8.2.1.1 PSP技术的基本原理

图片
被测模型的荧光图像

PSP中的氧敏感发光探针（光敏分子）通常都处于稳定的能级——基态（ground state），吸收了一定量的光能后可从电子基态被激发到电子激发态，光敏分子在激发态是不稳定的，很容易失去能量重新回到能级较低的基态。从激发态回到基态可以通过两种方法来实现：分子内的无辐射跃迁（靠向环境散失热量，不发光）和释放辐射（发光）的辐射跃迁，其中辐射过程称为发光（荧光或磷光），而在无辐射过程中，激发态发光体通过和氧分子作用而失活，这就是发光的氧猝灭。根据亨利定律，在涂层内的氧浓度与涂层表面气体的氧分压成正比，而对于空气，其压力又与氧分压成正比。所以，空气压力越大，PSP涂层中氧分子越多，被猝灭的发光分子也越多，PSP的荧光减弱得越严重。因此，光学压敏涂料的发光强度是随空气压力递减的函数，光强的变化反映出压力的变化。预先测定空气压力与发光探针荧光光强之间的关系曲线，这样根据测得的某个点的荧光光强就可以得到该地点的压力。

PSP的具体制备及实施如下：将氧猝灭效应明显的发光探针与树脂混合制备成压力敏感涂料，将其涂敷到被测模型表面上的测压区形成敏感涂层，预先测定好空气压力与涂层荧光光强的关系曲线。然后用一组适当波长作为激发光源激发压敏涂料发出荧光；用数字CCD（电荷耦合器件）摄像机观察被测模型，该CCD带有只允许荧光通过的窄带滤波器；用计算机分别采集处于实验状态下以及静态中被测模型的荧光图像；最后，经过复杂的图像处理和图形处理手段即可获得被测区域的表面压力及压力分布。

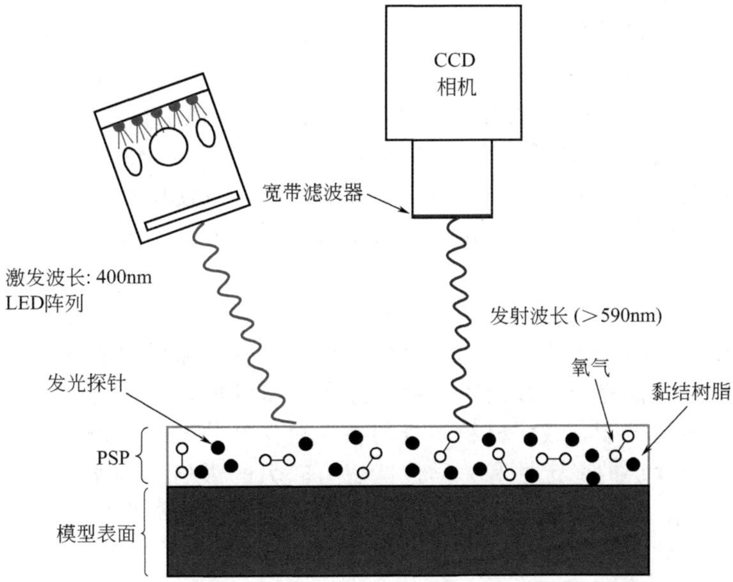

图 8-7 模型表面光学压力敏感涂料（PSP）的工作原理

8.2.1.2 光学压力敏感涂料的制备

选用氧猝灭效应明显的发光探针与合适的聚合物树脂共同溶于溶剂即可得到光学压力敏感涂料，所制得的涂料可用标准喷漆枪或喷刷将涂料涂覆在空气动力学模型表面，通常厚度达到 20～40μm，溶剂挥发后即在模型表面形成一层含有氧敏感发光探针的固体涂层。

典型的光学压力敏感涂料配方组成包括：氧猝灭发光探针，以及用于承载发光探针并将其黏附到模型表面的基质，这种发光探针和基质又常常被称为探针分子和载体材料。光学压力敏感涂料的研制主要就是要选择和开发合适的发光探针和载体材料。

（1）氧猝灭发光探针（荧光探针）的选择 选择合适的用于被猝灭的发光探针对光学压力敏感涂料的传感性能至关重要。氧猝灭发光探针须满足以下条件：

① 发光强度高，高的发射荧光光强可以提高实验的准确度，降低一些干扰物如尘埃、油滴等引起的干扰发光，从而提高 PSP 的抗干扰性；

② 氧猝灭系数高，PSP 的氧压灵敏度（单位压力的变化所带来的辐出光强输出）与发光探针的氧猝灭系数有直接的关系；

③ 对温度不敏感，不因风洞中温度的分布和变化而影响压力测量。

基于以上条件，常用的氧猝灭发光探针有以下几种：

① 多环芳烃，如芘衍生物；

② 杂环化合物，如卟啉；

③ 有机金属络合物，如二亚胺钌化合物。

芘衍生物这类分子的激发态易与氧气形成电荷转移复合物而使其发光猝灭，具有量子产率高、温度效应小、荧光寿命长、氧猝灭系数高的优点，然而由于其分子量低，在较低压力以及较高温度下易产生迁移、光降解和升华现象。另外，芘衍生物需要用紫外光源激发，与其匹配的固体光源较少，限制了其在光学压敏涂料方面的应用。

铂卟啉化合物在紫外光或用绿光激发下发射出红光，它们对氧很敏感，寿命比较长，且在大气压下发光强度比较低，但是比较难与聚合物相混合。

相比之下，有机金属络合物尤其是过渡金属配合物作为发光探针在光学压敏涂料方面用得比较多。常用的有中心金属离子具有 d^6 或 d^8 电子组态的过渡金属，如 Ru（Ⅱ）、Os（Ⅱ）、Pt（Ⅱ）等；配体往往都是具有双齿或多齿结构的，如：联吡啶、卟啉配体、苯基吡啶、邻菲罗啉等。其中二亚胺钌类配合物是目前应用最为广泛的一种。钌化合物被紫外或蓝光激发后也发射红光，具有可见光谱吸收强、光学稳定性好、热稳定性高、发光寿命长（几百纳秒）、量子产率高和斯托克斯位移较大、易于被氧分子猝灭等特性，能比较好地满足实际应用中对传感器响应时间短、灵敏度高、重现性和稳定性好及使用寿命长的要求，因此在氧气传感方面受到了极大的关注。但是钌化合物与聚合物的相容性不够好，制约了其在该方面的应用与推广。

（2）载体的选择　载体材料不仅承担固定探针分子的功能，同时能够防止其他猝灭剂的透过，以避免涂层与环境中干扰氧气响应物质的接触，保证涂层对氧气的选择性响应。在某些情况下，载体材料仅仅充当惰性的固定物，除了力学性能，不会对涂层的其他性能有太大的影响；而在另一些情况下，载体材料本身的特性对探针分子的氧猝灭效率、响应时间等影响很大，同时对压敏涂层的稳定性和力学性能也有较大的影响。另外，还要求载体具有对探针分子良好的可溶性、较高的氧气可穿透性、在可见光谱范围内良好的光传输特性和良好的化学物理稳定性。因此，选择和研制适合的 PSP 载体材料显得尤为关键[15]。

合适的 PSP 载体材料需要满足以下要求[15]：

① 氧透过率高。PSP 对氧气压力的灵敏度不仅取决于发光探针的性质，也与高分子载体有关；因为在荧光猝灭过程中，氧分子需要经历三个过程：被基体材料吸附、溶解和扩散过程，才能与基体材料内的探针分子发生有效的碰撞猝灭，所以载体材料的氧透过率对涂层的荧光猝灭效率（也即灵敏度）有直接影响。因此，PSP 载体材料首先要满足透氧性好的要求，即允许氧分子进入涂层内部，从而和基质中的发光探针相互作用来实现快速响应。

② 黏合力强。空气动力学试验过程中涂层会经历较强的吹风剪切力，因此需要涂层与模型表面具有强的黏合力，不会因吹风剪切力而发生剥落现象。

③ 机械、热力学和光学稳定性要好。涂料要经历多次使用，因此稳定性要好，涂料的光致漂白效应要小。

④ 响应时间短。涂料的响应时间与氧扩散、涂料层厚度等多种因素有关。

传统的 PSP 配方通常使用聚合物作为载体材料。聚合物树脂基本能满足探针分子载体的常规要求，而且高分子树脂的价格相对低廉，制作技术相对简单，且能被涂覆在不同类型的模型材料上，还具有分子结构选择范围较宽等优点，这些特性使其成为固载氧猝灭探针分子的较好载体。聚苯乙烯、聚氯乙烯、聚甲基丙烯酸酯、硅橡胶、硅胶和溶胶-凝胶膜等都被报道用于氧猝灭探针分子的载体[16]。这些聚合物作为探针分子载体也各有优势，其中硅橡胶、溶胶-凝胶膜的研究和应用相对较多。

硅橡胶

硅橡胶具有高氧气穿透性、优异的化学稳定性等特性，是开发压力敏感涂料的理想载体材料之一。以聚二甲基硅氧烷（PDMS）及其同系物为代表的硅橡胶是典型的柔性链高分子，由于其极性极低，因而自由体积大，O_2 分子可以在其内部快速扩散，对氧浓度变化的响应速度快，可有效提高 PSP 的氧灵敏度。20 世纪 80 年代初，人们将多环芳烃溶于有机硅橡胶中，显示出较高的猝灭效率，但是有机硅橡胶固有的低极性导致大多数极性较高的发光探针（如钌系配合物）在硅橡胶中的溶解度较差，只有极性较低的发光探针与硅橡胶有良好的相容性，极性较大的发光探针易于在硅橡胶中聚集析出。为了解决探针分子的析出问题，科研工作者们将二亚胺钌以共价键接枝到硅橡胶链上，但这种方法制备难度过程比较繁琐，难以控制。也有人利用二氯甲烷可溶胀硅橡胶但不使其溶解的性质，将已固化的硅橡胶放入含有发光探针的二氯甲烷溶液中，使硅橡胶发生溶胀，在该过程中，探针分子进入到硅橡胶网络内，从而来获得压敏涂料[17]。

图片
PtTFPP 探针在不同基体材料中以及不同氧气浓度的荧光发射谱图

科研工作者们还系统研究了不同种类的硅橡胶作为压敏涂料基质材料所带来的影响，以四（五氟苯基）卟啉铂（PtTFPP）为发光探针，分别以四种性质不同的聚合物，即聚二甲基硅氧烷（PDMS）、聚甲基苯基硅氧烷（PMPS）、聚甲基氟丙基硅氧烷（PFS）和三氟氯乙烯-醋酸乙烯酯共聚物（PFC）（图 8-8）为基质制备了一系列压敏涂料，考察了它们的氧压灵敏度。在这 4 种聚合物中，聚二甲基硅氧烷由于甲基的内旋转自由度极大，其玻璃化转变温度（T_g）也最低，对氧的透过系数 P_{O_2} 也最大；随着 PDMS 分子中部分甲基被苯基取代，聚甲基苯基硅氧烷的 P_{O_2} 值减小；而三氟氯乙烯-醋酸乙烯酯共聚物内旋转自由能最小，在室温下已接近玻璃态，其对氧的透过系数 P_{O_2} 最小。四种高分子基质的氧透过系数的顺序为 PDMS＞PMPS＞PFS＞PFC，其中 PDMS 的氧透过系数比 PFC 高 100 倍以上[18]。实验结果发现 PtTFPP 分别与上述高分子复合所制备的四种压敏涂料的氧灵敏度相差甚大，这说明了高分子基质对光学压力敏感涂料的氧灵敏度有重要的影响。且对于这四种压敏涂料，其氧灵敏度大小顺序为：PDMS＞PMPS＞PFS＞PFC，与四种高分子基质的氧透过系数变化顺序相吻合，这表明探针分子在上述四种高分子中的氧猝灭主要决定于氧在膜中的扩散速度，氧透过系数高的高分子，其氧猝灭响应时间也短，这对制备快速响应光学-氧压测量材料有重要启发。因此，聚二甲基硅氧烷（PDMS）由于其优异的高氧气穿透性，是橡胶类材料中比较适宜于用作压敏载体的。

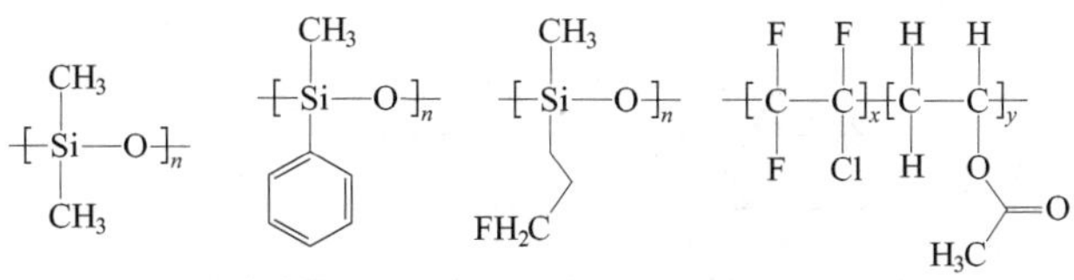

PDMS　PMPS　PFS　PFC

图 8-8　聚二甲基硅氧烷（PDMS）、聚甲基苯基硅氧烷（PMPS）、聚甲基氟丙基硅氧烷（PFS）和三氟氯乙烯-醋酸乙烯酯共聚物（PFC）的结构式

最近的研究结果还发现，除了其本身的氧透过性，高分子基质与探针分子的相互作用有些情况下会改变探针分子（或聚集体）的电子状态，导致荧光发射光谱以及氧猝灭效率的变化。

溶胶-凝胶膜

溶胶-凝胶膜具有较好的光化学惰性和机械化学稳定性，其制备方法主要是溶胶-凝胶（sol-gel）法，就是以硅氧烷或金属醇盐[$M(OR)_n$]作前驱体，通过前驱体在液相（主要是乙醇和水）中的水解、缩合化学反应，逐渐形成稳定的透明溶胶体系，溶胶经陈化，胶粒间缓慢聚合，形成三维空间网络结构的凝胶，凝胶网络间充满了失去流动性的溶剂，形成凝胶，再通过干燥固化即可得到溶胶凝胶膜。将发光探针与前驱体溶液相混合，经历水解、缩合化学反应后，发光探针被紧紧地包裹在三维空间网络内，因此这种方法在一定程度上解决了探针分子流失问题。而且水解缩合前的前驱体溶液是低黏度溶液，发光探针比较容易分散在其中，就可以在很短的时间内获得分子水平的均匀性，在形成凝胶时，反应物之间很可能是在分子水平上被均匀地混合。

英国曼彻斯特大学采用四乙氧基硅烷、乙醇、水为原料，以邻菲罗啉-钌（Ⅱ）作为发光探针，用溶胶-凝胶技术制备制备出了 PSP。以该 PSP 测试了通过渐缩喷管侧壁马赫数在 0.52～1.36 的压力流场分布，同时也进行了静态压力测试，取得了效果令人满意的结果[19]。以八乙基卟啉铂（PtOEP）为发光探针，采用溶胶-凝胶法制备的硅基质涂层中制备得到的 PSP 具有光稳定、化学耐久及快速响应（5s）的特点，且在避光贮存 5 个月后压敏性没有太大变化。

8.2.1.3 典型的 PSP

表 8-1 列出了一些典型的 PSP 配方（发光探针、基体树脂），其光谱性质也包含在其中。表 8-1 中的 PSP 数据主要是来自 Wan（1993）、Burns（1995）等的学位论文，以及由前麦道公司（现波音 St. Louis）（Morris et al. 1993a，1993b；Morris 1995）、华盛顿大学/NASA Ames 研究中心（McLachlan and Bell 1995）和 NASA Langley 研究中心（Oglesby and Jordan 2000）申请的 PSP 专利。

表 8-1 典型的压力敏感涂料配方

发光探针	基体树脂	激发波长/nm	发射波长/nm	文献	涂料来源
H_2TSPP	硅胶	400	650,709	Wan[20]	Porphyrin
H_2TCPP	硅胶	410	709	Wan[20]	Porphyrin
H_2TNMPP	硅胶	420	661,714	Wan[20]	Aldrich
二丁酸苝	硅胶	457	520	Burns[21]	Pylam
苝染料	硅胶	480,530	550,570	Wan[20]	Aldrich
	聚苯乙烯			Burns[21]	Porphyrin
PtTFPP	FEM	390	650		NASA Langley
PtTFPP	FIB	390	650		ISSI
PtOEP	GP-197	366,543	650	Burns[21]	Porphyrin
苝	GE RTV118	360-390	470		
Ru(bpy)	硅胶	337,457	600	Burns[21]	Aldrich
Ru(ph_2-phen)	GE RTV118	337,457	600	Burns[21]	GFS Chem.
NASA-Ames PSP				McLachlan,Bell[22]	NASA Ames

由表 8-1 可以看到，三种系列的发光探针，如铂卟啉（PtTFPP、PtOEP）、多吡啶钌化物［Ru（bpy）、Ru（ph_2-phen）］和苝衍生物（Perylene dibutyrate、Perylene dye）都已用来制备 PSP。其中，PtTFPP 是一种含有氟元素的卟吩，其化学结构如图 8-9 所示，华盛顿大学/NASA Ames 研究中心[23] 和美国国家航空和航天局兰利研究中心（NASA Langley)[24] 将 PtTFPP 分别和 FIB 聚合物（甲基丙烯酸七氟正丁酯/甲基丙烯酸六氟异丙酯共聚物）和 FEM 聚合物（甲基丙烯酸三氟乙酯/甲基丙烯酸异丁酯共聚物）混合，开发了两种 PSP 涂料。这两种 PSP 在真空条件下温度灵敏度均较低，而在大气压条件下，PSP 有较高的温度灵敏度，表明温度效应对于聚合物中氧扩散的影响。其中，由华盛顿大学研发的基于 FIB 聚合物的 PSP 已由 Innovative Scientific Solutions Inc（ISSI）商业化生产，不过该 PSP 需用到与其相对应的底漆层（白色环氧底漆 Tristar)，Tristar 底漆具有好地黏附力，能够较好地解决黏合问题，简化使用操作程序。将 FIB PSP 涂敷在上面，试验发现 Tristar

底漆并不影响 FIB PSP 的压力和温度灵敏度。FIB PSP 最突出的优点是其在 10～40℃温度范围几乎有相同的压力灵敏度，即温度灵敏度很低，而同样以 PtTFPP 为探针分子，改变聚合物基质所得到的 PSP 的压力灵敏度都会不同程度地受到温度的影响，这也说明了固定探针分子的聚合物基质能影响涂料的压力和温度灵敏度。

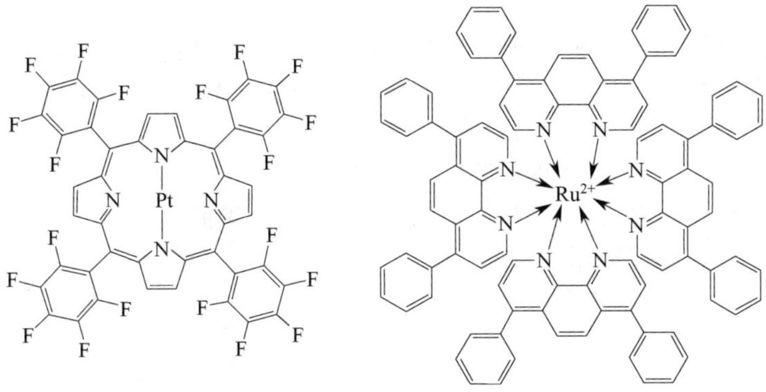

PtTFPP　　Ru(ph_2-phen)

图 8-9　PtTFPP 和 Ru(ph_2-phen) 的化学结构

前麦道公司（Mc-Donnell Douglas，现在波音公司）开发了一种钌基 PSP 配方，并用于风洞试验[24]，所用到的发光探针为三(4,7-联苯-1,10-邻菲罗啉)二氯化钌 Ru(ph_2-phen)，其化学结构如图 8-9 所示。芘类 PSP 配方已由俄罗斯 TsAGI/OPTROD 开发，试验结果显示芘类 PSP 在 17～40℃温度范围内显示出较小的温度依赖性[25]。法国航空航天研究院和德国宇航中心也相继开发了芘类 PSP 配方。芘类 PSP 显示出很低的温度灵敏度（约为 0.05%/K），不过芘类 PSP 有一个缺点，当温度高于 40℃时可能会发生升华。值得指出的是除了芘，苝及它的衍生物如二丁基苝（green gold）也可以用作 PSP 的发光探针。

8.2.1.4　PSP 的性能指标

对空气动力学应用而言，一种优良的压力敏感涂料应该具备以下物理和化学性质[15]：

（1）好的压力响应　压力敏感涂料的 Stern-Volmer 系数应选择与试验表面的压力范围和在特殊测定中所用的光检测器（如 CCD 相机）的性能要求相匹配。一般来说，Stern-Volmer 系数 $B(T)$ 大，表明有良好的压力响应。

（2）高的发光输出　PSP 一般要求有尽可能高的发光强度来增大光检测器的信噪比。在一定浓度范围内，压力敏感涂料的发光强度和涂料内部所含探针分子浓度成正比，发光探针的发光强度一般通过量子产率来表征。然而，PSP 的发光强度并不会随探针分子浓度增加而无限制地增加，因为如果 PSP 内部探针分子浓度太高，就会发生发光的自猝灭。

（3）涂料稳定性　理想情况下，PSP 的发光强度应该保持稳定，不随使用时间的延长而改变。然而在实际情况中，由于发光探针的光降解，发光强度随光照时间增长而降低。另外一种可能是由于涂料中存在某些能猝灭发光探针激发态的化学物质，从而引起 PSP 的发光强度变弱。再就是作为基质材料的聚合物，其老化会改变氧在聚合物基质中的溶解度和扩散性，这可能导致 PSP 的 Stern-Volmer 系数发生改变。

（4）短的响应时间　对于非稳定空气动力学测定而言，一般需要 PSP 具有较快的响应，即短的响应时间。当发光探针的发光寿命比氧扩散的时间尺度短得多时，PSP 的响应时间主要由氧通在涂层中的扩散所决定，将涂层做成多孔性结构能加快氧气在涂层中的扩散，从而加快时间响应。不过，稳定空气动力学测定对 PSP 的响应时间没有太高要求。

（5）低的温度灵敏度　性能良好的PSP应该受温度影响较小，即具有低的温度灵敏度。涂层的温度灵敏度一般取决于两个因素：一是发光探针本身的温度依赖性，二是氧在聚合物基质中的溶解度及其扩散系数对温度的依赖性。一般来说，在制备压力敏感涂料时，往往会选择温度依赖性比较小的发光分子作为发光探针，所以对PSP温度灵敏度的主要影响来自后者。

（6）物理性能　除了发光性能方面的考虑，压力敏感涂料还要考虑其与模型表面的黏合力、硬度、涂层的平整度和厚度，这些主要是由充当基质材料的聚合物的物理性质来决定。涂层与模型表面之间的黏结力应能经受住模型表面与空气间的摩擦力，尤其是在高速气流情况下。黏结力与表面张力和化学键有关。硬度主要与聚合物的种类、分子量以及交联度有关。平整度主要与涂料本身及涂覆方式有关。为了尽量降低对模型的空气动力学特性的影响，一般要求涂层的粗糙度和厚度都尽量小。

8.2.2 应变压敏涂料

8.2.2.1 应变压敏涂料的分类

除了基于荧光信号发生变化的光学压力敏感涂料，另外一种常见的压力敏感涂料为应变压敏涂料。相对于光学压敏涂料是将被测压力转换为荧光信号，应变压敏涂料就是将被测压力转换为相应的电学信号。随着材料科技、微机械加工技术和微电子技术的发展，国内外在应变压敏涂料方面开展了许多探索性的研究工作，并将众多研究成果积极投入商业应用中。早期的压力应变传感器是利用金属作为压力的感应基元，但是其输出灵敏度较低，因此在许多领域的应用不能满足要求。

近年来基于聚合物的应变压敏涂料受到越来越多研究学者的关注，尤其是电子皮肤概念的出现，促进现在的研究更加趋向于制备柔性的压力应变传感涂层，以满足其多功能性和能够长期稳定使用的要求。电子皮肤（触觉传感器阵列）作为下一代机器人与医疗设备的关键部件，其开发与应用已经成为当今的学术热点之一。电子皮肤的目的在于感知周围的环境，重要的实现方式是在柔性载体表面覆盖一系列的触觉传感涂层，如应力应变传感涂层、温度敏感涂层等，其两大主要功能是检测与识别。检测功能包含了对操作对象的状态、机械手与操作对象的接触状态、操作对象的物理性质等；识别功能是在检测结果的基础上提取操作对象的形状、刚度、大小等特征，以期对目标进行分类和识别。近几年来，对电子皮肤柔性和弹性化的研究成为主要趋势，而用于接触式压力测量的弹性应力应变传感涂料是其中最具挑战性并且应用潜力最大的。

根据输出电信号种类的不同，应变式压力传感其主要可分为压电式、电磁式、电阻式和电容式传感器。其中，最常见的是电阻式压力传感器。用于制备电阻式压力传感器的传感涂料是目前形成感知“皮肤”的最佳选择，因其能重现触觉感知、较好地贴合在机器人表面高度适应性，能更好地模仿人类皮肤。基于这类传感涂料的触觉传感器，不仅能够实现较高的灵敏度、机械韧性以及低功耗，并且能够起到一定的防护作用。因此，本节主要介绍电阻式应变压敏涂料。

8.2.2.2 电阻式应变压敏涂料

电阻式压力传感器是通过改变导电传感涂层的电阻率或导体材料间的电阻将涂层的应力变化转化为电阻的变化。众多相关研究表明，高分子聚合物中填充导电填料所形成的复合材料体电阻值在外界压力作用下具有显著的变化，即具有压力-电阻效应。目前电阻式应变压敏涂料的制备方法是将导电填料均匀分散在绝缘聚合物基体中从而形成导电的聚合物网络，即应变压敏材料，再将其通过合适的工艺涂覆在固体表面形成应变压敏涂层。

(1) 导电填料的选择　由于聚合物基体选取的不同，以及不同类导电填料性质的差异，所形成的复合材料的压力-电阻现象会有很大的差别。因此在制备压力传感涂料时，应当根据需要选择合适的导电填料及绝缘聚合物基体制备压力敏感复合材料，其中导电填料的种类、用量、几何尺寸和形状等为主要影响因素。在用量方面，导电填料的含量应当控制在合适的范围之内，一般是正好处于发生隧道效应穿透概率迅速上升前的水平，其压敏效应最为显著；当聚合物中导电填料之间距离小到一定程度时，会形成一个个隧道薄膜，当这些隧道薄膜作为导电路径连接贯通时，导电通路便形成了。复合材料的初始电阻值取决于最初的导电通路的数量，当复合材料受到外界压力时，聚合物基质会发生形变，从而导致导电填料在其体内产生一定的滑移或错位等，使有效导电通路的数量的发生变化，最终使复合材料的电阻值发生变化。如图 8-10 所示，在压力影响下，同时会存在有效导电通路的破坏和形成，分别会导致正压阻效应（positive pressure coefficient of resistance，PPCR）和负压阻效应（negative pressure coefficient of resistance，NPCR）效应。当复合材料中有效导电通路破坏的数量比所形成的导电通路数量多时，即电阻值随压力增大而增大，就会呈现出 PPCR 效应；反之，当复合材料中有效导电通路形成的数量多于破坏的数量时，即电阻值随压力增大而减小，会表现出 NPCR 效应。

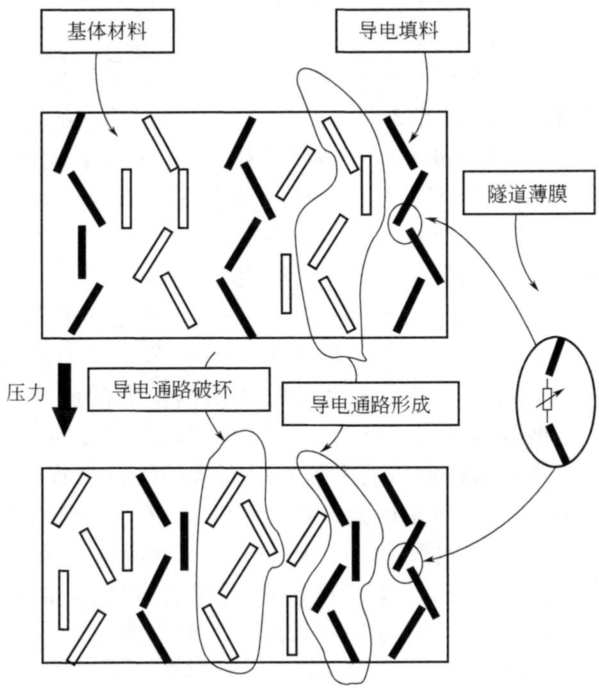

图 8-10　压力作用下复合材料导电通路变化过程

在目前的研究阶段，导电填料的种类主要包含：①金属颗粒，如镍（Ni）、铜（Cu）、金（Au）和银（Ag）等高导电性金属粉末；②碳系纳米填料，如炭黑（CB）、碳纳米管（CNT）、石墨烯（G）、碳纤维（CF）等；③导电聚合物，如聚吡咯（PPy）、聚苯胺（PANI）、聚噻吩（PEDOT：PSS）等。导电填料的几何形状主要包含颗粒状、管状、纤维状和片状等。就目前国内外学者对柔性压敏传感器的研究而言，对炭黑作为导电填料制备的柔性传感器的研究相对较多。将炭黑与硅胶复合所制备的炭黑/硅胶压敏涂料，其压敏性能与炭黑的粒径大小、型号、种类以及体积分数都有关系，研究结果显示不同粒径大小的炭黑相互混合能够提高试样的电阻-变形能力的线性度和外力灵敏度。但是仅利用炭黑作为填料制备的传统压力传感材料还存在性能不稳定，灵敏性较低，且有较严重的迟滞现象和温度依赖性等问题，故应用范围有限[26]。

近年来随着微/纳米技术的兴起，研究学者们将微/纳米材料（如碳纳米管、石墨烯、金属纳米粒子、碳纤维）引入压力传感涂料的制备过程中，来进一步提高传感涂层的压力传感性能。同样的，导电聚合物如聚吡咯、聚苯胺、聚噻吩也可以充当导电填料来制备电阻式压力传感涂料。科研工作者们系统比较了分别以炭黑、石墨、导电碳纤维、纳米碳纤维、不同长径比的碳纳米管等碳系材料作为导电填料，以有机硅橡胶作为基体材料，研究了不同种填料对所得压力传感涂料的压力-电阻特性的影响，实验结果发现：以石墨为填料制备的压敏材料表现出线性的压阻变化，但由于石墨用量较多，敏感材料的柔性受到了较大的影响；炭黑复合物样品压阻敏感范围较小；纳米碳纤维复合物样品具有较好的压力-电阻的线性与敏感特性；填充多壁碳纳米管样品的压阻敏感特性相比单壁碳纳米管样品更好，且长径比越大，压阻敏感特性越好[27,28]。

除了以单一碳系材料作为导电填料，还可以采用多种碳材料一起作为填料来优化压阻材料的某些特性，如碳纤维/炭黑、碳纳米管/石墨等组合的研究提高了压力传感涂料内部的导电网络的协同效应。如以价格低廉的炭黑为主填料，性能优异的碳纳米管为辅填料，以液体硅胶为聚合物基质制备的柔性压敏涂料，在铜薄片上进行刮膜得到压力传感涂层。结果发现碳纳米管特定的结构以及大长径比等特点，在一定程度上缓解了炭黑混合硅橡胶基质制备压敏导电材料存在的一些问题，达到了既提高性能又降低成本的目的。也有科研工作者发现在炭黑/硅橡胶中同时添加适量的有机溶剂和纳米 SiO_2 粉，能有效地改善炭黑/硅橡胶压力传感涂料的压阻性能，其所受压力和体电阻之间表现出的双曲线关系近似。还可以通过向炭黑/硅橡胶体系中加入纳米二氧化硫进一步提高材料的压阻线性[29～31]。

除此之外，人们还研究了对添加的导电填料进行改良，以达到提高传感材料性能的目的。如采用气相法和液相法对炭黑进行表面氧化处理，处理后的炭黑在硅橡胶中的分散性大大提高，从而呈现出较好的压阻特性[32]。采用聚噻吩对多壁碳纳米管进行修饰并用于填充聚二甲基硅氧烷（PDMS），可以得到分散性好且渗流阈值低的压力传感涂料，可通过调节聚噻吩的含量对该触觉传感器的量程进行调整，在 0～0.12MPa 的感知范围内可调[33]。

最近，中国科学院苏州纳米技术与纳米仿生研究所的研究团队构筑了有多级微纳复合结构的多壁碳纳米管（MWCNT）/热塑性弹性体（TPE）复合超疏水智能压力传感涂料，该涂料具备了优异的应变感知性能（图 8-11）。从研究结果来看，多孔微纳复合结构使 MWCNT/TPE 复合网络对拉伸、弯曲以及扭曲展现出优异的应变感知能力，如高灵敏度（GF 5.4～80）、快速响应时间（<8ms）、高分辨率（1°的弯曲）、大应变范围（最大应变约 76%、弯曲角度 0°～140°，扭曲 0～350rad/m）以及高稳定性（5000 次大应变拉伸实验）。另一方面，得益于复合涂层中梯度分布的 TPE 和稳定的微米孔-纳米突起复合结构，该多功能涂料既可以牢牢地黏附在柔性衬底（如柔性织物、聚酰亚胺、聚乙烯等）表面，与刚性衬底（如玻璃、金属等）也具有良好的结合力，还具有非常稳定的超疏水性能（接触角约 162°），可有效地抵抗环境中水、酸液、碱液、汗液等的干扰。基于该功能涂料的优异性能实现了其多功能应用，如在复合材料中加入四氧化三铁（Fe_3O_4）纳米粒子构筑磁驱动“水黾”机器人；形成智能织物全范围实时监测人体动作等[34]。

最近，中国科学院上海硅酸盐研究所的研究团队用具有高弹性的聚氨酯（PU）核心纤维和螺旋缠绕的聚酯（PET）纤维组成的双包覆纱线为弹性支架，经过空气等离子体处理、

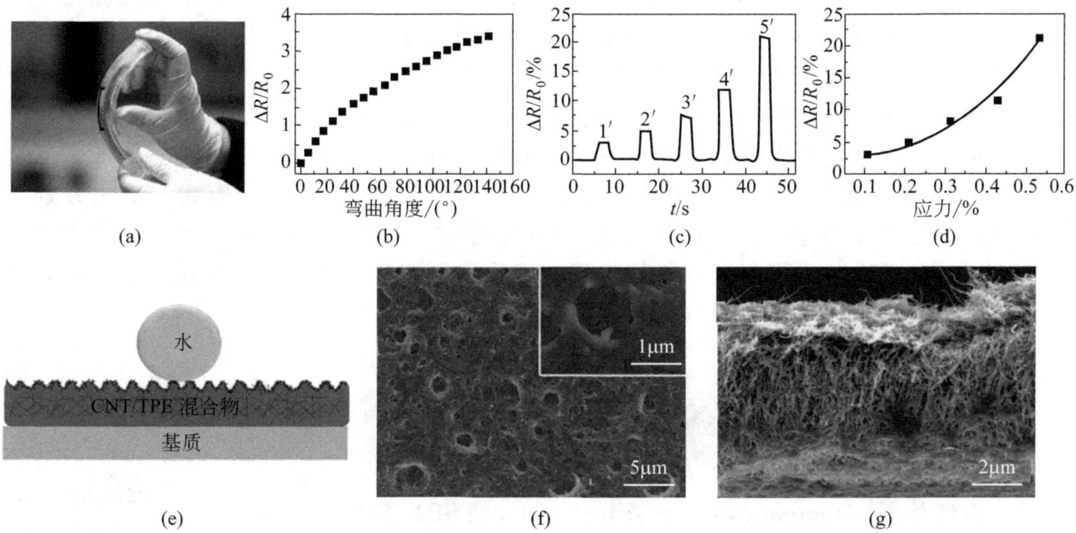

图 8-11 MWCNT/TPE-薄膜压力传感涂层对应变的响应(a)~(d);MWCNT/TPE-薄膜压力传感涂层示意图(e);MWCNT/TPE-薄膜压力传感涂层表面(f)和截面(g)的形貌[34]

刻蚀、浸涂氧化石墨烯(GO)、氢碘酸(HI)还原等步骤，开发了一种具有“压缩弹簧”架构的石墨烯基复合纤维(PDCY-RGO)，该纤维具备优异的传感性能[35]。从研究结果来看，该纤维对拉伸应变、弯曲和扭转具有出色的感知能力，如高灵敏度(GF 3.7~10)，快速响应时间(<100ms)，高分辨率(0.2°的弯曲)，大应变范围(可达100%应变、弯曲角度2°~90°，扭转传感动态范围宽−280~800rad/m)以及高稳定性(10000次大应变拉伸实验后信号漂移小)。另一方面，该纤维的制备策略简便、低成本、可扩展且可溶液处理。基于该纤维的优异性能，实现了其在可穿戴传感器中的多功能应用，如剧烈运动感知：将可穿戴传感器固定在手指关节和膝盖处，能够轻松记录和区分各种与膝盖相关的运动，包括膝盖屈伸、行走、慢跑、跳跃和蹲跳等；微小生理信号捕捉：将传感器附着在手腕处，能够实时读取脉搏的幅度和频率；将传感器附着在胸部，可以实时监测放松和运动后的呼吸频率和深度；此外，传感器还能够根据信号峰值的大小区分佩戴者的翻身和颤抖与正常呼吸信号，从而在一定程度上实现睡眠质量评估的目标。有趣的是，将石墨烯基纤维直接用胶带固定在机器人的可动关节处，能够检测各种运动，如肘部旋转、腰部侧弯和踏步，并成功实现了对机器人跳“江南Style”舞蹈时全套动作的实时检测。

(2) 高分子基质的选择　相对于导电填料的电信号传导功能，基体材料主要起着传递、均衡外加载荷、支撑和增强材料的作用。基本上成膜性好的聚合物都可以充当基体材料与导电填料进行复合来制备压力传感涂层，其中以橡胶和硅胶为代表的弹性体因其来源广泛、价格低廉、成为最常用的制备柔性压力传感涂层的聚合物基质材料。硅橡胶类高聚物，无毒无味，除强碱、氢氟酸外不与任何物质发生反应，化学性质非常稳定，又因其固化后的状态具有与人体皮肤相似的柔韧性，因此制备的柔性压电传感材料用于智能服装上具有良好的触感。除了力学性能，聚合物基体材料本身也会影响敏感材料的压力传感性能。例如，在同样外力作用下，双组分室温硫化硅橡胶对力的敏感程度要优于单组分硫化硅橡胶，且压阻曲线的光滑性较好，电阻随压力的变化比较规律。这是因为单组分硅橡胶的硫化过程是从表面往内逐层进行，容易出现硫化不均匀、橡胶收缩率大、易膨胀、易变形等问题，这些都影响到炭黑在硅橡胶中的分散性，因此压阻特性曲线光滑性较差。而双组分硅橡胶的硫化过程是内外同时进行，均匀且收缩率小，不易产生变形，炭黑的分散性较好，因而压阻特性曲线较光滑，电阻值随压力的变化规律性较好。

在制备压力敏感涂料时，除了导电填料、聚合物基体材料的种类、质量分数，填料的分散度、制备工艺也会对导电橡胶复合材料的灵敏度、量程、稳定性等压力传感性能带来直接影响[36]。在制备工艺方面，主要的影响因素有基体和导电填料的混合方式、硫化方式、硫化温湿度条件等。如用超声波代替机械搅拌可以明显改善多壁碳纳米管以及高结构炭黑在聚异戊二烯中的分散性，所得复合材料的渗滤阈值取得了明显的转变。与机械混合相比，对复合材料进行超声处理，对其压阻行为起到了决定性作用。

8.3 温敏涂料

教学课件
8.3温敏涂料

温度敏感涂料（temperature sensitive paint，TSP）简称温敏涂料，是一种以高分子为基质，涂料中含有对温度敏感发光探针或热致变色颜料的涂料。因此温敏涂料可以分为两大类，一种是温度敏感发光涂料，另一种是温度敏感变色涂料。

8.3.1 温度敏感发光涂料

温度敏感发光涂料的工作原理是基于涂料中所含发光探针的发光强度随温度的升高而降低的热猝灭原理（图 8-12）。发光探针吸收光后从电子基态被激发到激发状态，但是发光探针在激发态是很不稳定的，很容易失去能量重新回到能级较低的基态。从激发态回到基态可以通过分子内的无辐射跃迁（靠向环境散失热量，不发光）和释放辐射（辐射出荧光，即发光）的辐射跃迁这两种方式来实现。而温度的上升会增加粒子通过无辐射过程返回基态的可能性，也就是说所发射的荧光强度会变弱，这个过程叫做热猝灭。TSP 表面温度可以通过测量其发射荧光的光强而得之。与传统的温度传感器相比，温度敏感涂料是一种非接触式和全域温度测量技术，如测量空气动力学模型表面的温度分布。

温度敏感涂料的测量系统与压力敏感涂料方法基本相同，也是由涂层、照射系统、检测器和数据采集处理单元组成。将涂料喷涂在模型表面，并用合适的光源照射，模型表面所发出的荧光通过带长通滤光器的 CCD 相机记录。荧光与温度形成相应的函数关系，此时每个像素点类似于一个热电偶。温度敏感涂料与压力敏感涂料的数据处理方法也很相似，理论上温度敏感涂料和压力敏感涂料可以联合应用，用于校正压力敏感涂料的温度影响，并可同时获得温度和压力分布。

类似于压力敏感涂料的制备方法，温度敏感涂料也是将温度敏感的发光探针与高分子基质共同溶于溶剂而制得。不过不同于压力敏感涂料的高透氧高分子基质，温度敏感涂料要求其高分子基质为不透氧高分子，这主要是因为透氧的高分子基质会降低发光探针分子的活性。一般来说，很多商品树脂，只要不透氧都可用作温度敏感涂料的聚合物基质。用于制备温度敏感涂料的发光探针主要可分为两类：过渡金属钌的络合物和稀土铕配合物。图 8-13 所示为 Ru(bpy) 和 EuTTA 的结构式。Ru(bpy) 可用紫外灯、氮激光器、氩激光器、蓝色 LED 阵列作为光源激发，因为 Ru(bpy) 的 Stokes 位移较大，用光学滤光片很容易将激发光和发射光分开。同样的，EuTTA 也具有较大的 Stokes 位移和较高的量子产率，紫外光源和氩气激光器都可作为激发光源。一种典型的温度敏感涂料配方为 Ru(bpy) 探针与 DuPont

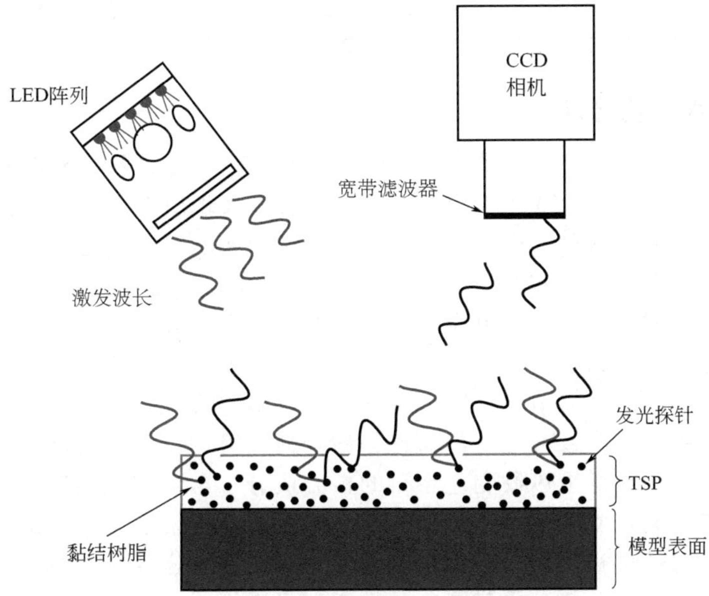

图 8-12 模型表面 TSP 的工作原理

ChromaClear 汽车清洁漆（高分子基质）的混合物。这两个配方都易于制备并使用方便。除了 DuPont ChromaClear 汽车清洁漆，通常作为汽车末道漆的氨基甲酸乙酯清洁漆也可作为 Ru(bpy) 的聚合物基质。Ru(bpy) 还可与 Shellac（虫胶）胶黏剂混合，具有与 Ru(bpy) - DuPont ChromaClear 配方相近的温度灵敏度，喷涂也很方便。另一优良的温度敏感涂料配方为 EuTTA 与模型飞机涂布油的混合物，该模型飞机涂布油与 DuPont ChromaClear 和 Shellac 类似，比较容易使用，容易喷涂且氧不渗透。

高分子基质不仅作为 TSP 中探针组分的载体，还对 TSP 的性能如温度敏感性和响应时间等有显著的影响。将发光探针［三(3-三氟乙酰樟脑）合铕］（EuTFC）与聚苯乙烯（PS）、聚甲基丙烯酸丁酯（PBMA）、聚甲基丙烯酸乙酯（PEm）和聚甲基丙烯酸甲酯（PMMA）四种高分子共混制备了一系列 TSP，将温度从 40K 降温至 4.2K，其中 EuTFC/PBMA 显示最大的温度灵敏度 1.0%/K[37]。而对于发光探针 EuTTA 与 PS、PMMA、PU 共混制备的一系列 TSP，EuTTA/PS 在 10～60℃的范围内显示出最高温度灵敏度。又如以三氟乙酰化噻吩甲酰铕（EuTTA）为发光探针，以 PMMA、PS 和环氧树酯（EP）为高分子基质得到的三种 TSP 涂料，其发光强度都随温度的升高而降低[38]，但它们的温度灵敏度曲线有明显差别，即同一发光探针 EuTTA 在不同高分子基质中的温度灵敏度不同，即温度灵敏度与高分子基质有明显的依赖性。可能原因是发光探针与高分子基质之间的相互作用导致热猝灭过程中的非辐射过程活化能不同，同时也导致 TSP 的温度灵敏度不同。EuTTA 在三种高分子中的温度灵敏度大小顺序为：EuTTA/PS＞EuTTA/PMMA＞EuTTA/EP。同时，高分子基质也会影响 TSP 的发光强度：EuTTA/EP 在 20～60℃有较高的发光强度，但是温度灵敏度

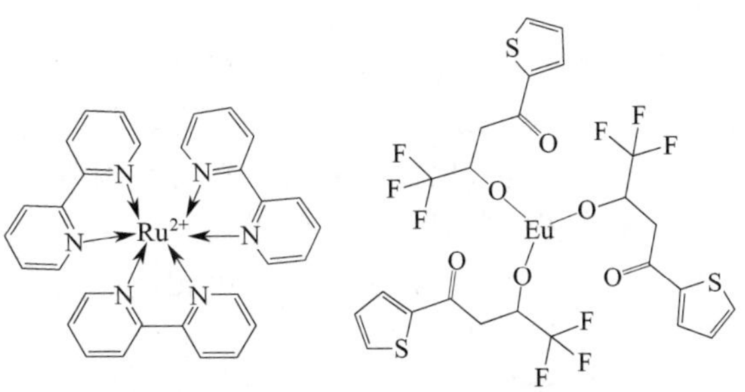

Ru(bpy)　　EuTTA

图 8-13 Ru(bpy) 和 EuTTA 的结构式

较低。相反地，EuTTA/PS 的发光强度较低，但是其温度灵敏度高。将所制备的 TSP 涂料进行了转捩测量试验，获得了模型表面转捩位置[39]。

8.3.2 温度敏感变色涂料

温度敏感变色涂料又可称作热致变色涂料，它是一种智能材料，能够响应环境温度的变化而发生颜色变化，并将颜色变化在温度变化时可逆地表现出来。这种独特的性质使得热致可逆变色涂料在多个领域展现出广泛的应用潜力，包括智能服装、建筑节能、信息防伪以及温度监测等。近年来，随着材料科学的快速发展，热致可逆变色涂料的研究取得了显著进展。新型的热致变色材料不仅在颜色变化的灵敏度和范围上有所提升，而且在稳定性、耐用性和环境适应性方面也得到了显著改善。此外，通过分子设计和纳米结构调控，研究人员已经能够实现对变色温度窗口的精确控制，满足特定应用的需求。

图片
显色马克杯

热致变色涂料主要由热致可逆变色颜料、黏合剂、溶剂、分散剂和填料等组成。热致可逆变色颜料是热致变色涂料的核心成分，负责实现温度感应和颜色变化的功能。它们在特定的温度范围内会发生结构或化学状态的改变，从而改变对光的吸收和反射，导致颜色的变化。热致可逆变色颜料的选择和配比直接影响涂料的颜色变化范围、灵敏度和可逆性。黏合剂是涂料的基料，它能够将颜料和其他成分黏合在一起，并在涂覆后形成坚固的保护膜。一般来说，黏合剂包括天然树脂、合成树脂和乳液等具有良好的附着力、耐候性和化学稳定性的物质。

8.3.2.1 热致变色颜料

作为热致可逆变色涂料的核心成分，热致可逆变色颜料根据其组成和变色机理的不同，可以分为三大类：无机类、有机类以及液晶类。每种类型都有其独特的化学结构、性能特点和应用领域。

（1）无机颜料变色机理　无机颜料相比其他两类颜料，通常具有更好的热稳定性和耐久性，对紫外光、湿度和化学腐蚀拥有较好的抵抗能力，同时也有很好的混合加工性。其主要包括合金、金属氧化物、复盐。有机颜料随温度的颜色变化更加灵敏，颜色选择更加多样，成本较低。这种类型的材料种类繁多，包括螺吡喃、苛、三芳基甲烷、带取代基的乙烯和有机复合物。而液晶颜料主要为胆甾相液晶类型，主要优势是稳定性好和变化灵敏，但过高的成本限制了其应用。

无机变色颜料的变色机理大多为晶格晶系结构变化、配体结构变化和结晶水得失。多数无机颜料的变色要归功于晶格晶系的结构变化，典型例子如 $Cu_2[HgI_4]$，其在温度大于69℃时呈红色，在低于6℃时呈暗紫色。转变原因是 $Cu_2[HgI_4]$ 低温下具有正四面体结构，在加热后产生晶格位移，使得晶体形态变化为立方结构。同样的例子还有 VO_2，其在约68℃时发生金属-绝缘体相变，在相变温度以下，VO_2 呈现为单斜晶系结构，颜色较深；当温度升高超过68℃时，VO_2 转变为四方晶系结构，颜色变浅。而 Cr^{3+} 的热致变色现象是由于加热时离子晶格的扩张。在含有占据八面体晶格的 Cr^{3+} 的化合物中，改变温度后，Cr^{3+} 与中心离子之间的距离会发生变化，因此化合物的颜色也会相应变化。

结晶水的得失导致的变色一般出现于拥有多个结晶水的无机盐中，随着结晶水的丧失其颜色也会发生改变。高纯度二水合磷酸铁（$FePO_4 \cdot 2H_2O$）为近白色粉末。随着结晶水的流失，颜色逐渐变黄，纯无水化合物为黄白色粉末。

（2）有机颜料变色机理　有机颜料的变色机理主要分为分子间电子转移、空间结构变化和晶体转变三种类型。分子间电子转移是有机颜料变色的主要方法，这类热致变色颜料通常由电子供体、电子受体和溶剂化合物组成三组分体系。电子供体是能够通过得失电子而改变颜色的化合物，其决定了整个体系的颜色，典型代表有三芳基及其苯酞、荧烷、吲哚苯酞等；电子受体则能够接受电子并与供体发生作用，导致颜色变化，其决定了颜色的色度，典型代表有酚、磺酸、羧酸等；溶剂的作用是溶解前两者，并在相变过程中提供必要的热容量和潜热，其决定了变色的温度，一般为醇、酯等。

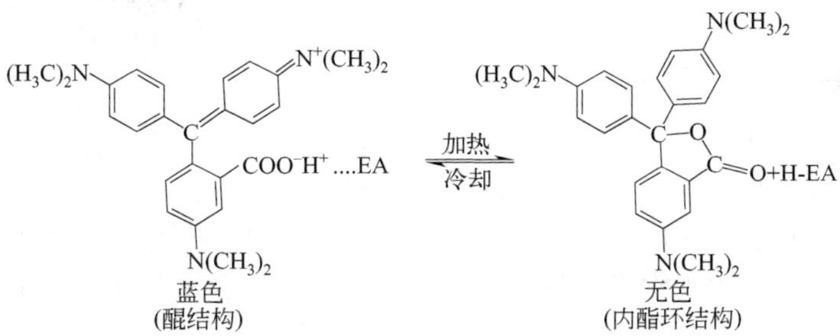

图 8-14　结晶紫内酯在受热之后的变化

以最典型的结晶紫内酯（CVL）和双酚 A（BPA，即 2,2-二-(4-羟基苯基）丙烷）为例（图 8-14）：CVL 作为电子供体，在低温时，由于热运动较弱，BPA 在溶剂中的溶解度降低，导致 BPA 晶体沉淀并与 CVL 发生作用。这种作用导致电子从 CVL 转移到 BPA，形成共轭结构，增强了分子的共平面性，从而引起电子和吸收光谱的变化，使材料呈现蓝色。随着温度的升高，溶剂从固态转变为液态，CVL 与 BPA 之间的相互作用减弱，共轭结构解体，导致颜色变淡或消失。这一过程中，颜色的变化不仅取决于电子供体和受体之间的相互作用，还受到溶剂相变特性的影响。

空间结构的变化也是有机颜料变色的重要机理之一，研究发现含有烷基段的聚噻吩在温度升高时容易从平面结构变为立体结构。聚噻吩共轭重复单元在较低温度下是共面的五元杂环，当温度升高时，C—S 键发生扭曲，共轭重复单元从平面结构变为空间结构。由于分子带隙的增加，聚噻吩的光吸收会发生蓝移。聚(3-十二羟基-4-甲基噻吩）在加热后由紫色变为黄色。

虽然晶体转变多为无机材料的转变机理，但也有少数有机颜料通过晶体的相互作用在温度升高时发生可逆的颜色转变。2,3-双(苯基-乙烯基)-5,6-二氰吡嗪晶体的相互作用随温度升高增强，晶格随相互作用收缩进而使化合物从黄色变为红色。

8.3.2.2　热致可逆变色颜料的微胶囊化

随着热致变色涂料的逐渐应用，人们发现不经处理直接使用在涂料中的热致变色颜料容易受到环境的污染，从而使涂料的性能下降。尤其是当热致变色颜料为有机物和聚合物时，它们特别容易受到紫外光辐射导致的光降解。因此，采取适当的封装措施以保护热致变色颜料不受光降解的影响显得尤为重要。微胶囊化工艺不仅避免了热致变色颜料受到污染，还防止了热致变色颜料的熔化或升华现象。所以在制备热致可逆变色涂料时，通常采用微胶囊化技术将核心的热致可逆变色颜料封装在微小的胶囊中[40]。

有研究者以结晶紫内酯（CVL）、双酚 A（BPA）和正十六烷醇为原料，以三聚氰胺甲醛树脂（MF）为壳材，制备了可逆热致变色微胶囊（TC@MF）。该微胶囊在 25℃下呈现出深蓝色，加热至 35℃时转变为蓝色，并在继续加热后颜色逐渐变浅，最终在 60℃时变为无色透明（图 8-15）[41]。

还有研究人员使用纤维素纳米晶体（CNC）作为芯材，三聚氰胺甲醛树脂（MF）作为壳材，使用 CNC 稳定的 Pickering 乳液作为模板制备了一种胆甾型液晶微胶囊。将微胶囊与可固化基料混合得到涂料浆料，将该浆料涂覆在基材上并干燥制备热致变色涂料。热致变色涂层可以在 12～42℃的温度范围内在可见光波长范围内调整其颜色。该图层在 12℃呈现粉色，升温至 198℃时呈现出青色，最后在 42℃时呈现出深蓝色[42]。

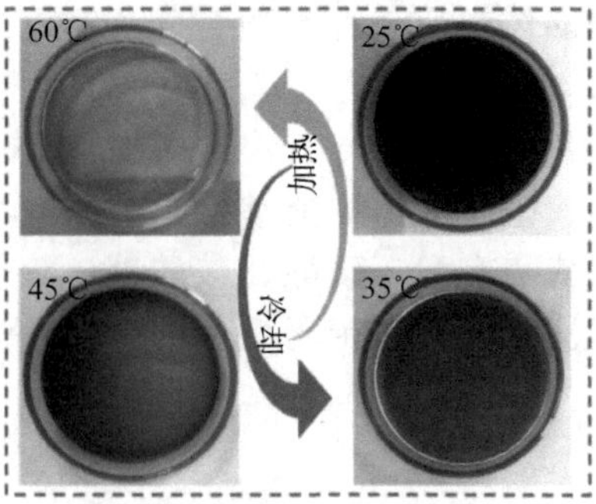

图 8-15　TC@MF 微胶囊从 25℃加热到 60℃的变色情况[41]

8.3.3　热致变色涂料的应用

在不断追求创新与可持续发展的现代社会，热致变色涂料以其独特的温度响应特性，为材料科学领域带来了一场革命。这种涂料能够感应周围环境的温度变化，并以颜色变化的形式直观地呈现出来，不仅为设计师提供了一种全新的视觉表达方式，也为科学家和工程师提供了一种监测和控制温度的有效工具。从食品包装到智能服装，从节能环保到医疗监测，热致变色涂料的应用领域日益扩展，它正以其独特的魅力，改变着我们对材料功能的传统认知，引领着一场关于智能材料应用的全新探索。

8.3.3.1　热致变色涂料在建筑领域应用

由于大量人工发热、建筑物和道路等高蓄热体及绿地减少等因素，导致城市中心气温明显高于周围地区，这种趋势被称为热岛效应。热岛效应极大地影响了人们的生活质量和生活舒适度。为了减少建筑的能源消耗、热岛形成并提高生活舒适度，人们想到了使用热致变色涂料来调节光吸收，改变城市中的光学和热属性，进而减轻甚至克服热岛效应。

图片
热致变色涂层

拓展阅读 8-2
基于二氧化钒的智能变色玻璃

首先得到应用的是热致变色玻璃，传统的 VO_2 热致变色材料会在到达转变温度时从棕黄色变为无色或更透明的状态。其转变温度是最接近室温的，但是转变温度也高达约 68℃，而“智能”玻璃的理想转变温度是在 18～25℃之间，VO_2 的转变温度显然过高。如果在 VO_2 中掺杂约 2%（原子分数）的高价金属离子（钨离子），就可以使 VO_2 的颜色转变温度从约 68℃降低至约 25℃，从而使 VO_2 薄膜涂层在智能玻璃中具有商业可行性[43]。还有研究使用纳米金颗粒来改善 VO_2 薄膜涂层的性能，但是因为成本问题未能得到广泛应用。随着研究的进展，钛离子掺杂也逐渐进入人们的视野。采用在 VO_2 中掺杂 TiO_2 的方法，有效的提高了 VO_2 薄膜涂层的可见光透光率。使用乙酰丙酮钒、氯化钨（VI）、PVP，制备了一种新型的热致变色涂层（TC），并在溶液中加入 TiO_2 以提升透光性[44]。对应的仿真结果显示，配备了 TC 涂层的玻璃能显著降低建筑的制冷和供暖能耗。但受限于热致变色玻璃透光性差的问题，用于照明的能耗相比其他玻璃有一定的增加，在玻璃透光性能上仍有一定的改进空间。

8.3.3.2　热致变色围护结构

热致变色涂料在建筑外墙或围护结构的中也有广阔的应用前景。以硅酸盐水泥、热致变色微胶囊（TCM）和其他添加剂为原料，采用刷涂法制备了一种具有可逆热致变色功能的超疏水涂层[45]。热致变色涂层的变色温度（T_s）为 30℃，接近人体的舒适温度。当 $T<T_s$ 时，热致变色涂层颜色深，太阳反射率低，能吸收太阳辐射，具有加热作用。当 $T>T_s$ 时，热致变色涂层颜色较浅，太阳反射率高，能反射太阳辐射，具有降温效果。此外，热致变色涂层还具有超疏水自清洁性能，可以防止涂层表面灰尘的堆积，并能抵抗酸、碱、盐溶液的侵蚀和砂纸反复磨损造成的机械损伤，从而提高涂层太阳反射率的长期稳定性。

有研究者使用由热致变色材料与白色高反射涂料以 1∶9 的质量配比制得的隔热涂料与普通涂料在重庆市进行了对比测试[46]。在夏热冬冷地区夏季高温天气下，相比普通屋面，热致变色涂料屋面内外壁面日平均温度降低 1.9℃和 2.4℃，昼间屋顶热流密度平均值降低 38.5%，房间空调器日平均耗电量减少 26%，二氧化碳日排放量降低 0.115kg/m^2。并且内外壁面日平均温度波动更加平缓，内外壁面间平均温差也更小。此外，夜间热致变色屋面外壁温与室外空气温度基本保持相同，昼间壁面温度上升更缓慢。也证明了热致变色涂料能够显著降低夏热冬冷地区的室内能耗的同时提升屋内的舒适度。Liu 等[47] 设计了一种含有热致变色微胶囊的可逆热致变色相变储热涂层（TCHSC），该涂层在非结冰期间通过变色来调节光热效率。其分别用涂覆光热涂层（PC）、可逆热致变色相变储热涂层（TCHSC）和白色非光热涂层（NPC）的模型在不同起始温度下用“太阳”照射 1h 模拟现实环境中的温度变化情况。结果表明，涂覆 TCHSC 的模型在低温时能较快升温并能维持在较为舒适的室内温度；在高温时与白色非光热涂层温度处于同一水平，远低于光热涂层。其为智能环境自适应涂层的设计提供了新的思路，在智能防护领域具有广阔的应用前景。

8.3.3.3　热致变色涂料在纺织领域应用

随着科技的进步和生活水平的不断提高，人们已经不再满足于单一功能的服装，智能服装这一概念逐渐进入人们的视野。热致变色服装很好地兼顾了艺术性、实用性和功能性，逐渐成为了智能服装领域的研究热点。凭借热致变色的特点，热致变色织物在时装领域和在医疗的可视温度检测领域都有极大的应用前景。

应用于纺织品的热致变色颜料首先需要进行微胶囊化，以保护芯材不受环境影响并防止泄漏。这些微胶囊可以以涂料的形式通过丝网印刷方法用于纺织品中。如将包覆氯酚红(CPR)-水二元体系的二氧化硅微胶囊与正己烷混合分散为糊状涂料，并浇注到 3D 打印模具中。使用紫外光固化商用树脂在 3D 打印机上打印模具，然后在干燥条件件下在紫外光灯下进行清洗和后固化。正己烷蒸发后，堆叠在由凹槽组成的“PSG”标志上的微胶囊在 25℃时呈黄色，在−80℃时呈粉红色（图 8-16）[48]。同样使用这种糊状涂料由丝网印刷法印刷在纸上也表现出相同的结果。充分证明了该体系在 3D 打印和印刷油墨上的巨大潜力。

还有科研工作者[49] 使用三聚氰胺、甲醛、三乙醇胺和蒸馏水制备壳材，结晶紫内酯、双酚 A 和脂肪醇作为芯材，苯乙烯马来酸酐共聚物作为乳化剂，采用原位聚合的方法设计并合成了新型热致变色储能微胶囊(TCEMs)，并通过涂布工艺将 TCEMs 涂在涤纶/棉混纺织物上。结果表明，TCEMs 和改性织物均具有良好的储能效果和显著的热致变色性能。特别是当环境温度从 15℃变化到 45℃时，TCEMs 和处理过的织物的颜色可以从冷色调（蓝色）变化到暖色调（红色），这大大提高了热致变色材料的颜色变化范围，使颜色在不同色调之间变化，而不是在相似颜色的区域变化。在装饰、防伪、建筑、智能纺织等领域显示出巨大的应用潜力。

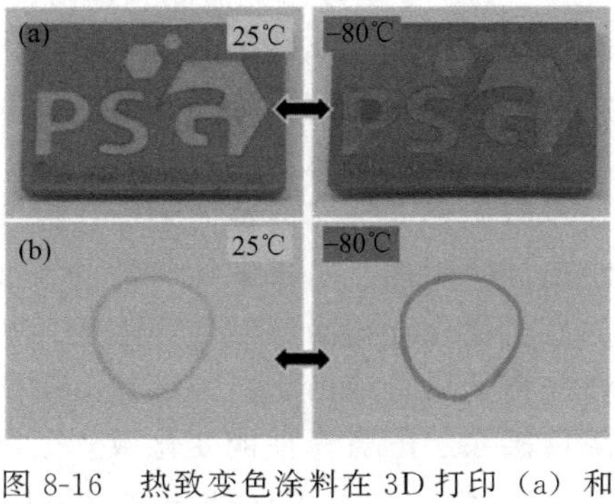

图 8-16　热致变色涂料在 3D 打印（a）和印刷在织物（b）上升温前后的变化[48]

8.3.3.4 热致变色涂料在包装领域应用

热致变色涂料在建筑和纺织领域中仍处于实验性性质，而在包装领域中已经处于大规模商用的成熟阶段。早在 2009 年 Molson Coors 啤酒公司就在他们旗下的淡啤产品上使用了由热致可逆变色油墨印刷的瓶身包装。在温度降低至 4.5℃以下时瓶身上面的冰山会从白色转变为冰蓝色。凭借这款包装带来的讨论度，Molson Coors 在啤酒行业基本没有增长的大背景下独自取得了 3%的销售增长。在看到新包装带来的效益后，他们紧接着又在另一款产品上设计了温度升高后罐体从蓝白变为五彩斑斓的版本，以鼓励人们将啤酒带出室外享用。

无独有偶，可口可乐也推出过热致变色包装，在 2018 年土耳其推出的夏日限定款可乐罐身包装上的图案会随着可乐的温度降低从白色变为色彩缤纷的图案，充分发挥了热致变色所带来的视觉上的冲击感。随着热致变色涂料在包装领域的不断成熟，研发人员并不满足于只简单地将热致变色作为一种设计上的惊喜，他们开始在包装上利用热致变色的温度指示功能赋予包装更多的功能性。俄罗斯的酸奶品牌 Warm Me 借助热致变色涂料的温度指示功能向人们提示最佳酸奶食用温度，酸奶从冰箱刚拿出来的时候温度过低，包装上的企鹅仍在冬眠，而当酸奶温度逐渐升高时，企鹅会从冬眠中醒来，包装的背景也从黑夜变成白天。

8.4 金属早期腐蚀监测涂料

教学课件
8.4 金属早期腐蚀监测涂料

在生产生活中，金属表面往往会施加保护涂层。随着时间的推移，保护涂层可能由于长时间暴露于腐蚀环境或机械损伤而失效，使部分金属表面易于腐蚀。由于涂层失效是一个从量变到质变的过程，而这种变化往往与被保护物件和结构的检查、维修周期不相匹配。这就容易出现进行肉眼检查时涂层虽然完好，而实际上涂层下金属腐蚀已发生的现象。此外，腐蚀常常发生在相对不易监测的部位，因而只有在服役器件暂停工作或大修期间才能进行监测及修理。如果腐蚀不能被及时发现，金属结构的破坏容易造成经济损失和安全事故。因此，在金属材料腐蚀的萌生阶段就能监测到其腐蚀发生的部位并及时采取有效措施是十分重要的。

制备金属腐蚀早期监测涂层是解决上述问题的有效手段。金属腐蚀早期监测涂层又称自预警涂层，能够在任何可见的腐蚀迹象显示之前，检测并报告金属的早期腐蚀，提醒检修人员采取措施，避免金属的进一步腐蚀。

最早研究早期金属腐蚀监测涂层的是美国和加拿大海军，研究目的是为了寻找出一种可以远距离探测舰船、飞机部件腐蚀的智能涂层材料。早期金属腐蚀监测涂层是将具有刺激响应性的有机化合物与涂层结合使用的一种腐蚀检测技术。响应性的有机化合物与金属腐蚀产生的金属离子结合或由于腐蚀部位 pH 值的变化而使腐蚀部位荧光性能或颜色发生变化，通过跟踪传感涂层的荧光性能变化或观察颜色的变化程度，就可以用于监测金属的腐蚀状况[50]。利用这种特性，可以将响应性的有机化合物作为腐蚀检测探针与涂料进行结合后应用于金属的腐蚀监测。根据腐蚀检测探针的不同，涂层的腐蚀检测机理可以分为荧光响应和变色响应两类，因此相应地可以将金属腐蚀监测涂层分为荧光响应型腐蚀监测涂层和变色响应型早期腐蚀监测涂层。

视频
缓蚀预警聚合物微球涂层

8.4.1　荧光响应型早期腐蚀监测涂层

通常来说，具有随物理或者化学性质的改变而致使荧光信号发生相应变化的一类物质或体系，称为荧光分子探针。在未受到特定刺激之前，探针分子不发射荧光，或荧光很弱，一旦对刺激发生响应，荧光探针就会发射出强烈荧光。目前研究人员将特定的荧光探针添加到成膜树脂中，制备得到了许多荧光响应型早期腐蚀监测涂层。涂层的腐蚀检测机理如下：涂层中的荧光探针对金属腐蚀产生的特定金属离子或因腐蚀引起的环境中 pH 值变化等刺激产生响应，从而在施加特定波长的光照时腐蚀部位能够发射荧光（响应前无荧光或荧光微弱），由于响应前后荧光强度差别比较大，因此在金属腐蚀早期检测领域具有广阔的应用前景。

目前金属腐蚀早期监测涂层常用的荧光探针有荧光素、香豆素、席夫碱、荧光镓、桑色素、8-羟基喹啉和罗丹明等，如图 8-17 所示[51,52]。它们一般由存在共轭双键体系的荧光基团和能产生特异性结合（一般生成络合物的形式）的识别基团组成。其中，8-羟基喹啉和罗丹明是最具有代表性的两类荧光探针。

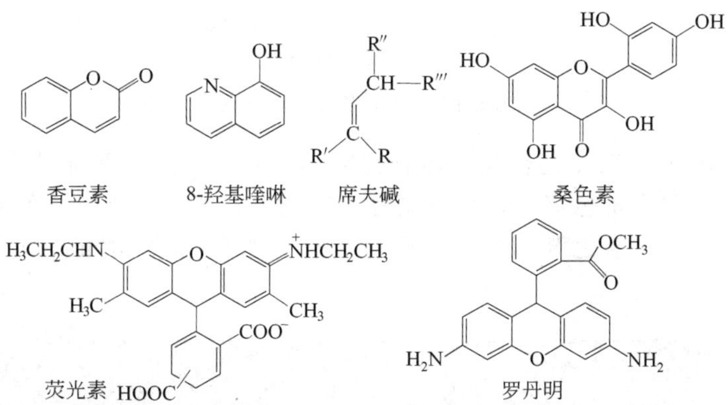

图 8-17　荧光探针结构式

8-羟基喹啉衍生物对铝具有较好的亲和力，可与 Al^{3+} 结合，形成铝离子的三配体螯合物。在紫外光的照射激发下能发出一定波长和强度的光（图 8-18），且羟基喹啉衍生物与环氧树脂具有良好的相容性，避免了小分子探针在树脂基体中的迁移。常常将 8-羟基喹啉衍生物作为荧光探针与环氧树脂相混合后涂覆到铝合金表面用于监测铝合金早期腐蚀。实验结果表明，由于在环氧树脂中铝离子具有良好的通过率，且喹啉衍生物与环氧树脂的相容性较好，所制备的腐蚀监测涂层对基材的早期腐蚀有较高的灵敏度，监测基体腐蚀发展的效率也较高。

而对于罗丹明 B，其与树脂的相容性没有 8-羟基喹啉的好。为解决罗丹明 B 与树脂基体的相容性，研究人员开始对原有罗丹明 B 的结构进行了设计，来提高其检测性能。科研工作者们合成了如图 8-19 所示的罗丹明衍生物“FD1”（结构式），将其作为腐蚀指示剂与商用环氧基涂层混合制备得到能够监测钢材腐蚀状况的智能涂层。FD1 与环氧树脂具有较好的相容性，所制备得到的智能涂层即使在涂层肉眼观察无缺陷的状况下，也能够通过发出荧光监测到涂层底部的腐蚀区域。而且基于该监测

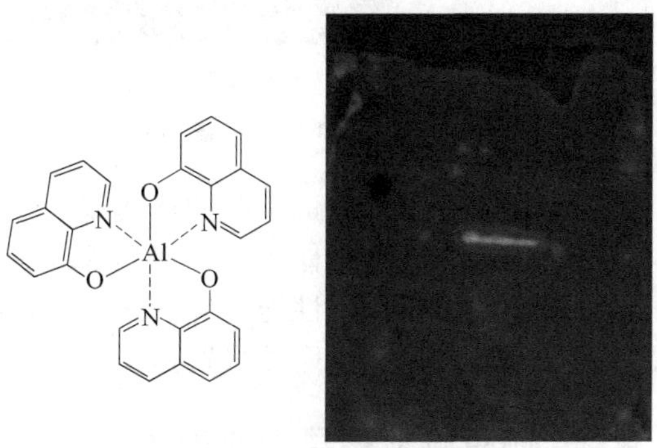

图 8-18　8-羟基喹啉监测铝离子

涂层还制备了一种能够通过手持式紫外灯，监测铝合金早期腐蚀状况的“turn on”荧光智能环氧涂层[53]。其监测机理是，当涂层下金属发生腐蚀时（以铝合金为例），由于合金中存在金属间存在电位差，因此当合金发生腐蚀时，阳极会发生如图 8-19 中式（1）、式（2）的化学反应，阳极部分环境的 pH 会降低。而荧光探针 FD1 在酸性环境下会形成大的平面共轭结构，因此在紫外光照下会发出亮黄色的荧光（图 8-20）。

$$Al \longrightarrow Al^{3+} + 3e^- \quad (1)$$

$$Al^{3+} + 3H_2O \longrightarrow Al(OH)_3 + 3H^+ \quad (2)$$

$$O_2 + 2H_2O + 4e^- \longrightarrow 4OH^- \quad (3)$$

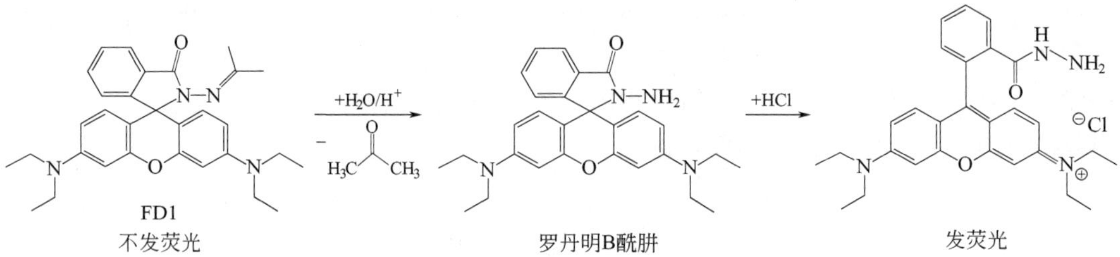

图 8-19 FD1 腐蚀监测机理

由于在 pH 变化前后 FD1 的荧光性能有很大的差别，呈现出明显的“关-开”现象，探针在腐蚀部位处产生的亮黄色荧光，具有良好的穿透力，能够应用于浅色不透明的商品化环氧涂层体系，黄色荧光与蓝色背景对比明显（图 8-20 上），能够检测到微小的腐蚀部位，具有较好的检测灵敏度。

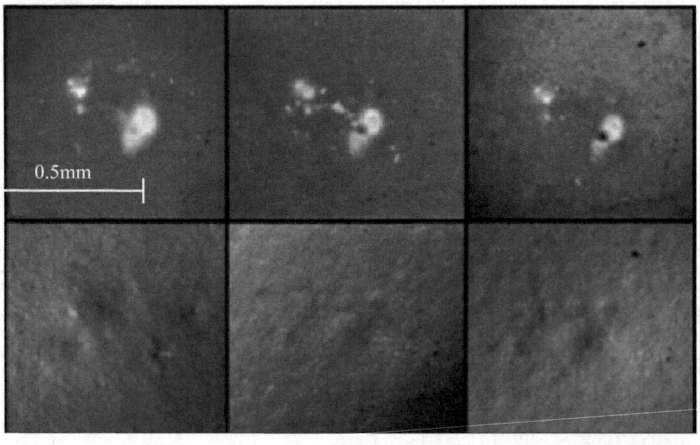

(a) 2天 (b) 3天 (c) 16天

图 8-20 紫外光（上）、可见光（下）涂层腐蚀监测效果

在此之前，为了保证良好的透光率，避免颜色对检测产生干扰，金属腐蚀早期监测涂层多采用无色透明的树脂体系，如需施加面漆，也多采用具有良好防腐效果的清漆，这大大限制了监测涂层的应用。性能优异的 FD1 与商品化环氧树脂的结合还成功解决了涂层荧光穿透力的问题，并推动了腐蚀早期监测涂层在实际应用中的进程。

8.4.2 颜色响应型早期腐蚀监测涂层

颜色响应型早期腐蚀监测涂层中含有的变色填料（酚酞和溴麝香草酚蓝等）与金属合金

腐蚀产生的特定金属离子结合或因腐蚀引起的环境中 pH 值的变化从而使腐蚀部位颜色发生变化，来用于检测金属的腐蚀状况。

将含有酚酞的丙烯酸涂料涂装在铝板上，将铝板在 1mol/L 的 NaCl 溶液中浸泡数天后，发生腐蚀的区域有颜色变化。其检测机理是当铝板发生腐蚀时，其阴极会发生如图 8-19 中式（3）所示的化学反应，导致阴极腐蚀部位 pH 值升高呈碱性。而酚酞是一种常用酸碱指示剂，在酸性和中性条件下为无色，在碱性溶液中会变为紫红色。

尽管将变色填料直接掺入某些涂料配方中可能是简单有效的，但存在一些问题，例如变色填料直接加入涂料树脂中，会存在分散性、稳定性和迁移性的问题，以及变色填料的加入会导致涂料本身提供的黏合性和阻隔性的降低[46]。因此，有研究人员开始利用化学改性将变色化合物引入聚合物链中。1,10-菲罗啉-5-胺可以与铁离子配位由无色变为红色，当钢材发生腐蚀时，腐蚀部位会有一定浓度的铁离子存在，游离的铁离子将会与 1,10-菲罗啉-5-胺发生反应，从而指示腐蚀部位，通过颜色深浅和变色区域可以对腐蚀进行预警和监测。将 1,10-菲罗啉衍生物对醇酸树脂进行化学改性（图 8-21），改性后的聚合物与铁离子反应后，可以从浅黄色变成强烈的红色，从而实现对腐蚀的监测[54]。由于 1,10-菲罗啉衍生物是通过化学键与树脂相结合的，较好地解决了变色填料在使用过程中发生迁移的难题。

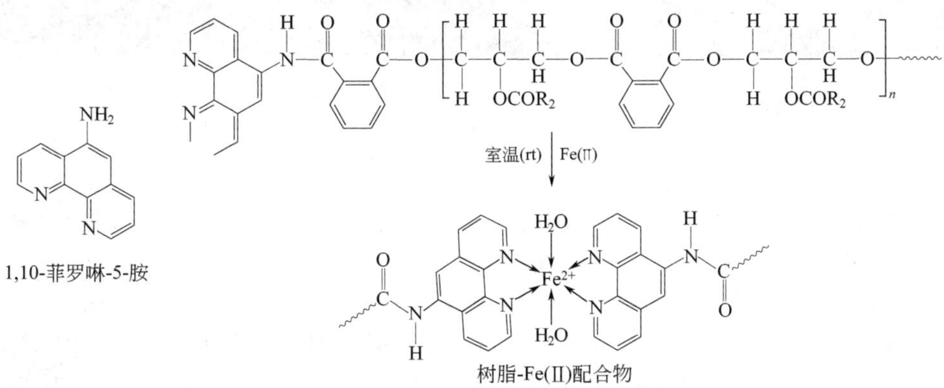

图 8-21　1,10-菲罗啉-5-胺及其高分子化后与铁离子的配位[54]

同样的，也可以将菲罗啉对丙烯酸树脂进行改性来制备丙烯酸类聚合物腐蚀监测涂层。如选择 5-丙烯酰胺基-1,10-菲罗啉（AMP）作为功能单体，利用 AMP 上的双键将其与甲基丙烯酸甲酯、丙烯酸乙酯进行共聚，接枝到丙烯酸聚合物侧链上（图 8-22），该方法的优点是能够比较方便地调节 AMP 链段在共聚物中所占的比例，从而方便对树脂监测的灵敏性进行探讨[55]。

最近，科研工作者又开发了一种新的方法来克服这些问题，也就是变色填料在胶囊中的封装或固定，胶囊的包覆保护变色填料免于失活或与涂层基质相互作用，并且还可以同意通过对胶囊材料的设计来提供触发的和局部的响应。其响应与检测机理如图 8-23 所示。

最常见的用于负载变色填料的胶囊是介孔二氧化硅纳米容器。将介孔二氧化硅纳米容器用于负载酚酞，酚酞被有效地储存在纳米容器中，在水性环境中没有显著的不可控浸出[56]。纳米容器作为溶液中的 pH 传感纳米反应器，检测腐蚀过程中阴极区域的碱性环境，因为氢氧根阴离子可以与储存在介孔二氧化硅中的酚酞反应，使它们从无色变为粉红色。将负载有酚酞的介孔二氧化硅作为填料掺入涂层中，水分子和离子可以渗透进入容器内，可由颜色的变化响应金属腐蚀产生的 pH 变化，因此可以对铝和镁基金属的早期腐蚀进行监测。除了介孔二氧化硅，聚脲微球也常常用于负载变色填料。通过异佛尔酮二异氰酸酯（IPDI）与二乙烯四胺（DETA）通过油水界面的原位聚合合成了一种内部

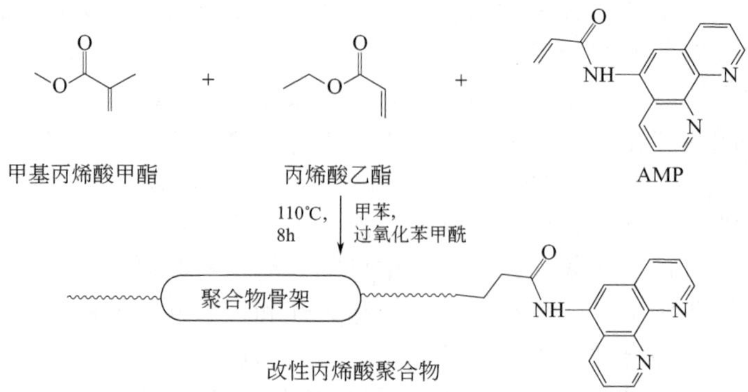

图 8-22 丙烯酸腐蚀监测涂层的合成过程[55]

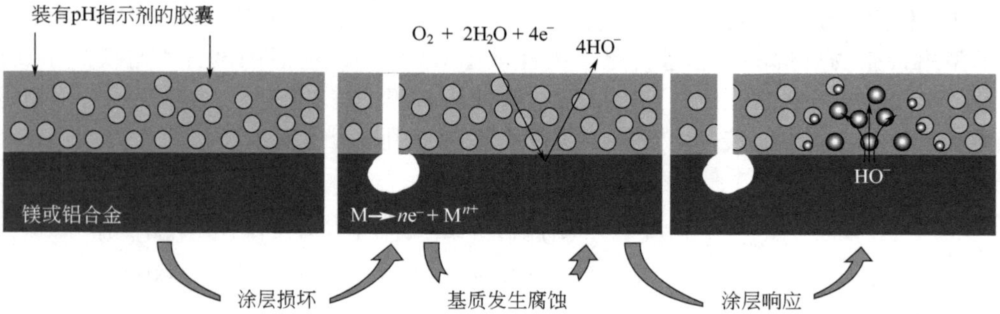

图 8-23 基于 pH 响应监测金属腐蚀机理

封装有酚酞的 pH 响应聚脲微球[57]，制备得到的聚脲微胶囊具有规则的微观形态的并具有 12%（质量分数）的酚酞负载量。之后将该微球混合入聚氨酯涂料中，由于涂层和微胶囊的相同化学性质改善了它们的相容性，因此微胶囊在涂层中得以均匀分散。而这种微胶囊同时又具有 pH 响应性，镁、铝合金基材的阴极腐蚀部位呈碱性，从而诱导酚酞的释放，导致腐蚀部位涂层颜色由无色变为粉色，实现对腐蚀过程的早期监测，从实验结果看，涂层对镁合金的传感性能比铝合金更好。

拓展阅读 8-3
具有缓蚀、腐蚀预警和光热自修复性能的 PANI 微球用于智能涂层构筑

8.5 多功能传感涂料

教学课件
8.5 多功能传感涂料

随着科技的进步，人们对生命健康、环境污染等问题的重视程度越来越高，因此，检测分析在日常生活中扮演着越来越重要的角色。单一功能的检测器只能对一种刺激进行识别与检测，如物质的浓度、湿度、温度、应力应变等。而在生活及工作的许多场合中，需要同时对两种甚至多种变量进行检测。使用多种检测器进行检测固然可以解决问题，但是所需要的仪器成本将会提高。此外，单一传感器通常存在着交叉灵敏度的问题，传感器不仅对被检测变量敏感，同时还对多个环境参量（非目标参量）敏感，从而对测量结果产生影响，降低了测量准确度。为了抑制非目标参量对于传感涂层的干扰，提高测试精度，也需要同时测量目标参量与多个非目标干扰参量。因此，发展一种多功能传感

器的实际意义也越来越重大。在实际应用中，希望将几种敏感基元制作在一起，使一个传感器能同时测量多个参数，或是利用单一敏感基元的不同物理、化学效应而实现多种检测功能。这样的多功能传感器具有集成度高、体积小、测试功能强等优点。

多功能传感涂料主要有以下两种不同的实现原理：

① 利用一种敏感基元在不同的激发电压或电流下对被测变量所表现出的不同物理、化学特性来实现不同的传感功能，从而得到相应的被测信息；

② 将不同的敏感基元组合在一起，各敏感基元之间相互独立，从而实现同时测量多个被测变量。

综合以上的设计思路，并针对实际应用的测试需求，近年来国内外的研究学者们已经开发出多种新型的多功能传感涂料及传感器，可同时实现压力、温度、湿度、速度、流速、加速度、电导率、磁通量、浓度等两个或多个相关参量的检测功能。

科研工作者们[58] 充分利用导电橡胶的电阻-压力/温度特性，以石墨烯/炭黑/硅橡胶复合材料作为压力和温度传感涂料，聚酰亚胺作为柔性基底，设计了一种应用于智能机器人皮肤可大面积成型的柔性压力/温度复合感知传感器。该传感器可以同时感知外加的压力和温度变化，实现对压力/温度的同步测量。在实验所加压力和温度范围内，导电石墨烯/炭黑/橡胶呈现良好的 NPC（negative pressure coefficient，负压力系数）效应和 PTC（positive temperature coefficient，正温度系数）效应。NPC 效应在前面压力敏感涂料中已经解释过，而对于温度效应，可能是在导电硅橡胶的升温过程中存在两个相互竞争过程：一是硅橡胶和导电填料体积膨胀系数不匹配，导致导电填料聚集体间隙增大而引起复合体系电阻率增大；二是升温引起导电填料的电子热激发活性提高而引起复合体系电阻率减小。当温度较低时，随着温度的升高，有机硅橡胶基体的热膨胀系数远远大于碳系填料的热膨胀系数，这导致相邻碳系填料间的距离变大，复合体系内的导电网络被破坏，阻碍了隧道电流的电子跃迁，导致电阻率逐渐升高。随着温度进一步升高，硅橡胶基体继续膨胀，导电网络的结点脱开，导致复合体系的电阻率急剧上升，导致弱电阻温度效应。因此，导电硅橡胶的电阻整体表现为随着温度的升高而增大，即正温度系数效应。碳纤维或石墨用量越多，复合材料的导电网络就越完整，复合材料导电网络的破坏则需要更大的体积膨胀。

日本佐贺大学（Saga University）的信太克规（Katsunori Shida）教授课题组[59] 成功研制出一种基于多功能触觉传感涂料的人工皮肤器件，可同时测量压力、温度及接触位置等参数。图 8-24 为人工皮肤的设计示意图，可以看到多个多功能传感器单元阵列构成了该仿真皮肤，这些多功能传感器单元均由压感导电橡胶涂层所构成，有的压感导电橡胶涂层对压力更敏感，而有的则对温度更敏感。通过检测不同的多功能传感器单元阵列上的阻值变化情况即可得到接触力、温度以及接触位置这三个方面的相关信息。

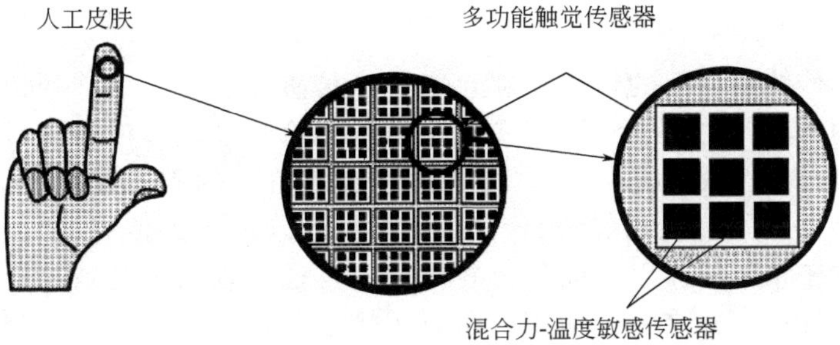

图 8-24　人工皮肤设计示意图[59]

Kim 等[60] 利用聚二甲基硅氧烷（PMDS）弹性体和碳纳米管制备了高灵敏性的可穿戴多重响应人造皮肤。该人造皮肤可以同时对触觉、温度、湿度等进行响应。作者将可高度拉伸的碳纳米管微电路负载到弹性体电解质中，然后将其修饰在 PDMS 基材表面，得到压电式的多功能传感涂料。其制备过程示意如图 8-25 所示。其中，排列规整的碳纳米管重叠程度较高，因此可以同时提高传感器的灵敏度和空间分辨率。基于这种电容式的传感系统，作者制备的人造皮肤可以精确灵敏地检测微小的压力作用（0.4Pa），同时，响应速度也很快，只有 63ms。此外，当发生机械变形（包括压力和弯曲），温度、湿度改变的时候，有效的多模态输出电信号可以被转换成电阻或电容的变化。该人造皮肤每个像素都可以用来检测甚至分辨刺激信号，这意味着有比人体更加灵敏的包含有电子鼻或电子舌头人造皮肤的技术达到了一个新的平台。

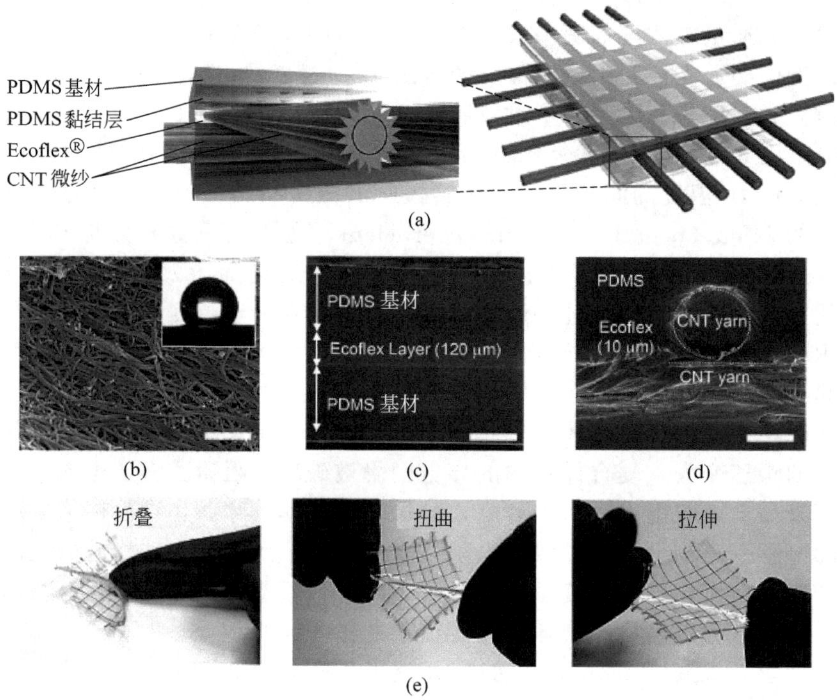

图 8-25 人造皮肤的制备过程示意图[60]

8.6 其他传感涂料

教学课件
8.6 其他传感涂料

除了前面所述传统意义上的传感涂料，电化学传感涂层、气敏涂层以及光纤传感涂层中所涉及的敏感涂层其实也是由传感涂料在电极或者光纤探头上成膜而成，涂层（coating）是涂料一次施涂所得到的固态连续膜，因此电化学传感涂层、气敏涂层、光纤传感涂层也可以定义为传感涂料，只不过由于它们过于精细，涂层的面积比较小，而且往往都需要与特殊的基质（如电极、光纤探头）来配合使用，所以很少将其称为传感涂料，但是实际上所涉及的材料本身以及成膜方式都与常规的传感涂料相同，从理论意义上讲也可以将其称为传感涂料。

8.6.1 电化学传感涂料

电化学传感是将化学反应转化为可分析的有用电信号。化学反应往往伴随着电子的转移，当电子发生转移时，检测单元电性能的变化可以在多种模型电路的模拟下被检测及输出。电化学法具有简便、操作简单、成本低廉及方法多样性等诸多优点而被广泛应用于分析及检测领域中。被检测的物质可以是电活性的多巴胺、扑热息痛（对乙酰氨基酚）等，也可以是非电活性的小分子、蛋白质、DNA 等，在无机或有机物分析、食品安全、生物活体分析、环境检测等领域有着广泛的应用前景。

电化学传感器是以待分析物质和电化学传感涂层分别作为敏感源和转化原件，将电流、电势或者电导等作为特征检测信号输出的器件。电化学传感器由两部分组成：传感涂层和电极。传感涂层中能够特异性地识别溶液中的待测物质并发生反应，这种变化可由电极捕获并转化为电信号输出，再由变换电路负责对转换元件输出的电信号进行放大调制，从而被观察到，达到分析检测的目的。电极主要作为传感涂层的承载基质和信号输出单元。而传感涂层能够特异性识别待测物质并转化为信号，是传感器的核心构件，也是开发传感器的首要任务。

电化学传感涂层由相应的传感涂料在电极上成膜而成。电化学传感涂料主要由识别基元和高分子载体构成，其中识别基元主要分为两类：一类是金属纳米粒子、碳纳米管、石墨烯、导电高分子等电催化材料，它们可以提供电催化活性位点，催化待检测物质发生化学反应，将化学反应转化为可检测的电化学信号；另外一类是生物活性物质，如酶、抗体、抗原、细胞、微生物、DNA 或 RNA、适配体等，它们能够特异性地识别溶液中的待测物质并发生反应。常用的高分子载体，如易于成膜的壳聚糖、聚乙烯醇、聚氨酯等，可用于承载和固定识别基元，并将其黏附在基材表面从而形成稳定的涂层，同时提供必要的力学性能，以保护涂层里面的识别基元。如在固接触离子选择性电极（SC-ISE）上涂覆了氧化石墨烯-聚乙烯醇（GO-PVA）水凝胶，与未包覆的 K^+-SC-ISE 相比，包覆水凝胶的 K^+-SC-ISE 可保持 Nernstian 反应灵敏度、高选择性和抗干扰能力。通过整合固体接触参比电极，进一步制作了柔性水凝胶 K^+ 传感装置，实现了对汗液 K^+ 的实时监测[61]。此外，涂覆 GO-PVA 水凝胶涂层的 SC-ISE 具有良好的柔韧性，并实现了对汗液中 K^+ 浓度的实时监测的高精度。而且 GO-PVA 水凝胶避免了皮肤直接暴露，这可以减缓有毒离子载体泄漏到汗液中。

因此根据识别基元的不同，可以将电化学传感器分为普通的电化学传感器和电化学生物传感器。近二十年来发展起来的电化学生物传感器，是生物技术、电子技术、材料技术等交叉结合而形成的新兴高科技产品，将电化学强大的分析功能和生物识别过程的特异性相结合，具有较强的专一性、较快的分析速度、较高的准确度和操作简单等诸多优点。与传统的仪器，如高效液相色谱、质谱等比较，电化学生物传感器可以反复多次进行操作，不会损坏样品，而且制备简单，不需要高额的维修保养费用。因此，下面主要介绍和讨论电化学生物传感涂料。

8.6.2 电化学生物传感涂料

电化学生物传感涂料由生物活性物质和高分子载体构成，按其负载的生物活性物质的种类，电化学生物传感涂料可以分为电化学酶传感涂料、电化学免疫传感涂料、电化学 DNA 传感涂料、电化学组织传感涂料和电化学细胞传感涂料等。在众多电化学生物传感涂料中，电化学酶传感涂料问世最早，研究的也最多，因此本节以介绍酶传感涂料为主。

由于酶对底物有特异性识别与催化的作用，且反应条件温和，因此其一直是生物传感涂层研发中的首选物质。在早期研究阶段，酶传感涂料主要应用于检测葡萄糖，而随着科学的进步和生产生活的需要，由酶传感涂料制备得到的酶电化学生物传感器检测范围逐渐扩大，可用于检测多种生物样品，在化学、生物学、医学及环境学等领域都有着迅猛的发展。与传统的分析方法相比，酶传感器具有相应时间短、灵敏度高、选择性好、操作简单及可进行在线检测等优点[62]。

值得指出的是现在市场上流通的商品化血糖试纸就是建立在第二代酶生物传感器基础上的。随着葡萄糖电化学分析系统的成功商业化，1970 年 Williams 等[63] 尝试采取分子导电介质取代氧分子来进行氧化还原电子传递。他们使用铁氰化钾-亚铁氰化钾导电介质系统成功测定了血液葡萄糖，同时还用同一电化学系统实现了血乳酸的测定，这一开创性的电化学测试原理被广泛使用在公司血糖仪的开发和生产实践中。世界上第一个便携式家用电化学血糖测试系统是 1987 年由美国 Medisense 公司推出的 ExacTech，该系统以印刷有导电碳墨线路的 PVC 塑料基片作为工作电极，采用二茂铁及其衍生物作为氧化还原导电介质，将其与葡萄糖氧化酶以及树脂黏合剂相混合，将其涂覆到工作电极表面干燥，形成葡萄糖电化学生物传感膜，以此制成外观尺寸如同 pH 试纸大小的血糖试纸，可以大规模制作生产。

血糖测试的原理是在血糖试纸电极两端施加一定的恒定电压，当被测血样吸入电极工作区后，试纸电极表面传感膜内的葡萄糖氧化酶（GOD）与血样中的葡萄糖发生氧化还原反应，产生电子的得失，从而使酶电极试纸产生的响应电流，其强度在 0.1～10μA 之间，电流强度与被测血样中葡萄糖浓度呈线性关系。这样通过检测血样响应电流的大小，就可以计算出准确的血糖浓度值，并在仪器液晶屏上显示最终结果（图 8-26）。

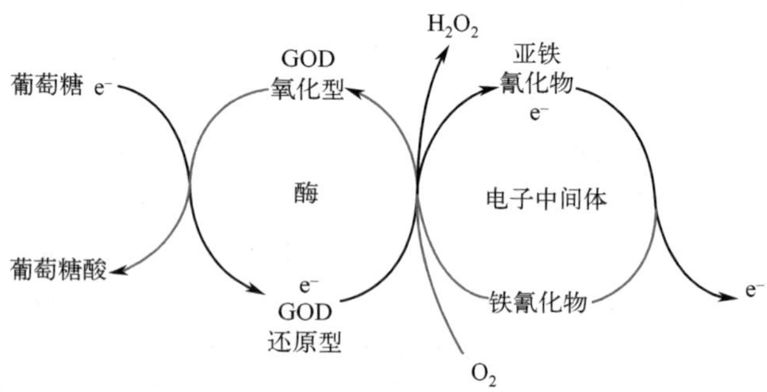

图 8-26 血糖测试原理

葡萄糖电化学生物传感涂层主要由以下成分构成：①氧化还原酶，如葡萄糖氧化酶、葡萄糖-NAD-脱氢酶、葡萄糖-PQQ-脱氢酶和葡萄糖-FAD-脱氢酶等，用于催化葡萄糖变成葡萄糖酸，释放出过氧化氢；②各种导电介质，如苯醌、铁氰化钾、二茂铁、钌化合物、锇化合物等，用于促进固定化酶分子和工作电极之间的电子传递，减小溶解氧的干扰；③树脂黏合剂，用于固载葡萄糖氧化酶并在电极上成膜，避免试纸浸泡在待测液时酶的流失。考虑到酶不稳定，易于失活，用于制备葡萄糖电化学生物传感膜的树脂黏合剂一般选用易于成膜的生物大分子，如羟乙基纤维素、羧甲基纤维素、海藻酸凝胶等，另外还需要加入少量表面活性剂用于消泡[64]。表 8-2 中列出了目前国内外比较常用的血糖监测试纸制作的基本原料。

表 8-2 血糖监测试纸制作的基本原料

黏合剂	电子媒介体	试剂酶	表面活性剂
羟乙基纤维素	对苯醌	葡萄糖氧化酶	曲拉通
羧甲基纤维素	铁氰化钾	葡萄糖脱氢酶	吐温
胶原蛋白	二茂铁	葡萄糖激酶	道康宁消泡剂
海藻酸凝胶	金属导电化合物		氟类表面活性剂

8.6.3 气体传感涂料

随着人们生活水平的提高和对环保的日益重视，对各种有毒、有害气体的探测，对大气污染、工业废气的监控以及对食品和人居环境质量的检测都提出了更高的要求，作为感官或信号输入部分之一的气体传感器是必不可少的。以 SnO_2、ZnO、Fe_2O_3 为代表的电阻式半导体气体传感器以其灵敏度高、响应速度快等优点占据了气体传感器的半壁江山。它们兼有吸附和催化双重效应，属于表面控制型，但该类半导体传感器也有着明显的缺点，比如容易受到周围环境的影响、稳定性差，并且其使用温度较高，需要在高温下工作（200～500℃）。

有机高分子材料气体传感器的研究，近来得到很大发展。相比于传统的无机半导体材料，有机高分子气体传感涂料（气敏涂料）有以下几个优点：

① 制备的气体敏感涂层在室温下有更快的吸附与解吸附动力学；

② 由于其检测过程不需要高温环境，可在室温下使用，因此检测能耗较低，且吸附过程在常温常压下可逆；

③ 可根据被检测物质化学性质调控聚合物的结构，从而获得选择性能更好的气体敏感涂层；

④ 能有效地检测与无机半导体材料没有反应活性的物质，拓宽了可检测物的范围；

⑤ 材料丰富、成本低、制膜工艺简单、易于与其他技术兼容。

因此，以有机高分子敏感材料来制备气体敏感涂料已成为气体传感器研究领域的热点。

有机高分子气体敏感涂料检测气体的基本原理是气体分子的吸附引起高分子敏感涂层表面电导率变化，根据导电性能变化的趋势和幅度来判断气体的种类和浓度。通常气体敏感涂层具有能发生酸碱中和或氧化还原反应的特性，主要由导电材料如导电聚合物、碳纳米管(CNTs)、石墨烯等与聚合物树脂（如聚氯乙烯、聚甲基丙烯酸甲酯和聚苯乙烯等）复合得到。当吸附被检测气体后，气体敏感涂层的导电性会发生明显变化，将电阻急剧增大的现象称作正蒸气系数（positive vapor coefficient，PVC）效应，将电阻急剧减小的现象称作负蒸气系数（negative vapor coefficient，NVC）效应。

气体敏感涂料的检测机理同时取决于被检测气体和传感涂料本身。在检测过程中，物质的路易斯酸或路易斯碱的特性引出了二次掺杂的概念。除了在接触被检测气体前，气体敏感涂层被对离子掺杂外，被检测气体进行电子供给或撤回的过程会导致气体敏感涂层导电性的变化。局部的电子传输会增加或降低气体敏感涂层中导电材料上载流子（极化子和双极化子）的浓度，从而增加或降低气体敏感涂层的导电性。还有报道称有机气体进入气体敏感涂层后所导致的聚合物溶胀的"物理效应"也会影响其导电性。总的来说，气体敏感涂层和气体或蒸汽之间的相互作用主要有两种方式：化学作用和物理作用。不同气体与气体传感涂层之间的相互作用列于表 8-3。

表 8-3 气体分子和气体传感涂层之间的相互作用

相互作用类型		检测气体	导电性变化
物理作用	扩散	CH_2Cl_2,氯仿,醇类,丙酮,乙腈,烷烃,环己烷,苯,甲苯	提升或降低
	氢键	脂肪烃醇类,丙酮	提升
化学作用	氧化	NO_2,SO_2,O_3	提升
	还原	H_2,N_2H_4,NH_3,H_2S	降低
	质子化/去质子化	HCl,NH_3	提升或降低

8.6.3.1 物理作用

当气体敏感涂料中导电材料和气体分子相互作用时，它既可以充当电子给体，也可以充当电子受体。如果p型导电材料向气体提供电子，其空穴导电性提升，相反，如果该材料作为电子受体，其导空穴电性下降。除了载流子数量的改变，整体流动性也会受到影响，这可能是因为聚合物主链的构象发生了变化。

对于气体敏感涂料常用的导电聚合物，如聚噻吩、聚吡咯、聚苯胺及其衍生物和复合物，亲核气体（H_2S、NH_3、N_2H_4、甲醇、乙醇等）会降低其导电性。以导电聚苯胺传感涂层为例，当涂层接触氨气后，氨气促进聚苯胺的去质子化，重新回到本征态，使得涂层的电阻增加。同时，氨气还会与掺杂剂中的H^+反应，消耗大量的载流子，降低了涂层的导电性。还有文献报道，NH_3 和 H_2S 能将导电聚合物还原，从而造成其导电性的下降。此外，在氢气检测过程中，聚吡咯和聚苯胺也会因为被还原而造成导电性降低的现象。

另一方面，对于亲电性能比导电材料更强的气体，如 NO_x、PCl_3、SO_2、O_2 等，其对气体敏感涂层电性能的影响刚好相反[65]，当涂层吸附有这些气体后，在氧化掺杂过程中，载流子数目会增加，涂层导电性能提升。比如 NO_2 能降低聚苯胺涂层的电阻；但是也有文献报道，NO_2 也可将掺杂态的聚苯胺纤维氧化为本征态，从而导致聚苯胺导电性下降。

8.6.3.2 弱相互作用

由于很多重要的待检测气体在常温环境下没有反应活性，因此，利用气体传感涂料通过化学反应对其进行检测的难度较大。但是这些气体可以通过与涂料之间的弱物理相互作用，如物理吸附、高分子基质的溶胀等，实现涂料对其电化学检测。气体传感涂料的溶胀受气体分子体积、气体与涂层之间的亲和性及高分子基质的物理状态等控制。

弱相互作用通常用于对无反应活性的挥发性有机物质的检测，如氯仿、丙酮、脂肪醇、苯、甲苯等。这些弱相互作用不会改变导电基元的氧化程度，但是会影响其导电性能，因此，可用于对这些气体的检测。比如当这些气体分子扩散到分子间的间隙或者表面空隙会对材料的导电性能产生一定的影响。有研究表明，对于单一的导电聚合物，在聚合物分子间插入被检测气体分子会增加聚合物分子链间的距离，从而影响聚合物链之间的电子跃迁，降低材料的导电性。如氯仿、丙酮、乙醇、乙腈、甲苯、环己烷等气体扩散入聚苯胺、聚吡咯、聚噻吩等会降低这些导电聚合物的导电性。

不同于成分单一的导电高分子，复合导电材料的溶胀过程相对复杂。组分的溶胀程度不同，使得整体的导电性变化复杂。有些待测气体对导电材料的溶解性能比涂层中其他物质好时，被检测气体会使导电材料溶胀很快。如对于聚苯胺/聚苯乙烯复合气敏涂料，测试了其对乙醇的响应性能。由于聚苯胺在极性的乙醇中有更好的溶解性，因此它比聚苯乙烯溶胀地更快，从而增加了聚苯胺的有效体积，从而使涂层的电阻值变小[66]。而在其他情况下，涂层中其他组分比导电材料溶胀的程度更大时，如聚吡咯/聚甲基丙烯酸甲酯复合膜。当该复合膜检测丙酮时，由于聚甲基丙烯酸甲酯在丙酮中的溶胀作用更明显，因此会使得导电聚吡咯链之间的分离，从而导致涂层的电阻值变大。对于聚苯胺/聚乙烯醇复合材料，由于湿气对聚乙烯醇的溶胀效果较好，溶胀后会导致涂层的电阻值增加。聚吡咯/聚醋酸乙烯酯、聚吡咯/聚氯乙烯对一些有毒气体的检测也呈现出同样的规律。

除了导电高分子，碳纳米管（CNTs）、石墨烯等先进碳材料由于具有高的比表面和高的电子迁移率也被经常用于构筑气体传感涂料。不过虽然碳纳米管和石墨烯对被吸附的气体灵敏度很高，但它们对气体的选择性却很差。选择合适的聚合物（比如PVP）对碳纳米管或石墨烯进行修饰，通过大π键缠绕在碳纳米管或石墨烯上，一方面防止石墨烯片层间的聚合，形成复合均匀的分散体系，有利于后期敏感膜的构筑；另一方面，可以对聚合物基质的结构进行设计，使其对单一气体具有特定的响应，再结合石墨烯或碳纳米管高的比表面积以及导电性能，能得到检测混合组分中单一气体的传感薄膜。

以 NO_2 气体为例，电子科技大学谢光忠课题组提出理想的聚合物敏感材料应该具有以下几个特点[67]：①聚合物中不能含有易与 NO_2 反应的基团，例如氨基等。聚合物气体传感器的一个重要优势就是可重复使用，因此不允许和测试气体发生不可逆的化学反应；②聚合物中尽可能避免引入亲水基团，由于亲水基团的存在聚合物不能完全干燥（干燥聚合物时温度过高会损坏聚合物的分子结构，温度过低时水分无法全部从聚合物中逸出），从而有可能导致其他气体的干扰；③聚合物还应含有对 NO_2 敏感的基团或者适合 NO_2 气体掺杂的掺杂位存在，从而和 NO_2 发生物理吸附或者弱化学吸附。基于此，作者设计合成了聚 *N*-甲基吡咯（PNMPy），属于聚吡咯（PPy）的一种衍生物，对 NO_2 有响应，且和水分子没有吸附作用，此外 PNMPy 分子链上没有 N—H 键，也不会和 NO_2 形成不可逆的吸附。采用气喷成膜的方法分别将石墨烯和聚 *N*-甲基吡咯沉积在叉指电极上形成连续薄膜（如图 8-27 所示），实验结果表明，和单纯的石墨烯传感器相比，石墨烯/PNMPy 敏感薄膜结构的传感器对 NO_2 气体的选择性大大提高，不过其灵敏度降低了近 40%。石墨烯/PNMP 敏感薄膜主要利用了石墨烯的导电性，把原来不导电的 PNMPy 材料制作成以 RGO 为底层的导电分层膜结构。也利用了聚 *N*-甲基吡咯对气体的选择性制作石墨烯/PNMPy 复合膜结构来提高对气体的选择性。不过 PNMPy 和石墨烯对基体的附着性能都很差，测试曲线振荡比较严重，还需要进一步改性。

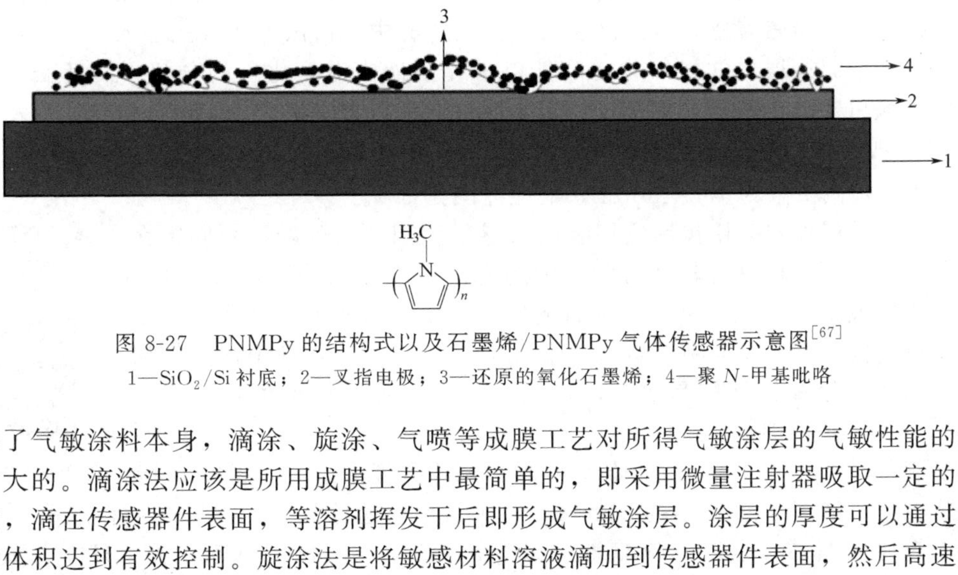

图 8-27　PNMPy 的结构式以及石墨烯/PNMPy 气体传感器示意图[67]

1—SiO_2/Si 衬底；2—叉指电极；3—还原的氧化石墨烯；4—聚 *N*-甲基吡咯

除了气敏涂料本身，滴涂、旋涂、气喷等成膜工艺对所得气敏涂层的气敏性能的影响也是非常大的。滴涂法应该是所用成膜工艺中最简单的，即采用微量注射器吸取一定的敏感材料溶液，滴在传感器件表面，等溶剂挥发干后即形成气敏涂层。涂层的厚度可以通过溶液的浓度和体积达到有效控制。旋涂法是将敏感材料溶液滴加到传感器件表面，然后高速旋转成膜，该成膜方法能通过对工艺的微调实现均匀薄膜的沉积，具备涂层厚度精确可控、设备结构简单且易于操作的优点，性价比较高。气喷法是将敏感材料溶液装入喷笔的溶液腔中，打开气喷开关，气阀被开启，气流喷出，敏感材料溶液进入喷嘴，雾化后形成射流，喷射流喷涂在传感器器件上形成传感涂层。气喷涂层的优势在于成膜工艺简单，可以通过气喷距离、气喷速度、溶液浓度等来调整涂层的厚度。更重要的是气喷形成的传感涂层是有孔洞的薄膜，与传统的均匀平滑的薄膜相比，具有较大的接触面积即具有更多的气体吸附位，因而具有更好的传感性能。同一种成膜工艺的不同成膜参数，如气喷时间、气喷高度、旋涂时间、旋涂转速、滴涂的溶液量以及干燥时间等，都会对涂层气敏产生直接影响。

8.6.4 光纤化学传感涂料

光纤化学传感是20世纪70年代末发展起来的一项重大技术，利用化学发光、荧光的原理以及光敏感器件与光导纤维技术制备传感器，能够实现连续、在线、实时和远距离监测，操作简便、快速、便于携带，具有非接触式、非破坏性以及抗电磁干扰等优点，可应用于化工、医药、卫生、环境监测等各个方面，特别是在过程分析中，如pH测量、溶解氧测定、二氧化碳测定、水中有机物浓度及离子测定等，具有很大的应用潜力。光纤化学传感器由光纤和安装在光纤前的敏感涂层组成，工作原理是光纤探头表面的传感涂层与分析物作用时产生光学性质变化，通过光纤传输光信号，光电器件将光信号转化为电信号，测定待测物含量。光纤化学传感器的核心部分就是安装在光纤前的传感涂层，由敏感探针和聚合物树脂组成。常用的聚合物树脂有聚丙烯酰胺、淀粉、明胶、聚乙烯醇、硅树脂、纤维素膜、尼龙膜、火棉胶等。

以化学发光双氧水（H_2O_2）光纤传感涂料为例，其采用聚丙烯酰胺包埋敏感探针形成凝胶的方法来制备敏感涂料。具体做法是：在50mL 0.1mol/L KOH-H_3BO_3 或0.1mol/L磷酸缓冲溶液（pH=9）中加入过氧化物酶和鲁米诺（Luminol），使它们的浓度分别为0.5～3mg/mL和10^{-3}mol/L；再加入0.12g *N*,*N*-二甲基丙烯酰胺，混合溶液后过滤除去不溶物；然后在这种光活性溶液中加入最终浓度为1mg/mL的核黄素和过硫酸钾。聚合反应在被水饱和了的氮气氛中进行，用汞灯照射置于玻璃槽中的混合液直至形成固体凝胶，干燥后的敏感涂层厚度为1mm。传感器的构造如图8-28所示，将包埋的过氧化物酶的聚丙烯酰胺敏感膜包上尼龙网以形成栅栏，然后用两个厚0.5cm的圆塑料环夹住并固定在光纤的端部，测量时将探头放入覆盖着遮光罩的已装有底液的烧杯中，由试液注入孔加入样品，溶液会浸润敏感涂层，敏感涂层内的过氧化物酶能够催化溶液中过氧化氢的分解，使其变成水和单氧，其中单氧可氧化鲁米诺，鲁米诺经氧化后可发出蓝光。通过用光电倍增管测得所发蓝光的强度即可测定样品中H_2O_2的含量。该光纤传感涂层检测双氧水的浓度范围为10^{-3}～10^{-5}mol/L，检测下限为10^{-6}mol/L，响应时间是30s。

光纤湿度传感涂层采用包埋法将湿度敏感指示剂（如苯酚红）固定在光纤纤芯上，得到一种具有较宽检测范围的光纤湿度传感器，其RH（相对湿度）检测范围为25%～80%，而且光输出功率与RH值近似呈线性变化规律，可逆性良好。具体做法是将苯酚红溶于1,4-二氧六环中，然后加入聚甲基丙烯酸甲酯搅拌使其溶解，将制备好的传感涂料涂覆于光纤表面，在光纤表面成膜[68]。

拓展阅读8-4
遇血发光——鲁米诺反应

除了制备检测单一物种的光纤传感涂料，利用包埋法还可以制备用于气体和原位测定的集成传感涂料，如图8-29所示的pH、pO_2、pCO_2传感涂层[69]。pH传感涂料是利用醋酸纤维素作为树脂基体，羟基芘三磺酸（HPTS）作为pH敏感探针（在pH4～8范围内，HPTS的荧光强度与pH呈线性关系），选择460nm作为激发波长，520nm作为检测波长。O_2传感涂料是将氧气敏感荧光探针固化在硅橡胶膜中制成，利用氧气对敏感探针的猝灭来测定氧气的浓度，氧气敏感探针的荧光激发波长为460nm，检测波长为520nm。CO_2传感涂料是将荧光试剂HPTS与硅橡胶相混合，利用物理包埋作用将HPTS固定在硅橡胶膜内，并利用硅橡胶透气膜封装一定浓度的碳酸氢钠缓冲溶液，因为CO_2是酸性气体，通过透气膜可以改变内充液的pH，从而达到测量CO_2的目的。将分别涂覆有pH、pO_2、pCO_2传感涂料的三个光纤一起封装在高分子材料外套中，并镶有控温的热敏电阻，整个探针外径尺寸仅为0.6mm，完全可以置于微小体积内进行实时测量。这种光纤传感器的响应速度比较快

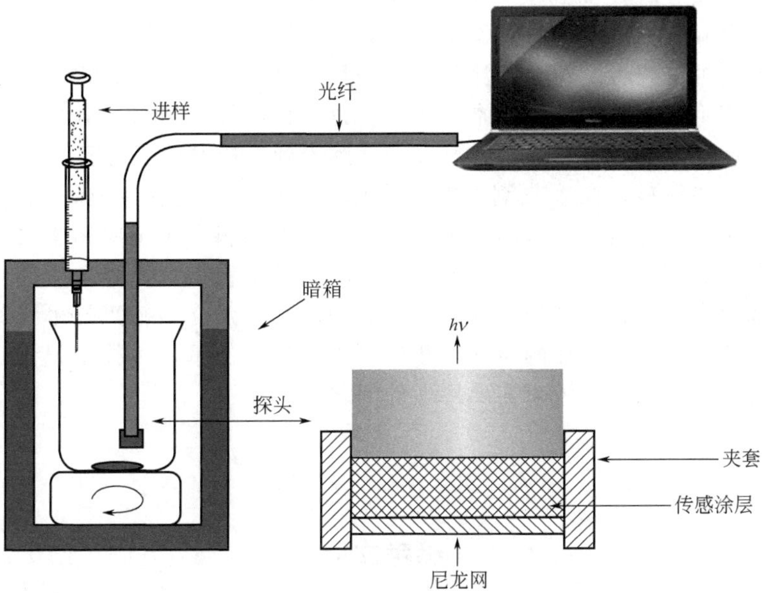

图 8-28　化学发光双氧水光纤传感器示意图

（小于 1min），因而可以用于在线连续检测。

除了常见的物理包埋法，还可以直接将带有荧光基元的高分子树脂固定在光纤表面形成传感涂层。例如可以将共轭荧光高分子直接涂敷在光纤表面形成传感涂层用于检测三硝基甲苯（TNT）。

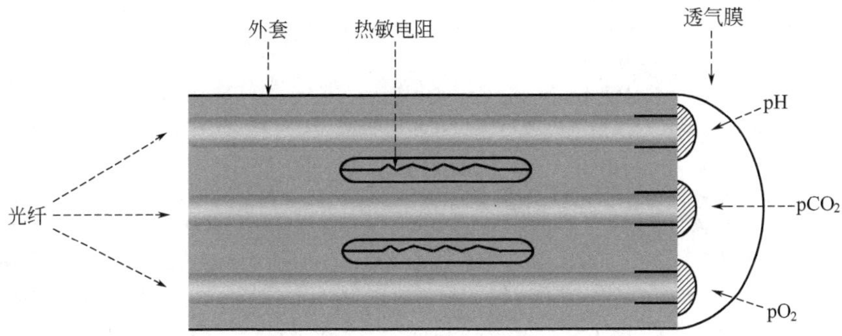

图 8-29　集成光纤传感器[69]

8.7　总结与展望

总的来说，在智能化和多元化的今天，传感涂料作为一种可以监测环境的变化并以合适的可预测的方式响应的功能涂料，其种类日趋多样化，由早期的用于飞行器表面的光学压力敏感涂料、温度敏感涂料逐步拓展到相对比较精细的电化学传感涂层、气敏涂层以及光纤传感涂层，在航空航天、船舶、汽车、建筑、医疗卫生、家居、环境监测等领域均能找到广泛的应用。

随着“万物互联”时代的到来，传感涂料的种类将变得越来越多，应用也将越来越广泛，将渗透到社会和人们生活的方方面面。比如可以研发这样一种涂料，能够通过互联网进行交流，哪部分腐蚀了或者刮花了，涂料会自动释放信号，反馈到手机或电脑上。例如：传感涂料应用在智能手机上时，当我们拿出手机，进行屏幕滑动操控，让机器理解这种交互，这就需要在屏幕玻璃下方有传感涂料，它才能够感受到手指滑动的力度，并将力度转化为信号传输给手机。有些材料，在吸收潮气时会变色，例如：从蓝色变成粉色，涂料企业能否运用这种材料，制作出一种会变色的内墙涂料，甚至应用于飞机、汽车、桥梁等更多领域，应用在跟安全相关的建筑结构上，遇到危险时改变颜色。这都是未来涂料发展的一些方向。这一切都是建立在新兴技术快速发展基础之上的。如何把现在的科学转化成可以应用的技术，新技术怎么因为涂料而变得更加便利，是大家需要思考的问题。

作业题

参考文献

[1] Amao Y，Asai K，Miyashita T，Okura I. Novel Optical Oxygen Sensing Material：Platinum Porphyrin - fluoropolymer Film [J]. Polym Adv Technol，2000，11：705-709.

[2] M Florescu；A Katerkamp. Optimisation of A Polymer Membrane Used in Optical Oxygen Sensing [J]. Sens Actuator B，2004，97：39-44.

[3] Schoenfisch M H，Zhang H，Frost M C，Meyerhoff M E. Nitric Oxide-releasing Fluorescence-based Oxygen Sensing Polymeric Films [J]. Anal Chem，2002，74：5937-5941.

[4] Fang Y，Ning G H，Hu D D，et al. Synthesis and Solvent-sensitive Fluorescence Properties of A Novel Surface-functionalized Chitosan Film：Potential Materials for Reversible Information Storage [J]. Journal of Photochemistry and Photobiology A：Chemistry，2000，135（2-3）：141-145.

[5] Ding L，Fang Y，Jiang L，et al. Twisted Intra-molecular Electron Transfer Phenomenon of Dansyl Immobilized on Chitosan Film and Its Sensing Property to the Composition of Ethanol-water Mixtures [J]. Thin Solid Films，2005，478（1-2）：318-325.

[6] 方华丰，周宜开，袁津玮，任恕. 壳聚糖作为敏感膜材料的研究 [J]. 同济医科大学学报，2000，29（3）：217-219

[7] 徐松云. 氨基酸对映异构体的电化学发光识别 [D]. 大连：大连理工大学，2002.

[8] Tsuneda S，Endo T，Saito K，et al. Fluorescence Study on the Conformational Change of An Amino Group-containing Polymer Chain Grafted onto A Polyethylene Microfiltration Membrane [J]. Macromolecules，1998，31（2）：366-370.

[9] Jeff T Suri，David B Cordes，Frank E Cappuccio，Ritchie A. Wessling，and Bakthan Singaram [J]. Angew Chem，2003，115：6037-6039.

[10] 高莉宁，吕凤婷，胡静，房喻. 薄膜荧光传感器研究进展 [D]. 物理化学学报，2007，23（2）：274-284.

[11] Zhou Q，Swager T M. Method for Enhancing the Sensitivity of Fluorescent Chemosensors：Energy Migration in Conjugated Polymers [J]. J Am Chem Soc，1995，117（26）：7017-7018.

[12] Kim Y，Zhu Z，Swager T M. Hyperconjugative and Inductive Perturbations in Poly（*p*-phenylene vinylenes）[J]. J Am Chem Soc，2004，126（2）：452-453.

[13] Kim Y，Whitten J E，Swager T M. High Ionization Potential Conjugated Polymers [J]. J Am Chem Soc，2005，127（34）：12122-12130.

[14] Wang H，Lin T，Bai F，et al. Fluorescence Quenching Behaviour of Hyperbranched Polymer to the Nitro-compounds [C] //Nanoengineered Nanofibrous Materials. Kluwer Academic Publishers，2004：459-468.

[15] T Liu，J P Sullivan（周强，陈柳生，马护生译）. 压力敏感涂料与温度敏感涂料 [M]. 北京：国防工业出版社. 2012.

[16] 曹献龙，邓洪达，兰伟，刘筱薇，曹鹏军，周安若. 光学压敏涂料基质的研究进展 [J]. 涂料工业，2012，42：73-77.

[17] P Hartmann, M Leiner, M E Lippptsch. Luminescence Quenching Behavior of An Oxygen Sensor based on A Ru(Ⅱ) Complex Dissolved in Polystyrene [J]. Anal Chem, 1995, 67 (1): 88-93.

[18] 於国伟，王志栋，屈小中，史燚，金毕青，刘治田，金熹高．高分子基质对光学-氧压敏感涂料压力灵敏度的影响 [J]．高分子学报，2013 (3)：350-355.

[19] Zare-Behtash H, Gongora-Orozco N, Kontis K. PSP Visualization Studies on A Convergent Nozzle with An Ejector System [J]. Journal of Visualization, 2009, 12 (2): 157-163.

[20] Wan J. Fast Response Luminescent Pressure Sensitive Coating and Derivatives of Tetra (pentafluorophenyl) Porpholactone [D]. Seattle, Washington: Department of Chemistry, University of Washington, 1993.

[21] Burns S. Fluorescent Pressure Sensitive Paints for Aerodynamic Rotating Machinery [D]. West Lafayette: School of Aeronautics and Astronautics, Purdue University, IN, 1995.

[22] McLachlan B G, Bell J H. Pressure-sensitive Paint in Aerodynamic Testing [J]. Experimental Thermal and Fluid Science, 1995, 10 (4): 470-485.

[23] Gouterman M, Carlson W B. Acrylic and Fluorocacrylic Polymers for Oxygen Sensing and Pressure-sensitive-paints Utilizing These Polymers [P]. US Patent 5965642. 1999.

[24] Schwab S D, Levy R L. Pressure Sensitive Paint Formulations and Methods [P]. US Patent 5359887, 1994-11-1.

[25] Fonov S, Mosharov V, Radchenko V, et al. Application of the PSP Investigation of the Oscillating Pressure Fields [C] //20th AIAA Advanced Measurement and Ground Testing Technology Conference, 1998: 2503.

[26] 于涛．炭黑/硅橡胶电阻-变形性能的研究 [D]．上海：东华大学，2011.

[27] 黄英，陆伟，赵小文，廉超，赵兴．基于碳纤维复合材料的柔性复合式触觉传感器 [J]．计量学报，2012，33：221-226.

[28] 赵兴．基于碳系复合物的柔性压力/温度敏感材料研究 [D]．合肥：合肥工业大学，2011.

[29] 黄英，张玉刚，仇怀利等．柔性触觉传感器用导电橡胶的纳米 SiO_2 改性技术 [J]．仪器仪表学报，2009 (05)：949-953.

[30] 黄英，刘平，黄钰等．柔性触觉传感器用力敏导电橡胶力学灵敏度研究 [J]．复旦学报（自然科学版），2009 (01)：46-52.

[31] 仉月仙，李斌．导电橡胶复合材料压力传感特性研究 [J]．功能材料，2016，47 (11)：11105-11109.

[32] 王纪斌，鲍宇彬，李秋影等．炭黑的表面修饰及其对炭黑/硅橡胶导热性能的影响 [J]．复合材料学报，2012 (05)：6-10.

[33] Hwang J, Jang J, Hong K, Kim K N, Han J H, Shin K, et al. Poly (3-hexylthiophene) Wrapped Carbon Nanotube/poly (dimethylsiloxane) Composites for Use in Finger-sensing Piezoresistive Pressure Sensors [J]. Carbon, 2011, 49 (1): 106-110.

[34] Li L H, Bai Y Y, Li L L, Wang S Q, Zhang T. A Superhydrophobic Smart Coating for Flexible and Wearable Sensing Electronics [J]. Adv Mater, 2017, 29 (43): 1702517.

[35] Yin Cheng, Ranran Wang, Jing Sun, et al. A stretchable and highly sensitive graphene-based fiber for sensing tensile strain, bending, and torsion [J]. Adv. Mater. 2015, 27, 7365-7371.

[36] 汪卫华．基于力敏导电橡胶的宽量程柔性触觉传感器的研究 [D]．合肥：合肥工业大学，2016.

[37] Haugen Ø, Johansen T H. Temperature Dependent Photoluminescence down to 4.2 K in EuTFC [J]. Journal of Luminescence, 2008, 128 (9): 1479-1483.

[38] Basu B B J, Vasantharajan N. Temperature Dependence of the Luminescence Lifetime of A Europium Complex Immobilized in Different Polymer Matrices [J]. Journal of Luminescence, 2008, 128 (10): 1701-1708.

[39] 王志栋，金毕青，李亚庆，史燚，刘治田，陈柳，尚金奎，王鹏，金熹高．温度敏感涂料在转捩测量中的应用 [C]．空气动力学会测控技术六届六次测控学术交流会论文集，2015：341-345.

[40] 隋明君，低温可逆热致变色微胶囊制备及其在涂料中的应用研究 [D]．北京：北京理工大学，2017.

[41] Li Y J, Yang A S, Jiang Z N, et al. TC@MF Phase Change Microcapsules with Reversibly Thermochromic Property for Temperature Response and Thermoregulation [J]. Colloids and Surfaces a-Physicochemical and Engineering Aspects, 2023, 677.

[42] Yang T, Yuan D, Liu W, et al. Thermochromic Cholesteric Liquid Crystal Microcapsules with Cellulose Nanocrystals and A Melamine Resin Hybrid Shell [J]. Acs Applied Materials & Interfaces, 2022, 14 (3): 4588-4597.

[43] Manning T D, Parkin I P, Pemble M E, et al. Intelligent Window Coatings: Atmospheric Pressure Chemical Vapor Deposition of Tungsten-doped Vanadium Dioxide [J]. Chemistry of Materials, 2004, 16 (4): 744-749.

[44] Salamati M, Kamyabjou G, Mohamadi M, et al. Preparation of TiO_2@W-VO_2 Thermochromic Thin Film for The Application of Energy Efficient Smart Windows and Energy Modeling Studies of The Produced Glass [J]. Construction and Building Materials, 2019, 218: 477-482.

[45] Liu H J, Jiang T, Wang F J, et al. Thermochromic Superhydrophobic Coatings for Building Energy Conservation [J]. Energy and Buildings, 2021, 251.

[46] Yu J, Gao Y, Xie Y. Study on Thermal Insulation Performance of Thermochromic Coating Roof in Hot-summer and Cold-Winter Zone [J]. Building Science, 2022, 38 (4): 79-84.

[47] Liu Y B, Wu Y, Ma Y F, et al. Reversible Thermochromic and Heat Storage Coating for Adaptive De/Anti-icing and Thermal Regulation [J]. Chemical Engineering Journal, 2024, 482.

[48] Liu B X, Mazo A R, Gurr P A, et al. Reversible Nontoxic Thermochromic Microcapsules [J]. Acs Applied Materials & Interfaces, 2020, 12 (8): 9782-9789.

[49] Ma X G, Wang L, Li L, et al. The Novel Thermochromic and Energy-storage Microcapsules with Significant Extension of Color Change Range to Different Tones [J]. Journal of Macromolecular Science Part a-Pure and Applied Chemistry, 2019, 56 (6): 588-596.

[50] 刘斌．涂层下金属腐蚀无损检测技术现状与进展 [J]．上海涂料，2012，50 (5)：53-55.

[51] Bryant D E, Greenfield D. The Use of Fluorescent Probes for the Detection of under-film Corrosion [J]. Progress in Organic Coatings, 2006, 57 (4): 416-420.

[52] 刘建华，李兰娟，张洪瑞等．基于荧光特性的铝合金腐蚀早期预测技术研究 [J]．腐蚀科学与防护技术，2007，19 (2)：141-144.

[53] Augustyniak A, Ming W Early Detection of Aluminum Corrosion Via "turn-on" Fluorescence in Smart Coatings [J]. Progress in Organic Coatings, 2011, 71 (4): 406-412.

[54] Dhole G S, Gunasekaran G, Singh S K, et al. Smart Corrosion Sensing Phenanthroline Modified Alkyd Coatings [J]. Progress in Organic Coatings, 2015, 89: 8-16.

[55] Dhole G S, Gunasekaran G, Ghorpade T, et al. Smart Acrylic Coatings for Corrosion Detection [J]. Progress in Organic Coatings, 2017, 110: 140-149.

[56] Maia F, Tedim J, Bastos A C, et al. Nanocontainer-based Corrosion Sensing Coating [J]. Nanotechnology, 2013, 24 (41): 415502.

[57] Maia F, Tedim J, Bastos A C, et al. Active Sensing Coating for Early Detection of Corrosion Processes [J]. RSC Advances, 2014, 4 (34): 17780-17786.

[58] 田合雷，刘平，郭小辉，刘彩霞，黄英．基于导电橡胶的柔性压力/温度复合感知系统 [J]．传感器与微系统．2015，34 (10)：100-103.

[59] Yuji J, Shida K. A New Multifunctional Tactile Sensing Technique by Selective Data Processing [J]. IEEE Transactions on Instrumentation and Measurement, 2000, 49 (5): 1091-1094.

[60] Kim S Y, Park S, Park H W, et al. Highly Sensitive and Multimodal All-Carbon Skin Sensors Capable of Simultaneously Detecting Tactile and Biological Stimuli [J]. Advanced Materials, 2015, 27 (28): 4178-4185.

[61] Liu S Y, Zhong L J, Tang Y T, et al. Graphene Oxide - Poly (vinyl alcohol) Hydrogel-Coated Solid-contact Ion-selective Electrodes for Wearable Sweat Potassium Ion Sensing [J]. Anal. Chem., 2024, 96: 8594-8603.

[62] 鞠熀先．电分析化学与生物传感技术 [M]．北京：科学出版社，2006：187-192.

[63] David Lloyd Williams, Alfred R Doig, Alexander Korosi. Electrochemical-enzymatic Analysis of Blood Glucose and Lactate [J]. Anal Chem, 1970, 42 (1): 118-121.

[64] 胡军．我国电化学血糖传感器的产业化发展 [J]．传感器世界，2008，12：6-11.

[65] Slater J M, Watt E J. Examination of Ammonia-poly (pyrrole) Interactions by Piezoelectric and Conductivity Measurements [J]. Analyst, 1991, 116 (11): 1125-1130.

[66] Segal E, Tchoudakov R, Narkis M, et al. Polystyrene/Polyaniline Nanoblends for Sensing of Aliphatic Alcohols [J]. Sensors and Actuators B: Chemical, 2005, 104 (1): 140-150.

[67] 黄俊龙，基于石墨烯的新型气体传感器研究 [D]．成都：电子科技大学，2015.

[68] 罗鸣，董飒英，程文华，李庆芬．pH 值与湿度的光纤传感器研究 [J]．分析科学学报，2007，23 (1)：25-29.

[69] 金伟中．荧光光纤 pH、pO_2、pCO_2 传感器的制备及其在血气分析中的应用研究 [D]．上海：复旦大学，2012.

第9章 热管理涂料

9.1 概述

9.1.1 热管理的基本原理

教学课件
9.1热管理涂料概述

热作为一种能量形式，影响人们生产生活的方方面面。例如，夏季时人们在户外往往难以避免地接受大量的太阳光辐射导致高温带来的不适；冬季时严寒地区的环境温度过低导致人们缺乏维持自身体温的能量；长时间高速运转的设备产生高温容易造成过高的工作空间温度。因此，在电力工程、化学工业、航天航空、制冷与消防以及日常生活等不同的环境条件下，需要对热的输入和输出进行调节和控制以保障基本的生存环境和工作效率，这一过程称为热管理。

热管理的基本原理主要为热传导、热对流及热辐射三种传热方式，在低温环境下，热对流与热传导为主要的热传递方式，在高温环境下，热辐射与热传导的方式占主导地位。

热传导是通过直接物理接触传递热量[1]，两个不同温度的物体中的粒子具有不同的平均动能，粒子在接触面的碰撞倾向于将能量从高温区域转移到低温区域。低温区域中的粒子在碰撞前具有较低的动能，但与接触面碰撞后其动能会增加。相反，高温区域中的粒子在碰撞前具有较大的动能，但与接触面碰撞后其能量会降低。

热对流是通过流体中分子的大量运动进行热传递的过程。物体和流体之间的初始热传递是通过传导进行的，但大量热传递是由于流体的运动而发生的。加热的分子从高温的地方移动到低温的地方，温度较高的流体其分子所占空间会扩大。与较冷的空间相比，加热后的空间密度较低，加热后密度较低的流体上升，取代密度较大、温度较低的流体，后者又沉入较热的区域。加热和冷却的液体或气体反复上升和下降，形成对流。

热辐射是通过电磁波的反射、吸收与折射传递热量的过程，是电磁辐射的一种特定形式。热辐射是物质中分子随机运动的结果，带电电子和质子的运动是电磁辐射发生的原因。电磁辐射根据波长可分为无线电波、微波、红外（IR）光、可见光、紫外（UV）光、X射线和伽马射线，它们都具有不同能量，根据波长的不同在可见光范围内显现出不同的颜色（图9-1）。热辐射是唯一一种不需要介质的传热方法，这意味着热量不需要直接接触或通过任何物质传输。地球和太阳之间的空间基本上是空的，不可能通过对流或传导进行传热，它们之间的热量是通过辐射传递的，地球在吸收太阳发射的电磁辐射时变暖。

9.1.2 热管理涂料的概念及其分类

热管理涂料（thermal management coating）是一种用于调节和控制物体表面热量的涂层材

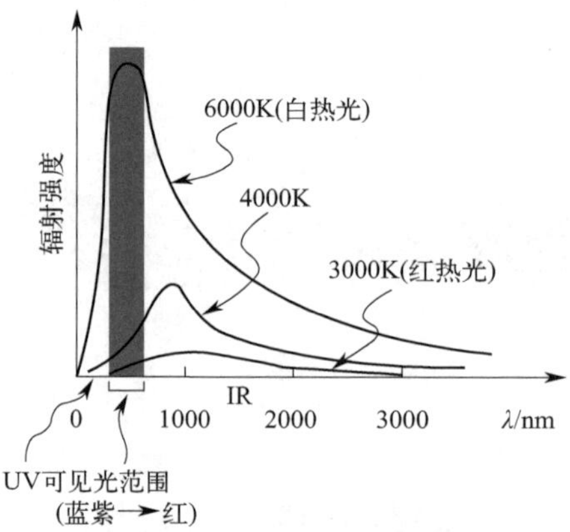

图 9-1 (a) 理想辐射器在三种不同温度下发出的电磁波波谱图

随着温度的升高，辐射发射的强度或速率急剧增加，光谱向可见光和紫外光部分偏移。阴影部分表示光谱的可见部分。很明显，随着温度的升高，向紫外光的转变使可见光的外观随着温度的升高而从红色变为白色再变为蓝色

料[2]。这些涂料能够通过吸收、反射、传导或散热等方式来管理热量，以达到隔热、保温、防止过热或降低温度等效果。通过热管理涂料，可以实现的功能有①减少能源消耗；②将保护对象内部的介质温度保持在恒定水平；③保护对象不受环境温度变化的冲击；④保护对象不受热变形；⑤保护人员和设备不受温度变化的影响。热管理涂料在航空航天、汽车、电子设备、建筑等领域具有广泛应用。热管理涂料可以分为隔热涂料、导热涂料、相变保温涂料等。

（1）隔热涂料（thermal insulation coating） 是一种能减少热量通过材料表面传递从而减缓热量传递到内部的涂层材料。根据工作原理可分为阻隔隔热涂料、反射隔热涂料以及辐射隔热涂料。这类涂料常用于建筑、车辆、电子设备等领域，以改善能源效率和舒适度。

（2）导热涂料（thermal conductive coating） 是一种能够有效传导和散发热量的涂层材料。其主要功能是增强物体表面的热传导能力，使热量迅速从高温区域传导至低温区域，从而有效地进行散热。导热涂料广泛应用于电子设备、汽车工业、建筑材料以及高温设备中，用于提高散热效率，防止设备过热。

（3）相变保温涂料（phase change coating） 是一种使用相变材料的潜热来储存和释放能量的涂层材料，能够在特定温度范围内吸收或释放大量的潜热[3]。当环境温度升高时，相变涂料中的相变材料通过吸收热量从固态转变为液态，反之，当温度降低时，材料通过释放热量由液态转变为固态。相变涂料主要用于调节温度、存储能量和节能减排。

上述的热管理涂料都在不同的环境和应用领域发挥着不同的功效，它们可以单独使用，也可以通过多层结构或者共混的方式实现其中两种及以上的功能，以满足不同的应用场景。

9.2 隔热涂料

9.2.1 热阻隔涂料

教学课件
9.2 隔热涂料

热阻隔涂料（阻隔型隔热涂料）是应用最为广泛的隔热涂料之一。根据传热机理，热量会通过热传导的形式传递到建筑物内部。热阻隔涂料通过抑制热传导，阻止热量在建筑物内部的传递来实现隔热的功能。热导率是评价热阻隔涂料功能最直接的参数。涂层的热导率越低，隔热性能越好。通常选

择低热导率的成膜物质或在基体中加入低热导率的功能性填料，以降低涂层的热传导，从而达到隔热的目的。

9.2.1.1 热阻隔涂料的作用机理

热阻隔涂料的作用机理是在涂膜中加入一些低热导率的填料，这些低热导率的填料往往是具有空心结构的低密度材料，对热传导有显著热阻抗。首先，空心结构起着延长和阻断固态传热通路的作用，由于气体的热导率远低于固体，热量在涂层内的流动倾向于在均质固体中进行，涂层内大量的空腔或空隙发挥着隔断传热的功能，其隔热机理如图9-2所示。其次，表面多孔的空心纳米材料还可以通过限制气体分子的运动，以削弱热对流，但限制的效果受到孔径的影响，根据克努森效应[4]，当孔洞的尺寸与气体分子的平均自由程相当时，气体分子几乎不能运动，此时能发挥最佳的隔热效果。

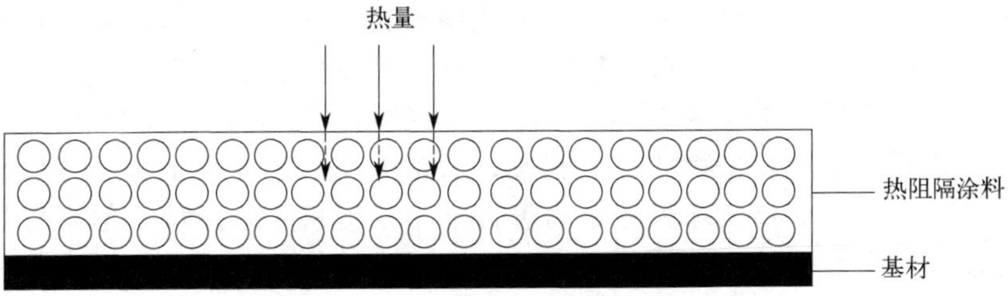

图9-2 热阻隔涂料隔热机理示意图

9.2.1.2 热阻隔涂料的填料

传统的热阻隔涂料的热阻隔涂层一般为厚膜涂层，且应用最为广泛的就是复合硅酸盐隔热涂层，主要以珍珠岩、海泡石、陶瓷空心球等热导率较低的无机空心材料为原料，但由于这些填料存在韧性差，容易剥落且影响涂层的力学性能等缺点限制了其应用的领域。虽然可以通过加入纤维增强材料来提高涂层的力学性能，但是由于涂层内部孔隙率较高容易吸水，涂层的使用寿命并不理想。近年来出现了更多隔热性能优异的功能性填料，比如二氧化硅气凝胶、空心微球、多孔无机颗粒、高分子微球等，这类填料通常质量轻、具有空心结构和低的热导率，如表9-1所示。通过基体树脂和隔热保温填料的共混和固化，形成致密的涂层，既能够起到隔热保温的作用也能够尽可能降低疏松结构对涂层防腐防水的负面影响。

表9-1 常见隔热填料的热导率[5]

名称	热导率/[W/(m·K)]	名称	热导率/[W/(m·K)]
空气	0.02	漂珠(粉煤灰空心微球)	0.04～0.08
水	0.6	硅酸钙	0.06～0.07
珍珠岩	0.02～0.05	中空玻璃微球(玻璃空心微球)	0.02～0.06
海泡石	0.04～0.06	中空陶瓷微球(陶瓷空心微球)	0.05～0.10
石棉	0.03～0.05	二氧化硅气凝胶	0.01～0.035
矿棉	0.034～0.041		

（1）硅酸盐类填料 主要包括膨胀珍珠岩、海泡石粉、蛭石等。膨胀珍珠岩是一种白色轻质具有封闭多孔结构的发泡颗粒[6]，主要由 SiO_2、Al_2O_3 及 Na_2O、K_2O 组成，200目以下粗颗粒的珍珠岩热导率比细颗粒珍珠岩小，但颗粒粗糙会影响涂层的光泽度，还会给施工带来困难和不便；海泡石的化学成分较为简单，主要为 SiO_2 和 MgO，海泡石的天然形态呈致密块状或纤维状，属斜方晶或单斜晶系，体质甚轻，收缩率低，可塑性好。

此外，天然与合成的纤维状硅酸盐基纤维状材料[7] 也被应用于阻隔型隔热涂料，纤维状的填料有着长径比大、比表面积大、密度低的特点，在降低涂料的热导率的同时还能增强涂层的结构强度。天然的矿棉如岩棉是由玄武石和其他天然矿石制成的，具有良好的隔热性能和防火性能；而玻璃纤维可以提供耐磨性和抗裂性，并同样具有良好的隔热性能和力学性能；合成的硅酸铝纤维又称陶瓷纤维，主要成分为氧化铝，具有重量轻、耐高温以及无毒的优点。

（2）空心微球　隔热空心微球是一种具有中空结构的微纳米球型填料，其壁材主要分为玻璃、陶瓷、金属、有机物[8]。空心微球内部的气体无法产生热对流，空心微球的热量传递主要方式为低热导率的静止气体的热传导与壁材的固态热传导，由于球形比表面积大的特点，热传递通路被大大延长。相比传统的多孔隔热涂料，空心微球填充的隔热涂料可以避免水分的吸收，同时涂层的孔隙率以及密度可以通过微球的加入量以及微球的核-壳比进行调控，此外，不同尺寸和不同壁材的空心微球也可以对涂料的性能产生影响。

玻璃空心微球是应用最为广泛的空心填料之一（图 9-3），其成分主要为二氧化硅与硼硅酸盐，玻璃空心微球的制备原料来源广泛因此制造成本低，有着耐高温与隔热性能良好的优点，但分散于涂料基料中时由于自身较大的脆性容易发生破裂；陶瓷空心微球和金属空心微球则会具备更强的抗剪切能力和强度，而且它们的熔点较高，也能提供较好的耐高温性能，陶瓷空心微球通过不同氧化物的烧结制成，通常可应用于高温工作环境如航天航空和高温锅炉的隔热涂料；有机空心微球虽然耐高温性能不如无机空心微球，但聚合物基的空心微球有着良好的韧性，作为填料分散于涂料中并不容易被破坏，此外，聚合物有着质量更轻以及与有机基体相容性良好的优势，目前较多被应用的聚合物空心微球主要有聚苯乙烯空心微球、聚甲基丙烯酸甲酯空心微球以及热膨胀空心微球。其中，热膨胀空心微球是一种特殊的填料，如图 9-4，其内部包裹着气体，受热时微球内部气体压力增大，热塑性壳体变软，使体积得以急剧膨胀，而气体仍保留在壳体内部，不仅可以用作隔热保温，还能起到阻燃防火的作用。Nouryon 公司开发的 Expancel® 热膨胀空心微球可以给涂料提供弹性、发泡效果以及隔热保温性能，Inca 公司就利用了 Expancel® 微球开发出一种持久防水、高弹性的屋顶凉爽涂层（Incatech Total），由于微球良好的阻隔性，该涂层可以在温暖的气候下将屋顶表面的温度降低到 15℃，有助于降低能耗，减少空调的供电需求。

拓展阅读 9-1
光聚合法高效制备聚合物空心微球用于隔热涂层

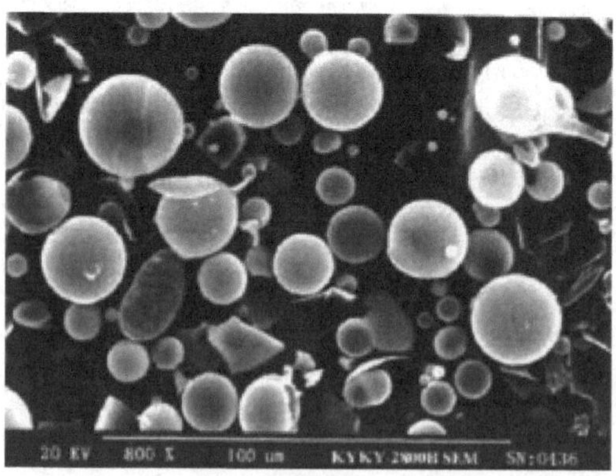

图 9-3　玻璃空心微球的电镜照片

（3）气凝胶　气凝胶自身是出色的隔热材料，其是由纳米多孔基质与无定形纳米颗粒（NBs）相互连接而成的具有无规则三维网络状骨架的材料，如图 9-5 所示，气凝胶是一种高孔隙率（≥90%）低密度（$0.03\sim0.3g/cm^3$）的新型材料，具备高比表面积（$500\sim1200m^2/g$）、高透明度（可见光透过率 99%）和极低的热导率［常温下 $\lambda<0.02W/(m\cdot K)$］。气凝胶是超临界条件下的溶胶-凝胶过程制备的，原料有二氧化硅、过渡金属氧化物、镧系

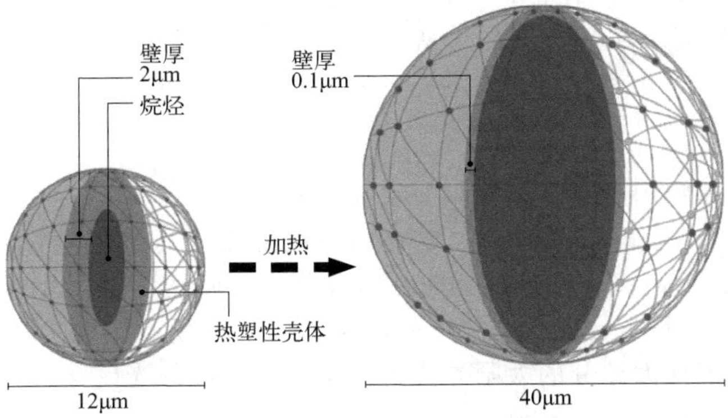

图 9-4　热膨胀空心微球受热时体积膨胀

元素聚合物、有机聚合物等[9]，最常用的为二氧化硅，其中硅胶约占体积的 3%。

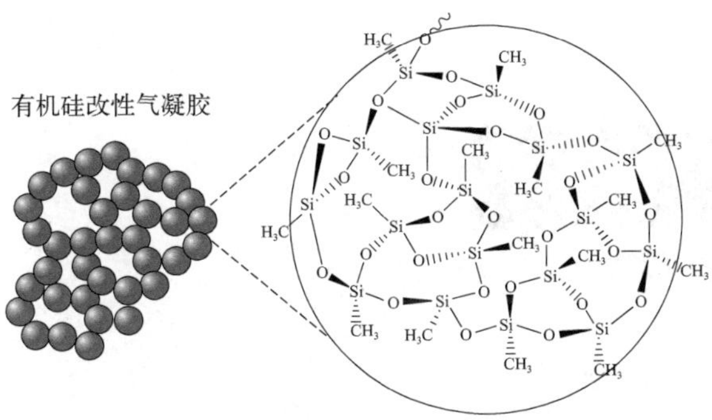

图 9-5　气凝胶的三维结构图[9]

但是，气凝胶的应用也受限于其较差的力学性能（强度低、脆性大）和较高的价格。因此，气凝胶很难被单独使用。作为涂料的隔热功能填料，既可以在弹性成膜物质的作用下，改善其力学性能，又可以为涂料提供隔热保温作用。气凝胶的热阻隔作用主要是热量只能沿着无尽的气孔壁进行传递，能量被不断消耗，热量在固体中的热传导能力被大幅度减弱，因此气凝胶骨架的极大地延长了固态传导的路径，且气凝胶的孔径皆为网络骨架相互连结所围绕而成的，一般为（2～50nm）的介孔尺寸，小于空气气体分子的自由程，限制了热对流的产生，并且相对高密度的气凝胶网络骨架有着更强的消光能力，对太阳光辐射有着较强的遮蔽能力。气凝胶应用于涂料时可使其热导率降低至 0.02～0.06W/(m·K)[8]，但也存在一些的问题，影响其在涂料中应用，如气凝胶容易吸水造成网络结构的塌陷，且其大的比表面积及高的表面自由能使其在涂料中容易团聚。

9.2.1.3　热阻隔涂料的评价指标

热阻隔涂料的评价指标主要为热导率与热阻，热阻集中于工业上对较厚的复合外墙涂料的绝缘性能判定，而在国内外更为广泛且普适的参数仍为热导率。性能优异的热阻隔涂料的热导率普遍要求在 0.2W/(m·K) 以下。

在 GB/T 25261—2018《建筑用反射隔热涂料》中对隔热涂料有着明确的规定，对于可以达到隔热保温效果的中间层涂料，2 级标准要求热导率在 0.08～0.15W/(m·K) 以内，而性能更好的 1 级标准则要求热导率在 0.08W/(m·K) 以下。而针对硅酸盐基的涂料也有 GB/T 17371—2008《硅酸盐复合绝热涂料》进行规范，该标准对不同干密度的疏水性硅酸盐复合绝热涂料在不同工作温度下的热导率提出了要求，A 等级（干密度≤180kg/cm^3）、B 等级（干密度≤220kg/cm^3）、C 等级（干密度≤280kg/cm^3）在低温（70℃±2℃）下分别需满足热导率≤0.06W/(m·K)、≤0.07W/(m·K)、≤0.08W/(m·K)；在高温（350℃±5℃）下分别需满足热导率≤0.10W/(m·K)、≤0.11W/(m·K)、≤0.12W/(m·K)。

此外，ASTM E 1980-11 中也提到了用于评估建筑外墙隔热性能的方法，涂料有效的隔热性能要求热导率在 0.02～0.06W/(m·K) 范围内。而 EN 15824 以及 EN 12667 则对隔热涂料的热导率分别要求在 0.05～0.07W/(m·K) 以及低于 0.1W/(m·K)。

9.2.2 热反射涂料

9.2.2.1 热反射涂料作用机理

热反射涂料（反射型隔热涂料）主要是通过反射太阳光来阻挡热量（图 9-6），在一定的波长范围内，反射率越高，涂层的隔热性能越好。太阳光波段分为 3 个光谱区域，如图 9-7 所示近红外光区（能量占比约为 56%）、可见光区（能量占比约为 41%）、紫外光区（能量占比约为 3%），因此大部分的太阳光辐射能集中于近红外光区与可见光区。

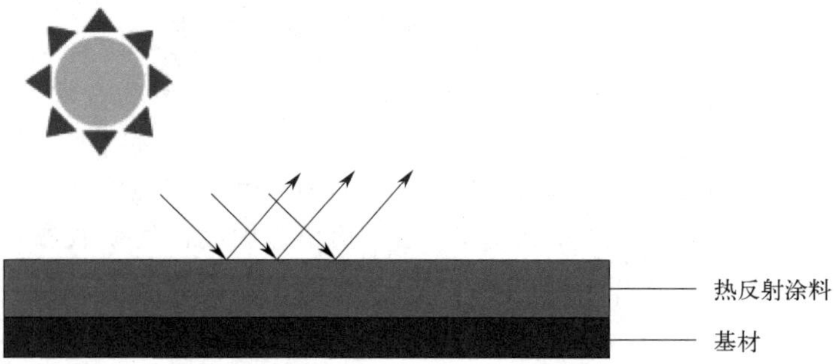

图 9-6 热反射涂料隔热涂层隔热机理示意图

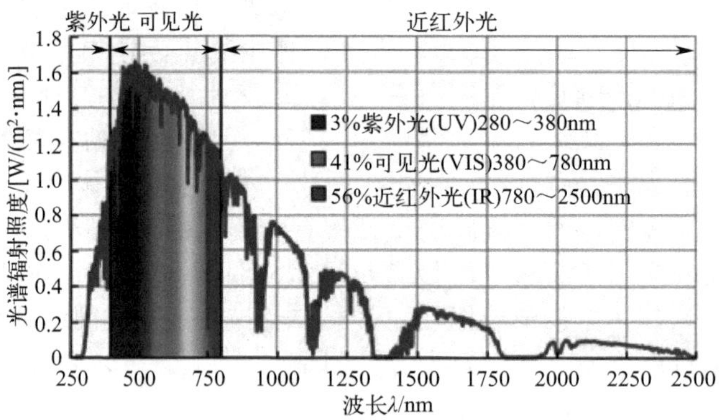

图 9-7 太阳光谱及能量分布[10]

根据光学原理，隔热涂层材料对光有反射（$R\%$）、吸收（$A\%$）和透过（$T\%$）三种响应方式，如公式(9-1) 所示。通常而言，隔热涂层一般为不透明涂层，说明涂层的透过率约等于零。因此，理想的隔热涂层要尽可能对可见-近红外光有较高的反射率和较低的吸收率。也就是说，涂层对可见-近红外波段的光反射率越高，吸收率越弱，物体内部的温度越低，涂层的隔热效果越好，从而达到降温的目的。通常情况下，通过挑选高反射率的功能性填料可以制备出性能优良的热反射涂料。

$$1=R\%+A\%+T\% \tag{9-1}$$

在以往的研究中，研究者们发现使用反射型涂层材料可以有效节约建筑物能耗。对于住宅建筑，使用热反射涂料可以在夏天使住宅能耗降低 12%～25%[11]，办公建筑能耗可以降低 5%～18%，商业建筑能耗可以降低 7%～17%。至今为止，热反射涂料已经工业化，并广泛应用于建筑物屋顶、海上钻井平台和储油罐等结构。

此外，热反射涂料在房屋建筑中的应用通常不受季节及气候条件的限制。在冬季，反射隔热系统通过将热量反射到室内，从而起到稳定室内温度的效果。室内温度可在 10～12℃范围内保持恒定，而外部温度在 4～16℃范围内波动较大。在夏季，反射隔热层可以阻止辐射热量进入室内，因此能够在一整天内保持室内温度在 23～27℃之间，而外墙表面温度为从上午的 17℃到下午的 32℃左右。这两个季节的稳定温度有助于减轻空调系统的热负荷，从而节省成本。

9.2.2.2　热反射涂料的填料

涂层反射性能跟涂层表面状态、树脂折射率、颜填料折射率等相关，常用涂料树脂的折射率相差不大，而颜填料之间、颜料和树脂之间的折射率相差较大，因此选择合适的颜填料是热反射涂料隔热性能优良的关键。根据菲涅尔公式[式(9-2)]，介质的相对折射率越大，对所有波段光的散射能力越强，因此选择折射率较大的颜填料是热反射涂料的制备关键。太阳光照射在涂层表面时，带有较高能量的可见光和近红外光会被填料所反射，减少涂层的传热。常见的高折射率填料多为白色的高明度颜填料，如金红石型二氧化钛与锐钛矿型二氧化钛，适用于高明度的涂料。

$$R=\frac{(n_2-n_1)^2}{(n_2+n_1)^2} \tag{9-2}$$

式中，R 为无偏振特性正入射光的反射率；n_1 为介质 1 的折射率；n_2 为介质 2 的折射率。

实际应用中，在满足美观的应用需求下，以及试图减少白色涂料带来的眩目等不良影响，采用的表层热反射涂料会呈现不同的颜色。彩色涂料赋予涂料颜色的同时，会造成可见光的吸收，降低太阳光反射率。因此，具有红外反射功能的彩色颜料或色浆可反射红外光，提高太阳光反射率，也称为“冷颜料”。深色涂料中常用冷颜料可有效提高太阳光反射率，降低太阳辐射吸收率。常用的冷颜料有氧化铁红、氧化铁黄、无机黑、钼红、酞菁绿和酞菁蓝等无机颜料[12]。高反射率的金属、金属氧化物、空心微球、粉煤灰等功能填料也常用于热反射涂料，这些填料可以通过选择性光吸收、反射、辐射和光电转化等方式隔热。

(1) 白色填料　常用白色填料与常用涂料树脂的相对折射率如表 9-2 所示，无机物的折射率远高于有机聚合物的折射率，因此常被应用作为反射型隔热填料。物体存在颜色的原因是其会吸收和反射可见光，当颜料全部反射照射在它们上面的光线时呈白色；反之，当颜料全部吸收照射在它们上面的光线时呈黑色，当物体只吸收部分光线而将其他可见光反射出去时，颜料就会呈现各样的颜色。此外，颜料的遮盖力同样影响其光反射的能力。对于白色颜料，由于几乎可以反射所有的可见光，光线难以透过颜料粒子达到涂层底部，而对于有色颜料，颜料的遮盖力是颜料粒子吸收某些光线并反射其他光线的能力，遮盖力大小由颜料和周围介质折射率之差决定。因此选择白色或浅色以及折射率高的颜料对涂料反射率的提高有着重要的意义。

金红石晶型和锐钛矿晶型的二氧化钛（又称钛白粉）是目前自然界中折射率最高的填料，金红石型晶体结构紧密，相对密度大，耐候性好，遮盖力高，着色力强，但颗粒硬。锐钛矿型晶体比较松软，白度高，易分散。在同等条件下，锐钛矿型的反射率普遍低于金红石型的。高明度的涂料采用钛白粉和其他普通白色填料即可满足太阳光反射率要求。低明度的深色涂料体系中，粒径较小的钛白粉（280nm 左右）对近红外反射作用有限，而红外反射型钛白粉的粒径较大，介于 500～1000nm 之间，能有效反射近红外光，跟普通钛白粉相比，涂层的太阳光总反射比提高，且颜色越深差值越大。

表 9-2 常用白色颜填料与常用涂料树脂的相对折射率

名称	相对折射率	名称	相对折射率
金红石型二氧化钛	2.76	硫酸钡	1.64
锐钛矿型二氧化钛	2.55	碳酸钙	1.63
氧化锆	2.40	中空玻璃微球	1.58
硫化锌	2.37	醇酸树脂/环氧树脂	1.46～1.50
氧化锌	2.02	丙烯酸酯乳液	1.44～1.48
硫酸铅	1.93	苯乙烯-丙烯酸酯乳液	1.41～1.48
氧化铝	1.76		

除了二氧化钛，氧化锌、硫酸钡、氧化锆、立德粉（主要成分为硫化锌与硫酸钡）、碳酸钙等白色填料也被用于辅助或替代二氧化钛。氧化锌（又称锌白）等金属氧化物由于质量轻、厚度薄、颜色浅、吸波能力强而成为吸波涂料研究的热点之一。此外氧化锌的耐候性良好，不易粉化，可改善涂膜的柔韧性和硬度，有清洁和防霉作用，也可作为紫外光吸收剂、固化剂或杀菌剂使用。Wang 等[13] 通过氧化锌与二氧化钛的复配，制备了具有近红外反射作用的织物涂层，应用于织物后发现隔热效果明显提升，并且在低用量和较短辐射时间下，氧化锌涂层带来的隔热性能优于二氧化钛涂层；而在高用量和长时间太阳光辐射下，二氧化钛涂层织物的隔热性能优于氧化锌涂层织物。

硫酸钡（又称钡白），有着质地细腻，白度高，耐酸、碱、光、热，润滑性和在涂料中分散性好的特点，制成的隔热涂料涂膜光泽度高、流平性好，常用于与钛白粉配合使用。而碳酸钙填料具有较高的白度和低成本的特点，虽然其反射率不如二氧化钛，但它作为体积填料发挥着经济型填料的作用，用于降低涂层的成本。立德粉（又称锌钡白），约含 30%的硫化锌和 70%的硫酸钡，其白度和遮盖力都高于氧化锌，着色力高，可提高涂料致密性和耐磨性，增强涂膜的抗老化能力，一般来说硫化锌的含量越高立德粉的品质越高，由于相比钛白粉更低的价格，常被用于替代钛白的隔热、防火组分。

氧化锆是一种高硬度、高热稳定性和高耐腐蚀性的高折射率金属氧化物，其在紫外光、长波、中波及红外光区反射率高达 85%以上，且随着光波长的增加而逐渐下降，独特的光学性质使得它得以应用于热反射涂料。Chen 等[14] 以纳米二氧化锆浆料制备了水性防腐隔热涂料，发现二氧化锆的加入不仅提高了涂层的太阳光反射率，同时降低了涂层的热导率，增强了涂层的致密性，改善了涂层的自洁性。

在白色填料中，滑石粉、玻璃鳞片、硅酸铝、云母等填料也可以通过自身的高白度反射可见光或近红外光，部分填料还能起到提高热稳定性、防腐性和耐候性等的其他作用，但这些填料大多作为经济型填料用于热反射涂层，自身并不能提供非常高的反射率。

（2）深色填料　目前太阳热反射隔热涂层一般是白色的，由于存在眩目以及人们对不同颜色审美的追求，这种涂层的应用受到了限制。因此，开发包括黑色在内的具有太阳高反射率的彩色隔热涂层显得至关重要。明度较低的具有反射红外光功能的深色或彩色填料被称为“冷颜料”，这些深色填料主要是能够在高温下保持颜色稳定且具有较高反射率。虽然没有白色填料的高反射率，但选择这些填料可以帮助涂料在可见光和红外光谱中实现高效的热反射，同时保持涂料的美观。

冷颜料大多数都是由几种金属混合物在经过高温煅烧（800℃以上）后化合而成，如氧化铁、铬绿、镍钛黑、钴蓝、铬钛粽、钛酸锶等，它们的主要成分是复合无机物，所以也叫复合无机颜料[15]。冷颜料具有良好的性能：极佳的耐候性、耐温性、化学稳定性，此外还具备较好的环保性能，其耐候性和耐酸碱性一般都能达到涂料要求级别中的最高级别 5 级，耐光性一般达到 8 级，比较适合应用在彩色热反射隔热涂料系统中。

美国干粉颜料制造商协会（Dry Color Manufacturers' Association，DCMA）对冷颜料进行了定义和分类，根据化学成分和晶体结构，可分为 14 种，其中常见的有 3 种类型：金红石型、尖晶石型和赤铁矿型。在保证着色的前提下，如何提高颜料的太阳光反射率成为生产制造的关键，同时由于其通常用于建筑外表面的涂装，因此必须兼备优异的耐候性和耐温度变化性能。美国 LBNL 实验室根据颜料近红外的反向散射测试结果，将所谓的冷颜料进行了分级，分别为强、中、弱近红外散射性颜料，代表的强、中、弱冷颜料如表 9-3 所示。

表 9-3　冷颜料分类

强近红外散射性填料（系数>1000mm^{-1},1μm）	中近红外散射性填料（系数 10～1000mm^{-1},1μm）	弱近红外散射性填料（系数<10mm^{-1},1μm）
	镉桔黄	铝酸钴蓝
	亚铬酸钴蓝、黄	二芳基黄
钛铬酸黄	钛酸钴绿	二氧化紫
氧化铬铁黑	钛铁棕	汉莎黄
钛酸镍黄	改性氧化铬绿	二萘嵌苯黑,酞氰蓝、绿
	钛氰红	喹吖酮红
	氧化铁红铁棕	群青

（3）金属基颜料　在早期的热反射涂料制备中，常用到高光泽的金属基材料，通过制备具有薄层金属的复合涂层或者直接将金属粉末作为填料添加到涂层中同样可以实现高反射率。不同的金属有着不同的光泽，这些独特的光泽来源于金属内的自由电子，当热射光照射到金属上时，金属表面的自由电子就会以与可见光相同的频率振动并将其吸收，从而使得入射光不能进入金属内部。与此同时，自由电子又因自身的振动而形成了振动频率相同的出射光，并从金属表面发射出来。金属的反射率与其成分和晶体结构有关[16]，并且随着光线波长的变化而变化（图 9-8），具有较高电子浓度的金属（如银和铝）更容易实现高反射率，紧密堆积的晶体结构也有利于提高反射率。作为金属层应用于热反射涂层时，往往优先考虑的是金属层的平整度，即低粗糙度高光泽的金属层更容易造成具备高反射率的镜面反射，而高粗糙度低光泽度的金属层则容易造成具备低反射率的漫反射。

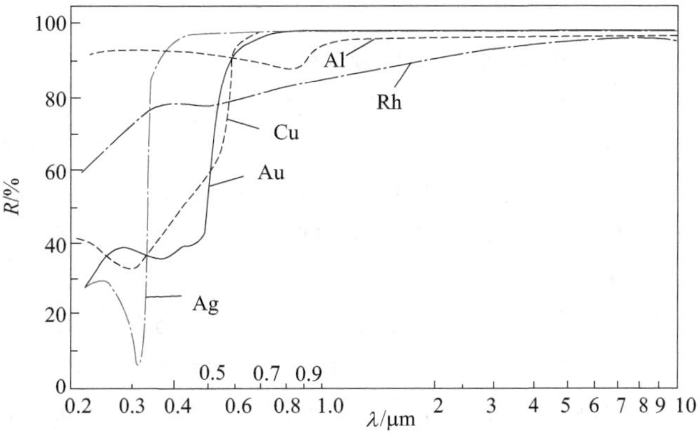

图 9-8　常见金属在不同波长的光线下的反射率[16]

应用于热反射涂层填料，常用的有铝粉、镁粉、铜粉、银粉、锌粉以及铁粉，这些填料的加入不仅可以提高复合涂层的反射率，还能增加涂层的耐磨性以及致密性。使用最为广泛的是铝粉，其在可见光与近红外光都有较高的反射率，含有铝粉的隔热涂料能有效地减少热量吸收。镁粉相比于常见的金属有着更低的密度，当面对构筑轻质隔热涂料的需求时镁粉是一个不错的选择。此外，具有抗菌作用的铜粉和银粉以及防腐作用的锌粉也会被利用于构筑多功能隔热涂层。然而，采用金属填料制备隔热涂层仍有一些局限性，其一是大多数金属的腐蚀会导致涂层的使用寿命缩短；其二是常用的高反射率金属有着较高的导热性，这也使得复合涂层的整体热导率增加；其三是不可再生的金属资源以及较高的成本同样会限制金属填料的批量应用。

9.2.2.3 颜填料状态对热反射的影响

除了填料种类会对涂层的热反射性能产生影响，填料的粒径、粒径分布以及颜料体积浓度（PVC）等因素也会影响其反射隔热效果。填料粒径越小，其比表面积越大，可以形成更多的反射界面，涂层遮盖力越强。

一般来说，填料粒径分布较窄时，所构筑的涂层颜色更均匀、平整度更高，具有较高的光泽度，从而提高了反射率。根据 Mie 理论，粒子的粒径为入射光波长的一半时其散射效率最高，意味着有更强的反射性能，由于太阳光涵盖 300～2500nm 的光谱，为了实现宽光谱的反射，目前的研究致力于开发反射填料宽粒径分布的反射隔热涂层。然而，在实际研发和应用中，细的纳米粒子（＜200nm）容易产生团聚导致不可控聚集体的生成；粗的微粒子（＞100μm）容易产生沉降从而影响涂层质量，因此将粒径分布控制在一定的范围内是关键的。

此外，涂料基料与填料之间的比例也是影响反射的重要因素。在 PVC（颜料体积浓度）＜CPVC（临界体积浓度）时，此时基料能较好地包裹填料，形成连续的涂层，此时的涂层的附着力、耐磨性、流平性和平整性较好，因此涂层的表面粗糙度相对较小，会有较高的光泽度。而当 PVC＞CPVC 时，基料不能完全补充填料粒子之间的空隙，并且固化过程中会产生收缩，二者相加导致了内部生成空隙以及表面形成较大的凹凸起伏，此时涂层的整体强度较小，并且会增加透气性，这并不利于涂层的耐候性，光泽度也会相对较小。当然光泽度仅仅是涂层反射率的一个影响因素，较高的体积浓度也会带来填料的反射性能的叠加，在提高涂层反射率时需要平衡二者。

9.2.2.4 热反射涂料评价指标

针对热反射涂料的评价标准集中在太阳光反射率与近红外光反射率的评定，目前我国对建筑领域的反射隔热涂料制定了一系列的标准，主要包括的国家标准有：GB/T 25261—2018《建筑用反射隔热涂料》；行业标准有：JG/T 235—2014《建筑反射隔热涂料》、JGJ/T 359—2015《建筑反射隔热涂料应用技术规程》、JGJ/T 287—2014《建筑反射隔热涂料节能检测标准》等。

大部分的标准通过太阳光反射比与近红外光反射比评判涂料的反射性能。以 GB/T 25261—2018《建筑用反射隔热涂料》与 JG/T 235—2014《建筑反射隔热涂料》为例，应采用带积分球的紫外、可见、近红外分光光度计或光谱仪精确测量材料不同波长的反射比。根据太阳光在热射线波长范围内的相对能量分布，通过加权平均的方法计算材料在一定波长范围内的太阳光反射比和近红外反射比。其中太阳光反射比定义为在 300～2500nm 可见和近红外波段反射与同波段入射的太阳辐射通量的比值，根据式(9-3) 计算得出；近红外光反射比定义为在 780～2500nm 近红外波段反射与同波段入射的太阳辐射通量的比值，根据式(9-4) 计算得出。

$$\rho=\frac{\sum_{\lambda=300\mathrm{nm}}^{2500\mathrm{nm}}\rho_0(\lambda)\rho(\lambda)S_\lambda\Delta\lambda}{\sum_{\lambda=300\mathrm{nm}}^{2500\mathrm{nm}}S_\lambda\Delta\lambda} \tag{9-3}$$

$$\rho=\frac{\sum_{\lambda=780\mathrm{nm}}^{2500\mathrm{nm}}\rho_0(\lambda)\rho(\lambda)S_\lambda\Delta\lambda}{\sum_{\lambda=780\mathrm{nm}}^{2500\mathrm{nm}}S_\lambda\Delta\lambda} \tag{9-4}$$

式中，ρ 为试板的太阳光反射比；$\rho_0(\lambda)$ 为标准白板的光谱反射比；$\rho(\lambda)$ 为试板的光谱反射比；S_λ 为太阳辐射相对光谱分布；$\Delta\lambda$ 为波长间隔，单位为 nm。

对于具有不同明度（L）的隔热涂料，标准对其反射比有着不同的要求。其中 GB/T 25261—2018《建筑用反射隔热涂料》对于反射隔热平涂面漆的功能性要求：明度低于 40 的涂层要求 0.25 以上的太阳光发射比、0.40 以上的近红外光反射比；明度处于 40～80 之间的涂层要求（$L/100-0.15$）以上的太阳光发射比、（$L/100$）以上的近红外光反射比；明度处于 80～95 之间的涂层要求（$L/100-0.15$）以上的太阳光发射比、0.80 以上的近红外光反射比；明度高于 95 的涂层要求 0.85 以上的太阳光发射比、0.80 以上的近红外光反射比。而 JG/T 235—2014《建筑反射隔热涂料》对于反射隔热平涂面漆的功能性要求：低明度（$L\leqslant40$）的涂层要求 0.25 以上的太阳光发射比、0.40 以上的近红外光反射比；中明度（$40<L<80$）的涂层要求 0.40 以上的太阳光发射比、$L/100$ 以上的近红外光反射比；高明度（$L\geqslant80$）的涂层要求 0.65 以上的太阳光发射比、0.80 以上的近红外光反射比。

国际上也有针对反射隔热涂料的评测标准，如 ASTM E903-20、ASTM C1483-04 和 ASTM C1371。其中 ASTM E903-20 是一种太阳反射率积分球测试方法，用于测定反射隔热涂料的太阳反射率，通过积分球装置测量涂层对太阳光的反射情况，是评估涂料反射性能的重要标准。ASTM C1483-04 规定了依靠反射太阳辐射来减少屋顶或外墙表面热量积聚的涂料的基本要求，要求太阳反射比＞0.8，半球发射率＞0.8，还对涂料的物理力学性能等做出规定。ASTM C1371 用于测量涂层在 8～13.5μm 波长范围内的辐射特性，以确定其半球发射率，表征涂料表面向外界辐射热量的能力。

9.2.3　热辐射涂料

不同于阻隔型与反射型隔热涂料延缓热传递的过程，辐射型隔热涂料（热辐射涂料）是通过吸收太阳辐射的能量转化为热能，再以电磁波的形式释放能量，从而降低温度，发挥主动散热的功能，因此辐射型隔热涂料也称为辐射冷却涂料。通过添加具有光发射性能的填料，辐射型隔热涂料可将吸收的太阳能通过电子跃迁和能级变化以中远红外热辐射的形式发射到空中[17]。

9.2.3.1　热辐射涂料的作用机理

自然界万物均存在辐射，物质的分子吸收了光子的能量，使分子产生振动和转动，从而让晶格和化学键振动产生碰撞，进而发出电磁辐射将能量向外辐射，从而实现主动制冷（图 9-9）。

辐射是物体由于具有温度而辐射电磁波的现象，也是热量传递的三种方式之一。一切温度高于绝对零度的物体都能产生热辐射，温度越高，辐射总能量就越大，短波成分也越多。热辐射的光谱是连续谱，波长覆盖范围理论上可从 0 直至∞。普朗克发现，温度高于绝对零度（−273℃）的所有物体都会辐射能量，随着物体温度的升高，能量以更高的频率或更短的波长辐射（图 9-10）。

根据斯特藩-玻尔兹曼定律，理想辐射体（黑体）发出的热量与绝对温度的四次方成正比，如式(9-5) 所示：

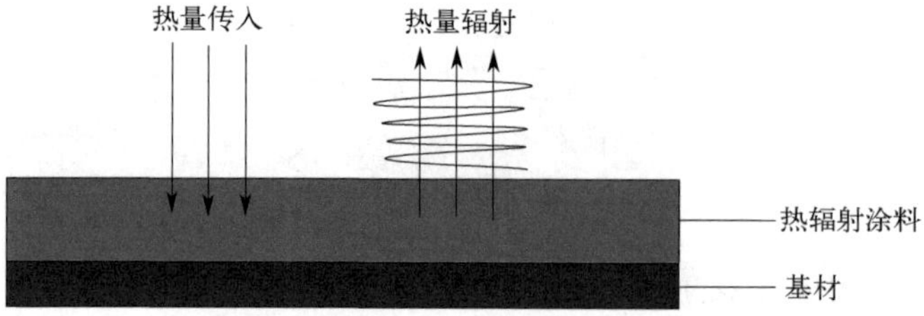

图 9-9 热辐射涂料的作用机理

$$E_b = \sigma T^4 \qquad (9-5)$$

式中，E_b 为黑体辐射总能，W/m^2；σ 为斯特藩-玻尔兹曼常数；T 为热力学温度，K。

在通常情况下，辐射体与周围环境温差较小，难以进行辐射散热。但研究者们发现，大气层对不同波长的太阳光透过率不同，且在不同波长透过率有很大的差异。在一些波段，电磁波几乎可以自由地穿过大气层达到大气层外部的冷空间，即使在日照期间也可以向外辐射热量，这些波段称为“大气窗口”。从图 9-11 的大气透过率可知，红外辐射主要有 2 个窗口，分别位于 3～5μm 波段和 8～13μm 波段，在这两个波段内，大气层对电磁波的透过率高且稳定[18]。地面上的物体可以直接通过大气窗口将自身发射的电磁波辐射到外层空间。

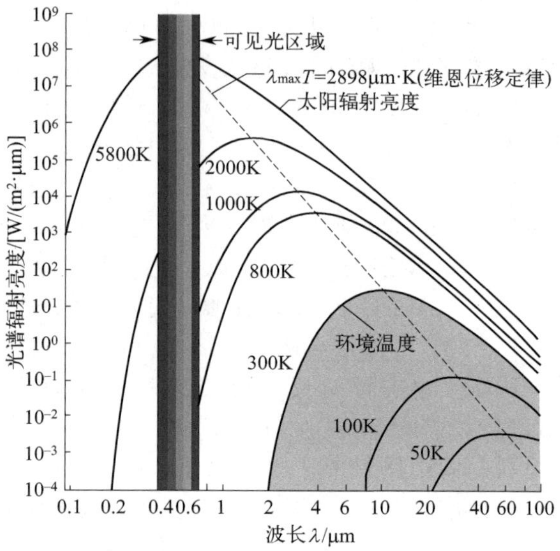

图 9-10 不同温度下黑体的光谱辐射亮度[10]

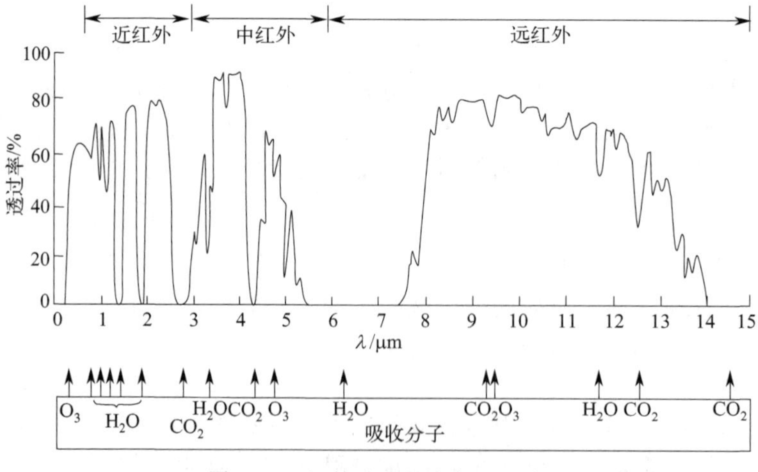

图 9-11 红外波段的大气透过率

然而，物体的自发辐射率难以直接测量，往往需要根据基尔霍夫定律[式(9-6)]进行测定。基尔霍夫定律用于描述物体的辐射率与吸收率之间的关系。辐射率是衡量物体表面以辐射的形式释放能量相对强弱的能力，一种物体的辐射率是其在一定温度下辐射的能量与同一温度下黑体辐射能量的比值。由于理想黑体的辐射率为 1，因此一切物体的辐射率均低于 1。

在热力学平衡的条件下，各种不同物体对相同波长的单色辐射率与单色吸收率的比值都相等，并等于该温度下黑体对同一波长的单色辐射辐射率。

$$\varepsilon=\alpha \tag{9-6}$$

式中，ε 为物体的辐射率；α 为物体的吸收率。

基尔霍夫定律表明，对于热辐射涂料，若要实现在大气窗口的红外高辐射率意味着涂层需要在 8～13μm 波段内有高峰吸收。从光谱学分析，由于辐射是吸收的可逆过程，在波数为 1250～770cm^{-1} 范围内的红外吸收的物质都具备辐射的能力，这些物质在吸收太阳辐射的光子后，光子的能量转变为分子的振动和转动，进而使晶格或化学键[19] 产生碰撞，这一过程使得所吸收的能量以红外辐射的方式发射到外太空的低温区，从而达到降低温度的目的。大多数高分子黏结剂或基质都是理想的红外辐射体。此外，一些红外辐射的填料也具备向外辐射的能力，其原理是填料中的电子在太阳光照射下温度升高，其内部的电子得到能量成激发状态，发生剧烈振动，导致外层电子脱离原来的轨道跃迁到较高的能位上；然而，电子在较高能位上是不稳定的，随时都有返回至原轨道的趋势，也就是从不稳定的较高能位回到原来的较低能位，在这一过程中电子每返回一次就会产生一个量子能并释放出辐射能，最终以红外辐射的形式散发出所吸收的能量[20]。

9.2.3.2　热辐射涂料的组成

（1）涂料基质　由于聚合物制备简单、成本低且能满足不同场景下所需的不同功能，大部分常温下使用的热辐射涂料都采用聚合物作为基质材料。聚合物发挥辐射的机理是其骨架或侧链中的化学键和官能团通过红外振动吸收进行发射，聚合物中官能团的红外区振动吸收是其发射的主要原因，不同的化学键振动在不同波段，若想实现高效的辐射隔热，需要保证聚合物基质中的红外振动吸收发生在大气窗口，其中指纹区的振动范围为 6.7～16.7μm[21]，覆盖了整个 8～13μm 的大气窗口[图 9-12(a)]，在此窗口内能产生振动吸收的聚合物可以用作辐射隔热涂料，如 C—O、C—N、C—F、C—Cl、Si—O 等的官能团的弯曲振动，使得含有这些官能团的聚合物可以实现热辐射。此外，C—C 键的骨架振动也发生在指纹区，因此大部分聚合物都能通过红外振动吸收实现热辐射。

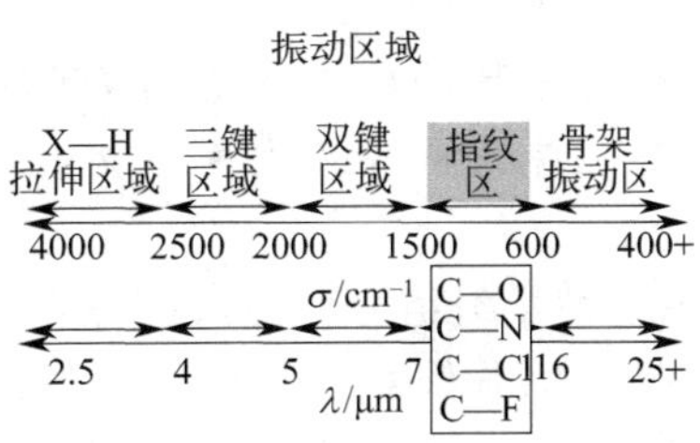

(a) 在指纹区具有红外振动吸收的官能团可以实现热辐射

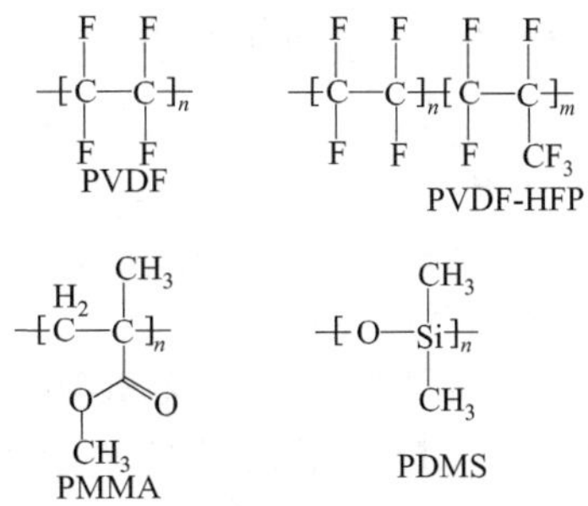

(b) 高性能热辐射涂料的聚合物基质及其结构式

图 9-12　高性能热辐射涂料的官能团及聚合物基质[22]

常见的热辐射涂料的聚合物基质有聚氨酯、环氧树脂、聚酯、丙烯酸树脂、聚酰亚胺，这些聚合物或多或少都含有 C—O、C—N、C—Cl 等的官能团。聚氨酯是一种常用的有机基体材料，具有较好的耐候性和柔韧性，常用于涂料中作为黏结剂，通过与无机填料的结合，涂层的附着力和耐磨性能被进一步提升，聚氨酯中的醚键的特征吸收峰在 1000～1250cm^{-1}，因此其在大气窗口有着一定的辐射率。而环氧树脂则是具有优异的附着力、化学稳定性和良好的电绝缘性，因此在热辐射涂料中作为基体材料时，能够提供更强的黏附性和耐腐蚀性。环氧树脂涂料适用于较为复杂的表面处理，同时具有较好的耐久性。环氧树脂中的环氧基团开环后形成的醚键本身具备一定的红外发射率，因此环氧树脂的环氧当量越高，所能提供的发射效率越高。此外，聚酯和丙烯酸树脂都常用的涂料基体，它们通过侧链或主链基团的红外特征吸收可以保持一定的红外发射率，考虑到聚酯材料的抗紫外吸收和耐热性、丙烯酸树脂的透明性和耐候性，它们常被运用于外墙的热辐射涂料当中。

除了纯有机聚合物，含硅、含氟等的树脂也会被运用到高性能热辐射涂料中，聚偏氟乙烯（PVDF）、聚偏氟乙烯-六氟丙烯共聚物（PVDF-HFP）、聚甲基丙烯酸甲酯（PMMA）、聚二甲基硅氧烷（PDMS）、聚甲基戊烯（PMP）、聚四氟乙烯（PTFE）等，结构如图 9-12（b）所示，由于在这些聚合物在主链和侧链中存在大量的 C—F、C—Si、Si—O、C—O 化学键，它们可以通过红外振动吸收高效辐射。此外，PDMS 和 PTFE 等树脂还能以低的表面能实现面漆的防污和自清洁性能，这也是前沿热辐射涂料研究关注的热点。

（2）功能填料　辐射功能填料往往以电子跃迁的形式实现热辐射，在太阳光辐射的能量输入下，辐射填料能通过电子轨道跃迁的形式被激发，当电子回归稳态时，能量得到释放，以红外辐射的形式发射，其中红外辐射出现在大气窗口的填料被用于热辐射涂料，这些填料包括了一些矿物复合原料、具有特殊晶型的过渡金属氧化物、介电材料、中远红外陶瓷粉和复合填料。

矿物原料有如锆英石（$ZrO_2 \cdot SiO_2$）、堇青石（$2MgO \cdot 2Al_2O_3 \cdot SiO_2$）[19]，通过有选择性地引入、掺杂或复合可增加红外辐射性能的物质。而具备尖晶石结构的过渡金属氧化物[23] 如 Fe_2O_3、CuO、CoO、MnO_2、Cr_2O_3，它们在 2.5～12μm 波段的红外辐射率较高，然而过渡金属氧化物由于颜色较深的缘故其吸热能力相比白色填料更强，深色的过渡金属氧化物往往采用与其他辐射填料复配的形式掺入涂层中。此外，一些半导体介电材料同样具有红外发射率，如 $BaSO_4$、$CaSO_4$ 和 $CaCO_3$ 等的碱土金属硫酸盐和碱土金属碳酸盐[24]，以及其他如 SiO_2、SiC 等宽禁带[25] 粉末，随着建筑涂料行业的发展，这些具备辐射能力的无机物逐渐被应用于市场；掺杂稀土金属的氧化物也是介电材料的一种，作为特殊的半导体材料，其是通过采用高辐射率的远红外辐射材料，加入含有稀土元素的活化剂，可提高常温下的发射率。氧化锡锑（ATO）[26] 是一种 n 型半导体材料，ATO 在建筑节能中的应用，特别是用于透明隔热，具有较高的可见光透过率和红外光发射率，可满足采光和隔热需要，氧化铟锡（ITO）也是一种具备高辐射率的 n 型半导体氧化物，同样的还有掺铝氧化锌（ZAO）。

除了自然界中原始无需加工的无机粒子，将多种发射组分煅烧成陶瓷粉或复合使用是构建高效热辐射涂料的策略。中远红外陶瓷粉[6] 是大部分辐射涂料中重要的组分，通过对天然矿石、过渡金属氧化物、二氧化硅、氧化铝以及微量无机金属等的材料通过混合或烧结等方式，可以获得高红外发射率的混合物，如 Fe_2O_3-MnO_2-Co_2O_3-CuO 系过渡金属氧化物红外辐射陶，该材料的常温红外辐射率达到 93%[27]。将以上一种以上的辐射组分填料制备的热辐射涂料，同样具有高红外辐射率，有如 CRC 推出的 ET-4 型红外辐射涂料，其主要成分是 ZrO_2、SiO_2、Al_2O_3；商用的还有 HRC 红外辐射涂料[28]，其填料主要成分是 CoO、Cr_2O_3、Fe_2O_3、MnO_2、SiO_2、Al_2O_3。

9.2.3.3 热辐射涂料的评价标准

热辐射涂料的性能评价标准多为半球发射率、辐射率，辐射型隔热涂料对涂层半球发射率的要求普遍在 0.8～0.85 以上，辐射率以高于 0.8 为佳。半球发射率反映的是涂层在固定温度下相对黑体的辐射能力，定义为热辐射体在半球方向上的辐射出射度与处于相同温度的全辐射体（黑体）的辐射出射度的比值，由于理想黑体的辐射率为 1，因此半球发射率越接近于 1 则发射水平越高。发射率的测试也可以采用积分球、辐射计法等方法进行测试[29]。

国内最早提及到半球发射率的标准是 GJB 2502—2006《航天器热控涂层试验方法》（现被 GJB 2502—2006《航天器热控涂层试验方法》替代），对涂层在 8～13μm 的发射率要求在 0.85 以上，其中“卫星热控涂层稳态量热计半球发射率测试法”详细介绍了半球发射率的测定，此方法中装置结构较为复杂，如图 9-13 所示，其原理是在处于较低温度的恒温量热计内，加载已知的能量以加热样品，为避免热对流与热传导对样品辐射换热的影响，量热计内为真空环境，受热样品仅通过表面辐射与量热计换热，当二者达到稳态时由已知加载能量与温度值可计算得半球发射率。由于该设备是军工装置，测试标准和仪器开发设备难度较高，因此民用涂层的发射率测试向便携式仪器和间接测试的形式发展。而 1984 年也提出了针对中、高温辐射涂料的要求，GB/T 4653—1984《红外辐射涂料通用技术条件》中规定了用于工业、农业生产的加热设备的热辐射涂料的法向全发射率应不低于 0.85，所采用的测试方法是根据许勤堂等[30] 提出的红外光谱法向发射率测试方法制定的，该方法以分离黑体法为原理，采用双光束自动记录红外光栅分光光度计为设备进行了测试研究。

后续在 JG/T 235—2014《建筑反射隔热涂料》标准中，也规定了隔热涂层的半球发射率要在 0.85 以上，在附录 C 中引出了“半球发射率的测定——辐射计法”。该方法测试的原理是加热探测器内置的加热源（包含主加热器和辅加热器），使探测器和试板之间产生温差（图 9-13)。该温差与试板的发射率呈线性关系，通过比较高、低发射率标准板与试板表面温差的大小，得出试板的发射率。这是一种间接的测试方法，借鉴了 ASTM C 1371-04 提出的便携式辐射率仪（图 9-14)。其中，现行的 ASTM C1483（2022）对建筑外部和其他结构的外部太阳辐射控制涂层（RCC）提出了发射率的要求，环境温度下红外发射率要求在 0.8 以上。通过带有积分球的傅里叶红外光谱仪也能测得涂层的辐射率，其原理是测试涂层在红外波段的反射率和透过率，再计算得涂层的稳态红外吸收率，即可转换为涂层的辐射率。

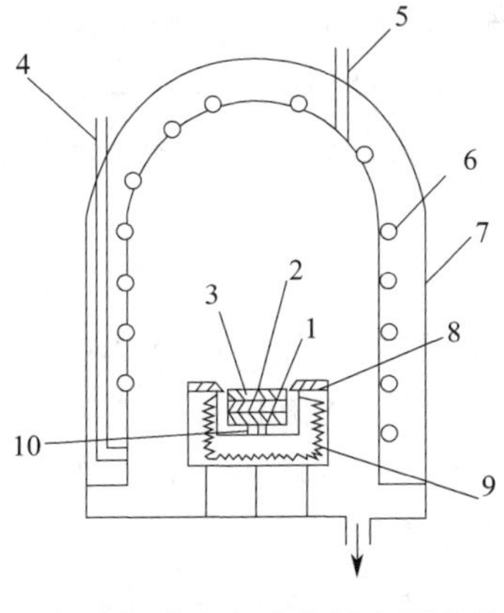

图 9-13 稳态量热计法半球发射率测定装置示意图
1—主加热器；2—均热板；3—试板；4—冷却介质入口；5—冷却介质出口；6—热沉；7—真空罩；8—压板；9—辅加热器；10—探测器

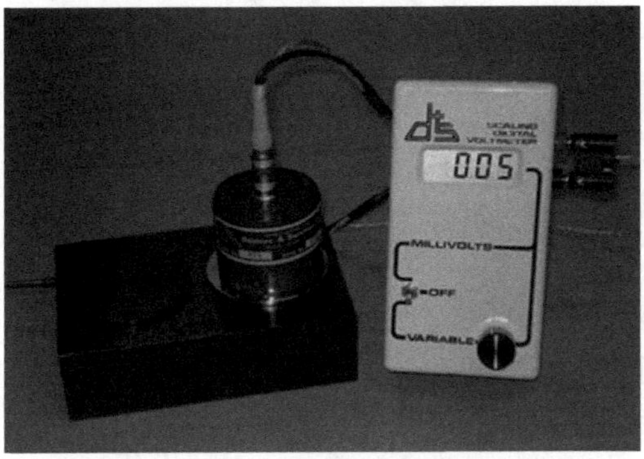

图 9-14 D&S 半球发射率测量仪

9.2.4 辐射制冷涂料

辐射制冷涂料是一种综合了反射隔热和辐射隔热技术的新型涂料，具备零能耗和高效的制冷特点。如图 9-15 所示，辐射制冷涂料有两个关键性能，其一是太阳光反射性能，与反射隔热涂料相似的是辐射制冷涂料需要在太阳光波段（0.3～2.5μm）下具有极高的反射率（ρ＞90％）以阻挡太阳光能的吸收；其二是中红外光辐射性能，辐射制冷涂料需要在大气窗口波段（8～13μm）达到较高的辐射率（ε＞90％）将吸收的热能以电磁波的形式辐射出去。辐射制冷涂料的核心是利用地球表面（约 300K）和外太空（约 3K）的巨大温差传递热辐射实现降温。自然界中同样存在着辐射制冷的现象，例如，北方秋冬季节清晨树叶的上表面常常结霜，并且霜层只会出现在上表面而不是下表面，这是由于树叶与太空进行辐射换热使得其上表面温度低于环境温度，导致空气中水汽在树叶表面凝结成霜。

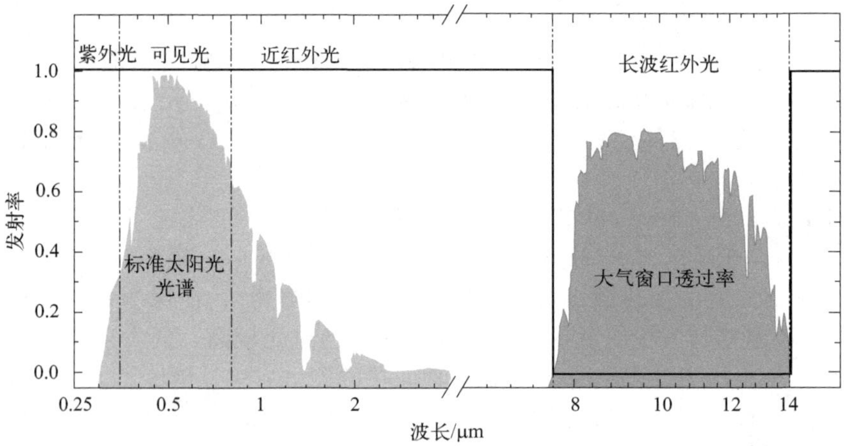

图 9-15 理想的辐射制冷涂料在太阳光波段内的高反射和大气窗口内的高辐射[31]

作为一种太阳能转换功能涂料，辐射制冷涂料相比其他辐射制冷材料（光子结构材料、金属-介电-金属复合材料、膜基超材料等）具有制备简单、成本低廉、应用方便等优势，因而展现出重要的科研价值和广阔的工程应用前景。辐射制冷涂料的研发和拓展方向集中于涂料的基质和填料，其中填料的种类、分布和形态对涂料的性能影响较大，为了实现辐射制冷涂料的严格光谱选择性，涂料的结构往往需要精密设计。

9.2.4.1 辐射制冷涂料的典型结构

辐射制冷涂料的主要的三种结构分别为复合多层结构、随机分散粒子结构以及多孔结构（图 9-16）[21,32]，而狭义的辐射制冷涂料往往是以随机分散粒子结构和多孔结构的形式被应用。在 9.2.2 和 9.2.3 所介绍的热反射和热辐射涂料中也介绍了其中的作用机理，辐射制冷涂料是二者的结合并尽可能性能优化，无论是聚合物基质还是填料或者结构的选择上都接近于反射涂料和辐射涂料的设计思路，聚合物和功能填料常常用作发射组分，而填料或涂层的特殊表面和内部结构则被用于提升反射效率，其中涂层的结构设计以及材料组成的参数优化是辐射制冷涂料发挥最大功效的关键。

（1）多层结构　多层结构是辐射制冷材料早期的应用形式之一，多层涂层（无机层）是一种一维的光子晶体结构，是由不同介电常数的材料交替层组成的典型光子辐射器，其原理

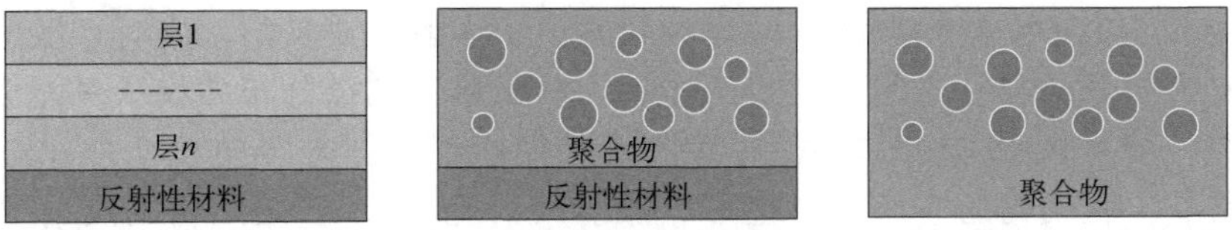

(a) 多层结构　(b) 随机分散粒子结构　(c) 多孔结构

图 9-16　具有不同结构特征的辐射制冷材料[21]

是：多层结构往往由发射层和反射层堆叠而成，折射率高的材料组成反射层，在大气窗口具有强吸收的材料组成发射层，此外相邻层之间的折射率不匹配会引起强烈的光反射[32]，同时从边界级联反射的波的干涉导致结构的选择性发射率，层与层的堆叠顺序和厚度经过优化后，增加了电磁辐射通过干涉传播的光路长度，从而实现光谱中红外区域的宽带发射率[33]。研究者[34] 们利用多层膜通过实验实现了全天的低于环境温度的辐射制冷效果，如图 9-17 (a) 所示，这种多层涂层由七层不同厚度的二氧化铪（HfO_2）和 SiO_2 交替层组成，沉积于 200nm 的 Ag 和 750μm 的硅晶片基底上，HfO_2 和 SiO_2 的前三层不同厚度的叠加通过材料的反射和辐射特性以及干涉效应组合发挥了热反射和热辐射的作用。底部四层厚度较小，用作协助优化太阳光谱反射率，高反射材料的 Ag 沉积在 Si 片上，最终实现低于日照环境温度下 4.9℃的冷却效果。相比昂贵的 HfO_2，TiO_2、Al_2O_3、Si_3N_4 等更经济的原料代替。Jeong 等人[35] 设计了一种优化的多层 TiO_2/SiO_2 结构[图 9-17(b)]，由于 HfO_2 和 TiO_2 的多层结构在太阳光谱中吸收较少而在红外波段在约 9μm 处有强吸收峰，因此可用作 HfO_2 的高效替代材料，通过优化反射层和发射层的层数、厚度及其厚度比，实现了在潮湿条件下（相对湿度 60%～70%）比环境温度低 7.2℃的温度。目前制备多层薄膜的技术有磁控溅射、原子层沉积、化学气相沉积等。然而，这些技术的应用复杂且昂贵，并且在多层膜的制备过程中，各层的厚度误差难以避免，这将大大影响多层膜的光学性能，此外金属层会随着应用时间的推移腐蚀，光学特性会产生变化。

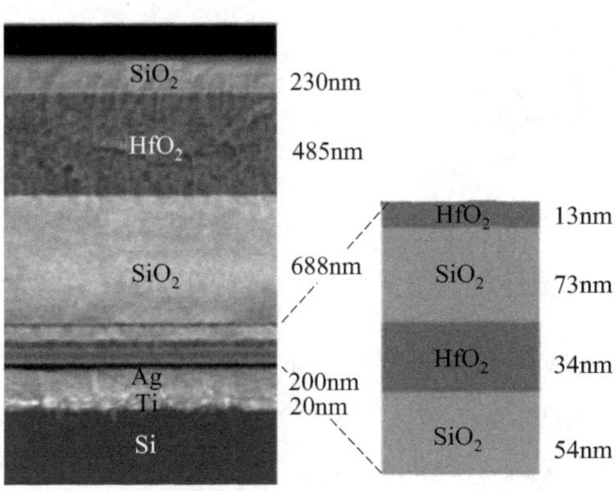

(a) 基于HfO_2和SiO_2的多层结构[34]

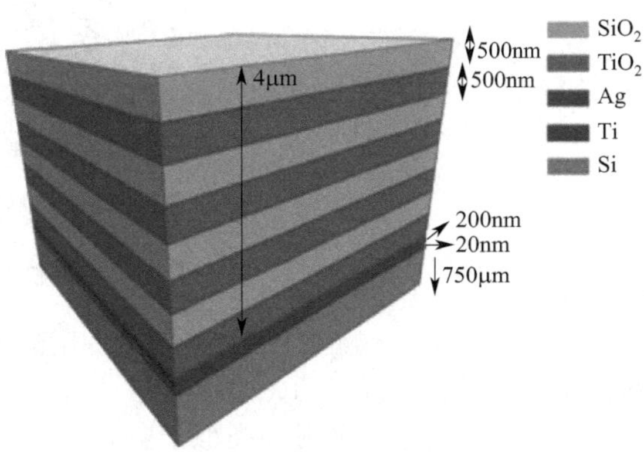

(b) 基于TiO_2和SiO_2的多层结构

图 9-17　多层结构的辐射制冷薄膜设计[35]

（2）随机分散粒子结构　相比于设计和制造复杂的光子结构，填料粒子随机分散于基质中的涂层结构制备更加简单便捷更易于扩大规模，以满足商业和住宅的大表面积需求。该结构的原理与反射涂料和辐射涂料同源：其一，高折射率的无机粒子如 TiO_2 可以折射涂层内部的光线，强烈散射太阳光，从而提高整体太阳光反射率；其二，粒子的粒径接近于入射光的波长时，会发生多角度的光散射，而当粒径略小于入射光波长的一半时，散射光集中于后向，这意味着大部分的散射光起到反射的作用，然而单一粒径分布的粒子只能集中散射单一波长的入射光，要实现 0.3～2.5μm 的宽带反射往往要填充粒径范围为 0.1～1.2μm 的粒子；其三，具有空腔结构的空心填料也可以散射入射光[36]，空腔结构的反射率提高源于折射率的转变。如图 9-18(a) 所示，入射光从高折射率的涂层基质进入到低折射率的空腔时会经历一个折射率突变的界面，这个界面往往是空心填料的壳层内外表面或者多孔腔体的壁，这会导致光线在腔体内发生多级的散射，根据菲涅尔公式[式(9-2)]，最终会形成高的反射效率。Yang 等[37] 研发了一种可规模化生产的辐射制冷涂层，在聚甲基戊烯（TPX）基质中随机嵌入 SiO_2 粒子[图 9-18(b)]，底部则是镀有厚 200nm 的银反射层，该材料可以反射 96%的太阳辐射，在大气窗口的发射率为 0.93。Li 等[38] 人制备了以 $BaSO_4$ 粒子为主要功能填料的丙烯酸复合涂层[图 9-18(c)]，由于具有较高的电子带隙，$BaSO_4$ 粒子在太阳光谱中有着较低的吸收率，同时在 9μm 处能产生吸收峰，最终涂料实现了 98.1%的太阳光反射率和 0.95 的大气窗口发射率，复合涂料的应用使其低于环境温度 4.5℃。

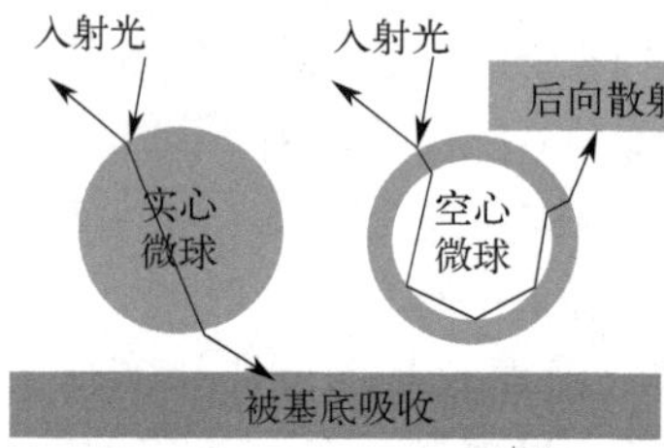

(a) 相比实心粒子，入射光在进入空心粒子后会发生多级散射[36]

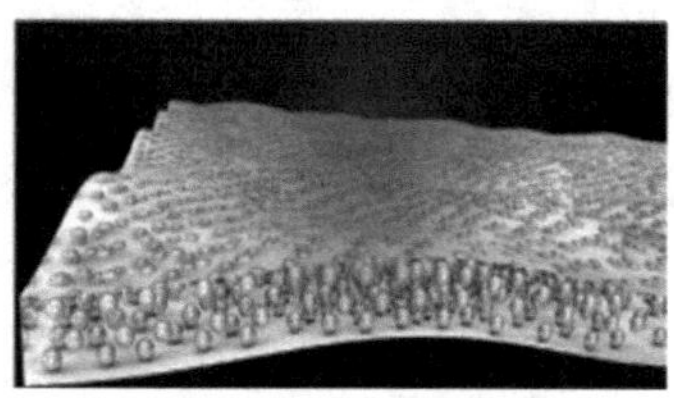

(b) 含有随机分布的 SiO_2 微球的辐射制冷涂层[37]

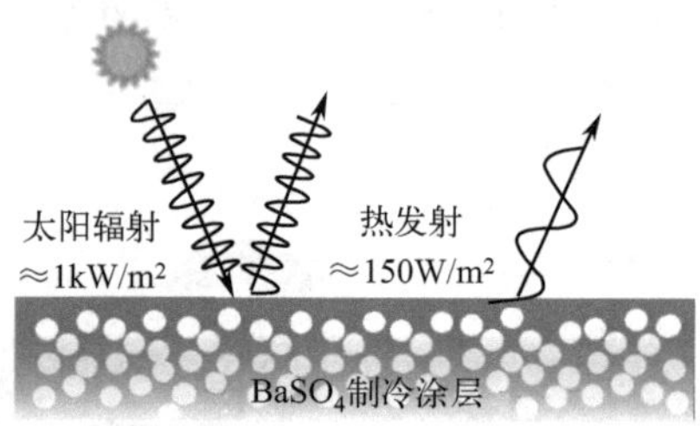

(c) 含有大量 $BaSO_4$ 粒子的辐射制冷复合涂层[38]

图 9-18 随机分散粒子结构涂层

（3）多孔结构 最近的研究表明，用聚合物中的光散射气孔代替反射金属层或者功能填料即可使光学性能提高到先进的水平[39]，并降低材料和环境成本。如图 9-19(a) 所示，其原理是纳米孔的米氏散射和类似于空心微球的空腔多级散射，同时涂层基质的红外辐射也能经由空腔的散射发生扩大，多孔涂层的孔径的分布和孔隙率往往是影响光学性能的重要因素。研究人员开发了一种基于溶剂蒸发诱导相转化的多孔辐射冷却材料[40]，其基质为高发射率的 PVDF-HFP，如图 9-19(b) 所示，溶剂和水蒸发后形成微孔和纳米孔。微孔的孔径为 5.5μm，纳米孔的孔径为 0.2μm，多孔结构涂层的太阳反射率为 0.96，热发射率为 0.97，在户外测试中这种材料使温度下降了 6℃。Wang 等[41] 开发了具有微孔阵列和随机分布纳米孔的分级多孔聚甲基丙烯酸甲酯（PMMA）涂层[图 9-19(c)]，这种分级多孔微纳结构使得材料具备 95%的太阳光反射率和 98%的红外高发射率，在没有金属反射层的情况下，涂层的日间冷却温度可以达到 5.5℃。

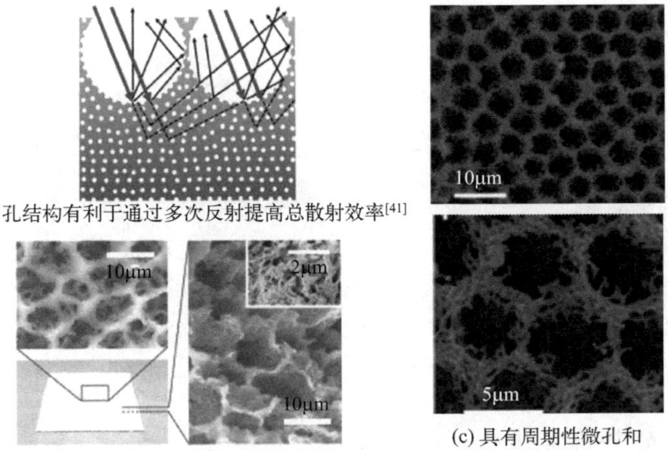

(a) 多孔结构有利于通过多次反射提高总散射效率[41]

(b) 多孔 PVDF-HFP 的扫描电镜图[40]

(c) 具有周期性微孔和随机纳米孔的PMMA涂层[41]

图 9-19　多孔结构涂层[41]

拓展阅读 9-2
光学超材料：用于高效被动日间辐射冷却的分层多孔聚合物涂层

综合以上辐射制冷材料的组成，对不同结构辐射制冷材料的成本、制造简易性、可拓展性、兼容性以及冷却性能进行比较，随机分布粒子的涂层和多孔结构涂层的应用更具备商业化前景并且具备可批量生产的潜力。然而，为了达到所需的涂层冷却性能，需要进一步设计和优化颗粒或空腔的尺寸以及它们的分布，以增强太阳反射率和发射率。

9.2.4.2　辐射制冷涂料的组分设计

上一小节提到的辐射制冷涂料发挥作用的组分主要是聚合物基质以及填料，聚合物基质主要起到辐射散热的作用，而填料主要可以同时实现反射和辐射的效果。值得注意的是，由于需要适配户外的使用场景，辐射制冷涂料往往也需要考虑耐候性和耐久性。由于 9.2.2.2 和 9.2.3.2 都详细介绍了聚合物基质和填料的种类和作用，这里不再赘述。

辐射制冷涂料性能的提升主要依赖于组分与组分之间的搭配以及结构设计，除了在特定波段有着特殊的光谱选择性，高性能的辐射制冷涂料往往不会只使用单一组分或单一尺寸的填料，因为这样难以实现宽太阳光谱的反射率以及宽红外发射率。在填料的选择上，其中最具代表性的还是以 TiO_2、ZnO 为首的反射型填料和 SiO_2、Al_2O_3 为代表的辐射型填料。反射填料要求有较高的折射率以实现高反射率，而辐射填料一般要求较大的带隙值以实现高辐射率，然而大部分的功能粒子的折射率和带隙值往往难以同时很高的水准[图 9-20(a)]，并且带隙值较小的粒子会引起太阳光波段的吸收，这会降低涂层的反射率。如图 9-20(b) 所示，TiO_2 虽然有着极高的折射率，但是其小的带隙值导致 TiO_2 在 0.4μm 左右的紫外光有一个强的吸收峰，结果是太阳光谱内反射率无法进一步提升。总之，辐射制冷涂层的成分应尽可能少地吸收太阳光，一般的性能优化策略是增加涂料中功能填料的含量或者增加涂层的厚度，然而在实际应用过程中还需考虑到辐射制冷涂层的使用成本和力学性能。因此在实际辐射制冷涂料的制备中往往使用复配的填料来实现高的反射率和辐射率，还可以使粒子的粒径也尽可能具备较宽的分布以提供宽带的米氏散射。

辐射制冷涂料的组成直接决定隔热性能，目前的研究逐渐融入阻隔隔热的组分，涂料不仅仅通过反射和辐射隔热，涂层内的空腔还能隔绝热传导，从而实现热传递的全面抑制，气凝胶填料、空心微球、多孔结构等形式都是辐射制冷涂料进一步提高隔热水平的重要发展

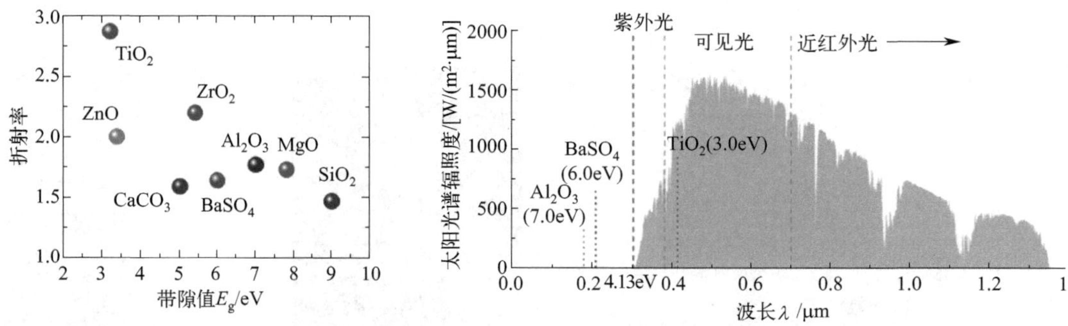

(a) 不同无机纳米粒子的折射率和带隙比较[42]　　(b) Al_2O_3、$BaSO_4$和TiO_2的带隙值以及太阳光谱[21]

图 9-20　功能粒子的折射率、带隙值以及太阳光谱

方向。

9.2.4.3　辐射制冷涂料的评价标准

在科学研究中，辐射制冷涂料最重要的指标无非是太阳光反射率和大气窗口发射率，上述章节也对反射率和发射率进行了阐述，高性能的辐射制冷涂料的太阳反射率和红外发射率往往都在 0.95 以上，甚至部分材料在特定温度和环境下能达到 1 的值。此外，净辐射制冷功率（P_{cool}）也是科研工作者所关注和用来对比涂料实际性能的指标。如图 9-21 所示，涂层表面的能量输入主要来源于太阳光的日照 P_{sun}，此外还有外部高温环境向涂层的辐射 P_{atm}，还有非辐射功率 $P_{con+cov}$，这部分输入是来自热传导和热对流的热量，通过输出的辐射制冷功率 P_{rad} 减去输入的功率既可以计算出净的辐射制冷功率[式(9-7)]。虽然净辐射制冷功率能准确地量化涂层的制冷效果，但是不同地域、气候的能量输入（日照强度、风速、湿度）时时刻刻在变化，这对不同输入功率的计算带来不确定因素，因此制冷功率的对比大多时候还需要和涂料的实际户外温差测试进行结合对比。

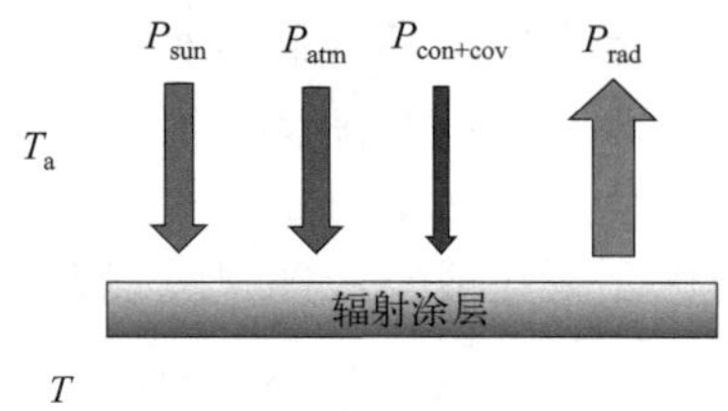

图 9-21　辐射涂层上能量输入与输出的示意图[43]

$$P_{cool}=P_{rad}(T)-P_{sun}-P_{atm}(T_a)-P_{con+cov} \tag{9-7}$$

在国内 T/CECS 10378—2024《建筑用辐射制冷涂料》的建筑工程标准对辐射制冷涂料进行了规范。主要对太阳光反射比、半球发射率和大气窗口发射率提出了要求，反射比要求不低于 0.82，半球发射率和大气窗口发射率分别要求不低于 0.88 和 0.92。太阳光反射比的测试与反射隔热涂料采用的标准 JG/T 235—2014 一致，均使用光谱仪测试并采取加权平均计算，而半球发射率则是采用便携式辐射计法，与辐射隔热涂料遵循的标准（JG/T 375—2012）类似，大气窗口发射率是使用红外分光光度计或光谱仪对涂料在大气窗口（8～13μm）的吸收率进行测试而得。

9.2.5　隔热涂料的应用场景

9.2.5.1　建筑保温

在全球能源消耗中，用于建筑的能耗达到 30%以上，其中用于制冷和供暖的能耗占建筑物能源消耗的一半以上。在目前我国积极推行碳达峰和碳中和的背景下，我国现有的 400 亿平方米建筑节能在持续推进，隔热涂料可以减少建筑物内部的能量损失，以达到节约能源的目的。建筑墙体节能技术主要有 4 种方式：外墙外保温、外墙内保温、夹心保温和内保温，目前占市场份额最大的是外墙外保温。现在应用于屋面工程中的保温隔热材料有聚苯乙烯泡沫塑料（EPS、XPS）、硬泡聚氨酯和气混凝土块等，但是保温材料 EPS 板极易燃烧，目前已经造成多起建筑火灾，又限制了其在高层中的应用。薄层且施工范围更大的隔热涂料在被广泛推行。在多个城市如江阴、上海、深圳等的不同民用和商用住宅建筑的外立面，有着外墙涂料的应用，特别是中高档住宅区，普遍采用以纯丙烯酸酯为主的乳液和金红石型钛白粉的复配精制而成的外墙面用漆，在长时间（5 年）的使用下依旧光洁如新。

Super Therm® 是 SPI Coatings 公司所研发的一种薄层绝热涂层。Super Therm® 以四种陶瓷粉为主要的功能填料，两种陶瓷粉主要起到反射紫外光和可见光的作用，第三种陶瓷粉可减少红外太阳热能的吸收，第四种则作为半导体发射组分进行辐射隔热。作为一种环保的隔热涂层，Super Therm® 涂层是 SPI 公司与 NASA 合作开发的，仅仅以 200μm 的涂层厚度即可发挥优秀的隔热性能，涂层的光学性质经由多个实验室验证。日本标准研究所测试的可见光反射率可达 92.2%、红外反射率可达 99.5%，俄罗斯学院对涂层的可见光反射率测试可达 95%，美国一实验室根据 ASTM E1269 标准对涂层在 100℃金属板上的传热系数进行测试，未涂漆的金属表面允许 367.20kJ/(m^2·h) 的热量通过板材，而涂有一层 Super Therm® 的金属金允许 4.0kJ/(m^2·h) 的热量通过板材。厂房外表面达 165000m^2 的日本横滨日产公司工厂（图 9-22）在 6 月份使用 Super Therm® 涂层后制冷用电量从 5647 度降至 1896 度，共计减少了 66.4%的耗电量。以辐射制冷为隔热机制的隔热涂料被大学生们用作车漆，隔热涂料提供了舒适的驾驶舱温度，这些学生也因此完成了横跨美国的壮举。

图 9-22　日本横滨工厂外表皮涂有 Super Therm® 涂层前后的照片

拓展阅读 9-3
辐射制冷涂料提供内部舒适温度

9.2.5.2　运输行业

隔热涂料在运输领域的应用主要为船舶、汽车和集装箱等行业，在隔热涂料的保护下可以延长货物的储存时间、降低燃油的消耗以及提高运输工作人员的舒适性和安全性。通过隔热涂料对汽车内部温度的保温，可以缓解车内的空调的能源消耗。而大型海洋船舶对保护的需求集中于保温、防腐和阻燃，涂料的强黏附力以及固化速度快相比于其他材料更加有优势。随着国内冷链物流的迅速发展，物流中能耗最大的两个组成部分是冷冻仓库与冷藏运输车，国内企业开发的水性硅丙乳液、二氧化钛和空心微球复合的隔热涂料如 ZS-211、ZS-221、ZS-220 被应用于冷藏车的中层漆和底漆。

Intertherm 50® 是阿克苏诺贝尔（AkzoNobel）公司研发的一款高温场景使用的热反射隔热涂料，这款涂料是一种基于铝填料的有机硅树脂涂料，仅仅需要 25μm 的厚度即可提供不错的隔热效果，在承受 540℃高温的同时通过反射红外光进行隔热。在 2020 年迈凯伦车队的赛事中，MCL60 赛车在发动机和排气管周围的关键部位采用了 Intertherm 50® 隔热涂层（图 9-23），赛车手表示涂有涂层的赛车，其驾驶舱内的温度相对更低，这有助于减少驾驶员因为高性能赛车运转时产生的高温带来的热射病的风险。

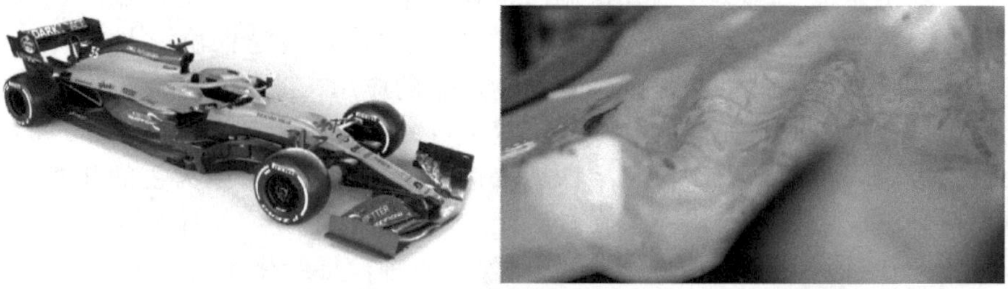

(a) 部分部件涂有反射隔热涂层的MC 60赛车　(b) 赛车底盘表面的25μm厚度的Super Therm®涂层

图 9-23　赛车用隔热涂层

9.2.5.3　化工/机械工业

化工原油都需要在储油罐中进行存放，大部分的储油罐缺少保温措施，少部分的储油罐则采用外包岩棉或内覆盖复合硅酸盐保温板，保温是为了储存和运输过程中原油不凝固以便于二次顺利卸油，以满足交油温度。在气候寒冷的地区，需要将原油加热至 70℃后，再加入储油罐辅以加热；而在气候炎热的地区，储油罐由于日照表面温度极高，这会导致严重的油气挥发。通过采用隔热保温涂料，可以降低维护成本，便于施工并延长使用寿命，实现节能的目的。此外，工业设备如锅炉、熔炉工作时会产生大量热量，通过在表面涂覆隔热保温涂料，可以减少热量散射，同时可以起到降低生产制造工作环境的温度，起到提高工人工作舒适度以及工作效率的作用。国内厂商志盛威华生产了一种集阻隔、反射、辐射于一体的隔热降温涂料，目前在新疆克拉玛依油田的储油罐以及国家粮库有广泛的应用。

Prosyneffex 公司开发的 Nansulate^{TM} High Heat 涂料是面向工业应用的基于热阻隔和热反射的隔热涂料，其是专门为金属基材设计的通用中高温隔热涂料，由于加入了大量的无机组分，仅 14μm 厚度的涂层能在－40～204℃的范围内有效隔热，其中中石化公司利用了这款涂料于 2012 年完成了一项冬季的燃油储罐保温项目。出于安全和节能的考虑，储罐内的温度必须保持在 68～72℃之间而冬季的东海平均温度仅为 13.4℃，中石化公司在海上燃油储罐的外壳使用了厚度为 1.2mm 的 Nansulate^{TM} High Heat 涂料进行隔热保温（图 9-24）。实验结果表明其隔热效果与 8mm 的岩棉的隔热效果相当，这大大降低了设备的维护和更换成本。此外，在隔热涂料的保温作用下，啤酒煮沸釜可以实现更快更高效的沸腾，这为啤酒生产节省了大量能耗。

拓展阅读 9-4
隔热涂料实现节能增效

图 9-24　1.2mm 厚度的 Nansulate^{TM} High Heat 涂料能有效对海上燃油储罐保温

9.2.5.4 航空航天

航空航天器在飞行工作时，受到发动机加热和蒙皮气动加热的作用，发动机舱温度会迅速上升，其中舱内安装的大量仪器设备的正常工作温度远低于舱外温度。此外，长时间工作的发动机产生的大量热量也会影响电子元器件的工作环境。舱内工作人员的航天服也对隔热和防辐射有着较高的要求，如果不对内部薄弱部位和人员进行保护，飞行器会在起飞、飞行以及降落过程中出现故障，同时无法保障飞行员的安全。隔热涂料在航空航天领域的应用相比民用与工业有着更高的要求，同时隔热涂料还广泛应用于卫星。2024 年，首架 C919 国产大飞机完成交付，其中提供机身整机外表的防护涂料厂商为阿克苏诺贝尔，通过应用了隔热、耐烧蚀、耐腐蚀等多种技术研发了新型的多功能性涂料。

Acktar White^{TM} 涂层是 ACM Coating GmbH 与 NASA 合作研发的一款高性能辐射制冷涂层，该涂料适用于太空，并用于众多卫星仪器。由于外太空温度、辐射等的各种环境条件恶劣，Acktar White^{TM} 涂层整体为无机组分，是通过真空沉积技术在铝基材上制备的薄（通常为 3～8μm）镀膜，能在−270～350℃下的环境正常工作，由于在很宽的波长范围内（EUV-UV、VIS、NIR）的太阳光谱有着较高的反射率，在中红外的大气窗口有着较高的发射率，涂层可用于增强或实现广泛任务中的被动冷却，特别是在航天器上，例如欧洲航天局（ESA）的旗舰水星任务的 BepiColombo 号飞船（图 9-25）。BepiColombo 号飞船需要对水星进行勘察，而航天器上装有数台经过精确校准的仪器，为了使这些仪器在恶劣的环境下（电离辐射、发射过程中的机械应力、高剂量且多次循环的热负荷、大量的太阳辐射等）正常工作，Acktar White^{TM} 涂层被用于通过反射太阳辐射实现被动冷却。截至 2024 年 10 月，BepiColombo 号已经对水星进行了 3 次飞越，这也验证了辐射制冷涂层对飞行器设备的热管理是稳定可靠的。

图 9-25 应用了 Acktar White^{TM} 辐射制冷涂层的 BepiColombo 号飞船完成水星勘探飞行任务

9.2.5.5 其他领域

拓展阅读 9-5 隔热涂料提供安全工作环境

除了上述领域，隔热涂料也被广泛应用于国防军事工业（帐篷、营房、战车、军舰、战机和导弹等）、石油化工（石油管道、油库、异型件等）、民用和工业领域（遮阳伞、仓库、太阳能发电板等）。

PPG 公司开发的 Duranar® XL 涂料是一款多功能绝缘涂料，它由底部的阻隔和反射层为主的底漆、彩色中间漆以及耐久面漆组成，其中隔热组分主要为 70%的聚偏氟乙烯（PVDF）和铝粉、红外反射填料，由于有着高的总太阳光反射率，拉斯维加斯 Allegiant 体育馆的外墙采用了这款涂料[图 9-26(a)]，实现了场馆内温度调节能耗的下降。为了减少船舶蒸汽管的热损失，隔热保温涂层可以用于减少蒸汽与船舱内部环境的热量传递，在节省能耗的同时可以提高工作人员的工作环境舒适度。

此外，Seal Coatings® 公司也开发了一些列的隔热密封涂料，如 Thermal-Shield Marine、Thermal-Shield IND、Thermal-Shield XT 等，分别适用于船舶隔热防护、工业热辐射屏障、外墙保温节能等领域，它们化学组成主要以水性丙烯酸树脂、陶瓷颗粒以及空心微球为主，组合起来可以起到辐射、阻隔和反射的隔热作用。其中 Thermal-Shield IND 工业用隔热涂料有着仅 5%的紫外光透过率，并且太阳光反射率在 75%以上，涂层在迪拜的夏季正午时能使得日照下屋顶内外表面达到 22℃的温差[图 9-26(b)]。研究表明，通过反射率的调节，辐射制冷涂料可以从隔热切换至加热模式，以实现实时的热管理功能。

(a) 隔热涂料对拉斯维加斯体育馆进行热管理　　(b) 隔热涂料在储罐表面

图 9-26　隔热涂料的其他应用领域

拓展阅读 9-6
可切换辐射制冷、制热涂层的发明

9.3 导热涂料

9.3.1 导热涂料的定义及其原理

教学课件
9.3 导热涂料

在社会的高速发展中，各种电子元器件区域轻质化、小型化和高效化，高功率的微型电子产品渐渐成为主流产品。然而这些高功率电子元器件的长时间工作会产生大量热量，若这些热量无法及时传递出去，将会导致电子产品及其零件温度过高，在降低工作运行效率的同时会大大缩短其使用寿命，影响电子产品的操作安全性和工作稳定性。在其他领域中，LED 灯也朝着高功率化的方向发展，但在其使用过程中，仅有约 20%的电能转化为光能，其余的电能均转化为热能，积累的热能导致了 LED 灯的发热从而降低了其寿命[43]。此外，高压输电线的使用过程中，输电线路连接点在遭受氧化、腐蚀或接触不良等原因会使接触电阻大于正常值，造成接头处温度过高，若散热得不到解决，会导致节点烧红或熔融。为解决这些生活和工作环境中的散热问题，需要散热技术的应用。

目前多采用被动散热和主动散热两种方式。被动散热主要是靠空气、风力等外力条件以热对流的方式散热，这种方式极度依赖于所处的外界环境，效果不稳定；主动散热则是通过采取加装风扇、增大散热面积等的方式实现，目前应用最为广泛的是翅片散热，但受体积、质量的限制，难以满足高功率电子元器件的散热要求。

近年来，研究者提出将涂层技术应用于器件的散热。相比于复杂的散热方式，涂料的便于施工与多功能性受到青睐，通过将散热涂料涂覆在高热流的不规则物体表面，依靠涂层的高导热、高辐射性可达到快速传热的目的。对于结构简单的器件，在表面涂上一层高导热涂层即可使内部产生的热量快速通过热传导和热辐射散发出去；而对于结构集成化的复杂部件，对各个器件和热沉（一种能够吸收和耗散热量的材料或装置[44]，其主要作用是将热量从发热部件传递到更大的散热面，以降低发热部件的温度）之间应用高导热涂层可以实现高效的散热。导热涂料的主要特征是较高的热导率和辐射率，固体内部的导热载体主要有电子、声子、光子[43] 三种。对于良好的导体如金属往往因为电子的自由移动具有较高的热导率，而对于不良导体如高分子材料，其导热载体主要是声子，通过晶格的和化学键的振动进行热传导。在不同的应用场景不同的散热需求下，会应用不同的材料以及对它们进行复合使用。

在 20 世纪中期，随着航空航天技术的发展，科学家们开始探索如何提高材料的热稳定性和导热性，通过利用陶瓷和无机金属涂层，使得燃气涡轮在 1150℃下仍能正常工作。进入 21 世纪后，高导热的材料如金属和高度取向聚合物被用作散热涂层，这些材料不仅提高了导热性，还提升了耐磨性和耐腐蚀性。后来随着材料学的进步，轴向高导热的材料如碳纳米管、高辐射率材料如红外陶瓷粉等被应用于导热涂层，散热效率进一步提升。

导热涂料的基本特性主要包含：

① 热导率：导热涂层旨在最大化这一特性，根据材料的不同，热导率可以从几 W/(m·K) 到几千 W/(m·K) 不等，高的热导率可以避免热量的累积；

② 电导率：导热涂层常常含有金属组分，高的电导率在提高散热效率的同时，可以使散热层和电气连接时能有效传导电流；

③ 附着力：导热涂层往往需要面对温度变化较大或高温的工作环境，保持涂层在高温或高应力条件下不脱落要求涂层良好的附着力；

④ 耐高温：在高温的工作环境下，涂层的耐高温性能是它的一个关键指标，高性能的导热涂层能在高温下保持其物理和化学性质不变；

⑤ 致密度：导热涂层的应用过程中，尽量减少缺陷和空隙是至关重要的，空隙的存在会大大降低涂料的导热能力，通过减小黏度和采用适当的涂覆方式可以减少空隙的产生；

⑥ 厚度和均匀性：由傅里叶导热定律可知，较大厚度的材料会造成导热热量的缓慢传递，因此导热涂层一般有着较小的厚度，同时材质均匀的涂层有利于热量的均匀分布从而提高导热效率，避免了热点的产生。

9.3.2 导热涂料的分类

9.3.2.1 根据材料组成分类

导热涂料可根据基料分为金属基导热涂料与非金属基导热涂料。由于金属的良好导电性，早期的导热涂料都是以金属为主的，常见材料的热导率如表 9-4 所示。金属的热导率较高，如铝基和铜基涂层目前也被广泛应用于需要快速散热的场景中，但由于不可再生资源的过度开发，单纯的金属基的导热涂料的应用仍有很大的限制。并且金属基导热涂层辐射率较低，不能通过热传导以外的换热方式进行换热，在高温工作环境下其散热能力并不能进一步提升。此外，金属基涂层的施工方式有限、金属自身的不耐酸碱不耐腐蚀等问题仍有待解决。

表 9-4 室温下部分材料的热导率

名称	热导率/[W/(m·K)]	名称	热导率/[W/(m·K)]
Ag	417	BeO	240
Au	315	Al_2O_3	30
Al	240	Si_3N_4	180
Fe	63	BN	290
Cu	398	AlN	300
MgO	36	SiC	80～120
石墨	209	多壁碳纳米管	3180
石墨烯	4840～5300	单壁碳纳米管	3500

除了金属基导热涂料，通过将陶瓷或高分子聚合物用作黏结剂，加入高导热填料制成为主流的导热涂料。一般的高分子材料本身热导率较低，但通过添加热导率高的金属氧化物、金属粉末或轴向高导热等的高导热及高辐射填料可制取高导热复合涂层。为了强化辐射散热，高辐射组分的加入可使涂层有效散热，如隔热涂料、热辐射涂料章节所述，一些金属氧化物、氮化物填料（Al_2O_3、SiO_2、SiC）的发射率较高，具有高发射率的过渡族金属氧化物如 Fe_2O_3、MnO_2、CuO、CoO 也常用作制备高发射率涂料的填料。

高热导率的填料主要可分为金属类、金属氧化物/氮化物、炭类三种。金属类填料如 Cu、Al、Ag 等可在涂料集体中互相搭接形成导热网络，从而形成提高导热的导热通路。铝粉的加入可以使涂料的热导率提高到 1～10W/(m·K)，铜粉的热导率更高，作为填料可使涂料的热导率提高至 2～20W/(m·K)，而银粉作为导热性能最好的金属粉末，用于高端导热涂料可使其提高至 10～50W/(m·K)。金属填料热导率虽然高，但其不耐酸碱、密度大、抗腐蚀性能差，且发射率低，铜铁等金属的密度较高，添加后会大大增加涂料的质量，难以应用于轻量化要求较高的设备，而金银等金属价格昂贵，难以批量应用，目前以金属填料制备散热涂料已大大减少。

氧化物中金属氧化物的填料主要有 SiO_2、ZnO、MgO、BeO 和 Al_2O_3，金属氧化物中的离子键具有一定的刚性，这种结构有助于声子的有效传播，导致较高的导热性，Al_2O_3、ZnO、MgO 等填料添加到涂料后可使涂层的整体热导率达到 1～20W/(m·K)，同时这些陶瓷类的氧化物可以通过热辐射散发积累的热量。相较于金属氧化物，金属氮化物的热导率相对较高，应用最为广泛的有 AlN、BN、和 Si_3N_4，氮化物的高热导率主要源于它们独特的晶体结构和化学键性质[45]。氮化硼（BN）和氮化铝（AlN）中的原子之间存在强烈的共价键。这种强共价键不仅使得材料具有高的机械强度，还增强了热量通过晶格的传播效率。共价键越强，原子振动（声子）之间的相互作用越强，声子能量的传递就越高，热导率也随之提高。此外 AlN 和 BN 具有六方结构，这种对称且紧密排列的结构有助于热量的均匀传导，这种结构中的每个原子都紧密排列，减少了声子散射，加之其独特的层状结构，能有效地将热量从一个层传递到另一个层而不导致明显的散射，因此具备出色的导热性能，可使得导热涂料的热导率提高至 5～20W/(m·K)。此外，SiC 以其较高的热导率和热稳定也被应用于导热涂料中。

图片
石墨烯导热膜

石墨、炭黑等炭类材料具有优异的导热性能、导电性能、热稳定性和耐腐蚀性能，同时重量轻，适合应用于需要轻量化的设备[45]。近几年研发的碳纳米管和石墨烯等纳米材料则进一步提升了材料的导热性能。石墨具有层状结构，每层由碳原子以六角形排列形成的蜂窝状晶格构成，这些层通过弱的范德华力结合，而层内的碳原子通过强共价键结合。由于这种结构，石墨在层内（面内）方向上的导热性非常高。而新型的纳米炭材料有着更高的导热性能，石墨烯是一种单层碳原子组成的二维材料，导热性极佳，其热导率可以超过 5000W/(m·K)。碳纳米管（CNTs）具有单维、管状的碳原子排列，其导热性能在轴向非常优异。单壁碳纳米管的热导率可达到 3000W/(m·K) 以上，是目前已知材料中最高的之一。这些炭类填料的加入可使导热涂料的热导率达到 30W/(m·K) 左右，这一性能使其适用于高性能电子期间的散热。

除此之外，将不同种类或不同尺寸、形态的填料进行混合填充，可以充分利用不同填料在形状、粒径上的优势，形成互补，使混合填料之间相互搭接，在基体中更快形成导热网络，在较低填充量下能较好地提高复合材料的导热性能。利用不同填料之间的协同效应，亦能有效提升涂层的导热性能。

9.3.2.2　其他分类

导热涂料还可以根据热导率和工作环境进行分类，不同程度热导率的涂层可以应用到有不同散热需求的场景中。导热涂料可分为中低温导热涂料和中高温导热涂料。中低温导热涂料主要由有机树脂（如环氧树脂、丙烯酸树脂）和导热填料（如氧化铝、金属粉末、石墨）组成。中低温导热涂料的热导率在 0.5～10W/(m·K) 不等，这类涂层适用于一般的散热需求，通常用于消费电子产品和功率中等的设备如一些电子元件、普通家用电器外壳和建筑材料。这类涂料的主要目的是在较低温度下通过适度的散热来维持器件或表面的温度的稳定性，通常的工作温度在 200℃以下。而中高温导热涂料通常采用耐高温树脂（如硅树脂、聚酰亚胺）和具有更高导热性的无机填料（如碳化硅、氮化铝、氮化硼）或者金属涂层[46]。中高温导热涂料的热导率在 10W/(m·K) 以上，这类涂料在更高温度（200℃以上）下依旧能迅速有效地散热，在高温下保持稳定的结构和高效的导热性能不会分解或失效，适用于要求严格的散热环境如高温工业设备、汽车发动机排气系统、航空航天器和石化设备等。

图片
1. 散热涂料的应用
2. 导热凝胶的应用

根据涂层的形态还可以将导热涂料分为导热膏/导热脂、导热垫片、导热凝胶、导热灌封胶。导热膏呈液态或膏状，在一定压强下可以在两个固体表面形成薄膜，基体主要为硅酮或者烃油，辅以导热填料，其填充范围为 0.25～0.5mm，由于自身的液态和与基材良好的润湿性，有利于空气的排除，因此可以有效提高整体的导热性能，但由于具备流动性，易出现溢油现象，需要定期维护；导热垫片是一种以硅橡胶为基体、添加高导热填料合成的片状界面导热材料，主要用于发热元器件和散热片或金属底座之间的空隙，其填充范围为 0.1～1.0mm。导热垫片通常用于部分不方便涂覆导热膏的部位如主板电源、二极管等不扁平部分，此外，需要与多个不同部件接触的情况下，导热垫片也比导热膏应用效果更佳；导热凝胶兼具导热膏和导热垫片的优点，在使用时为液体膏状，此时流动性好，亦可在装配后逐渐硫化，还可以设计成高触变性的导热凝胶，在较小压缩力下也无明显流动，其填充范围为 0.1～2.0mm；导热灌封胶多为双组分胶，其在未固化前为液体状，通过流动性完成电子元器件各个部件的组装、键合、环境隔离等封装操作的填充，在固化后还可以起到防尘、防潮、防震等的防护作用，其填充范围为 0.1～2.0mm。

拓展阅读 9-7
导热灌封胶在微电子设备领域中的应用

9.3.3　影响导热性能的因素分析

热导率的高低受多种因素的影响，主要包括以下几个方面。

9.3.3.1 填料与基质类型

在上一节中提到的填料在很大程度上影响导热涂料的导热性能。纯金属填料的热导率较高而且无需复杂的合成步骤，但在填充于基质中会提高涂层整体的反射率，不利于光的透过。陶瓷类的金属氧化物填料热导率相较金属填料略低但部分填料具备红外辐射的能力。新型开发的炭类材料在特殊结构下有着比金属填料更高的热导率，并且有着较强的吸热吸光能力，这会利于涂层的热传导。这些填料可以通过复配的方式添加到涂层中从而提高涂料的综合导热性能。

相较涂料中的填料，涂层的基质对其热导率影响也很大。金属基涂层的主体为金属，通过对不同金属的复合或合金化可以提升涂层整体的导热性能，并且金属材料的导热机制主要是其内部的电子活动，在高温下电子运动更加剧烈，这会导致其热导率的提升。日常生活中运用的更多为聚合物基的复合导热涂料，由于聚合物本身的热导率较低[<2W/(m·K)]，其更大的影响因素为填料以及填料的形态等。而陶瓷基的复合导热涂层有着良好的耐热性和化学稳定性，其热导率虽然低于金属，但通过对高导热金属氧化物的烧结、添加高导热填料等方式也能提高涂层的导热性能，并且陶瓷基复合涂层能更好地发挥辐射散热的效果。

9.3.3.2 填料的形态尺寸与分散性

导热填料的加入需要在基质中形成连续或半连续的导热路径，才能利于热量在材料内部的传递，如图9-27所示，填料的形态可分为颗粒状、纤维状、片状和不规则形状等。与球状的零维材料相比，具有较大的长径比的一维材料（如碳纳米管、碳纳米纤维等）和二维材料（如石墨烯、六方氮化硼、片状氧化铝等）可以在形成填料与填料之间较大的接触面积，起到提高声子传递效率，降低填料与基质的界面热阻以及构建涂层内的导热网络的作用。但不同形态的填料也会对涂层的其他性能造成影响，球状填料虽然填料之间的接触面积较小，但可以通过提高填料浓度提升导热性能，并且球状填料的加入对涂料的黏度影响较小；而纤维状材料还能起到增强涂层力学强度的作用。除此之外，在一定范围内填料含量的增加可提高涂层的导热性能（图9-28）。在低填料含量下，填料之间的有效搭接面积较小[47]，当含量增加时，填料间的接触变多，形成导热网络，可显著提升热导率。但考虑到实际涂层制备时高浓度的填料会影响涂料黏度，过高的黏度可能会导致气泡和缺陷的生成，从而不利于热导率的提升。

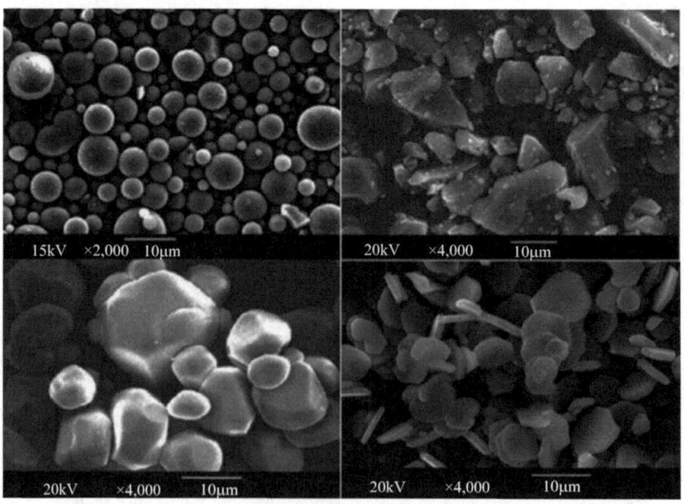

图9-27 不同形貌氧化铝的SEM图[46]

图 9-28 不同填料含量在涂层中形成导热路径的区别[48]

填料的尺寸与分散性也会影响涂层整体的导热性能。在同一填充量下，小尺寸的填料比表面积更大，会形成更多的界面热阻，而大粒径的填料界面面积更小，界面热阻更低。但是较大尺寸的填料不利于形成紧密堆积的分布，填料与填料之间的接触面积有限，因此行业内往往采用不用粒径的填料搭配使用以获得较高的热导率[49]。选用不同尺寸的填料构建导热体系，较大尺寸的填料作为主要的导热通路，而较小尺寸的填料填充到缝隙中起到桥接以及丰富路径的作用。此外，填料的分散性也会导致涂层导热性能的变化，当填料在涂层中发生团聚时会形成孤立的导热岛，虽然在局部团聚体内的导热效率较高，但涂层整体的导热效率反而大大下降。而填料与基质的界面热阻也是不可忽视的一部分[50]，可以通过改善界面相容性，以表面改性的方式改善填料与基质之间的界面弱结合力。例如填料表面的官能化可以改善界面黏附性，从而减小声子散射的负面影响。

9.3.3.3 涂层性质与外界影响

除了填料与基质带来的影响以及它们之间的相互作用，涂层由工艺和结构带来的自身性质的变化也会造成导热性能的波动。首先是涂层厚度较大时，热流的传递会明显衰减，材料的有效热导率会减小。再者，涂层的表面粗糙度和孔隙率的不同会带来界面的变化，较大的表面粗糙度可以增加热量的接触面积，有利于热量的传递，而较高的孔隙率会降低涂层自身的致密度从而减小涂层的热导率，并不利于热量传递[51]。此外，温度效应也是无法忽视的，大部分填料在高温下声子或电子更活跃，自身的热导率会有不同程度的提升，但高温下涂层的自身性能以及膨胀收缩带来的体积变化也会引起导热性能的变化。

9.3.4 导热涂料的应用场景

导热涂料在众多领域的生产和生活的应用极其广泛，比如那些使用中必须保持良好散热性能的照明设备、电子设备箱、各类电气产品、供暖设备、电线电缆、热力输送管道、通风设备、建筑物、储液罐、工业设备、水塔、交通运输工具等等；还有那些需要增强热交换效率的设备，例如真空供暖设备、真空炉、真空干燥器、热交换器，以及那些导热面积有限且对流空间较小的物体设备等等；另外，对于那些热导率相对较低的物体，如塑料、玻璃钢、橡胶、陶瓷、布匹、皮革、水泥、纸张、木材、玻璃等等，也需要通过散热涂料来实现有效的散热降温[52]。

9.3.4.1 汽车行业

在传统汽车部件组成中，汽车发动机、变速器、水箱、格栅散热器等零部件会在工作中产生大量热量，而近年来新兴的新能源汽车也对电池以及充电配套的配电柜和供电设备的热管理提出了新的需求。苏州格瑞丰企业运用了石墨烯为主要填料，推出了可应用于汽车 LED 灯散热器的石墨烯涂层（图 9-29）。六方氮化硼是新型的高导热填料，3M 公司详细研究了填料的形态、分布和填充量对聚合物基散热材料的导热性的影响，该填料应用于新能源汽车的锂电池散热有着不错的前景。

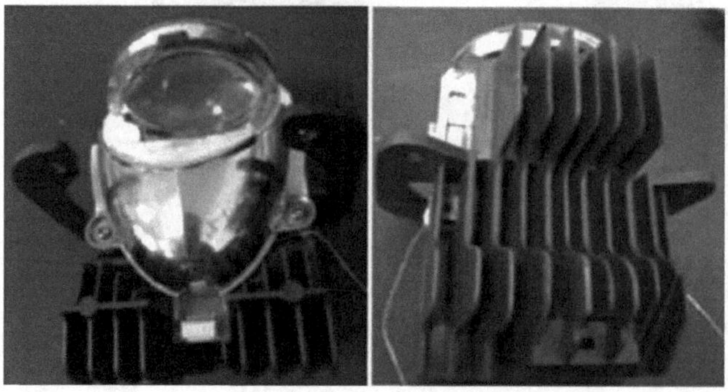

图 9-29 汽车 LED 灯石墨烯涂层散热漆

拓展阅读 9-8
六方氮化硼在器件中的导热表现

9.3.4.2 电子设备

随着电子设备性能的不断提升，电子设备的功率和集成度越来越高，设备的热量也相应增加，因此散热问题变得越来越重要。传统的散热方式主要是通过风扇、散热片等主动散热方式来降低温度，但这些方法不仅成本高昂，而且噪声大、体积大。手机终端、平板电脑等轻薄型消费电子产品受内部空间结构限制的影响，多采用被动散热方案。导热涂料在处理器、显卡、功率放大器和芯片封装（图 9-30）等元件的应用非常广泛，Momentive 公司推出的 SilCool 导热有机硅涂层可以用于高性能电子设备和封装的导热界面胶黏剂，其热导率在 1～5W/(m・K) 不等。作为黏度更高的导热膏，Peters 公司研发的高散热材料也可用于 PCB 电路板中进行热管理。

图 9-30 芯片用导热有机硅复合涂层

拓展阅读 9-9
导热膏用于 PCB 板散热

9.3.4.3 机械设备

机械设备在运行过程中会产生大量的热量，热导涂层可以应用于机械部件上，以提高其耐热性和延长使用寿命。这在重型机械和工业设备中尤其重要，能够保证设备的高效运行和安全性。导热涂料在机械设备中的应用包括散热系统如散热器和冷却系统；电气设备如电机外壳和发电机部件；模具成型如塑料和金属铸造用模具；锅炉和热交换器表面；化工设备如反应釜和管道。志盛威华公司研发的 ZS-722 导热防腐涂料被应用于中石化的换热系统，如换热管、换热片、高温模具、裂解管、发热器等设备器件，该涂料以高导热、强红外辐射为基础性能，还具备耐酸碱、耐高温和防腐的防护性能。石墨烯作为最常用的聚

拓展阅读 9-10
石墨烯导热涂料的开发

合物基导热填料，科研工作者将其填充至水性涂料中研发出了热导率在 10W/(m·K) 以上的高导热涂料，应用于不锈钢水杯表面时可提供近 10℃的散热效果。

9.3.4.4　医疗设备

在医疗行业中，导热涂层被用于手术台和医疗器械的设计中，以确保设备在使用过程中不会因过热而影响其性能。其应用主要包括医疗成像设备［如 CT（计算机断层扫描）和 MRI（核磁共振）］、激光治疗设备、电动手术器械、生物医学传感器、手术室设备，这些设备对温度要求非常高，稳定的工作温度可以提高诊断准确性和设备寿命。

9.4　相变保温涂料

9.4.1　相变保温涂料的定义及其原理

教学课件
9.4 相变保温涂料

传统的保温材料通常包括聚苯乙烯泡沫、聚氨酯泡沫、矿棉、玻璃棉等，存在易受潮、易老化、热稳定性差、施工难度大等缺点，难以满足现代工业对高能效、低能耗的要求。因此，利用潜热蓄热的相变材料的出现为解决这些问题提供了新的思路，基于相变材料的相变保温涂料也因其出色的保温热管理性能和节能环保性能而备受关注。相变材料是一种能够在特定温度范围内通过吸热和放热实现相态变化（如固体与液体之间的转变）的材料。相变保温涂料是一种在涂料基材中加入相变材料制成的涂料，利用相变材料能够在一定温度范围内发生相变的特性，通过相态变化吸收、储存或释放相变潜热（图 9-31），以实现温度调节和保温效果，相变保温涂料不仅具有良好的热物理性能，还可以提高建筑的舒适度，降低能源消耗，达到节能效果。

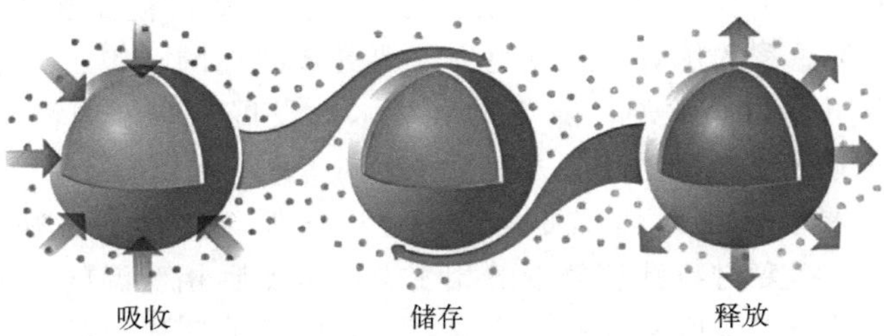

图 9-31　潜热的吸收、储存、释放

相变保温涂料的作用机理是当外界环境温度发生变化时，涂料中所含的相变材料发生固-液相变（凝固/熔化）、液-气相变（液化/气化）、固-固相变（凝华/升华）或其他形式的相变过程储存或释放热量，保持温度恒定。以固-液相变过程为例，当环境温度达到材料的相变温度时，相变材料吸收并储存多余的热量，并由液态转变为固态；当环境温度降低时，相变材料释放相变储存的热量，并由固态转变为液态，从而实现温度调节，达到保温的效果（图 9-32）。

总的来说，相变保温涂料具有以下几个显著特点：

① 保温性能优异：由于涂料中相变材料的特性，相变保温涂料能够在较宽的温度范围内保持稳定的热性能，具有优异的保温效果与热管理性能。

② 节能环保：通过使用相变保温涂料，能够减少能源消耗，符合现代环保理念。同时，相变材料的可循环利用性也使得相变保温涂料具有可持续发展的优点。

③ 应用领域广泛：相变保温涂料能够应用于建筑外墙、屋顶、冷链运输、公路路面、太阳能集热系统等多个领域，实现有效的保温与热管理效果。

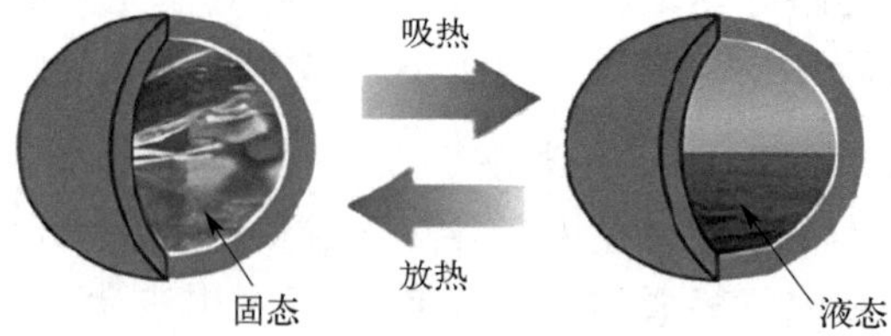

图 9-32 固-液相变过程保温机理示意图

9.4.2 相变材料的分类

9.4.2.1 根据相变形式分类

根据相变形式可以将相变材料分为固-气、液-气、固-固、固-液四种类型[53]。

固-气相变材料特指那些在固态与气态之间转换时实现热能存储的材料。当材料由固态转变为气态时，吸收并储存热量，而由气态转变为固态时，又能够释放出储存的热量，从而实现能量的有效利用。通过对不同类型材料的探索与优化，研究人员发现了多种具有良好相变特性的固-气相变材料，如某些金属氢化物、有机盐及复合材料等。相比于传统的相变材料，固-气相变材料在能量密度和操作温度范围内具有更大的优越性，这些材料在相变过程中不仅具有较低的能量损失和较高的热传导效率，还能够在较为温和的环境条件下完成相变反应，适应性能更强。

液-气相变材料主要利用其在液态与气态之间转变时所吸收或释放的潜热，当环境温度达到材料的相变温度时，材料会吸收大量热量，从液态转变为气态，在此过程中温度保持恒定，使得周围环境的温度不易波动。相反，当温度下降时，材料会释放储存的热量，重新转变为液态。液-气相变材料具有很高的能量存储密度，如水、氨等，在相变过程中能够释放大量的热量，该热量远高于其他相变材料相变时的潜热。高的能量密度使得液-气相变材料在许多应用场景中具备显著的优势，尤其是在需要高效温控的建筑、冷链运输及可再生能源系统中具有较高的应用潜力。此外，随着纳米技术的发展，纳米级液-气相变材料的出现，为更高效的热管理系统提供了新的解决方案。

而固-固相变材料具有相变时体积变化小、过冷度低、热稳定性好、潜热适宜等优点，近年来备受关注。每种相变材料都有理论的相变温度，实际相变温度低于理论相变温度的现象称为过冷现象，实际相变温度和理论相变温度之间的差值叫做过冷度[54]。固-固相变材料是一种重要的相变材料，利用固-固相变材料内部结构有序-无序转变实现对热能的存储与释放，当温度达到材料的相变点时，其内部结构会发生重排，吸收或释放热量。常见的固-固相变材料有多元醇、聚乙烯、聚氨酯、层状钙钛矿等。以多元醇类的相变材料为例（图 9-33），随着环境温度的升高，多元醇由有序的晶体排列转变为无序的无定形排列，吸收并储存热量；当环境温度下降时多元醇由无序的无定形排列转变为有序的晶体排列，释放储存的热量，以此达到保温、储能的作用。固-固相变材料由于其相变过程几乎不会引起体积变化，因而其稳定性更佳，适合于多种应用场合。

除以上三种相变材料外，固-液相变材料是一类在特定温度范围内能够在固态和液态之间反复转换的物质，具有相变温度范围大、相变潜热大、成本较低等优点，应用范围最广。常见的固-液相变材料有无机盐、蜡类和脂肪酸等。其中，无机盐如氯化钠、氯化锂，通常具备较高的相变潜热，但在循环使用中存在分离和结晶的问题；蜡类材料如石蜡，具有良好

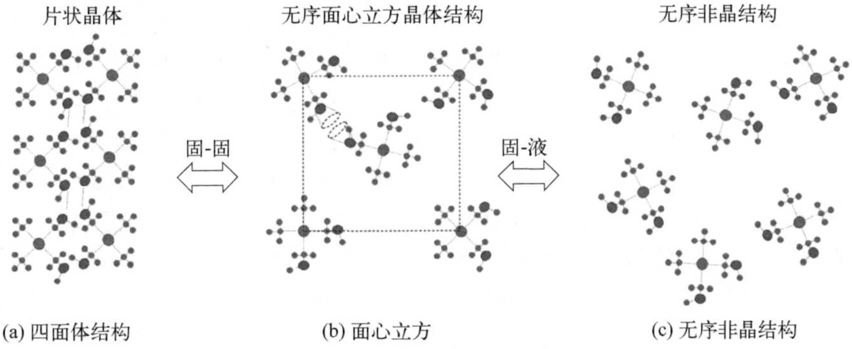

图 9-33 多元醇型固-固相变材料结构示意图[55]

的热稳定性和较低的毒性，是建筑保温和其他热管理应用中的重要材料；脂肪酸也是一种被广泛研究的相变材料，具有良好的生物相容性和环保特性。

然而，发生固-气、液-气转变的相变材料在相变过程中有气体产生，在实际应用过程中会存在压力变化和体积变化等现象，导致其在实际应用中需要极高的密封条件，使用范围受到较大限制，应用相对较少。固-固相变材料虽在相变过程中不会出现明显的体积变化，具有较好的结构完整性，但固-固相变材料的温度范围相对较窄，热导率较低，在热交换过程中效率下降，且目前市场上可利用的固-固相变材料种类相对较少，这限制了其广泛应用的可能性。而固-液相变材料种类较多，在相变过程中能够吸收大量的热能，具有较广的相变温度，热导率较高，能够实现高效的热传递，提升热管理效率，因此固-液相变材料是实际生产中应用最广的相变材料，能满足各种领域的保温需求，但固-液相变材料的相变过程中涉及液体，在制备生产时应严格密封处理，防止液体泄漏。

9.4.2.2 根据相变材料化学组成分类

根据相变材料化学组成可以将相变材料分为无机相变材料、有机相变材料和复合相变材料（CPCM）三种类型[56]。

无机相变材料具有储能密度大、相变焓大、热导率高（约为有机相变材料石蜡的两倍）、成本低、相变过程中体积变化较小等优点，因此无机相变材料在储能系统中应用较广。根据其组成和性质，无机相变材料可分为以下几类：金属及金属合金，如铟、镓、碱金属等，具有良好的导热性和相变温度的可调性，适用于高温环境；盐类相变材料，如氯化钠、硫酸盐、硝酸盐等，通常具有较高的相变潜热，并在低温下保持较好的相容性；结晶水合盐类，如六水氯化钙、六水氯化镁，由于其具有较高的比热容和相变潜热，在建筑保温与节能方面应用较广。但无机相变材料存在部分缺点，主要是部分无机材料具有腐蚀性、过冷度高且易发生相分离现象、稳定性较差等缺点，使相变材料的储热保温能力大幅下降，内部温度变化不均匀。为解决上述缺陷，科研人员对无机相变材料进行了多种改性研究：通过掺杂金属氧化物或碳材料，可以有效提高无机相变材料的导热性能，例如，添加石墨烯能够显著增强无机相变材料的热导率，从而加速热量的传递；采用复合材料设计，如将相变盐与聚合物基体结合，能够有效抑制体积膨胀，维持材料的结构稳定性；采用涂层处理等表面改性技术，可以提高材料的耐腐蚀性与热稳定性。通过不同的改性手段，无机相变材料的性能得到了显著提高，这将进一步推动无机相变材料在各个领域的应用和发展。

有机相变材料是常用的相变材料，具有较强的吸、放热能力，其主要优点是腐蚀性小，相变温度范围比较广泛，不易发生过冷及相分离现象，化学稳定性好。有机相变材料主要包括蜡类、脂肪酸类、聚合物类等不同类型。其中，蜡类材料以其良好的热稳定性和相对较低的成本受到青睐，常用于建筑物的温控系统中，如墙体、天花板及地面。脂肪酸类则因其优异的相变特性与较好的相容性，逐渐在智能纺织品和食品包装等领域展现出较大的应用潜力。此外，聚合物类相变材料可以通过调节其化学结构和分子量赋予材料特定的相变温度，适用于高端应用领域。与无机相变材料相比，有机相变材料虽然稳定性好，与基材等其他材料的相容性较好，但存在储能密度低、导热性较差，且成本较高，在高温稳定性、导热性及相变过程中的相分离等不足。因此，对有机相变材料进行改性研究显得尤为重要。研究人员对有机相变材料的改性方法主要包括掺杂、复合及表面修饰等：掺杂可通过引入高导热材料（如石墨烯、碳纳米管）提升相变材料的导热性能，从而加快热量传递；复合则可通过与无机材料结合，增强材料的热稳定性和机械强度；而表面修饰有助于改善相变材料的界面相互作用，减少相分离的发生。通过对有机相变材料改性，不仅提高了有机相变材料的功能性，扩展了其应用领域，也为实现更高效的能源管理和建筑节能提供了新的思路，为应对全球能源挑战提供重要支撑。

图片

1. 部分有机相变材料的熔点及相变潜热分布图
2. 部分无机相变材料、复合相变材料的熔点及相变潜热分布图

有机相变材料与无机相变材料的优缺点对比见表 9-5。

表 9-5 有机相变材料与无机相变材料的优缺点对比

项目	有机相变材料	无机相变材料
优点	无腐蚀性 不易过冷 化学稳定性好 热稳定性好	相变焓大 热导率高 相变焓大
缺点	相变焓低 热导率低 易燃	易过冷、易腐蚀 相分离 热稳定性差

复合相变材料是一种新型热管理材料，兼具相变材料的特性和复合材料的优点，是由两种或两种以上有机、无机相变材料复合得到的一种新型材料。与传统材料相比，复合相变材料的主要优势为具有更为明显的熔点，储能密度高，克服单一无机或有机相变材料的性能缺陷，并赋予材料一些新的优异性能，近年来应用范围广泛。通过调整复合各组分的质量分数，可以调节复合材料的熔点等物理参数，从而满足实际应用的要求。在当前研究中，复合相变材料主要分为 3 类：有机-有机复合相变材料、有机-无机复合相变材料、无机-无机复合相变材料[57,58]，其中有机-无机复合相变材料能兼具无机、有机相变材料的优点，实现有机、无机相变材料的协同作用。

9.4.2.3 根据相变温度分类

根据相变温度可以将相变材料分为低温相变材料、中温相变材料和高温相变材料三种类型[59]。

低温相变材料通常指相变温度低于 100℃的材料，这类材料能够在相变过程中以相对稳定的温度维持能量的存储和释放，这使得它们在调温和能量管理方面具备独特优势。低温相变材料主要为无机盐水溶液，也包括少部分无机水合盐和有机相变材料，主要用于蓄冷技术，如建筑能耗控制、冰箱及冷链运输等领域。低温相变材料能够在环境温度较低的情况下

有效存储和释放热能，例如，石蜡作为一种常见的低温相变材料，其在相对较低的温度范围内具有良好的热稳定性和化学稳定性，适合用于建筑材料和蓄热系统中。

中温相变材料的相变温度一般在100～200℃之间，这类材料主要用于中温热量管理和工业过程中的热能回收。中温相变材料比较常见，部分固-液相变材料、固-固相变材料都属于中温相变材料，主要包括有机相变材料（如某些脂肪酸和酯类）、无机盐类（如硫酸钠、氯化钠）、复合盐类等。中温相变材料在太阳能热利用系统、地热能回收等领域具有广泛的应用，其能够在中等温度范围内有效地储存和释放热能，提升系统的综合能效。

高温相变材料的相变温度通常在200℃以上，在高温环境下应用的相变材料主要是无机相变材料，包括一些金属合金、陶瓷和高熔点盐类等，因其熔点较高，能够在高温条件下保持相对良好的稳定性（表9-6）。高温相变材料具有较高的相变温度，适用于工业高温热能储存、热电装置及航空航天等领域。例如，锂铝合金和铅锡合金是典型的高温相变材料，它们能够在高温应用中稳定工作并释放大量热能，高效完成高温过程中的能量管理。高温相变材料虽然具有优良的热物理性能，但其结构设计更加复杂且需要考虑高温条件下的化学稳定性。

表9-6 部分熔融盐相变材料的物性参数

相变材料	相变温度/℃	相变潜热/(kJ/kg)	密度/(g/cm^3)
K_2CO_3	898	235	2.42
Na_2CO_3	852	290	2.53
NaOH	320	261	2.05
LiOH	471	876	2.11
Li_2CO_3	720	606	1.43

9.4.3 相变保温涂料的制备

由于大多数相变材料在相变过程中相态发生变化，容易发生泄露，使保温效果下降，且相变材料对温度响应较慢，热导率较低，不利于热量的存储与释放和相变反应的发生。为了提高相变材料在涂料中的相容性和稳定性，减少相变材料的泄露，在相变保温涂料的制备中往往需要进行特殊处理，选用合适的包封技术对相变材料进行封装，常见的相变保温涂料制备方法有熔融共混法、多孔材料吸附法、微胶囊法。

（1）熔融共混法　通常是将相变材料与高分子支撑基材加热熔融，将相变材料（PCM）束缚在聚合物网络结构中从而实现包封。目前，经常使用高熔点的聚合物作为支撑基材，相变材料分散在聚合物的三维结构中，形成具有一定支撑性能和力学性能的宏观固态。有研究人员通过熔融共混法制备了定形HDPE/石蜡相变材料，将石蜡、高密度聚乙烯（HDPE）的混合物加热至140℃附近，待混合物完全熔融后开始搅拌使其混合均匀，而后置于空气中降温。在降温过程中HDPE首先凝固并形成网状结构，而石蜡被束缚其中，形成了均匀的、具有保温性能的定形HDPE/石蜡相变材料[60]，进而可制得基于定形HDPE/石蜡相变材料的相变保温涂料。

（2）多孔材料吸附法　是以多孔的矿物材料或黏土作为吸附载体，如膨润土、蒙脱土、陶粒、膨胀石墨等，通过物理或化学方法将相变材料填入孔径内完成包封进而制备成相变保温涂料[61]。为了增强吸附法的吸附效果，通常还会对多孔材料进行一些改性处理，如有机插层改性、矿物载体疏水处理等。有研究人员[62] 使用分层多孔银纳米颗粒-硅藻体（Ag-DF）为载体，在乙醇溶液中吸附有机相变材料石蜡（PW），制备了具有超疏水性、良好热稳定性、优异的储能保温性能的Ag-DF/石蜡相变保温涂料[62]，在节能建筑材料、电子产品的热管理等领域中有较大应用前景。还有研究人员[63]选择膨胀珍珠岩（EP）作为吸附载体，采用无机相变材料三水合乙酸钠（SAT）作为主要相变材料，同时加入一定比例的尿素（Urea）和乙二醇（EG）调节三水合乙酸钠的相变温度，得到改性相变材料，采用真空吸附法将改性相变材料吸附至膨胀珍珠岩中，而后将其分散到环氧树脂体系中，制得一种环氧树脂包覆的改性三水合乙酸钠/膨胀珍珠岩复合相变保温涂料（图 9-34）。将保温箱从室温 25℃环境移至 8℃环境，记录保温箱内部温度降至 8℃所需时间，含有该相变保温材料的保温箱降至 8℃所用的时间比不含该相变保温材料的保温箱慢 2h 左右，降温延迟明显。由表征测试结果表明，该相变保温涂料具有较高的潜热、适宜的相变温度和良好的热管理性能，在地板辐射保温系统中具有较大的应用前景。

图 9-34 改性三水合乙酸钠/膨胀珍珠岩复合相变保温涂料的制备方法[63]

（3）微胶囊法 主要是采用相变材料为核层材料，通过原位聚合或者界面聚合等方法生成囊壁包裹相变材料，形成“微胶囊”状态。微胶囊是一种将固体或液体物质包裹在壳层材料中形成的微小球体，其直径一般在几微米至几百微米之间。微胶囊的结构使其能够对相变材料进行保护，防止其泄漏或氧化，解决了相变材料在相变过程中的体积变化问题，从而大大提高了相变材料的稳定性和应用安全性。此外，微胶囊的粒径小，比表面积大，使得其传热面积大大增加，热传递效率大大提高[64]。基于以上优点，微胶囊法已成为相变保温涂料制备中应用范围最广的一种方法。例如，以三聚氰胺脲醛树脂（MUF）作壳层材料，以有机相变材料正十四烷作核层材料，采用原位聚合法制备了核-壳结构相变微胶囊（MPCM），并采用浸涂法将制备好的相变微胶囊与室温硫化硅橡胶（PRTV）的混合物涂覆在预清洗过的玻片上，固化后得到了一种具有较好的热调节能力和热稳定性的相变保温涂料[65]（图 9-35）。为了评价涂层的热管理性能，在−5℃环境下测试了水滴在涂层上的冻结时间，对于不含相变微胶囊的 PRTV 涂层，水滴在 1012s 后开始冻结，在 1381s 时完全冻结，而在含有 33% 相变微胶囊的 MPCM/PRTV 涂层上，水滴在 2895s 后开始冻结，在 3432s 时完全冻结，这表明 MPCM/PRTV 相变保温涂料能有效延缓水滴冻结，具有较好的热

拓展阅读 9-11
相变微胶囊如何应用于航空服

管理性能，在除冰保温领域有较大应用前景。还以有机相变材料 n-十八烷为核、以 SiO_2 为壳制备了 n-正十八烷/SiO_2（P-SiO_2）相变微胶囊，并将其与树脂溶液混合制得了一种具有良好热管理性能的相变保温涂料[66]（图 9-36）。其中相变微胶囊中的 SiO_2 外壳有效地封装了十八烷，使其在相变过程中不会泄漏，使得该相变保温涂料在使用过程中的安全性和保温效果大大提高。通过红外热成像技术监测该相变保温涂料在加热和冷却过程中的热行为，发现在白天平均太阳辐射照度为 894W/m^2 时，该相变保温涂料能够使温度下降 9.0℃，表明该相变保温涂料具有较好的辐射冷却效果。

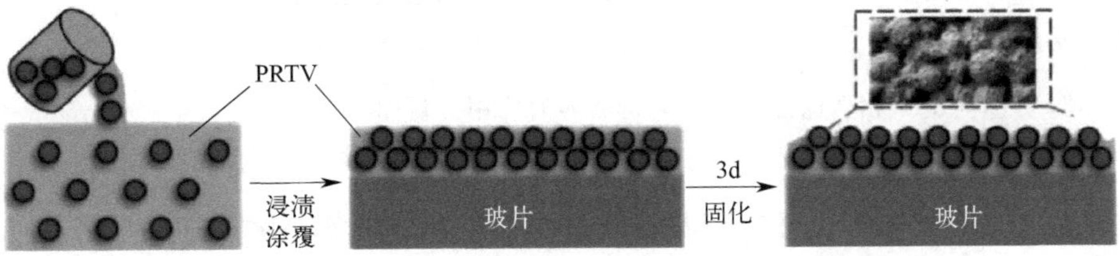

图 9-35 采用浸涂法制备 MPCM/PRTV 相变保温涂料[65]

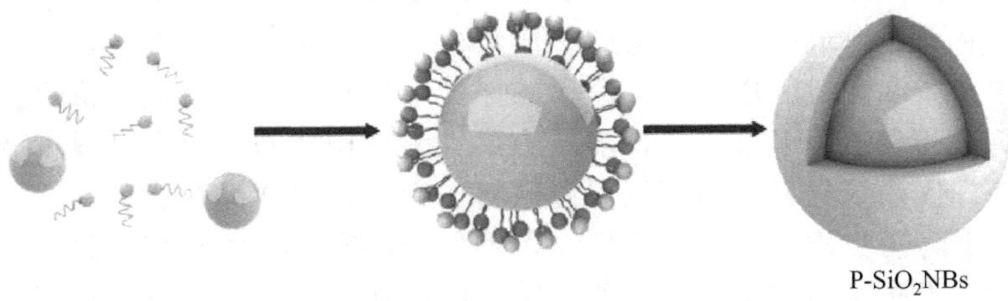

图 9-36 n-正十八烷/SiO_2(P-SiO_2) 相变微胶囊的制备过程[66]

9.4.4 相变保温涂料的应用场景

相变保温涂料是一种新型的节能材料，这类涂料利用相变材料的特性，通过吸收和释放热量来调节温度，从而达到保温和节能的效果。随着对能源效率和温度控制要求的提高，相变保温涂料在建筑、工业、交通、绿色能源等领域的应用前景非常显著。

9.4.4.1 建筑领域

随着全球气候变化和能源短缺问题的日益严重，建筑领域对节能环保材料的需求愈加迫切，越来越多的建筑设计开始考虑可持续发展策略。在众多新型材料中，相变保温涂料因其卓越的保温性能和热管理能力受到广泛关注，凭借其出色的能效调节特性，已成为现代绿色建筑设计中的热门选择。结合相变材料的保温能力，不仅可减少建筑的能源需求，还能提升建筑耐久性和使用舒适性，绿色环保，实现低碳和节能目标。

在住宅建筑、商业建筑中，外墙、天花板、屋顶是热量损失的主要通道，将相变保温涂料应用于这些区域中，可以大幅度改善建筑的热管理能力。将相变保温涂料涂覆于外墙等区域，在温度变化时通过相变吸收或释放热量，保持室内温度在一个相对稳定的范围内，从而有效提高建筑的整体能效。在夏季，白天气温升高时，相变材料则吸收室内、外的热量，降低室内温度；而在冬季，当外界气温降低时，相变材料释放储存的热量，延缓热量流失，稳定室内温度（图 9-37）。相变保温涂料可以显著提高居住舒适度，减少空调和取暖设备的能耗，达到节能环保的效果，此外，结合光反射材料，可以进一步提升热管理效果，达到更显著的节能效果。

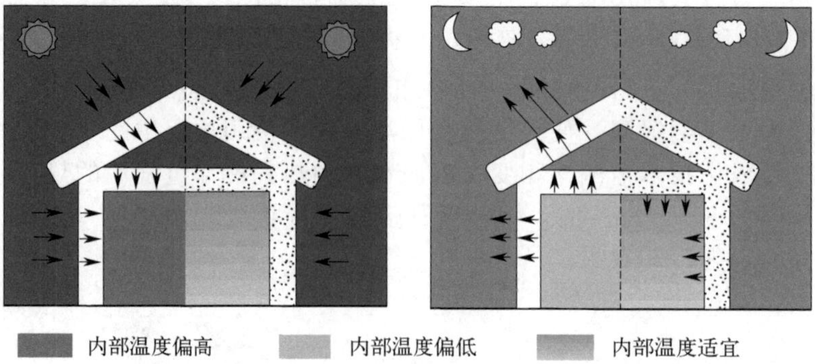

图 9-37 相变保温涂料在建筑墙体的应用分析图

□未涂覆相变保温涂料的建筑墙体；⁝⁝涂覆有相变保温涂料的建筑墙体

拓展阅读 9-12 一步光聚合快速制备用于热管理和耐候涂层的 TiO_2 相变微球

在一些特定的工业建筑环境中，温度控制至关重要。例如，食品加工厂、药品制造厂等对温度、湿度有严格要求的场所，传统的保温材料往往难以满足需求。通过其自主调节的热量管理机制，相变保温涂料不仅可以帮助这些工厂在温控管理上实现更高的精度，确保生产环境维持在最佳状态，还可以降低设备的工作负荷、延长设备使用寿命，使维护成本降低。

此外，将相变保温涂料应用在历史建筑的保护中也具有很大的应用价值。历史建筑的保护与修复是建筑行业中的一大挑战，许多历史建筑的结构特殊、所用材料古老，传统的保温措施可能会损坏古代建筑材料。而相变保温涂料作为一种可逆的热管理涂料，能够在不改变建筑外观的前提下为历史建筑提供保温性能，不仅能够有效吸收和释放热量，同时还具有良好的透气性，有助于防止因潮湿而导致的损害。因此在历史建筑的维修和再利用中，相变保温涂料成为了一种理想材料。

9.4.4.2 工业领域

许多工业领域如石化厂、电力站等，都需要对高温或低温设备进行保温处理，将相变保温涂料应用在工业设备中，不仅可以提高设备运行的能效，还能降低能耗，延长设备的使用寿命。在石化工业中，常常需要对管道、储罐等进行高效的保温处理，例如热水管、蒸汽管道以及化工厂的反应釜等，都可以通过涂覆相变保温涂料来提高能效，保持温度恒定，并有效防止热量散失，节省能源支出，同时减轻设备因温度波动带来的安全隐患。

在模具制造领域，温度变化会导致材料发生热胀冷缩，影响产品的精度与质量，将相变保温涂料涂覆在模具表面，当模具表面温度过高时，涂料可以吸收多余的热量；而温度过低时，涂料又能够释放储存的热量，从而保证模具温度稳定。在塑料成型过程中，模具温度变化较快，易导致制品出现缺陷，而使用涂覆有相变保温涂料的模具可以保证模具温度稳定，从而提高成品的质量与一致性。

冷链运输广泛应用于食品、药品及生物制品的运输过程中，相变保温涂料在冷链运输方面的应用尤为重要。传统的冷链运输方式往往依赖于外部冷源，而相变保温涂料则能够在无需额外能源的情况下，对运输箱体进行保温。通过将相变保温涂料涂覆在冷链运输箱的内外表面，能够有效维持箱内温度，确保货物在运输过程中不受到温度波动的影响，此外，该涂料的轻质特性也有助于降低运输成本，提高运输效率。辛酸和癸酸等脂肪酸类相变材料因其优越的环境友好性和生物相容性而成为研究热点，脂肪酸类材料的相变温度范围较广，从−30℃至100℃不等。其中正辛酸-癸酸复合相变材料的相变温度为1.5℃[67]，适用于冷链及生物医药运输领域，使用脂肪酸类相变材料的冷链包装，可确保温度稳定，达到有效保护药品和食品的目的。目前，在实际生产中，相变保温涂料在冷链运输中的应用越来越广，市面上已出现基于相变技术的多温区冷藏车（图 9-38），每个区可采用相变温度不同的相变保温涂料来储运不同种类的物品，实现多种货物同一批次运输，将区域间整车运输的优势发挥到极致，提高运输效率，降低运输成本。同时相变保温涂料可以保证冷藏车在停止制冷后仍能保持一段时间的恒温，降低能耗，减少碳排放，具有较广的应用潜力。

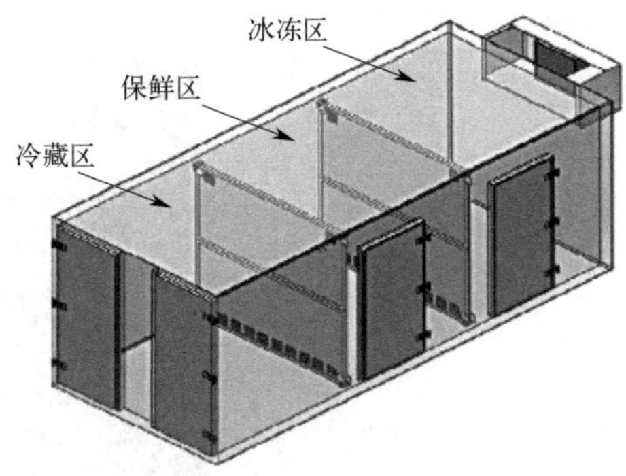

图 9-38　相变保温涂料在多温区冷藏车中的应用

相变保温涂料在工业领域的应用展现了其独特的价值和发展潜力，凭借其优异的保温性能和节能效果，相变保温涂料能够在工业设施、冷链运输、模具制造等多个领域发挥重要作用。随着技术的不断进步和应用范围的不断拓展，相变保温涂料将有望成为未来工业领域中一种不可或缺的材料，未来的研究方向也聚焦于提高相变保温涂料的热性能、耐久性以及应用成本，从而推动其在更广泛领域的应用与发展。

9.4.4.3　交通领域

随着全球经济的发展，交通运输需求日益增加，交通基础设施的建设与维护显得尤为重要。相变保温涂料能够通过相变过程有效地调节温度，保持环境的稳定性，为交通设施的耐久性与安全性提供了保障。相变保温涂料在交通领域的应用场景十分广泛，从高速公路、铁路轨道到航空器和交通信号设备，都体现了其在温度调控与热管理方面的发展潜力和应用价值。

城市交通信号灯和相关电子设备常常暴露在变化多端的气候条件中，极易受到温度变化的影响，导致设备故障或性能下降。使用相变保温涂料来覆盖交通信号灯和电子设备，可以有效稳定其工作温度，从而延长其使用寿命并降低维护成本。此外，相变保温涂料具有良好的热管理能力，这也有助于提高设备的反应速度与灵敏度，进一步保障交通管理的效率与安全。

高速公路承受着巨大的交通负荷，是现代交通系统中最重要的组成部分之一，由于天气的变化，路面温度的剧烈波动会导致材料的老化、裂缝及凹陷等问题，从而影响行车安全。将相变保温涂料应用于路面，可以有效吸收和释放热量，降低温度的剧烈波动。比如，在温度较高的夏季，涂料可吸收多余的热量；而在寒冷的冬季，涂料则会释放热量，从而减少路面的冰冻和积雪（图 9-39），维持良好的行车条件。

拓展阅读 9-13
基于聚苯胺相变微胶囊的全天候高效防结冰/除冰涂层

铁路作为重要的交通工具，其安全性和稳定性至关重要，轨道材料在高温和低温的影响下，容易出现膨胀和收缩，从而导致轨道的变形和损坏，影响行驶安全性。相变保温涂料的应用可以有效解决这一问题，通过将涂料涂覆于轨道表面，能够实现对轨道的温度控制，进而降低热应力对轨道的影响。这不仅可延长轨道的使用寿命，还能提高列车的运行安全性，降低因轨道变形和损坏而引发的事故风险。

在航空航天领域，飞机、火箭等航空航天运输工具的热管理也尤为关键，受到广泛关注。因为飞机在飞行过程中会受到空气阻力等因素，产生大量的热量，因而影响到飞机的性能和安全。通过在航空航天运输工具的关键区域涂覆相变保温涂料，可以有效地进行温度调节，减少过热情况的发生，从而确保航空器在各种条件下能够稳定运行。

(a) 涂有相变保温涂料的路面 (b) 未涂覆相变保温涂料的路面

图 9-39 相变保温涂料在路面除冰的应用

9.4.4.4 绿色能源领域

随着全球能源危机的日益严重，绿色能源的利用和可持续发展受到广泛关注。相变保温涂料作为一种新兴的保温材料，具有优异的保温、热管理特性，可以应用于绿色能源领域，减少能耗。

相变保温涂料在太阳能集热系统中的应用值得关注。在太阳能集热运行的过程中，热能的储存与传输是影响其效率的关键因素，相变保温涂料能被广泛应用于太阳能集热管道与储热装置中，通过相变材料的高热容量，实现对热能的高效存储与释放。例如，使用相变保温涂料包覆的太阳能集热系统能够在阳光最强的白天收集大量的热能，并在阳光不足的时段将这些热能释放，为家庭或工业提供持续的热量供应，这样不仅增加了太阳能的利用效率，还促进了可再生能源的普及。

此外，在新能源汽车领域相变保温涂料也发挥着越来越重要的作用。随着电动车和氢燃料车等绿色交通工具的普及，如何有效管理其动力电池的温度是一个重要问题。相变保温涂料能够为电动车电池提供热管理解决方案，帮助电池在最佳温度范围内工作，提升其充电效率和使用寿命，通过优化电池的温度管理，不仅能提高车辆的续航能力，还能降低能源消耗，对于推动绿色交通的发展具有深远意义。

9.4.5 相变保温涂料的未来发展

相变保温涂料因其具有独特的热管理性能和广泛的应用前景，展现出了较大的应用价值，应用领域越来越广泛。但相变保温涂料的未来发展面临着一些挑战，如热管理性能的稳定性、市场接受度等，需开拓创新，助力相变保温涂料的持续发展。

在未来，相变保温涂料的技术创新将不断加速，比如研制出新的、具有更高储能密度、更低熔点的相变材料，以此拓宽相变保温涂料的应用范围，为保温、节能、储能行业带来新的机遇和创新发展。同时，改进相变保温涂料的制备方法，使得相变保温涂料的生产与加工更加高效、环保、安全。

随着智能制造和自动化科技的发展与推广，相变保温涂料的生产流程和应用场景也可以变得更加智能化、自动化。将相变保温涂料和智能控制结合，以此实现温度的精确控制与自动化生产，可以提高涂料的生产效率和产品质量；而将相变保温涂料和智能家居系统相结合，通过实时监测室内外温度变化，可以自动调节相变材料的状态，实现智能控温，从而达到节省能耗、安全环保的效果。

而目前环境保护与可持续发展受到全世界的广泛关注，环保、节能的产品将成为市场的主流。未来，相变保温涂料将更加注重低碳、对环境无污染的生产加工流程与绿色环保的产品性能，以此满足市场的需求。

此外，向相变保温涂料中加入其他功能填料或引入其他功能基团制得多功能相变保温涂料，使材料不仅具备保温功能，还可以结合其他功能，如防火、防水和抗菌等，这使得相变保温涂料能够满足市场多样化的需求，拓宽其应用领域。未来，相变保温涂料可以被应用于航空航天、人工智能等领域，发挥更大的作用。

9.5 总结与展望

热能的有效管理是关乎能源安全、电子产业升级和可持续发展等国家重大战略需求的全球性课题。随着高功率电子设备普及、建筑能耗持续攀升以及极端气候事件频发，开发高效热管理技术变得日益迫切。热管理涂料作为调控热量传递的关键界面材料，在建筑节能降耗、电子器件可靠散热及能源高效储存领域具有不可替代的战略价值。然而，热能传递形式多样（传导、对流、辐射），应用场景极端苛刻（如航天器高温防护、极地设备保温），且热量如同“顽固的入侵者”，一旦在关键部位积聚便难以驱散，这为热管理涂料的设计带来了严峻挑战。因此，单一机制的涂料难以应对复杂多变的热环境，未来研究必须聚焦于隔热（阻隔/反射/辐射）、导热（高效热通路）与相变（潜热缓冲）等多功能协同的复合体系。当前技术瓶颈突出表现在：深色隔热体系难以兼顾美观与高效反射，导热填料面临腐蚀与高填充下的结构缺陷，相变材料存在泄漏风险与极端温域适应性不足，以及厚涂工艺开裂与复杂界面热阻控制难题。突破这些瓶颈，发展高性能、长寿命、环境友好的热管理涂料体系，对实现国家“双碳”目标、保障高端装备可靠运行具有重大意义。

作业题

参考文献

[1] Calderón A，Barreneche C，Palacios A，et al. Review of Solid Particle Materials for Heat Transfer Fluid and Thermal Energy Storage in Solar Thermal Power Plants [J]. Energy Storage，2019，1 (4)：e63.

[2] 何鹏，耿慧远. 先进热管理材料研究进展 [J]. 材料工程，2018，46 (4)：1-11.

[3] 娄淑琴，易俊，成文，等. 相变材料在建筑热管理中的应用 [J]. 生物化工，2023，9 (6)：140-151.

[4] Malek K，Coppens M O. Knudsen Self-and Fickian Diffusion in Rough Nanoporous Media [J]. The Journal of chemical physics，2003，119 (5)：2801-2811.

[5] 束树军. 隔热涂料在工业防护中的研究进展 [J]. 涂料工业，2022，52 (11)：77-82.

[6] 刘薇薇，王代民. 隔热涂料研究进展 [J]. 涂料技术与文摘，2007，28 (3)：9-12.

[7] Zhong H，Li Y，Zhang P，et al. Hierarchically Hollow Microfibers as a Scalable and Effective Thermal Insulating Cooler for Buildings [J]. ACS Nano，2021，15 (6)：10076-10083.

[8] Tychanicz-Kwiecień M，Wilk J，Gil P. Review of High-temperature Thermal Insulation Materials [J]. Journal of

Thermophysics and Heat Transfer, 2019, 33 (1): 271-284.

[9] Maleki H, Durães L, Portugal A. An Overview on Silica Aerogels Synthesis and Different Mechanical Reinforcing Strategies [J] . Journal of Non-Crystalline Solids, 2014, 385: 55-74.

[10] 任俊，郭清，陈卓武．建筑隔热涂料的隔热机理及性能研究［J］．建筑节能，2022，50（4）：1-5.

[11] Li X, Zhou Y, Yu S, et al. Urban Heat Island Impacts on Building Energy Consumption: A Review of Approaches and Findings [J] . Energy, 2019, 174: 407-419.

[12] 吕秋瑞．彩色热反射涂料的制备与节能评价［D］．北京：北京工业大学，2015.

[13] 王科林，牛家嵘，陈克宁，等．TiO_2/ZnO 热反射涂层织物的研究［J］．印染，2008，34（19）：1-4.

[14] 陈中华，王玉琼，苏国徽，等．纳米浆料对水性防腐隔热涂料性能影响的研究［J］．化工新型材料，2010（2）：108-110.

[15] 孙顺杰．彩色热反射隔热涂料的制备及性能研究［D］．北京：北京工业大学，2013.

[16] Wang F, Wu J. Modern Ion Plating Technology: Fundamentals and Applications [M] . Elsevier, 2022.

[17] 陈虹合，杨春阳，李震．建筑隔热节能涂层研究进展［J］．化学工程师，2021，035（011）：48-51.

[18] 陈曦．被动日间辐射制冷薄膜的制备及冷却性能的研究［D］．南京：东南大学，2022.

[19] 齐玉宏，张国梁，夏金洋，等．隔热保温涂料的技术进展［J］．涂料工业，2019，49（3）：80-87.

[20] 彭红，杨旗，陈明凤，等．辐射型外墙隔热涂料的研制［J］．涂料工业，2012，42（6）：60-63.

[21] Yu X, Chan J, Chen C. Review of Radiative Cooling Materials: Performance Evaluation and Design Approaches [J]. Nano Energy, 2021, 88: 106259.

[22] Aili A, Wei Z Y, Chen Y Z, et al. Selection of Polymers with Functional Groups for Daytime Radiative Cooling [J]. Materials Today Physics, 2019, 10: 100127.

[23] 王黔平，郭相雄，吴卫华，等．高发射率金属氧化物涂料的制备与性能［J］．材料热处理学报，2012，33（2）：137-141.

[24] Li X, Peoples J, Yao P, et al. Ultrawhite $BaSO_4$ Paints and Films for Remarkable Daytime Subambient Radiative Cooling [J] . ACS Applied Materials & Interfaces, 2021, 13 (18): 21733-21739.

[25] Wijewardane S, Goswami D Y. A Review on Surface Control of Thermal Radiation by Paints and Coatings for New Energy Applications [J] . Renewable and Sustainable Energy Reviews, 2012, 16 (4): 1863-1873.

[26] 靳涛，刘立强．外墙用隔热涂料的应用现状与发展［J］．新型建筑材料，2008（6）：3.

[27] 杨震，卿宁．隔热材料的研究现状及发展［J］．化工新型材料，2011，39（5）：21-24.

[28] 靳涛，刘立强．颜填料研究现状及其在隔热涂料中的应用［J］．材料导报，2008，22（5）：26-30.

[29] 姜广明，郭晶，马海旭，等．反射隔热涂料半球发射率的检测方法及设备介绍［J］．工程质量，2018，36（9）：78-80.

[30] 许勤堂，邵介荪，符瑞华．700K—1200K 涂层及材料的红外光谱法向发射率的测定［J］．工程热物理学报，1984，5（1）：75-81.

[31] Dong Y, Zhang X, Chen L, et al. Progress in Passive Daytime Radiative Cooling: A Review from Optical Mechanism, Performance Test, and Application [J] . Renewable and Sustainable Energy Reviews, 2023, 188: 113801.

[32] Zhao B, Hu M, Ao X, et al. Radiative Cooling: A Review of Fundamentals, Materials, Applications, and Prospects [J] . Applied energy, 2019, 236: 489-513.

[33] Khosroshahi F K, Ertürk H, Mengüç M P. Optimization of Spectrally Selective Si/SiO_2 Based Filters for Thermophotovoltaic Devices [J] . Journal of Quantitative Spectroscopy and Radiative Transfer, 2017, 197: 123-131.

[34] Raman A P, Anoma M A, Zhu L, et al. Passive Radiative Cooling below Ambient Air Temperature under Direct Sunlight [J] . Nature, 2014, 515 (7528): 540-544.

[35] Jeong S Y, Tso C Y, Ha J, et al. Field Investigation of A Photonic Multi-layered TiO_2 Passive Radiative Cooler in Sub-tropical Climate [J] . Renewable Energy, 2020, 146: 44-55.

[36] Hu D, Sun S, Du P, et al. Hollow Core-shell Particle-containing Coating for Passive Daytime Radiative Cooling [J]. Composites Part A: Applied Science and Manufacturing, 2022, 158: 106949.

[37] Zhai Y, Ma Y, David S N, et al. Scalable-manufactured Randomized Glass-polymer Hybrid Metamaterial for Daytime Radiative Cooling [J] . Science, 2017, 355 (6329): 1062-1066.

[38] Li X, Peoples J, Yao P, et al. Ultrawhite $BaSO_4$ Paints and Films for Remarkable Daytime Subambient Radiative Cooling [J] . ACS Applied Materials & Interfaces, 2021, 13 (18): 21733-21739.

[39] Mandal J, Jia M, Overvig A, et al. Porous Polymers with Switchable Optical Transmittance for Optical and Ther-

mal Regulation [J] . Joule, 2019, 3 (12): 3088-3099.

[40] Mandal J, Fu Y, Overvig A C, et al. Hierarchically Porous Polymer Coatings for Highly Efficient Passive Daytime Radiative Cooling [J] . Science, 2018, 362 (6412): 315-319.

[41] Wang T, Wu Y, Shi L, et al. A Structural Polymer for Highly Efficient All-day Passive Radiative Cooling [J]. Nature Communications, 2021, 12 (1): 365.

[42] Das P, Rudra S, Maurya K C, et al. Ultra-Emissive MgO-PVDF Polymer Nanocomposite Paint for Passive Daytime Radiative Cooling [J] . Advanced Materials Technologies, 2023, 8 (24): 2301174.

[43] 李娜. 铝磷酸盐新型辐射制冷材料的制备，结构与性能 [D] . 广州：华南理工大学，2019.

[44] 高月. 电器用高散热涂料的制备及其性能研究 [D] . 北京：北京工业大学，2017.

[45] 郭宏. 先进热管理材料及技术的研究与应用进展//中国金属学会. 第十二届中国钢铁年会论文集——大会特邀报告 & 分会场特邀报告 [M] . 北京：冶金工业出版社，2019.

[46] 柴全微. 高导热涂料的制备及在电机上的应用 [J] . 现代涂料与涂装，2018，21 (1)：4.

[47] 陈君，黄瑾，侯雯雯，等. 导热防腐涂料的研究进展 [J] . 现代涂料与涂装，2013 (10)：3.

[48] 秦典成. 填料型高导热复合材料的研究现状与发展趋势 [J] . 化工新型材料，2020，48 (3)：23-28.

[49] 杜伯学，孔晓晓，肖萌，等. 高导热聚合物基复合材料研究进展 [J] . 电工技术学报，2018，33 (14)：3149-3159.

[50] 林宁，李伟青，康嘉杰，等. 高导热涂层制备及其性能研究进展 [J] . 表面技术，2021，50 (6)：128-137.

[51] 赵登云，虞鑫海，夏宇. 国内外高导热 VPI 树脂的研究进展 [J] . 合成技术及应用，2021.

[52] 刘业明. 高效散热涂料的制备及其散热机理研究 [D] . 广州：华南理工大学，2015.

[53] Magendran S S, Khan F S A, Mubarak N M, et al. Synthesis of Organic Phase Change Materials (PCM) for Energy Storage Applications: A Review [J] . Nano-Structures & Nano-Objects, 2019, 20.

[54] 田玮俊，刘何清，吴世先. 相变储能材料的应用述评 [J] . 广东化工，2023，50 (04)：108-109+101.

[55] Zhi M, Yue S, Zheng L, et al. Recent Developments in Solid-solid Phase Change Materials for Thermal Energy Storage Applications [J] . Journal of Energy Storage, 2024, 89.

[56] 许卓新. 相变储能材料的分类及应用探究 [J] . 中国设备工程，2019，(02)：116-117.

[57] 常钊，陈宝明，罗丹. 相变储能材料研究进展 [J] . 煤气与热力，2021，41 (04)：10-16.

[58] 吴丽梅，刘庆欣，王晓龙，等. 相变储能材料研究进展 [J] . 材料导报，2021，35 (S1)：501-506.

[59] 王晓风，宋小软，黄崧，等. 相变储能材料在建筑节能领域中的研究进展 [J] . 化工新型材料，2024，52 (S2)：320-325+331.

[60] SARı A. Form-stable Paraffin/High Density Polyethylene Composites as Solid-liquid Phase Change Material for Thermal Energy Storage: Preparation and Thermal Properties [J] . Energy Conversion and Management, 2004, 45 (13-14): 2033-2042.

[61] 高洪军，黄隽怡. 相变材料在建筑领域的应用及研究进展 [J] . 广东建材，2023，39 (05)：30-33.

[62] Li D, Sun H, Li T, et al. Enhanced Thermal Conductivity of A Superhydrophobic Thermal Energy Storage Coating Based on Artificially Cultured Diatom Frustules [J] . Applied Energy, 2023, 347.

[63] Zhang H, Dong Q, Lu J, et al. Modified Sodium Acetate Trihydrate/Expanded Perlite Composite Phase Change Material Encapsulated by Epoxy Resin for Radiant Floor Heating [J] . Journal of Energy Storage, 2023, 65.

[64] 付新. 保温隔热建筑涂料的制备及性能研究 [D] . 沈阳：沈阳工业大学，2013.

[65] Yuan Y, Xiang H, Liu G, et al. Fabrication of Phase Change Microcapsules and Their Applications to Anti-icing Coating [J] . Surfaces and Interfaces, 2021, 27.

[66] Woo H Y, Chae D, Son S, et al. Passive Daytime Radiative Cooling with Thermal Energy Storage Using Phase Change n-Octadecane/SiO_2 Nanobeads [J] . Optical Materials, 2023, 139.

[67] 陈文朴，章学来，丁锦宏，等. 癸酸-正辛酸低温相变材料的制备和循环性能 [J] . 制冷学报，2016，37 (03)：12-16.

第 10 章 防火涂料

10.1 概述

10.1.1 防火涂料的定义

图片
重大火灾事故

防火涂料是指涂覆于物体表面上，能降低物体表面的可燃性，阻隔热量向物体的传播，从而防止物体快速升温，降低物体表面的可燃性，阻滞火势的蔓延，提高物体耐火极限的物质[1]。防火涂料用作各类物体的防火保护，对防止初期火灾和减缓火势的蔓延扩大，保障国家和人民生命财产的安全，推动消防事业，具有特别重要的意义。

防火涂料在我国的研究、开发和应用已有 60 多年的历史，迄今已发展形成钢结构防火涂料、饰面型防火涂料、混凝土结构防火涂料和电缆防火涂料等多个类型、数十种品种的防火涂料产品体系。

防火涂料主要由基料及防火助剂两部分组成。除了应具有普通涂料的装饰作用和对基材提供的物理保护作用外，还需要具有隔热、阻燃和耐火的特殊功能，要求它们在一定温度和一定时间内形成防火隔热层。因此防火涂料是一种集装饰和防火为一体的特种涂料和功能涂料。例如主要用作建筑物的钢结构防火涂料，当涂覆于钢材构件表面后，应具有良好的装饰作用，又能使物体有一定的耐火能力，同时还具有防腐、防锈、防水、耐酸碱、耐候、耐水、耐盐雾等功能[2]。一旦发生火灾，防火涂料具有显著的防火隔热效果，能有效地阻止火焰的传播，阻止火势的蔓延扩大。而对于饰面型防火涂料，除了优异的隔热防火性能外，涂层的色泽、光泽、硬度和附着力等性能也是重要的考察指标。此外，混凝土结构防火涂料、电缆防火涂料也都有各自的特点和要求。

10.1.2 防火涂料的类型

防火涂料的类型可用不同的方法来定义[3]。

根据防火涂料所用的基料性质，可分为有机型防火涂料、无机型防火涂料和有机无机复合型防火涂料三类。有机型防火涂料是以天然的或合成的高分子树脂、高分子乳液为基料；无机型防火涂料是以无机黏结剂为基料；有机无机复合型防火涂料的基料则是以高分子树脂和无机黏结剂复合而成的。

按所用的分散介质来分类，则可分为溶剂型防火涂料和水性防火涂料。溶剂型防火涂料的分散介质和稀释剂采用有机溶剂，常用的如烃类化合物（环己烷、汽油等）、芳香烃化合物（甲苯、二甲苯等）和酯、酮、醚类化合物（醋酸丁酯、环己酮、乙二醇乙醚等）。溶剂型防火涂料存在易燃、易爆、污染环境等缺点，其应用日益受到限制。水性防火涂料以水为分散介质，其基料为水溶性高分子树脂和聚合物乳液等。生产和使用过程中安全、无毒，不污染环境，因此是今后防火涂料发展的方向。其中乳液型防火涂料更为世人所关注。但就目前的技术水平看，水性防火涂料的总体质量尚不如溶剂型防火涂料，因此尚不能完全取代溶剂型防火涂料。

从涂层受热后的燃烧特性和状态变化，可将防火涂料分为非膨胀型防火涂料和膨胀型两类。非膨胀型防火涂料又称隔热涂料。这类涂料在遇火时涂层基本上不发生体积变化，而是形成一层釉状保护层，起到隔绝氧气的作用，从而避免、延缓或中止燃烧反应。这类涂料所生成的釉状保护层热导率往往较大，隔热效果差。因此为了取得较好的防火效果，涂层厚度一般较大。膨胀型防火涂料涂层在遇火时涂层迅速膨胀发泡，形成泡沫层。泡沫层不仅隔绝了氧气，而且因为其质地疏松而具有良好的隔热性能，可有效延缓热量向被保护基材传递的速率。同时涂层膨胀发泡过程中因为体积膨胀等各种物理变化和脱水、碳化等各种化学反应也消耗大量的热量，因此有利于降低体系的温度，故其防火隔热效果显著。由于非膨胀型防火涂料的涂层一般比膨胀型防火涂料厚得多，因而其单位面积用量大，使用成本高，装饰效果差，而且其防火隔热效果不及膨胀型防火涂料，因此目前除了石化、油田等特殊场合外，非膨胀型防火涂料已逐步被膨胀型防火涂料所取代。

从防火涂料的使用目标来分，可分为钢结构防火涂料、饰面性防火涂料、电缆防火涂料、混凝土构件防火涂料、隧道防火涂料、船用防火涂料等多种类型。近年来还发展了许多特殊性能的防火涂料，以满足各行各业对防火的需求。其中钢结构防火涂料根据其使用场合可分为室内用和室外用两类。

各类防火涂料的基本特征如表 10-1 所示。

表 10-1 各类防火涂料的基本特征

分类依据	类型	基本特征
分散介质	水性	水为介质，无环境污染，生产、施工、运输安全
	溶剂型	有机溶剂为介质，涂层性能好，但生产、施工、运输安全性较差，环境污染严重
基料	无机型	磷酸盐、硅酸盐为黏结材料，自身不燃，价格便宜
	有机型	合成树脂为黏结材料，易形成膨胀发泡层，防火性能好
受火后状态	非膨胀型	自身有良好的隔热阻燃性能，遇火不膨胀，密度较小
	膨胀型	遇火迅速膨胀，防火效果好，并有较好的装饰效果
适用对象	钢结构	适用于钢结构的防火，装饰性要求不高
	饰面型	适用于木材、纤维板、纸板及制品的防火，有良好的装饰性
	电缆	适用于电缆的防火，涂层有良好的柔性，装饰性要求不高
	混凝土结构	适用于混凝土构件、石化储罐区防火堤和隧道的防火，装饰性要求不高
应用场合	室内型	主要应用于建筑物室内的防火，要求良好的装饰性
	室外型	应用于室外的钢结构，有耐水、耐候、耐腐蚀等要求

10.1.3 防火涂料的基本作用

燃烧是一种发光发热的化学现象，它必须同时具备三个条件才能发生，即可燃物质、助燃剂和火源。要使燃烧不能进行，只要将三要素中的任何一个因素隔绝开来就可实现。防火涂料就是依据上述原理设计的。

图片 燃烧三要素

防火涂料之所以能够对物体起防火作用，主要可以归结为以下几方面[4]：

① 防火涂料本身具有难燃或不燃性，使被保护的可燃基材不直接与空气接触而阻止或延迟基材着火燃烧；

② 防火涂料遇火受热可分解出不燃性的惰性气体，冲淡被保护基材受热分解出的易燃

气体和空气中的氧，从而抑制燃烧；

③ 防火涂料遇热能生成减缓及终止燃烧连锁反应的自由基，有效防止火焰的扩散蔓延；

④ 防火涂料遇热膨胀，形成隔热、隔氧的膨胀炭层，阻止基材着火燃烧。

非膨胀型防火涂料和膨胀型防火涂料在燃烧过程中的表现特征不同，因此防火机理也不相同。下面分别讨论。

10.2 防火涂料的防火机理

10.2.1 非膨胀型防火涂料的防火机理

10.2.1.1 耐燃型防火涂料

难燃型防火涂料又可称为阻燃涂料。这类涂料或自身难燃，或遇火自熄，因此具有一定的防火性能。

难燃型防火涂料通常由两部分组成，难燃性树脂和阻燃剂。

用作难燃型防火涂料的树脂可分为两大类，一类为含大量无机填料的聚醋酸乙烯酯乳液或聚丙烯酸酯乳液等难燃性基料，另一类为含卤树脂，如干性油加氯化石蜡、氯化橡胶、氯化醇酸树脂、氯化聚乙烯树脂、偏氯乙烯树脂、聚氯乙烯树脂、五氯苯酚型酚醛树脂等。

难燃型防火涂料中常用的阻燃剂有三氧化二锑、硼酸钠、偏硼酸钡、氢氧化铝、氢氧化镁、氯化石蜡、氧化铬等。其中二氧化二锑与含卤素化合物复合阻燃剂的应用最为广泛。

难燃型防火涂料的作用机理显然是由于涂层本身的难燃而阻挡了火势的蔓延的结果。以氯化聚乙烯树脂/三氧化二锑/含卤素化合物构成的防火涂料为例，其防火机理可作如下解释。自由基引发的连锁反应是燃烧过程得以加剧和蔓延的本质。例如有机化合物的燃烧被认为主要是羟基自由基在燃烧中放出大量的热量并引发连锁反应的结果，即：

$$CO + OH\cdot \longrightarrow CO_2 + H\cdot \text{（放热）}$$

$$H\cdot + O_2 \longrightarrow OH\cdot + O_2 \text{（连锁反应）}$$

由于难燃型防火涂料中含有较多的卤素阻燃剂和含卤树脂，受热时会分解出活性自由基。这些自由基与燃烧物分解出的自由基结合，可中断连锁反应，使燃烧速度降低或使燃烧终止。

$$OH\cdot + HX \longrightarrow H_2O + X\cdot$$

$$X\cdot + RH \longrightarrow HX + R\cdot$$

$$R\cdot + R\cdot \longrightarrow R-R$$

另外，当涂料受热时，来自聚合物化学结构或者来自含卤素化合物的卤素与三氧化二锑发生反应，生成三氯化锑或三溴化锑，它们能捕捉燃烧反应中形成的 $H^{\cdot}$ 和 $OH^{\cdot}$ 自由基，并促使炭化层形成，从而达到了阻燃灭火的效果。

10.2.1.2 隔热型防火涂料

隔热型防火涂料通常为厚质性涂料，在这类防火涂料中，成膜物质和添加剂均为不燃性物质，因此一般不再添加阻燃剂或防火助剂。

隔热型防火涂料的组成主要有难燃性树脂或无机黏结剂（如水泥、水玻璃等）、无机隔热材料（如蛭石、膨胀珍珠岩、矿物纤维）等。它们不会燃烧，热导率小，涂覆于建筑物表面可起到隔绝空气的作用，并能阻隔热量的传递和阻止火源入侵基材。

隔热型防火涂料主要是通过以下途径发挥防火作用的。其一是涂层自身的难燃性或不燃性；其二是在火焰或高温作用下分解释放出不可燃性气体（如水蒸气、氨气、氯化氢、二氧化碳等），冲淡空气中的氧和可燃性气体，抑制燃烧的产生和火势的蔓延；其三是在火焰或高温条件下形成不可燃性的无机“釉膜层”，这种釉膜层结构致密，能有效地隔绝氧气，并在一定时间内发挥一定的隔热作用。

隔热型防火涂料在燃烧初期可有效起到降低火焰传播速度的作用，但一旦火势旺盛就会失去作用。因此这类涂料一般用于防火要求较低的建筑物。

拓展阅读 10-1
常见轻质填料的优缺点

隔热型涂料的防火性能与厚度有关，通常使用厚度为5～50mm，耐火极限为0.5～3h。厚涂型防火涂料的涂层较厚，质量大，这增大了钢结构建筑的承重负担，如何降低防火涂料的干密度和热导率成为研究人员关注的热点，采用蛭石、珍珠岩、粉煤灰空心微球、气凝胶、发泡聚苯乙烯、微囊相变材料和复合相变材料等多种轻质填料来替代传统的隔热填料，可为降低厚涂型防火涂料的重量起到关键作用[5]。

隔热型防火涂料有完全不燃烧、不发烟的特点，且价格低廉、无毒。但其附着力及物理力学性能较差，易龟裂、粉化，涂层装饰性不强，且涂层较厚。目前逐渐被有机膨胀型防火涂料取代。

10.2.2　膨胀型防火涂料的防火机理

图片
膨胀型防火涂料

膨胀型防火涂料遇火受热时，在碳源、酸源、发泡剂等的共同作用下会形成多孔且致密的膨胀炭层，其能降低热量的传导效率，从而延长基材的耐火时间，以此达到防火目的，整个受热膨胀阶段过程如图10-1所示。如厚1～2mm的膨胀型防火涂料，在1200℃火焰测试时，燃烧膨胀后厚度可达10～40mm，通过炭层隔绝后的温度能长时间<400℃，甚至<300℃，具有非常显著的隔绝火焰与高温的作用。

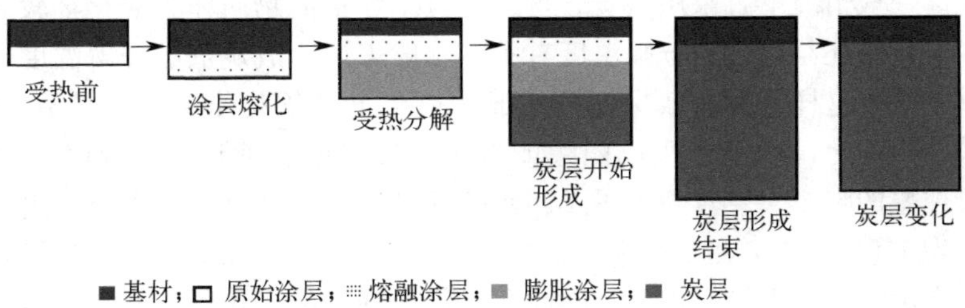

图10-1　膨胀型防火涂料膨胀过程示意图

10.2.2.1　膨胀型防火助剂的组成

相对于非膨胀型防火涂料，膨胀型防火涂料具有轻薄（厚度应≥1.5mm）、装饰性好、施工快且耐火时间与非膨胀型防火涂料相当等优点，是大跨度钢结构建筑的热门选择，其中超薄型防火涂料备受青睐。膨胀型防火涂层在常温下为普通涂膜，而在高温作用下涂层可膨胀几倍甚至几十倍，形成不易燃的海绵状炭质层，起到阻隔外部热源的作用。

膨胀型防火涂料的防火助剂主要由酸源、碳源和发泡剂三部分组成。其中酸源一般为能在一定温度下放出无机酸的盐类物质（如磷酸盐），它是使涂层脱水形成炭化发泡层的催化剂；发泡剂一般为含氮的化合物，如脲、双氰胺、三聚氰胺等，这类物质在一定温度下能分解产生 N_2、NH_3、NO_x 等气体，促使涂层发泡膨胀；碳源即炭化剂，一般为含羟基的富碳化合物。它们在酸的催化作用下失水而炭化，为发泡层提供炭质骨架，使发泡层形成疏松的结构。构成膨胀防火体系的酸源、碳源和发泡剂三者是缺一不可的，它们在膨胀发泡和阻火隔热过程中起着“协同”效应。

从1948年第一份膨胀型防火涂料专利问世后，膨胀型防火涂料的研究已经日趋成熟，其防火助剂体系目前已基本上形成了P/C/N体系和无机阻燃膨胀体系两大类[6]。

(1) P/C/N体系　该体系主要包含了以磷酸盐（P）为代表的脱水成炭催化剂、富碳有机化合物（C）类的成炭剂和含氮化合物（N）类的发泡剂。

① 脱水成炭催化剂　理论上，凡是受热能分解产生具有脱水作用的酸的化合物均可作为防火涂料的脱水成炭催化剂，如磷酸、硫酸、硼酸等的盐、酯和酰胺类化合物。磷酸的铵盐是最常用的脱水成炭催化剂。这类物质在高温下能脱氨生成磷酸，继而生成聚磷酸。聚磷酸能与多羟基化合物发生强烈的酯化反应并脱水，形成炭层。作为膨胀型防火涂料的关键组分，脱水成炭催化剂的主要功用是促进涂层的热分解进程，通过脱水使涂层转变为不易燃的三维炭层结构，减少热分解产生的可燃性焦油、醛、酮的量。

常用的脱水成炭催化剂有聚磷酸铵（APP）、磷酸三聚氰胺（MP）、磷酸脲、磷酸胍、磷酸三甲苯酯、烷基磷酸酯及硼酸酯等。

聚磷酸铵是膨胀型防火涂料中最常用的脱水成炭催化剂，聚合度从20～1000不等。耐水性随聚合度增加而提高。聚合度为20时尚有一定的水溶性，聚合度大于20后耐水性逐步提高，其中尤以聚合度为500～1000时的耐水性较为理想。

② 成炭剂　成炭剂的作用是在涂层遇火后，能在脱水成炭催化剂的作用下脱水形成炭化层，为最终形成的发泡层提供骨架支撑。

常用的成炭剂主要有以下几大类：碳水化合物，如淀粉、葡萄糖、纤维素等；多元醇化合物，如三梨醇、季戊四醇（PER）、双季戊四醇（PER）、三季戊四醇等；含羟基树脂性物质，如脲醛树脂、氨基树脂、聚氨酯树脂、环氧树脂等。

成炭剂的成炭效果与它的碳含量、羟基数目有关。碳含量决定其炭层的厚度，羟基含量则决定了其脱水速度。一般情况下宜采用高碳含量、低羟基含量的物质作为炭化剂较为适宜。另一方面，成炭剂的成炭效果还与它们的分解温度有关，一般来说，成炭剂的分解温度应略高于脱水成炭催化剂的分解温度，这样才能有效保证脱水成炭催化剂的催化作用。如采用APP作为脱水催化剂时，应该采用热稳定性较高的季戊四醇或双季戊四醇配合使用。若此时选用淀粉作为炭化剂，则不能形成理想的膨胀炭层。除了季戊四醇的羟基含量较低这一因素外，更关键的因素是淀粉的分解温度约为150℃左右，远远低于聚磷酸铵的分解温度（212℃），在聚磷酸铵热分解之前，淀粉早已分解并产生大量的可燃性焦油，因此不能形成理想的炭化层。而季戊四醇的分解温度高达280℃左右，它能在由聚磷酸铵热分解产生的酸的作用下脱水成炭，最终形成良好的炭化层。

所以，炭化剂与脱水成炭催化剂在分解温度上的匹配与否是形成理想膨胀发泡层的关键所在。

③ 发泡剂　防火体系中常用的发泡剂有三聚氰胺、双氰胺、尿素、六次甲基四胺、脲醛树脂、聚酰胺、聚脲、氯化石蜡等，它们在遇火受热时分解释放出HCl、NH_3、H_2O等不燃性气体，使熔融的涂层发泡膨胀形成海绵状泡沫炭层。有时，为了加强防火涂料的阻燃效果，采用两种或多种发泡剂并用，如防火涂料中同时使用含氧与含磷阻燃剂，不仅可以从固相到气相广泛抑制燃烧的进行，而且由于氧、磷燃烧时生成PCl_3、$POCl_3$等化合物，产生阻燃协同效应。

影响发泡剂效果的主要因素有发气量和发泡剂分解温度。含氮量、含氯量高的物质一般发气量较高，发泡效果较好。如三聚氰胺、双氰胺和尿素在热分解时均可释放出NH_3，但由于前两者的含氮量高达70%左右，远远大于后者（含氮量47%），因此前者的发泡性能优于后者。另外，如果发泡剂的分解温度比基料树脂的熔融温度低得多，则分解产生的气体就会在涂层熔融之前逸出而不能起到膨胀发泡作用。反之，如果发泡剂的分解温度比基料树脂的熔融温度高得多，则分解产生的气体会将已形成的炭化层顶起吹掉，也不能形成泡孔均匀的发泡层。

此外，发泡剂分解温度与脱水成炭催化剂分解温度的匹配也十分重要。采用分解温度较高的 APP 为脱水成炭催化剂和熔融温度较高的高氯化聚乙烯为成膜物质时，选择分解温度较高的三聚氰胺、双氰胺和六次甲基四胺作为发泡剂有较好的防火效果，且防火性能随分解温度上升而提高。而用分解温度较低的尿素作发泡剂时，防火性能明显要差。因此，发泡剂与脱水成炭催化剂和成膜物质之间的匹配是能否得到良好防火效果的技术关键。

（2）无机阻燃膨胀体系　无机膨胀型防火涂料是以水玻璃等碱金属硅酸盐为基料和发泡基体，添加其他材料所组成。涂层一旦遇到火焰及高温作用时，水玻璃熔融软化，同时水玻璃涂层中所含结晶水的释放及氧链上羟基的脱水而产生水蒸气。由于水玻璃熔体的黏度较大，分解产生的气体不能自由地排出涂层而产生气泡，形成了具有隔热功能的多孔性泡沫状隔热层。

无机阻燃膨胀体系用于防火涂料有以下优点：遇火不会产生烟雾和有毒气体；生成的硅酸盐发泡层的强度较高，不会由于火浪的冲刷而脱落，耐火性能比有机类更优异；以水玻璃、无机矿物为原料，来源广泛、成本低廉；生产、应用过程中均无污染，环保优势明显。

单纯依靠水玻璃中水分的释放发泡效率较低，防火性能往往不够理想，因此一般还需加入 P/C/N 防火体系来补充。但须注意无机成膜物质与 P/C/N 防火体系的匹配。例如磷酸铵盐与水玻璃配合时容易凝聚而板结，氯化石蜡与水玻璃混合时则容易分层，都不宜采用。除此之外，无机膨胀型防火涂料中一般还使用较大量的填料，主要有氢氧化铝、硼砂、碳酸钙、滑石粉、高岭土等。这些填料在受热分解时一方面能吸收大量热量，可降低火场的温度；另一方面，硼砂、氢氧化铝等物质在受热时会产生大量的水汽或二氧化碳，在受保护材料周围形成惰性屏障，可减缓燃烧速度。

有机膨胀型防火涂料的涂层装饰性好，发泡倍率高，防火效果好，但成本较高，且受热时易产生有毒的气体和烟雾。无机膨胀型防火涂料的阻燃性优于有机膨胀型，但耐水性等物理性能较差。如将两者结合起来，有可能起到取长补短的效果。这就是所谓的复合型防火涂料。

目前复合型防火涂料主要有三种类型。

① 水玻璃＋水溶性或水乳型高分子　这类防火涂料的成膜物质由水玻璃和水溶性高分子（如淀粉、羧甲基纤维素钠等）或高分子乳液（如聚醋酸乙烯酯乳液、聚丙烯酸酯乳液、氯偏乳液等）组成。这类涂料的耐水性和装饰性均比纯无机防火涂料改善，但涂料的稳定性较差，易胶凝，因此应用较少。

② 水玻璃＋有机交联剂　这类防火涂料以水玻璃为成膜物质，添加有机交联剂促进水玻璃在成膜时发生交联，从而提高防火涂料的耐水性。常用的有机交联剂有三乙醇胺、乙二醛、甲基硅烷醇酸钠、甲基硅油（低相对分子质量聚二甲基硅氧烷）。制备时先将有机交联剂制成乳化液，再与防火涂料混合，即形成无机/有机复合型防火涂料。

这类涂料的耐水性比纯无机防火涂料大大改善，但涂料的稳定性较差，易胶凝，因此应用较少。

③ 磷酸铝＋聚丙烯酸酯乳液　这类涂料是由磷酸铝乳液与聚丙烯酸酯乳液复合物作为成膜物质制成的，涂层的耐水性随聚丙烯酸酯乳液用量的增加而提高，并具有良好的装饰效果。

从综合国内外文献来看，无机膨胀型或复合型防火涂料的研究和应用远远不如有机型防火涂料发展得快。

10.2.2.2 膨胀炭化层的形成过程及防火机理

膨胀型防火涂料成膜后，常温下与普通涂层无异。但在火焰或高温作用下，涂层可剧烈发泡炭化，形成一个比原涂层厚几十倍的难燃海绵状炭质层。它可以有效隔绝外界火源对底材的直接加热，从而起到防火的作用。

膨胀型防火涂料的涂层在受火时首先软化和熔融。发泡剂受热分解释放出气体，气体的逸出使软化的涂层鼓泡膨胀，体积增大。与此同时，酸源物质也发生分解而释放出游离酸，并与多元醇成炭剂反应，使多元醇脱水而酯化。随着这一过程的进行，膨胀发泡层逐渐转化为炭化物质的隔热层。显然，膨胀发泡层中绝大部分的炭是由所含的炭化材料经酸作用脱水而获得的。在该过程中，要求发泡剂分解产生气体、酸源分解释放出酸类物质、碳源材料脱水炭化三个步骤在温度的变化方面要基本协调一致。

根据上述机理，要求涂层中树脂基料的软化温度不能太低或太高。软化温度太低，发泡剂尚未释放出气体时树脂已经软化熔融，泡孔无法形成。软化温度太高，则发泡剂释放出气体时树脂尚未软化，也不可能形成泡孔。理想的情况应是在发泡剂开始分解释放出气体的同时树脂开始软化，且软化后的树脂应有一定的黏度，流动性不能太好，否则也不易形成稳定的泡孔。

研究认为，对于常见的聚磷酸铵/季戊四醇/三聚氰胺防火体系，形成炭化层主要经历了以下几步反应。

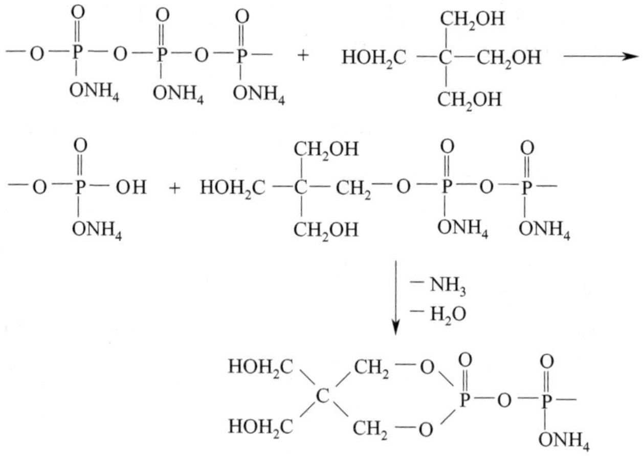

上述过程不断进行，最终可形成以下的结构：

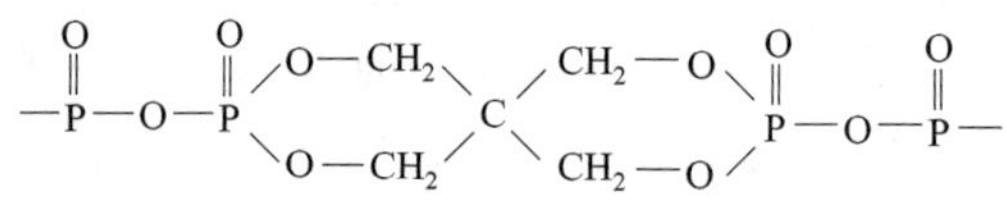

最终的产物结构取决于季戊四醇和聚磷酸铵的比例。在实际反应中，季戊四醇在聚磷酸铵的作用下可以发生分子内脱水，形成醚键。若继续升高温度，磷酸酯键和醚键可进一步断裂，经过复杂的环化、聚合和交联反应，生成含有环烯烃、芳烃及稠环等不饱和结构的炭层。形成的炭层在发泡剂的作用下形成膨胀炭层。膨胀炭层的高度以及泡孔的结构与形状取决于成炭剂受热时放出气体数量以及涂层受热熔融时的熔体黏度。

膨胀型防火涂料的隔热效果可用以下的热传导方程进行说明。

$$Q=A\lambda(\Delta T)/L \tag{10-1}$$

式中，Q 为传递的热量，J；A 为传热面积，m^2；λ 为热导率，J/(m・℃)；ΔT 为热源与基材的温度差，℃；L 为传热距离（涂层厚度），m。

防火涂层发泡后，发泡层比原先的涂层增厚了几十倍，而热导率却大幅度降低。因此通过泡沫炭化层传给基材的热量 Q 只有未膨胀涂膜的几十分之一至几百分之一，从而能有效地阻止外部热源对基材的直接加热作用。另一方面，在火焰或高温下，涂层发生的软化、熔融、蒸发、膨胀等物理变化，以及聚合物、填料等组分发生的分解、降解、化合等化学变化也能吸收大量的热能，抵消一部分外界作用于物体的热，从而对被保护基材的受热升温过程起延滞作用。涂层在高温下分解出不燃性气体，能稀释可燃物质在热分解时产生的可燃性气体及氧气的浓度，也有助于抑制燃烧的进行。此外，涂层在高温下发生脱水成炭反应和熔融覆盖作用，能隔绝空气，使基材转化为炭化层，避免了氧化放热反应发生。

除了上述发泡层对防火性能的贡献外，磷酸盐在燃烧过程中捕捉自由基的反应也是使燃烧过程终止的原因。

$$PO^{\cdot} + H^{\cdot} \longrightarrow HPO^{\cdot}$$

$$HPO^{\cdot} + H^{\cdot} \longrightarrow H_2 + PO^{\cdot}$$

$$PO^{\cdot} + HO^{\cdot} \longrightarrow HPO^{\cdot} + O^{\cdot} \longrightarrow HPO_2$$

无机填料对膨胀型防火涂料的性能有非常重要的影响。首先，无机填料的加入使发泡层的强度得以提高，避免了发泡层被火焰冲破或发泡层脱落等现象。其次，这些无机填料不仅能使涂料膨胀发泡层变得致密，而且它们在受火甚至在持续的火焰作用下，不会分解成为气体化合物而损失，以它们的稳定性而使膨胀发泡层经久耐烧。另外，选择无机填料与卤素阻燃剂混合使用往往可产生高效的阻燃隔热效果。例如，加入无机填料硼酸锌，当接触火源时，与加入的卤素阻燃剂（如四溴双酚 A）反应生成气态溴化硼、溴化锌，并释放出结晶水[7]；同时，燃烧时产生的溴化氢继续与硼酸锌反应生成溴化硼、溴化锌。

上述反应产生的溴化硼和溴化锌可以捕捉气相中反应活性强的 $HO^{\cdot}$ 和 $H^{\cdot}$，中断燃烧的链反应，在固相中能促进生成致密而又坚固的炭化层，使膨胀发泡层经久耐烧。另外，硼酸锌在 300℃以上时陆续释放出大量的结晶水，起到吸热、降温作用，对基材提供有效的持久的防火隔热保护。

10.3 钢结构防火涂料

10.3.1 钢结构防火的必要性

与传统的木质结构、砖石结构和钢筋混凝土结构相比，钢结构具有强度高、受荷能力强、自身重量轻、空间体积小、力学性能好、制造与安装方便等许多优点，近年来越来越广泛应用于建筑物中。随着我国经济建设和社会生活的发展，极大地推动了建筑事业的发展，大型和超大型建筑，如展览场馆、机场车站、大型商场和高级宾馆及工业厂房等不断增多，采用钢结构的建筑也随之不断增加。钢结构建筑已经成为建筑领域中发展最快的一种形式。

由于钢材自身不燃，因此钢结构的防火保护问题曾一度被人们所忽视。实际上，钢材虽然不会燃烧，但其机械强度对温度的依赖性很大。根据国内外大量的试验结果和统计数字表明，钢结构建筑的耐火性能远较砖石结构和钢筋混凝土结构差。钢材的机械强度是温度的函数，随温度的升高而降低。当钢材的温度升高到某一数值时即会失去支撑能力，这一温度值定义为该钢材的临界温度。一般常用建筑钢材在温度达到 300℃时，其机械强度即开始逐渐损失，当温度达到 550℃时，机械损失可达 50%左右，以致完全失去支撑能力。因此工程上一般将 540℃作为建筑钢材的临界温度[8]。

对普通的建筑物火灾，国际上采用的标准火灾升温曲线公式如式（10-2）所示。

$$T = T_0 + 345\lg(8t+1) \tag{10-2}$$

式中，T 为火场温度，℃；T_0 为火灾前室温，℃；t 为燃烧时间，min。

由上式可见，当建筑物发生火灾时，只需 5min，火场温度即可达到 540℃以上。实际上火场温度大多在800～1200℃之间。因此钢结构建筑在遭遇火灾时，在很短的时间内即可发生变形，导致整体垮塌。

在中外历史上，由于钢结构建筑失火垮塌的事故案例很多。其中最使人刻骨铭心的是2001年9月11日，位于美国纽约市的世贸中心双子星大厦在遭受恐怖分子的两架飞机袭击后，50多吨汽油造成钢结构建筑燃起熊熊大火。1h后，两幢大厦轰然倒下，造成了3000多人丧生。

由此可见，对钢结构进行防火保护是非常必要的。

10.3.2 钢结构防火保护的主要方法

钢结构建筑火灾事故的惨痛教训使人们对钢结构防火保护重要性的认识逐渐提高，近年来国内外许多科研机构和高等院校根据钢结构火灾的特点积极开展了对钢结构进行防火保护技术的研究和应用，取得了众多的成果。目前用于钢结构防火保护的主要方法有[9]：

① 在钢结构表面砌砖，或喷敷一层混凝土沙浆作为钢结构的防火保护层。此种方法由于保护层过厚，增加了建筑物荷载，减少了建筑使用面积，目前采用比较少。

② 在钢结构件表面裹缠无机纤维布或无机纤维毡。

③ 安装自动喷水系统，在发生火灾时，水喷淋系统的洒水喷头动作，直接降低火场温度，可以避免结构达到临界温度，而且洒水能将火扑灭，更能减少整个火灾的损失。但安装水喷淋系统的费用较高，对裸露的钢结构，水喷淋系统的管网会影响整个结构的美观，其应用受到一定限制。

④ 将钢构件制成空心体，在空心钢构件内填充经处理后的水，一旦发生火灾，让水循环，带走热量，保护钢构件，达到提高耐火极限的目的。但此方法要考虑水对钢材的腐蚀、水的静压及水的循环控制系统等问题，采用也较少。

⑤ 在钢结构柱、梁、楼板等构件体粘贴防火板材，用防火板材把钢构件进行包覆和屏蔽，以阻隔火焰和热量，减缓钢结构的升温速率，提高钢结构的耐火极限，其施工方便、装饰性好，因而得到人们广泛认可。

⑥ 在钢结构表面喷涂防火涂料，形成隔热保护层，以提高钢结构耐火极限。此方法具有施工方便、装饰性好、成本低、无环境污染、后期维护工作量小等优点，因而得到人们广泛认可，被大量采用。

对高层建筑钢柱和钢梁采用比较多的是防火涂料和防火板材，其中尤以防火涂料为钢结构防火保护的最佳选材。但随着保护材料的应用时间增长，防火涂料的综合性能下降，使得防火保护的效果也逐步降低。这一问题已经引起研究人员的高度重视。

10.3.3 钢结构防火涂料的分类

钢结构防火涂料是目前防火涂料中品种最多、系列最全的一类。钢结构防火涂料可按不同的方法进行分类。根据GB 14907—2018《钢结构防火涂料》的规定，钢结构防火涂料可分为以下类型。

拓展阅读 10-2
重庆江北国际机场T3B航站楼钢结构防火保护工程取得先进示范成果

（1）按火灾防护对象分类

① 普通钢结构防火涂料：用于普通工业与民用建（构）筑物钢结构表面的防火涂料；

② 特种钢结构防火涂料：用于特殊建（构）筑物（如石油化工设施、变配电站等）钢结构表面的防火涂料。

（2）按使用场所分类

① 室内钢结构防火涂料：用于建筑物室内或隐蔽工程的钢结构表面的防火涂料；

② 室外钢结构防火涂料：用于建筑物室外或露天工程的钢结构表面的防火涂料。

(3) 按分散介质分类

① 水基性钢结构防火涂料：以水作为分散介质的钢结构防火涂料；

② 溶剂性钢结构防火涂料：以有机溶剂作为分散介质的钢结构防火涂料。

(4) 按防火机理分类

① 膨胀型钢结构防火涂料：涂层在高温时膨胀发泡，形成耐火非膨胀保护层的钢结构防火涂料；

② 非膨胀型钢结构防火涂料：涂层在高温时不膨胀发泡，其自身成为耐火非膨胀保护层的钢结构防火涂料。

下面从防火机理的角度按非膨胀型和膨胀型分类方法来介绍钢结构防火涂料。

10.3.4 非膨胀型钢结构防火涂料

10.3.4.1 非膨胀型钢结构防火涂料的基本组成和性能

非膨胀型防火涂料是在我国钢结构防火涂料中的开发最早的品种，通常为厚涂型钢结构防火涂料，是采用一定的胶凝材料，配以无机轻质材料、增强材料等组成，涂层厚度在7～45mm之间。这类钢结构防火涂料的耐火极限为0.5～3h。这类钢结构防火涂料的施工多采用喷涂或批刮工艺进行。一般应用在耐火极限要求在2h以上的钢结构建筑上，如在石油、化工等行业中经常使用。这类涂料在火灾中涂层基本不膨胀，依靠材料的不燃性、低导热性和涂层中材料的吸热性等来延缓钢材的温升，从而达到保护钢构件的目的。这种防火涂料的涂层外观装饰性一般不理想。

非膨胀型钢结构防火涂料又称为无机轻体喷涂涂料或耐火喷涂涂料，目前有蛭石水泥系、矿纤维水泥系、氢氧化镁水泥系和有机/无机杂化体系等系列，其基本组成如表10-2所示。

表10-2 非膨胀型钢结构防火涂料的基本组成

组分	主要代表物质	含量(质量分数)/%
基料	硅酸盐水泥、氢氧化镁、水玻璃、聚合物乳液等	15～40
骨料	膨胀蛭石、膨胀珍珠岩、矿棉等	30～50
助剂	硬化剂、防水剂、膨松剂等	5～10
水		10～30

非膨胀型钢结构防火涂料按使用环境来分，有室内和室外两种类型。GB 14907—2018《钢结构防火涂料》对非膨胀型钢结构防火涂料应达到的技术要求做出了明确规定。

10.3.4.2 室内非膨胀型钢结构防火涂料

拓展阅读10-3
非膨胀型钢结构防火涂料的技术要求

室内非膨胀型钢结构防火涂料主要由无机黏结剂、无机轻质材料、增强填料和助剂等配制而成。除了具有一般水性防火涂料的优点外，由于其原材料都是无机物，因此成本低廉。但装饰效果较差。一般用于耐火极限要求在2h以上的室内钢结构上，如高层民用建筑的柱子、一般工业和民用建筑的支承多层柱子、室内隐蔽钢构件等。施工多采用喷涂工艺。

室内非膨胀型钢结构防火涂料的性能主要由基料所决定。在进行涂料配方设计时，基料的确定原则应主要考虑下面两方面。

① 选用的基料在高温下（800～1000℃）应与钢材有较强的黏合强度，并且有利于或至少是不影响防火涂料体系的防火非膨胀效果；

② 选用的基料除了使涂料具有良好的理化性能外，还应对金属没有腐蚀性。

涂料中的其他组分及添加剂的选择，应考虑原料能否与基料或其他成分匹配；发生火灾时应基本不产生或尽可能少地产生毒气和浓烟；涂层应具有良好的非膨胀性、有较低的干密度等性能；此外还应考虑经济性成本。在上述基础上最后通过试验确定合理的配方。

目前可用作室内非膨胀型钢结构防火涂料基料的无机黏结剂主要有碱金属硅酸盐类、磷酸盐类等。

在硅酸钠盐中由于存在游离的碱金属离子，空气中的酸性物质如 CO_2 等能与其发生反应，因此用其作为涂料的基料时，涂层不耐水、不耐潮，并且耐候性差，易出现开裂、脱粉等不良现象。解决的方法是采用氟硅酸盐、硼酸盐、有机高分子聚合物等对其进行改性，通过形成一种体型的网状结构将碱金属离子固定下来。当这一过程完成后，碱金属离子就不再与 CO_2 反应，从而可改善涂层的理化性能。

磷酸盐类黏结剂也是常用的无机黏结剂，用它作为防火涂料的基料，可以避免碱性氧化物与空气中的酸性气体反应，从而提高涂料的耐候性、耐水性等理化性能。但是其 M/P 的摩尔比（其中 M 为金属离子，P 是磷元素）对涂料的贮存稳定性、与钢基材的附着力、耐水性等都有直接影响。因此在以磷酸盐为基料的钢结构防火涂料的生产中，基料摩尔比的控制十分重要。另外，磷酸盐类防火涂料由于其基料的种类较多，根据其所含的金属不同，其性能也不同，一般认为，不同的金属离子对性能的影响有以下的规律[10]：对强度的影响 Al>Mg>Ca、Zn>Ba；对耐水性的影响 Ca、Zn>Mg>Al>Fe、Cu；对黏结性的影响 Al>Mg>Ca>Cu>Zn。

填料在非膨胀型钢结构防火涂料中有重要的作用。例如，碳酸钙可以使涂料增稠、加厚，起到填充和补平的作用，所以在非膨胀型防火涂料中通常添加轻质碳酸钙，以降低防火涂料的干密度。一般轻质碳酸钙填加量可达 20%左右。碳酸钙对增塑剂、稳定剂、润滑剂和其他添加剂没有大的吸收作用，其价廉、无毒、高白度、资源丰富、易于在配方中混合，性质也较稳定（800℃以上才分解），可部分取代昂贵的白色颜料，因而大量用于防火涂料中作填料和增强材料，起到骨架、阻燃剂和体质颜料的作用。碳酸钙用于防火涂料中，还具有增加涂层的冲击强度，提高防火涂料的韧性及弹性；降低收缩，具有优良的色牢度；改进防火涂料表面质量；改进稳定性和抗老化性等作用。

此外，硅灰石粉、灰钙粉、沉淀硫酸钡、重质碳酸钙、滑石粉、粉煤灰空心微球等也是非膨胀型钢结构防火涂料中常用的填料。

非膨胀型钢结构防火涂料中另一个重要组分为轻质骨料，最常用的轻质骨料有膨胀蛭石、膨胀珍珠岩、硅藻土、粉煤灰空心微球等。这些材料的应用不仅提高涂料的非膨胀性能，也可大大降低涂料的干密度，防止涂层的收缩开裂等。

10.3.4.3 室外非膨胀型钢结构防火涂料

室外非膨胀型钢结构防火涂料是指适合于室外环境使用的非膨胀型钢结构防火涂料，其性能要求高于室内非膨胀型钢结构防火涂料，因此价格通常也比室内非膨胀型钢结构防火涂料高一些。这类涂料主要用于建筑物室外和石化企业露天钢结构等。

室外非膨胀型钢结构防火涂料的基料一般是耐候性较好的合成树脂或高分子乳液与无机基料复合而成，再配以阻燃剂、轻质材料、增强材料等组成。

硅溶胶是一种理想的无机成膜物质，它是由水玻璃经过酸处理、电渗析及离子交换等方法去掉钠离子后得到的超微粒子聚硅酸分散体，具有一旦成膜就不再溶解的特性。但由于它的涂层硬而脆，在成膜过程中体积收缩大，因此容易引起涂层开裂。将它与有机高分子材料复合使用，可克服上述缺点，力学性能大大提高。室外非膨胀型钢结构防火涂料生产中常用的高分子材料有水溶性合成树脂和高分子乳液，前者如水性氨基树脂、水性酚醛树脂等，后者如丙烯酸酯及其共聚树脂等。

室外非膨胀型钢结构防火涂料生产中所用的轻质材料、颜填料和助剂与室内型的基本相同，但对耐水、耐候、耐化学腐蚀等性能的要求更高，选择时应更慎重。

与室内非膨胀型钢结构防火涂料相比，目前我国室外非膨胀型钢结构防火涂料的品种尚较少。

10.3.5　膨胀型钢结构防火涂料

膨胀型钢结构防火涂料在火焰高温作用下，涂层受热分解出大量的惰性气体，降低了可燃气体和空气中氧气的浓度，使燃烧减缓或被抑制。同时，涂层膨胀发泡形成发泡碳层。这层发泡层与钢铁基材有很强的黏结性，其热导率很低，因此不仅隔绝了氧气，而且具有良好的隔热性，延滞了热量向被保护基材的传递，避免了火焰和高温直接攻击钢构件，故防火效果较非膨胀型钢结构防火涂料显著[11,12]。

膨胀型钢结构防火涂料的涂刷厚度一般为1～3mm，耐火极限可达0.5～2h。目前该类钢结构防火涂料大多数是溶剂型的，以合成树脂作基料，用200＃溶剂汽油、苯类或醋酸酯类等有机溶剂作为溶剂和稀释剂，再配以防火助剂、阻燃剂、增强填料、颜料、各种辅助材料及助剂等原料，经研磨加工而成。具有施工方便、室温自干、耐水耐候、附着力强等特点。近年来，水性膨胀型防火涂料的发展势头极为强劲，大有赶超溶剂型膨胀型防火涂料之势。

膨胀型钢结构防火涂料的基本组成如下。

（1）基料　超薄膨胀型防火涂料作为特种涂料，主要由基料及防火助剂两部分组成。除了应具有普通涂料的装饰作用和对基材的物理保护作用外，还应具有耐火防火的特殊功能，要求它们在一定温度下发泡形成防火膨胀层，并且发泡层在高温下不脱落、不烧蚀。此外还应对金属不腐蚀、能室温固化等。上述要求决定了超薄膨胀型防火涂料中基料选择的特殊性。

在超薄膨胀型钢结构防火涂料的研究中，对基料的选用主要应考虑两个主要问题，一个是基料与防火助剂之间的协调性，另一个是涂料的室温自干性。目前用作这类防火涂料的基料主要有两类。一类是环氧树脂、氨基树脂、酚醛树脂、醇酸树脂、聚氨酯树脂、聚酯树脂等热固性树脂。这类树脂的室温自干性较差，通常需采用高温烘干或酸类催化剂催干。但用于建筑物钢结构的防火涂料时，用高温烘干是不现实的。若采用催化剂催干则存在涂层理化性能差和贮存稳定性不理想等问题。因此怎样合理地利用热固性树脂制备既有良好防火性能，又能室温固化，同时还有良好贮存稳定性和装饰性的防火涂料，是这类钢结构防火涂料研究须解决的主要难题。另一类基料包括过氯乙烯树脂、丙烯酸酯树脂、高氯化聚乙烯树脂、氯化橡胶等热塑性聚合物。这类聚合物可在室温下自干，但软化温度较低，高温下容易熔融流淌，影响涂层的发泡效果。通过对聚合物的共混改性，目前采用热塑性聚合物制备的防火涂料亦可具有良好的防火效果。因此预计这类聚合物是今后超薄膨胀型钢结构防火涂料应用的主要基料。

此外，从使用角度出发，还要求防火涂料具有耐水性、耐酸碱性、发泡层在高温下与钢材的黏结性等。

实践表明，采用单一树脂制备的防火涂料，性能往往不好。而采用两种甚至几种树脂混用的复合树脂作为防火涂料的基料，可制备性能较全面的防火涂料。

例如聚丙烯酸酯树脂常用作热塑性常温干燥型防火涂料的基料，它不吸收紫外光，不容易水解，耐候性能十分优异，对颜料的黏结能力很强。因此用其制备的防火涂料具有良好的耐候性、保色性、耐水性和耐腐蚀性，施工性能优良。但其主要缺点是耐热性差，软化点较低等，因此发泡倍率不高，耐火极限低。聚氨酯类涂料具有优异的附着力、耐候性和耐高温性及良好的耐化学药品性，主要缺点是耐水性差，施工操作时易引起层间剥离、起泡等。氯化橡胶具有化学稳定性好、柔韧性好以及附着力强等特点，同时具有难燃性，其主要缺点是涂层耐候性、耐溶剂性差等。可见这三种树脂单独使用都难以得到性能优良的防火涂料。但将它们复合拼用，取长补短，则可起到事半功倍的作用。

另外，采用有机/无机杂化技术制备超薄膨胀型钢结构防火涂料的研究也是一种新的思路。如将硅化合物、硼化合物、磷化合物掺杂到聚氨酯、聚丙烯酸酯中形成的超薄膨胀型钢结构防火涂料，理化性能和防火性能均有一定程度的提高[13,14]。

(2) 防火助剂　钢结构防火涂料的另一关键组分是防火助剂。由于膨胀型钢结构防火涂料的涂层较薄，因此对防火助剂的发泡倍率要求较高。一般而言，对膨胀型防火涂料而言，要达到耐火极限在 1h 以上，涂层的发泡倍率至少要在 20 倍以上。

目前，钢结构防火涂料的防火助剂基本上已形成了成熟的 P/C/N 复合体系，即以聚磷酸铵为成碳催化剂、三聚氰胺为发泡剂、季戊四醇为成碳剂。这一体系的特点是发泡起始温度低、泡孔均匀、无有害气体放出，因此深受生产商和用户的青睐。但在实际应用中，防火助剂中三种组分的比例对发泡性能有很大影响。例如，采用高氯化聚乙烯/聚丙烯酸酯/丁醇醚化氨基树脂作为基料时，聚磷酸铵、季戊四醇和三聚氰胺的比例以 3∶3∶1（质量比）时耐火性能最好。采用其他树脂作为基料时，防火助剂的比例会有所变化，应根据实验来确定最佳配比。

聚磷酸铵的聚合度对涂料的防火性能有很大影响。聚合度低于 20 的聚磷酸铵是水溶性的。而聚合度高于 20 以后，水溶性逐渐降低。用于防火涂料时，水溶性太高的聚磷酸铵会因雨水的冲刷和空气中潮气的作用而逐渐向表面渗出，在涂层表面形成白色盐霜。这种盐析现象使得涂层的耐火性能逐渐降低。研究表明，用作防火助剂的聚磷酸铵的聚合度至少应在 60 以上。目前国外普遍采用聚合度为 1000 以上的聚磷酸铵，国内也已有聚合度为 1000 的聚磷酸铵供应。

防火助剂的发展趋势是复合型。例如将三聚氰胺和聚磷酸铵复合的三聚氰胺磷酸盐和三聚氰胺焦磷酸盐，就是将成碳催化剂和发泡剂合二为一，对涂层的防火性能和耐水性均有较大提高。

P/C/N 防火助剂在受热膨胀时发生强烈的脱水作用，并释放出大量的反应热。放热反应容易产生大量的裂纹和造成发泡层大面积脱落，从而降低炭层的耐火时间。近年来，一种可膨胀石墨在防火涂料中的应用受到人们的关注。可膨胀石墨受热时会发生膨胀，形成一个很厚的多孔炭层。但可膨胀石墨的受热膨胀属于物理膨胀，本身不发生化学反应。这种物理膨胀过程为吸热过程，所以可膨胀石墨的加入可提高涂料的耐火性能。将化学发泡的防火助剂与物理膨胀的可膨胀石墨配合使用，可膨胀石墨物理膨胀所形成的大量“蠕虫”状发泡物在发泡碳层中起到物理交联作用，提高发泡碳层的致密性，从而提高了炭层的强度；可膨胀石墨的膨胀特性不随时间变化而变化，因此可提高防火涂料有效成分的耐候性。此外，可膨胀石墨本身无毒，受热时不生成有毒和腐蚀性气体，膨胀倍率为 50～400 倍，适用温度范围为－204～1650℃，稳定性十分优异。

(3) 颜料、填料和其他助剂　除了防火助剂以外，合理地选用填料，能够有效提高防火涂料的防火性能。膨胀型防火涂料由于涂层较薄，对填料的细度要求较高，一般须在 400 目以上。膨胀型防火涂料中颜、填料的用量比一般饰面型涂料低得多。这是因为颜料的比例增加，影响涂层的发泡效果，降低防火性能。由于防火涂料的涂层比一般涂料的涂层厚，较低的颜料组分也能够满足遮盖力的要求。

有些无机填料在高温下可发生脱水、分解等吸热反应或熔融、蒸发等物理吸热过程，抑制了热分解和燃烧的进程。同时填料所分解出的气体能冲淡可燃性气体和氧的浓度，抑制有焰燃烧的进行。同时，填料熔融体形成厚膜覆盖层，与空气隔绝，从而阻止了无焰燃烧的发生。无机填料的这些作用与防火助剂及难燃性树脂的作用互相配合，实现了涂层良好的阻燃效果。

超薄膨胀型防火涂料中常用的填料有硅藻土、云母粉、高岭土、海泡石粉、滑石粉、凹凸棒土、粉状硅酸盐纤维等。填料对防火涂料性能的影响，与填料的形状有很大关系。凹凸棒土是一种具有针状晶束的填料，其晶束结构使得涂层遭遇火源后膨胀时内部产生互相牵引的作用力，破裂的晶束在涂层内部分布形成网络状，使其在遇到不均匀火源的情况下不会发生因不同部位膨胀情况不同而导致炭层无序膨胀或者开裂。而钛白粉和高岭土由于它们的结构无法提供类似的作用，所以会出现无序膨胀的情况。因此，尽管用钛白粉作为填料时，其膨胀倍率较大，但由于发泡层无序膨胀，甚至出现大裂缝，因此防火性能并不好。但将凹凸棒土和钛白粉配合使用，效果则大不相同。不但发泡状态良好，发泡倍率也明显提高。有文献认为，加入钛白粉的涂层长时间受火后表层生成的白色物质主要为焦磷酸钛以及锐钛型 TiO_2。这些物质高温下可在发泡层表面形成一层无机耐火材料，对发泡层起到保护作用[15]。由此可见，填料中 Ti 所占比例越多，涂层的耐火性能越好。

必要时，一般涂料中使用的各种助剂，例如润湿剂，分散剂、偶联剂、增稠剂、增塑剂、消泡剂和防霉剂等在防火涂料中也能选用。并应尽可能地选用能够增加阻燃效果的原材料。例如，选用磷酸三甲苯酯和 β-三氯乙烯磷酸酯作为基料的增塑剂，同时也增加了涂料的阻燃性能。又如在以高氯化聚乙烯/聚丙烯酸酯/丁醇醚化氨基树脂为基料，聚磷酸铵/三聚氰胺/季戊四醇为防火助剂，凹凸棒土和钛白粉为填料时，加入约 2%硅烷偶联剂 KH-570，不仅涂层的表面平整度提高，而且耐火性能、耐腐蚀性能均有上升。

拓展阅读 10-4
膨胀型钢结构防火涂料的技术要求

膨胀型钢结构防火涂料按使用环境来分，也有室内和室外两种类型。GB 14907—2018《钢结构防火涂料》标准对膨胀型钢结构防火涂料应达到的技术要求做出了明确要求。

10.4　饰面型防火涂料

10.4.1　概述

从我国现阶段建筑防火的水平来看，绝大多数易燃建筑材料均未经过难燃化处理，因而在实际的建筑中存在着大量的火灾潜在威胁，如木材、纤维板、纸板及制品等易燃性材料被广泛用作建筑材料。饰面型防火涂料是涂刷在建筑物的易燃基材（如木材、纤维板、纸板及制品等）表面，起防火保护和装饰作用的一种专用涂料。

饰面型防火涂料集装饰和防火为一体，当将它涂覆于易燃基材上时，平时可起一定的装饰作用；一旦火灾发生时，则具有阻止火势蔓延的作用，从而达到保护可燃基材的目的。正因为它的这种特殊用途，国外工业发达国家早在 20 世纪 20 年代就开始研制饰面型防火涂料。

饰面型防火涂料的发展经过了两个阶段。初期研制的是以硅酸盐水玻璃为黏结剂的无机防火涂料。此类防火涂料的特点是其自身不燃烧，遇火时能形成空芯泡层，对可燃基材有一定的保护作用，缺点是隔热性能和耐候性能较差，涂层易泛白、龟裂和脱落。20 世纪 40 年代末期，人们开始着手研制有机膨胀型防火涂料。这类饰面型防火涂料采用有机高分子材料为主要成膜物质，其主要特点是防火性能和理化性能均优于无机防火涂料，耐水性、耐候性均较好，涂层遇火时能形成具有良好隔热性能的致密海绵状膨胀泡沫层，能更有效地保护可燃性基材。所以在此后的几十年间得到迅速的发展，溶剂型、水溶型、水乳型、无机型、有机无机复合型等多种饰面型防火涂料相继被开发出来，至今已有几十种产品问世，广泛应用于各行各业[16-19]。

另外，用于古建筑和其他装饰要求较高的建筑保护透明防火涂料，也属于饰面型防火涂料中的一类，近年来也有较快的发展。

10.4.2 饰面型防火涂料的类型

我国生产的饰面型防火涂料有膨胀型和非膨胀型两类。目前实际应用的均为膨胀型防火涂料。按分散介质类型的不同，可分为溶剂型和水性两类。这两类涂料所采用的防火助剂基本相同，但涂料的理化性能以及耐候性能方面有所不同。总体上看，溶剂型饰面防火涂料的理化性能以及耐候性能优于水性饰面防火涂料。但考虑到节约能源和环境保护等因素，发展趋势为水性饰面型防火涂料。

溶剂型饰面防火涂料是指以有机溶剂作分散介质的一类饰面型防火涂料，其成膜物质一般为合成的有机高分子树脂。用于溶剂型防火涂料成膜物质的树脂主要有酚醛树脂、过氯乙烯树脂、氯化橡胶、聚丙烯酸酯树脂、改性氨基树脂等等。一般以200$^{\#}$溶剂汽油、二甲苯、醋酸丁酯等为溶剂。在上述高分子化合物中加入发泡剂、成炭剂和成炭催化剂等组成防火体系。受火时形成均匀而致密的蜂窝状或海绵状的炭质泡沫层，对可燃基材有良好的保护作用。

溶剂型饰面防火涂料涂层的耐水和防潮性能一般比较优异，适合于较潮湿的地区和相应的部位使用。此外，溶剂型饰面防火涂料的涂层一般光泽较好，具有较好的装饰性。

由于溶剂型饰面防火涂料通常以上述200$^{\#}$溶剂汽油等易燃物为溶剂，生产、贮存、运输和施工过程中都必须注意防火安全。特别需要注意的是，溶剂型防火涂料在溶剂未完全挥发以前，仍然是易燃物，因此，在此阶段仍需注意防火。

水性饰面防火涂料是指以水作为分散介质的一类饰面型防火涂料，其成膜物质可以是合成的有机高分子树脂，也可以是经高分子树脂改性的无机胶黏剂。用于水性饰面防火涂料成膜剂的高分子合成树脂主要有聚丙烯酸酯乳液、氯乙烯-偏二氯乙烯乳液（氯偏乳液）、氯丁橡胶乳液、聚醋酸乙烯酯乳液、苯丙乳液、水溶性氨基性树脂、水溶性酚醛树脂和水溶性三聚氰胺甲醛树脂等，其中以乳液型饰面防火涂料居多。无机胶黏剂主要有水玻璃、硅溶胶等。在上述水性高分子化合物或经高分子改性的无机胶黏剂中加入发泡剂、成炭剂和成炭催化剂等组成防火体系，受火时可形成均匀而致密的蜂窝状或海绵状的炭质泡沫层，对可燃基材具有良好的保护作用。

水性饰面防火涂料以水为介质，无毒、不燃烧，无“三废”公害，属于环保型建材产品。该类涂料的生产、贮存、运输和施工过程都十分安全和方便。此外水性饰面防火涂料还具有易于干燥、施工速度快的优点。但水性饰面防火涂料涂层的耐水和防潮性能不如溶剂型饰面防火涂料，因此一般宜用于室内，并尽量避免在较潮湿的部位使用。除防火性能外，水性饰面防火涂料的其他性能同乳胶漆相似。

透明防火涂料是近年来发展起来并趋于成熟的一类饰面型防火涂料，产品主要用于高级木质材料的装饰和防火保护。透明防火涂料一般由合成的有机高分子树脂为主体，树脂本身带有一定量的阻燃基团和能发泡的基团，因此一般不需要另加发泡剂、成炭剂和成炭催化剂。这类防火涂料集成膜物质和防火助剂于一体，既解决了添加较多防火助剂影响透明性，又有较好的耐水性和防火性能，是透明防火涂料的发展方向之一。但为了保证涂层的防火性能及其他使用性能，一般需要采用透明的罩面涂料罩面。

10.4.3 饰面型防火涂料的技术要求

我国的饰面型防火涂料性能检验按国家标准 GB 12441—2018《饰面型防火涂料》执行，其理化性能和防火性能指标如表 10-3 所示。

表 10-3 饰面型防火涂料的理化性能和防火性能指标

项目		指标
在容器中状态		无结块，搅拌后呈均匀液态
细度/μm		≤90
干燥时间	表干/h	≤5
	实干/h	≤24
附着力/级		≤3
柔韧性/mm		≤3
冲击强度/cm		≥20
耐水性		经 24h 试验，涂膜不起皱，不剥落
耐湿热性		经 48h 试验，涂膜无起泡，无脱落
耐燃时间/min		≥15
难燃性		试件燃烧的剩余长度平均值应≥150mm，其中没有一个试样的燃烧剩余长度为零，每组试验通过热电偶所测得的平均烟气温度不应超过 200℃
质量损失/g		≤5.0
炭化体积/cm^3		≤25

10.4.4 饰面型防火涂料的组成

10.4.4.1 饰面型防火涂料的基料

（1）饰面型防火涂料基料的确定原则　饰面型防火涂料主要用作建筑物易燃基材的装饰和防火，因此除了要求具有能阻燃防火这个特殊性能之外，还要能满足一定的使用要求，即具有一定的理化性能和较好的装饰功能。而涂料的理化性能和装饰功能则主要由涂料赖以形成涂膜的基料所决定。因此，研制膨胀型防火涂料的过程，一般是首先确定基料。

基料确定的原则主要有下面几点：

① 由于要求涂层在受火时能膨胀发泡，因此要求选用的基料应该有利于或至少应不影响防火体系的膨胀发泡和防火隔热效果；

② 选用的基料应使涂料具有良好的理化性能；

③ 选用的基料在成膜后应有较平整的表面和较高的光泽；

在基料确定之后，要对组成膨胀防火体系的物质进行选择，即确定酸源、发泡剂、碳源以及其卤素、助剂等其他添加剂；另外要加入一定量无机添加剂以提高涂料膨胀发泡层的质量，使其能达到最佳的防火效果。在这些主要成分确定之后，最后进行基料、各种添加剂之间的合理配比等方面的研究，最终得到满意的配方。

（2）溶剂型饰面防火涂料的基料　溶剂型防火涂料是指用烃类、酯类、酮类、芳香族类等有机溶剂作分散体和稀释剂，用溶剂性有机树脂作基料的防火涂料。溶剂型饰面防火涂料的基料除了应满足防火性能外，还应满足装饰功能。

在溶剂型防火涂料的研究中要考虑两个主要问题，一个是基料与防火助剂的协同性，另一个是涂料的室温自干性。基料与防火助剂协同性不好，不仅影响其防火性能，更重要的是会出现表面发花、失光、返粗等缺陷，影响其装饰效果。涂料的室温自干性则直接影响涂料的施工性。目前常用作溶剂型饰面防火涂料的基料有氯化橡胶、酚醛树脂、氨基树脂、过氯乙烯树脂等。这些树脂的室温自干性都较差，一般需用高温烘干或酸类催化剂催干。作为用于建筑物的防火涂料，用高温烘干是不现实的。使用催化剂则影响涂膜的理化性能和贮存稳定性。从以上两点可以看出，对溶剂型饰面防火涂料的研究，基料的选择和配合是关键所在。

（3）水乳型饰面防火涂料的基料　水乳型饰面防火涂料的基料是高分子乳液。这是一类高分子化合物通过乳化剂作用分散于水中形成的乳液状物质，其特点是用水作为分散介质，安全卫生，对环境无危害作用，因此是涂料工业发展的方向之一。

饰面型防火涂料生产中常用的高分子乳液主要为聚丙烯酸酯共聚乳液（纯丙乳液）、苯乙烯-丙烯酸酯共聚乳液（苯丙乳液）两大类。近年来发展起来的有机硅改性聚丙烯酸酯乳液（硅丙乳液）和有机氟乳液（氟碳乳液），因其性能良好而逐步进入防火涂料生产领域，成为饰面型防火涂料基料中的新秀。

（4）透明防火涂料的基料　透明防火涂料中一般不能添加防火助剂，因此要求基料本身具有发泡能力。显然不能用以上讨论的基料来制备透明防火涂料。目前用于制备透明防火涂料的基料主要有两大类，一类为磷酸酯型树脂，另一类为硼酸酯型树脂。实际上，这两类树脂都是在氨基树脂的基础上，将磷酸和硼酸等具有阻燃、脱水成炭催化作用的物质连接到聚合物分子链上，形成树脂/防火助剂一体化的基料。

① 磷酸酯型防火涂料的制备　将磷酸与季戊四醇按一定比例加入反应器中，加热至90～130℃，反应1h，得到低相对分子质量聚季戊四醇磷酸酯。

将甲醛、尿素按一定比例加入反应器中，用氢氧化钠溶液调节至pH为7.5～8，升温至70℃，再加入三乙醇胺，反应3h左右，得到改性脲醛树脂。

将三聚氰胺、甲醛、尿素和双氰胺加入反应器中，升温至50℃，加入氢氧化钠溶液调节pH值为9～9.5，反应1h，再用盐酸调节pH值至7，即得到改性三聚氰胺甲醛树脂。

将聚季戊四醇磷酸酯、改性脲醛树脂和改性三聚氰胺甲醛树脂以一定比例混合，即为膨胀型防火涂料。

聚季戊四醇磷酸酯的结构示意图如下所示。

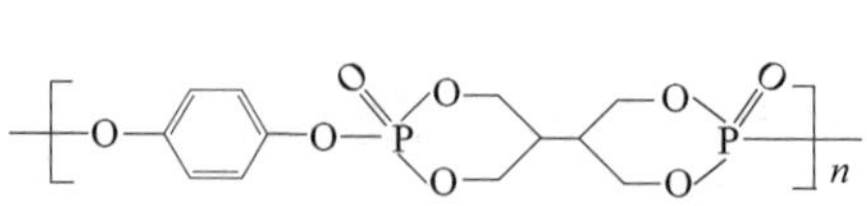

② 硼酸酯型防火涂料的制备　将三乙醇胺与硼酸以一定比例混合，并加热至115～120℃，反应2h左右，即得低相对分子质量聚三乙醇胺硼酸酯。

将三乙醇胺硼酸酯加热至60℃，搅拌下加入45%～60%三聚氰胺甲醛树脂，反应1h，得到聚三乙醇胺硼酸酯型三聚氰胺甲醛树脂。

将硼酸铵和季戊四醇粉末加入聚三乙醇胺硼酸酯型三聚氰胺甲醛树脂中，升温至80～100℃，搅拌至完全溶解，得到清澈透明的膨胀型防火涂料

聚三乙醇胺硼酸酯型三聚氰胺甲醛树脂的结构示意图如下所示。

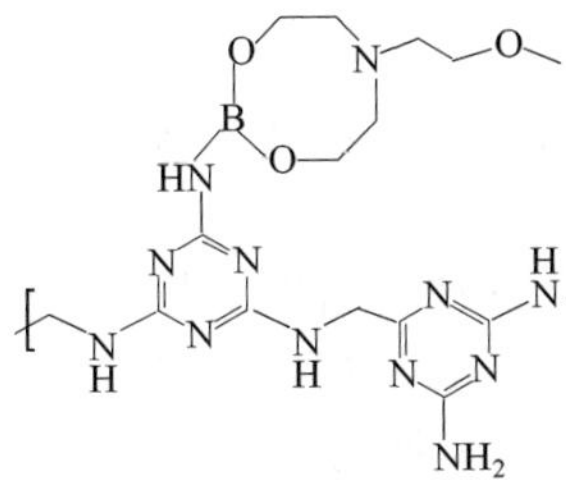

从以上制备工艺和配方可见，透明防火涂料的基料实际上是将防火助剂与氨基树脂结合成一体，避免了直接加入防火助剂引起的涂层不透明性。

用上述方法制备的透明防火涂料透明度高、光泽好，具有良好的装饰性。缺点是涂层较脆，易开裂，耐水性尚不够理想，研究工作尚在继续之中。

10.4.4.2　饰面型防火涂料的防火助剂和填料

饰面型防火涂料对涂层的表观质量要求较高，因此，对用于饰面型防火涂料的防火助剂和填料的质量也有较高的要求。

用于饰面型防火涂料的防火助剂的种类与其他防火涂料基本相同，目前最广泛使用的是由聚磷酸铵、三聚氰胺和季戊四醇组成的P/C/N体系。

用于饰面型防火涂料的填料的种类也与其他防火涂料基本相同，金红石型钛白粉、碳酸钙、高岭土、硅灰粉都是常用填料。为了防止涂层的开裂，纤维状硅酸铝也是常用的填料。

为了保证得到良好的涂层状态，要求所用的防火助剂和填料有较细的粒度。通常认为，粒度要达到400目以上，涂层才能有较好的平整度。

另外，由于防火助剂和填料的用量较大，涂层的表面光泽往往较差，因此，尽量不要选用表面疏松或多孔性的填料，如轻质碳酸钙、气相法二氧化硅等。必要时可适当使用流平剂、偶联剂，对改善涂层的表面状态有很大效果。

10.4.5　饰面型防火涂料的配方设计要点

10.4.5.1　氨基树脂饰面型防火涂料

制备饰面型防火涂料常采用低醚化度的丁醇醚化三聚氰胺甲醛树脂。这类树脂的固化速率较慢，因此一般需加入酸性催化剂促进固化。催化剂的品种以比较温和的磷酸盐生物（如磷酸二氢丁酯）为宜。

氨基树脂饰面型防火涂料除了以纯氨基树脂作为基料外，一般都选择相近分子结构的树脂拼合物为基料，如环氧树脂、酚醛树脂等。

氨基树脂的色泽较浅，因此可调配成各种所需的颜色，有较高的装饰性。氨基树脂饰面型防火涂料所选用的颜料，除了一般有色防火涂料的要求外，还应有较好保光保色性和耐候性。白颜料中常选用金红石型钛白，其保光性和抗粉化性优异，同时对提高发泡层的防火隔热持久性能有利。彩色颜料应选用耐热、耐光、保色性良好，色彩鲜艳、遮盖力强的品种，如酞菁蓝、酞菁绿、酞菁红等。黑色颜料可选用炭黑或氧化铁黑等。炭黑的黑度高，稳定性好。但炭黑表面具有较强的吸附能力。其粒度越细、表面积越大，其黑度也越好。但细度越高的炭黑越易吸附水分和各种气体，导致它在研磨色浆时不容易分散到树脂中，并且磨细后又容易返粗。产品贮存时也容易增稠甚至胶凝。解决的方法为在研磨色浆时适当加入碱性物质，如乙醇胺、三乙醇胺等，并降低研磨温度，有利于炭黑的分散和提高防火涂料的贮存稳定性。

氨基树脂饰面型防火涂料燃烧时会放出部分氨气，有利于涂层发泡，但也会造成发泡层较疏松，受火的耐久性不好。在涂料制备时适量加入一些无机填料，有利于提高发泡层的致密性，从而提高其耐火极限。常用的无机填料有二氧化硅、滑石粉、沉淀硫酸钡、高岭土等。

在醇酸树脂改性的氨基树脂防火涂料中，适量加入丁醇有利于提高产品的贮存稳定性。加入量一般为涂料总量的5%～8%。

在配制复色涂料时，常常会由于各种颜料的密度不同而出现浮色发花现象。可通过加入少量硅油来解决。同时硅油对改善涂膜的外观，减少针孔、麻点等表面缺陷也有好处。硅油一般采用1%甲基硅油的二甲苯溶液，用量为涂料总量的0.05%～0.1%。硅油用量太多会使涂膜产生缩孔现象，并降低附着力。

10.4.5.2 不饱和聚酯饰面型防火涂料

不饱和聚酯本身不会固化，通常加入固化剂固化。因此，不饱和聚酯饰面型防火涂料是一种双组分涂料，A组分为不饱和聚酯，B组分为固化剂。常用的固化剂包括两部分，一部分为引发剂，如过氧化二苯甲酰的DOP（邻苯二甲酸二辛酯）糊，另一部分为促进剂，如*N*，*N*-二甲基苯胺的苯乙烯溶液。其中DOP为增塑剂；苯乙烯既是单体，又是溶剂，通过自由基聚合完成交联反应。

过氧化环己酮/环烷酸钴也是很常用的复合固化体系。但因环烷酸钴带有紫红色，制备浅色涂料时不宜采用。

不饱和聚酯饰面型防火涂料的胶凝时间为6～8 h，必须即配即用。涂料的胶凝时间可通过固化促进剂环烷酸钴或*N*，*N*-二甲基苯胺苯乙烯溶液来调节。

不饱和聚酯饰面型防火涂料的缺点是涂膜的机械强度不高，易裂，耐磨性较差，涂料的贮藏稳定性不好。因此增塑剂DOP的用量对性能的影响很大，推荐的用量为涂料总量的5%左右。

不饱和聚酯饰面型防火涂料流平性较差，固化时收缩性较大，涂层容易出现开裂或严重刷痕等缺陷，可通过加入醋酸丁酸纤维素解决。

不饱和聚酯树脂的色泽较浅，因此可调配成各种所需的颜色，有较高的装饰性。普通市售的颜料均可应用。采用纳米级氧化铁颜料还可制备不饱和聚酯透明防火涂料。

在用多种颜料配制复色涂料时出现的浮色发花现象，可通过加入卵磷脂作为防浮色剂来解决，用量为涂料总量的0.5%～1%左右。甲基硅油不饱和聚酯树脂的相容性很差，使用后会使涂膜产生严重缩孔现象，一般不宜采用。

10.4.5.3 醇酸树脂饰面型防火涂料

用于制备饰面型防火涂料的醇酸树脂常采用中油度干性醇酸树脂，配制的防火涂料室温固化快。并且与其他多种树脂（如氨基树脂、聚丙烯酸酯树脂、酚醛树脂）及成膜剂硝酸纤维素的混溶性很好，对颜料的湿润性也很优良。它的特点是光泽、流平性和附着力良好，耐候性、保色保光及防止开裂都十分优越。

醇酸树脂饰面型防火涂料配方中通常需加入少量的助剂，可大大改善涂料性能。醇酸树脂饰面型防火涂料常用的分散剂有卵磷脂、环烷酸锌等；防沉淀剂为有机改性膨润土、气相法白炭黑等；防结皮剂常用有机肟类化合物，如甲基-乙基酮肟；防浮色剂一般采用甲基硅油。

醇酸树脂可用脂肪烃（如200$^{\#}$溶剂汽油）作为溶剂，加入少量芳香烃（如二甲苯）可以提高涂料的贮存稳定性和涂层的光泽。

干性醇酸树脂的干燥速度较快，夏季时节的表干时间常常小于2 h。过快的固化速度会造成涂层收缩不均匀而起皱。加入少量氨基树脂可改善这一不良现象，用量约为醇酸树脂的

3%～5%。

10.4.5.4 环氧树脂饰面型防火涂料

低相对分子质量或中等相对分子质量的双酚A环氧树脂是常用的饰面型防火涂料基料。这类树脂有很好的附着力、耐腐蚀性等性能，但也明显存在室外耐候性差的缺点，长期在日光暴晒下涂层易失去光泽，进而粉化；其低温固化性差，一般需在10℃以上固化。因此一般不单独使用，常与其他树脂拼用。常用的拼用树脂有聚氨酯、酚醛树脂、氨基树脂和聚酰胺树脂等。

解决环氧树脂低温固化问题，固化剂的选择十分重要。同时还可通过加入酸性催化剂（如磷酸及其衍生物等）或多异氰酸酯来促进固化。

低相对分子质量环氧树脂可制成无溶剂或低溶剂量涂料，中等相对分子质量的环氧树脂可采用酯类、烃类或芳香族混合溶剂。

环氧树脂涂层的光泽不如醇酸树脂和氨基树脂，涂料制备时可添加一些流平剂和氯化石蜡，有利于表面装饰性的提高。

环氧树脂对大部分颜料和填料的相容性较好，因此选用时无特殊要求。但对低溶剂量涂料，颜填料的分散较为困难，可通过适量加入分散剂和强化研磨过程解决。

10.4.5.5 聚氨酯饰面型防火涂料

聚氨酯涂层的综合性能良好，是一种较好的饰面型防火涂料基料。但聚氨酯也存在明显的缺点，特别是外界环境条件对涂层质量的影响较大，施工要求较高。要获得质量上乘的涂层，除了提高施工管理外，配方设计上也有很多窍门。通过合理使用助剂，往往可以起到事半功倍的效果。

（1）防缩孔剂　聚氨酯防火涂料为双组分涂料，两个组分的分子量往往不高，而且极性很高，并且两组分间的表面张力往往有些差异。因此对微量油污十分敏感。涂刷后容易引起缩孔。通过添加防缩孔剂可解决这些问题。常用的防缩孔剂有热塑性树脂，典型的如醋酸丁酯纤维素，其特点在于它在聚氨酯的两个组分中均呈很低的相容性，可降低两个组分的表面张力差，从而改善缩孔现象。此外，还有硝酸纤维素、聚醋酸乙烯、聚乙烯醇缩丁醛、氯乙烯-醋酸乙烯酯共聚物等。硝酸纤维素的防缩孔效果很好，但硝基的氧化性会使芳香族聚氨酯防火涂料泛黄，因此在芳香族聚氨酯防火涂料中不宜采用。

（2）消泡剂　聚氨酯防火涂料对空气中的水分十分敏感，涂层表面容易形成气泡。因此添加合适的消泡剂是十分必要的。有机硅消泡剂是常用的消泡剂，但用量应严格控制，尽可能少加，否则容易造成缩孔、麻点等缺陷。许多非硅消泡剂的消泡作用虽不如硅油，但不容易造成表面缺陷，使用较安全。非硅消泡剂包括醇类化合物（如丁醇等）、磷酸酯类化合物（如磷酸三丁酯）及热塑性共聚树脂，如乙烯基异丁醚和丙烯酸酯的共聚物等。它们的共同特点是与聚氨酯相容性较低，因而能改变涂料的表面张力，达到消除气泡的目的。从实践效果看，有机硅消泡剂适合于消除细小气泡，而非硅消泡剂适合于消除较大的气泡，因此，将有机硅消泡剂和非硅消泡剂配合使用，效果往往更好。

（3）除水剂　聚氨酯涂料中的异氰酸基容易与水反应，形成脲和二氧化碳，使涂料胶凝或涂层起泡。所以必须控制涂料所含的水分，消除由颜填料和溶剂等所带入的水分。除水剂就是一类能起到除去体系中水分的助剂。甲苯磺酰异氰酸酯是一种效率较高的除水剂。它是一种单官能度异氰酸酯，反应活性因磺酰基的吸电子性而比普通的多异氰酸酯大得多，因此在体系中能优先与水分反应而将它们脱除。而且因其为单官能化合物，不会导致体系交联。

某些颜料或填料表面会吸附着一定数量的水分，用于聚氨酯防火涂料会造成不良后果。使用前应尽量烘干。

除了水分外，颜料中的某些成分也能与异氰酸基发生作用。例如碱性的红丹、氧化锌、铬黄、锌黄、铁蓝及某些槽法炭黑等，用于聚氨酯防火涂料中都可能会造成体系在贮存过程中胶凝。因而使用时应特别小心。

10.4.5.6 水乳型饰面防火涂料

水乳型饰面防火涂料用聚合物乳液作为基料，用水作为分散介质。其成膜机理与溶液型树脂不同。聚合物乳液是分子量很高的聚合物在水中的分散体，它的成膜是依靠分散介质的挥发，聚合物颗粒堆积过程中形成的毛细管作用压迫聚合物，促使其变形融合而形成连续膜。这个过程与施工中的环境温度有关，也与聚合物的玻璃化转变温度（T_g）有关。由于乳液体系中存在表面活性剂、保护胶体和水的缔合和增塑作用，使得乳液的成膜温度往往低于其本身的 T_g 值，称为最低成膜温度（MFT）。聚合物乳液的 MFT 可根据产品的要求在一定范围的调节。除了在乳液聚合时选择合适的共聚组分外，还可在防火涂料配制中正确选择成膜助剂的类型和用量。成膜助剂是一类对聚合物有溶胀作用的有机化合物，作用相当于增塑剂。但成膜助剂的挥发性远远大于增塑剂，因此仅在成膜过程中起作用。一旦成膜完成，则希望其尽可能快地挥发，否则或造成涂层发黏。常用的成膜助剂均为醇类化合物，如乙二醇、苯甲醇等，近年来发展了一批高效成膜助剂，典型代表如 2，2，4-三甲基-1，3-戊二醇单异丁酸酯（国外商品名 Texanol，国内商品名醇酯-12），基本上已完全取代了原先使用的醇类化合物。

用作饰面型防火涂料基料的水性乳液有：纯丙乳液、苯丙乳液、硅丙乳液、聚醋酸乙烯酯乳液、氯偏乙烯乳液等。但后两者目前已经很少使用。

聚合物乳液的黏度一般很低，当固含量在 55 %以下时接近于水的黏度，这对涂料的施工是极为不利的。为了提高施工性能，必须提高水相的黏度，因此需加入合适的增稠剂。水乳型饰面防火涂料中常用的增稠剂有羧甲基纤维素、聚甲基丙烯酸钠、有机硅缔合型增稠剂等。钠基膨润土、凹凸棒土和海泡石等也有较好的增稠作用。

在乳液聚合中，由于使用了大量的表面活性剂，使得制成的防火涂料溶液产生大量的泡沫。因此消泡剂也是水乳型饰面防火涂料中必不可少的组分。消泡剂一般与水不相容，表面张力相差较大，因此虽然消泡效果好，但也会导致涂层缩孔等缺陷，使用时必须十分注意，用量应尽可能少。常用的消泡剂有松油醇、丁醇、辛醇等醇类化合物和磷酸三丁酯等磷酸酯类化合物。目前市场上还有许多复合消泡剂供应，效果更为显著。

水性乳液贮存过程中容易生长霉菌，导致涂料黏度下降、鼓气、破乳、恶臭等不良后果。霉菌的死亡则造成涂料的腐败。采用合适的防霉剂和防腐剂可有效抑制霉菌的生长和繁殖。醋酸苯汞、五氯酚钠、8-羟基喹啉酮等都是有效的微生物杀灭剂，往往对防腐防霉均有效。此外还有许多专用的商业防霉剂和防腐剂可供选择。防霉剂和防腐剂一般都有毒，使用时应十分注意。

水质对水乳型防火涂料的质量有很大影响，一般的自来水中含有较多的金属离子，会影响涂料的稳定性。生产中应采用去离子水，电导率应低于 10 mS/m。

10.4.5.7 透明防火涂料

目前真正可成为透明防火涂料的只有低相对分子质量聚硼酸酯和聚磷酸酯两类。这两类低聚物都是在氨基树脂的基础上，将磷酸和硼酸等具有阻燃、脱水成炭催化作用的物质连接到聚合物分子链上，形成树脂/防火助剂一体化的基料。本身为水溶性基料，在成膜过程中分子间脱水而交联。

聚硼酸酯和聚磷酸酯防火涂料中不需要另外加入防火助剂，本身受火即可膨胀发泡。但目前的膨胀倍率一般为 5～15 倍，防火效果尚不十分理想。另外这两类树脂因相对分子质量较低，形成的涂层脆性较大，易开裂。虽可通过加入增塑剂（如 DOP、DBP 等）或其他柔性树脂（如聚乙烯醇）改性，但会降低其防火效果。这些问题将在进一步研究过程中解决。

10.5 混凝土结构防火涂料

10.5.1 混凝土结构防火的必要性

10.5.1.1 概述

水泥和混凝土是当今建筑材料中用量最大、应用面最广的材料。在快速发展的建筑业中，采用钢筋混凝土的建筑结构十分普遍。钢筋混凝土集钢筋和混凝土的优点于一体，使混凝土的强度大大上升。混凝土本身不会燃烧，因此长期以来混凝土的防火问题并没有受到人们的重视。但在实际上，钢筋混凝土的耐热能力很差，研究表明，钢筋混凝土在 300 ℃时，强度开始下降；500 ℃时强度降低一半左右；800 ℃时，强度几乎完全丧失。在建筑物火灾中，火场温度一般在 5min 之内可上升到 500 ℃以上，10min 可上升到 700 ℃以上，因此，钢筋混凝土构件在半小时左右即可发生断裂，导致建筑物坍塌。

隧道也是钢筋混凝土使用的重要场合。隧道不仅是交通运输的通道，也是光纤电缆、电力电缆、输油管道、输水管道和城市排水等的通道，在国民经济建设和人民生活中具有非常重要的作用。研究和实践结果都表明，不进行防火保护的隧道耐火性能较差。由于隧道环境的特殊性，一旦发生火灾事故，抢救难度大，持续时间长，对人员逃生和灭火救援是一个严重的挑战。而且火灾在短时间内就能对隧道设施造成很大的破坏。造成的人员伤亡、经济损失和社会影响都将是十分巨大的。据研究，隧道中一旦发生火灾，隧道墙壁和拱顶的迎火面温度在 15min 内就可升至 1000 ℃以上，内衬钢筋的温度也可达到 300 ℃，强度开始下降。60min 以上就会造成混凝土炸裂，隧道发生坍塌。由此可见，如何提供高隧道的耐火极限需要引起足够重视。为了提高其耐火极限，降低热量向隧道内结构的传递速度，有必要对隧道内的混凝土结构进行防火保护。

长期以来，人们为提高混凝土构件的耐火极限采取了很多办法，例如增加钢筋混凝土保护层厚度等，但效果并不显著，反而增加了混凝土构件的重量和占用了有效空间。从 20 世纪 80 年代中期起，我国钢结构防火涂料的快速发展给了混凝土构件的防火保护以有益的启示。借鉴钢结构防火涂料的原理，人们开始研究和生产专门用于混凝土结构的防火涂料，包括混凝土构件防火涂料、石化企业用的防火堤防火涂料和隧道防火涂料，均取得很大的成功。将这类涂料喷涂在混凝土结构的表面，当遭遇火灾时，涂层可有效地阻隔火焰的攻击和热量向混凝土及其内部预应力钢筋的传递，以推迟其温升和强度变弱的时间，提高混凝土构件的耐火极限，达到防火保护的目的。

10.5.1.2 混凝土结构防火涂料的分类

中华人民共和国公安部曾于2005年颁布了公共安全行业标准GA 98—2005《混凝土结构防火涂料》，其中规定了混凝土结构防火涂料按下列方式分类：

(1) 按使用场所分 混凝土构件防火涂料：用于建筑物内混凝土结构件的表面。

隧道防火涂料：用于公路、铁路隧道混凝土结构的表面，其特性为非膨胀型。

(2) 按其特性分 膨胀型：高温时涂层膨胀发泡，形成耐火隔热保护层。

非膨胀型：涂层密度较小，高温时耐火隔热。

2012年，新的国家标准GB 28375—2012《混凝土结构防火涂料》颁布，GA 98—2005《混凝土结构防火涂料》即停止使用。根据国家标准GB 28375—2012，混凝土结构防火涂料分为以下两类：

① 防火堤防火涂料：用于石油化工储罐区防火堤混凝土结构表面的防护。

② 隧道防火涂料：用于公路、铁路、城市交通隧道混凝土结构表面的防护。

10.5.2 防火堤防火涂料

10.5.2.1 防火堤防火涂料的组成

防火堤防火涂料用于石油化工储罐区防火堤混凝土表面的防护，实用中包括有机的膨胀型防火涂料和无机轻质喷涂防火涂料两类。在实际应用中发现，有机膨胀型防火涂料在受火过程中所形成的发泡炭层初期的隔热效果较好，但随着时间的延长，炭层会逐渐烧蚀而消失，从而隔热防火作用降低。按目前的水平，最好的涂料，涂层增至4.7 mm时，耐火极限也仅有1 h。而无机轻质喷涂防火涂料由于其密度轻、热导率小，耐火性能要比有机膨胀型的好。随涂层厚度不同，可满足1～2 h甚至更长时间的耐火要求。但纯粹由无机材料构成的防火涂料，涂层硬而脆，容易出现龟裂脱落等不利弊病。因此，在防火堤防火涂料的研究中，常常采用非膨胀型水性有机/无机复合涂料的制备技术。

(1) 非膨胀型防火堤防火涂料的基料 非膨胀型防火堤防火涂料的基料通常以无机胶凝材料为主，加入适量的高分子材料，形成无机/有机复合基料。常用的无机胶凝材料包括硅酸钾、硅酸钠等水玻璃、硅溶胶、磷酸盐凝胶等，常用的高分子材料包括聚乙烯醇、聚丙烯酰胺、聚醋酸乙烯酯乳液、氯偏乳液和聚丙烯酸酯乳液等水溶性或水乳型聚合物。

用无机/有机复合基料制备的防火涂料涂层具有刚柔相济的特点，不容易开裂，理化性能和防火性能都比单纯用无机或有机材料制备的防火涂料要好。

(2) 膨胀型防火堤防火涂料的基料 膨胀型防火堤防火涂料的基料目前主要采用聚合物乳液，如聚丙烯酸酯乳液、苯丙乳液、聚醋酸乙烯酯乳液、氯偏乳液等。但大多数情况下，用单一乳液制备的防火涂料的性能不够理想，因此常常通过几种乳液复合的方法来解决。有时也会加入一些水溶性聚合物，如聚乙烯醇、甲基纤维素、聚丙烯酰胺等。

(3) 防火堤防火涂料的防火阻燃体系 膨胀型防火堤防火涂料的组成基本上类似于钢结构防火涂料，因此其采用的防火助剂也与钢结构防火涂料所用的防火助剂相同。目前一般采用P/C/N体系，典型代表为聚磷酸铵/季戊四醇/三聚氰胺复合体系。在此基础上适当填加一些阻燃剂，如氢氧化铝、氢氧化镁、三氧化二锑等，对提高防火性能有较大帮助。

非膨胀型防火堤防火涂料的基料主要为无机材料，本身有较好的阻燃性，因此可不加阻燃剂。但对于无机/有机复合基料制备的防火涂料，也经常添加一些阻燃剂，以提高涂层的阻燃性能。

(4) 防火堤防火涂料的填料　膨胀型防火堤防火涂料所用的填料与普通涂料的填料基本相似，主要为无机粉末，如轻质碳酸钙、重质碳酸钙、滑石粉、高岭土、沉淀硫酸钡、云母粉、硅藻土、硅灰石粉等。这类涂料一般为白色，因此颜料主要采用钛白粉。

非膨胀型防火堤防火涂料要求密度低，隔热性好，因此涂料中除了采用上述无机粉末填料外，还常添加轻质填料。主要品种有膨胀珍珠岩、膨胀蛭石、粉煤灰空心微球等。为了防止涂层的开裂，纤维状的硅酸铝也是常用的填料。

10.5.2.2 混凝土构件防火涂料的技术要求

根据国家标准 GB 28375—2012《混凝土结构防火涂料》的规定，对应用于防火堤的防火涂料技术应满足表10-4中的技术要求。

表10-4 防火堤防火涂料的技术要求

检验项目	技术指标	缺陷分类
在容器中状态	经搅拌后呈均匀稠厚液体，无结块	C
干燥时间(表干)/h	≤24	C
黏结强度/MPa	≥0.15(冻融前)	A
	≥0.15(冻融后)	
抗压强度/MPa	≥1.50(冻融前)	B
	≥1.50(冻融后)	
干密度/(kg/m^3)	≤700	C
耐水性/h	≥720，试验后，涂层不开裂、起层、脱落，允许轻微发胀和变色	A
耐酸性/h	≥360，试验后，涂层不开裂、起层、脱落，允许轻微发胀和变色	B
耐碱性/h	≥360，试验后，涂层不开裂、起层、脱落，允许轻微发胀和变色	B
耐曝热性/h	≥720，试验后，涂层不开裂、起层、脱落，允许轻微发胀和变色	B
耐湿热性/h	≥720，试验后，涂层不开裂、起层、脱落，允许轻微发胀和变色	B
耐冻融循环试验/次	≥15，试验后，涂层不开裂、起层、脱落，允许轻微发胀和变色	B
耐盐雾腐蚀性/次	≥30，试验后，涂层不开裂、起层、脱落，允许轻微发胀和变色	B
产烟毒性	不低于 GB/T 20285—2006 规定材料产烟毒性危险分级 ZA_1 极	B
耐火性能/h	≥2.00(标准升温)	A
	≥2.00[HC(碳氢化合物)升温]	
	≥2.00(石油化工升温)	

注：1. A为致命缺陷，B为严重缺陷，C为轻缺陷。
2. 型式检验时，可选择一种升温条件进行耐火性能的检验和判定。

10.5.3 隧道防火涂料

10.5.3.1 隧道防火涂料的类型

隧道防火涂料是指用于涂覆在隧道拱顶和侧壁上，能形成隔热耐火保护层，以提高隧道结构材料耐火极限的防火涂料。

从国内外文献专利看出，目前用于隧道防火保护的防火涂料按其涂层燃烧后的状态变化和性能特点可分为膨胀型和非膨胀型两类。

（1）非膨胀型隧道防火涂料　非膨胀型隧道防火涂料又称为隧道防火隔热涂料。它主要是由无机黏结剂、轻质骨料、填料和化学助剂等组成的。使用时涂层较厚（10 mm 以上），密度较小，热导率低。因此当隧道内发生火灾，受到高温侵袭时具有耐火隔热作用，从而减缓隧道的损失程度。

非膨胀型隧道防火涂料具有密度轻、热导率小、耐火性能好的优点。防火性能随涂层厚度不同而变化。一般可满足 1～2 h 甚至更长时间的耐火要求。但纯粹由无机物构成的防火涂料质地较脆，容易出现龟裂、脱落等不良现象。因此，在非膨胀型隧道防火涂料的研究中，一般采用水性有机-无机复合涂料的研究技术路线。

（2）膨胀型隧道防火涂料　膨胀型隧道防火涂料的涂层较薄，受火时涂层发泡膨胀，形成耐火隔热层，从而保护隧道中混凝土结构免受损失。这类涂料的组成与钢结构防火涂料基本类似，许多产品既可用于钢结构防火或混凝土构件防火，也可用于隧道防火。这类涂料一般为厚浆涂料，主要成分为高分子基料，通过加入防火助剂（如 P/C/N 体系）和耐火填料，有时还加入高熔点的无机纤维，使涂层在高温火焰下形成低膨胀率而高强度的炭化发泡层。这类涂料还可根据需要制备成有各种颜色的彩色涂料，具有一定的装饰效果。

拓展阅读 10-5
Ⅰ. 隧道防火涂料的技术要求
Ⅱ. 公路工程防火涂料的技术要求

根据隧道结构、材料和防火要求的特点，目前以非膨胀型隧道防火涂料的应用较为普遍，但膨胀型隧道防火涂料的研究也已取得较大进展。

10.5.3.2　隧道防火涂料的技术要求

根据国家标准 GB 28357—2012《混凝土结构防火涂料》的规定，对应用于公路、铁路和城市交通隧道的防火涂料提出了具体的技术要求。

2020 年，国家交通运输部颁布了公路工程用的隧道防火涂料行业标准 JT/T 1308—2020《公路工程 隧道防火涂料》，将公路隧道防火涂料按耐火极限分为四种类型，并提出了相应的技术要求。

10.5.3.3　隧道防火涂料的组成

由于目前隧道防火涂料基本上为非膨胀型的无机轻质喷涂防火涂料或非膨胀型水性有机/无机复合防火涂料。因此，下面仅介绍这类涂料的组成及配方设计。

（1）隧道防火涂料的基料　隧道防火涂料的基料通常以无机胶凝材料为主。常用的无机胶凝材料包括硅酸钾、硅酸钠等水玻璃、硅溶胶、磷酸盐凝胶等。

硅酸钠、硅酸钾等盐类中由于存在游离的碱金属离子，空气中的酸性物质，如 CO_2 等，能与其发生反应而形成碳酸钠或碳酸钾，结果导致涂层的耐水性和耐候性降低，并且涂层容易出现开裂、脱粉等不良现象。因此如果采用硅酸盐水玻璃作为隧道防火涂料的基料时，一般需要进行改性。目前解决的主要方法是采用氟硅酸盐、硼酸盐等物质与其反应，使其形成体形的网状结构，从而将碱金属离子固定下来。

磷酸盐类黏结剂也是常用的无机黏结剂，用它作为防火涂料的基料，可以避免碱性氧化物与空气中的酸性气体反应，从而提高涂料的耐候性和耐水性。

提高隧道防火涂料耐候性和耐水性的另一个有效方法是加入适量的高分子材料，形成无机-有机复合基料。高分子材料有良好的成膜性，可有效抑制游离的碱金属离子，从而提高涂层的耐候性和耐水性。常用的高分子材料包括聚乙烯醇、聚丙烯酰胺、聚醋酸乙烯酯乳液、氯偏乳液和聚丙烯酸酯乳液等水溶性或水乳型聚合物，目前已有报道采用有机硅乳液和氟碳乳液制备隧道防火涂料的研究工作。

用无机/有机复合基料制备的隧道防火涂料具有刚柔相济的特点，不容易开裂、脱落，理化性能和防火性能都比单纯用无机或有机材料制备的隧道防火涂料要好。

（2）隧道防火涂料的防火阻燃体系 隧道防火涂料的基料主要为无机材料，本身有较好的阻燃性，因此原则上可不加阻燃剂或防火助剂。但对于无机—有机复合基料制备的防火涂料，由于其中的高分子材料具有一定的燃烧性，因此也经常添加一些阻燃剂，以提高涂层的阻燃性能。

阻燃剂对隧道防火涂料性能的影响很大。因为隧道防火涂料的使用环境有其特殊性，如对耐水、耐候、防潮等性能要求较高，因此对阻燃剂的选择要十分慎重。首先要求添加的阻燃剂与基料有很好的相容性，使涂层具有理想的防火隔热性能。同时要求阻燃剂的加入不能影响涂料的耐候、耐水等理化性能，这样才能适用于隧道内的环境条件。

目前用于防火涂料的阻燃剂种类繁多，性能各异。但主要可分为有机阻燃剂和无机阻燃剂两大类。有机阻燃剂主要为有机卤素化合物和有机磷系化合物，无机阻燃剂则为金属氧化物和氢氧化物、红磷及磷酸盐等。这些阻燃剂按其引入的方式又可分为添加型阻燃剂和反应型阻燃剂等。如普通钢结构防火涂料和饰面型防火涂料中采用的阻燃剂大都为有机卤化物和三氧化二锑复合体系，也有采用有机磷化物作为阻燃剂的。这些阻燃剂有良好的阻燃效果，对涂料的理化性能影响较小，但致命的缺点是本身具有毒性，在燃烧时会产生有毒气体和大量烟雾，这种特性在隧道防火涂料中是十分有害的。因为隧道中的通风条件较差，一旦发生火灾事故，浓厚的有毒气体和烟雾将是造成人员伤亡的主要原因。因此选用隧道防火涂料的阻燃剂时，应选用无公害、无污染、无放射性、在使用过程中无毒、在燃烧时无毒气放出和烟雾较少的绿色环保型阻燃剂。从这一角度来看，无机阻燃剂比较合适。无机阻燃剂不仅有良好的阻燃效果，而且无毒、燃烧时不产生浓烟和毒气、原料来源丰富、成本亦低。目前普遍反映效果较好的无机阻燃剂包括氢氧化铝、氢氧化镁、氢氧化铝/三氧化二锑复合体系、磷酸硼、含结晶水的硼酸锌、硼酸胺等。

（3）隧道防火涂料的填料和增强材料 隧道防火涂料要求密度低，隔热性好，因此涂料中除了采用普通的无机粉末填料外，还常添加轻质填料。主要品种有膨胀珍珠岩、膨胀蛭石、粉煤灰空心微球等。为了防止涂层的开裂，常用增强填料短玻璃纤维和纤维状的硅酸铝。

10.6 电缆防火涂料

10.6.1 电缆火灾的发生及其危害

电缆是人们日常生活、工农业建设、国防、科技等各领域不可缺少的重要产品。随着全球经济的高速发展和现代科学技术的突飞猛进，电缆的用量迅速增加。

电缆的内芯为金属，护套和绝缘层一般由塑料或橡胶制成。电缆在正常工作条件下是安全的，但当其在过载、短路、长期使用等情况下会发生局部过热等故障，或在外热作用下都会引起绝缘层的绝缘电阻下降，导致击穿、燃烧，从而引发火灾事故。因此在电缆密集敷设的场所，极易由电缆的故障引起火灾。更严重的是，电缆一旦着火，火势会顺着电缆的延燃而蔓延，从而造成大面积的经济损失。同时，电缆燃烧过程中释放出大量的烟雾和有害性气体，将严重地威胁人们的生命。

电缆火灾有以下几个特点：

拓展阅读 10-6
电缆为何要穿上"防火衣"？

① 隐蔽性。建筑物中的电线电缆一般都敷设在墙壁夹层、地板、房顶及暗道等目不所及的地方，在火灾初始阶段一般不易发觉。

② 潜在性。因电缆产品的质量、施工质量、电器装备质量、用电状况的好坏等因素均可导致电缆故障而发生火灾，因此较难准确预料。

③ 毒害性。电缆燃烧时往往会放出较浓的烟雾和有毒气体，不仅影响人员安全疏散和消防队员的扑救，同时还危及人员生命。

④ 延燃性。电缆一般敷设在护套管中，一旦发生火灾，火焰将顺着电缆在护套管中蔓延，导致火灾迅速扩大，燃烧距离可在很短时间内达数千米。其结果不但烧毁电缆，而且还会烧毁电器，造成大面积停电，短时间内无法恢复生产。

近年来，由于电缆密度和电力负荷的增加，出现电缆火灾事故的危险性和频繁性也在增多，由电缆引起的火灾事故呈上升趋势，重特大火灾事故屡见不鲜，给人民生命财产和经济建设造成巨大损失。

为防止电缆火灾的发生和发展，以减少其造成的经济损失，世界各国都极为重视电缆的防火保护技术研究，采取了许多行之有效的消防措施。从电缆火灾的实例可见，电缆着火后，关键并不是自身的着火，而是火焰的蔓延。因此，对电缆的防火保护，应包括防火和阻燃两方面。

阻燃通常采用在电缆绝缘层中添加阻燃剂的方法来实现，而防火问题可通过各种防火设计来解决。目前已经开发了多种电缆防火材料，如防火带、防火堵料、防火涂料等。其中最有效的手段莫过于涂覆防火涂料。

电缆防火涂料是随着国民经济高速发展及保障人民生命财产安全需要而出现的一种集装饰和防火为一体的防火涂料品种，是一类电缆专用防火保护涂料，当它涂覆于电缆表面时，平时可起一定的装饰及物理防护作用，一旦火灾发生，电缆表面的防火涂料遇火膨胀，形成20～30 mm的泡沫保护层，隔绝火源，使电缆受火时能在一定的时间内保持完好，并阻止火焰沿电缆蔓延，起到防止火灾发生和发展的作用[20,21]。

10.6.2 电缆防火涂料的类型及其发展

根据国家标准GB 28374—2012《电缆防火涂料》中定义，电缆防火涂料是指涂覆于电缆（如橡胶、聚乙烯、聚氯乙烯、交联聚氯乙烯等材料作为导体绝缘和护套的电缆）表面，具有防火阻燃保护及一定装饰作用的防火涂料。

我国电缆防火涂料的研制始于20世纪80年代初，是在饰面型防火涂料基础上结合电缆防火自身的特殊要求发展起来的。性能优异的电缆防火涂料，要求其涂层较薄，理化性能及耐候性能较高，遇火能生成均匀致密的海绵状泡沫隔热层，有显著的隔热、防火效果。经过数十年的努力，我国的电缆防火涂料得到了快速发展，出现了以氯化橡胶、过氯乙烯树脂、醇酸树脂等为主要成膜物质的系列电缆防火涂料。

从电缆防火涂料所采用的分散介质类型来分，目前应用的电缆防火涂料可分为溶剂型和水性两类。这两类涂料选用的防火组分基本相同，但理化性能、防火性能以及耐候性能等上有较大差别。总体上讲，溶剂型电缆防火涂料的综合性能优于水性电缆防火涂料。因此目前我国电缆防火涂料主要以溶剂型品种为主。但由于溶剂型涂料所使用的溶剂对人体和环境均有不同程度的危害，因此从环保和节约能源的角度考虑，开发研制理化性能、防火性能和耐候性能优良的水性防火涂料是有重要意义的[22]。

10.6.3 电缆防火涂料的技术要求

为了对电缆防火涂料的研究开发、推广应用和产品质量监督管理提供全国统一的技术依据，国家标准 GB 28374—2012《电缆防火涂料》规定了电缆防火涂料应满足的技术要求（表 10-5）。

表 10-5 电缆防火涂料的技术要求

检验项目		技术指标	缺陷分类
在容器中状态		无结块，搅拌后呈均匀状态	C
细度 /μm		≤90	C
黏度 /s		≥70	C
干燥时间 /h	表干	≤5	C
	实干	≤24	
耐油性 /d		浸泡 7d，涂层无起皱、无剥落，无起泡	B
耐盐水性 /d		浸泡 7d，涂层无起皱、无剥落，无起泡	B
耐湿热性 /d		经过 7d 试验，涂层无开裂、无脱落，无起泡	B
耐冻融循环 /次		经 15 次循环，涂层无起皱、无剥落，无起泡	B
抗弯性		涂层无起层、无脱落，无剥落	A
阻燃性 /m		炭化高度≤2.5	A

10.6.4 电缆防火涂料的组成

10.6.4.1 电缆防火涂料的基料

电缆防火涂料主要为有机的膨胀型涂料。所采用的基料有溶剂型树脂和水性高分子乳液两大类。

溶剂型电缆防火涂料的成膜物质主要为氯化橡胶、过氯乙烯树脂、氨基树脂、酚醛树脂、醇酸树脂等，采用的溶剂为香蕉水（甲苯、醋酸异戊酯、醋酸丁酯、环己酮等多种有机化合物的混合物）、二甲苯、200# 溶剂汽油等。

水性电缆防火涂料的成膜物质一般采用聚丙烯酸酯乳液、苯丙乳液、氯偏乳液、聚醋酸乙烯酯乳液等，这些材料均以水为分散介质。

在大多数情况下，用单一的高分子树脂或高分子乳液制备的防火涂料的性能不够理想，因此常常通过几种树脂或乳液复合的方法来解决。

10.6.4.2 电缆防火涂料的防火阻燃体系

电缆防火涂料的组成基本上类似于膨胀型钢结构防火涂料，因此其采用的防火助剂也与钢结构防火涂料所用的防火助剂相同。目前一般采用 P/C/N 体系，典型代表为聚磷酸铵/季戊四醇/三聚氰胺复合体系。

为了防止电缆在发生火灾时的延燃，要求电缆防火涂料有优异的阻燃性。因此电缆防火涂料的配方中常适当填加一些阻燃剂。综合考虑阻燃、无毒、不产生浓烟和有毒气体等要求，采用无机类阻燃剂，如氢氧化铝、氢氧化镁、三氧化二锑、氧化锌等，对提高防火性能有较大帮助。

10.6.4.3 电缆防火涂料的填料和助剂

电缆防火涂料所用的填料与普通涂料的填料基本相似，主要为无机粉末，如轻质碳酸钙、重质碳酸钙、滑石粉、高岭土、硫酸钡、云母粉、硅藻土、硅灰石粉等。

电缆防火涂料一般为白色，因此颜料主要采用钛白粉。制备彩色涂料时，酞菁蓝、酞菁绿、耐晒黄、立索而红等有机颜料和铁红、铁黄、铁蓝和炭黑等无机颜料都可选用，但应通过试验，以确定与涂料中其他组分的匹配性。

电缆防火涂料对涂层的柔韧性、黏结性、耐水性、防霉性等要求较高，因此助剂的选用十分关键。原则上一般涂料中使用的各种助剂，例如润湿剂，分散剂、偶联剂、增稠剂、增塑剂、消泡剂和防霉剂等在电缆防火涂料中也能选用。并应尽可能地选用能够增加阻燃效果的原材料。例如，磷酸三甲苯酯和β-三氯乙烯磷酸酯可提高溶剂型涂料的柔韧性，同时对涂料的阻燃性能也有提高，因此是较为理想的增塑剂。为了提高基料对防火助剂和填料的黏结性和涂层对电缆的附着力，在配方中添加合适的偶联剂常常会起到事半功倍的效果。如硅烷偶联剂 KH-570、氯化石蜡都是常用的电缆防火涂料助剂。

10.6.5 电缆防火涂料配方设计要点

由于非膨胀型防火涂料的涂层较厚，难以满足电缆弯曲、伸缩的要求，因此电缆防火涂料主要以膨胀型防火涂料为主。

溶剂型电缆防火涂料的成膜物质主要有高氯化聚乙烯、氯化橡胶、过氯乙烯树脂、聚丙烯酸酯树脂、醇酸树脂、氨基树脂、环氧树脂、聚氨酯等。含氯树脂的阻燃性能较好，但燃烧过程中发烟量较大，释放出的气体往往有毒。大部分情况下与其他不含氯的树脂拼用，以起到取长补短的效果。

水性电缆防火涂料的成膜助剂可选用聚丙烯酸酯乳液、苯丙乳液、氯偏乳液等。其中氯偏乳液的阻燃性较好，但耐候性不够理想，不宜单独使用，常与聚丙烯酸酯乳液拼用，效果有所改善。聚醋酸乙烯酯乳液因耐水性能较差，一般较少采用。

电缆防火涂料的防火助剂大多采用 P/C/N 体系，与钢结构防火涂料的防火助剂体系基本相同，不多作赘述。

为进一步提高炭化层的强度，避免发泡层在受到火焰冲刷时脱落，在涂料配方中可加入一定数量的发泡层补强剂。发泡层补强剂的作用与膨胀剂相反，故用量应适当，太多时会影响发泡效果，对防火效果反而不利。常用的发泡层补强剂有石棉粉、玻璃纤维和硅酸铝纤维等。

根据电缆防火涂料的使用特点，抗弯性指标十分重要。在 GB 28374—2012《电缆防火涂料》中，抗弯性与阻燃性同为 A 类缺陷指标，可见其重要性。大部分基料树脂不能满足涂料抗弯性的要求，因此常需通过加入增塑剂的方法来解决。一般的小分子增塑剂对发泡层的形成有影响，不宜采用。推荐采用本身具有阻燃作用的磷酸酯类阻燃增塑剂（如磷酸三丁酯、磷酸三苯酯、磷酸三甲苯酯和β-三氯乙烯磷酸酯等），对所形成的涂层柔韧性有明显提高，能满足电线电缆弯曲的要求。同时由于这种增塑剂兼具阻燃的性能，不会影响涂料的防火性能。氯化石蜡对改善涂层的柔性也有较好的作用。

10.7 新能源汽车电池包防火涂料

10.7.1 概述

新能源汽车销量快速增长的同时，其安全问题也日渐引起人们的关注。据中华人民共和国应急管理部公布的数据显示，2022 年第一季度，全国新能源汽车火灾事故共计 640 起，同比上升 32%。而新能源汽车电池包，通常由多个单体电池模块组合而成，机械损伤、热冲击、内短路、在高温环境下长期连续频繁快充等情况，均可能导致个别单体电池“热失控”，然后传导蔓延，导致周围单体电池温度迅速升高达500～1000℃，最终引发电池包整体燃烧、爆炸的灾难性后果，带来巨大的安全隐患。虽然随着技术的进步以及生产工艺和产品管控要求等方面的提高，新能源汽车动力电池安全性已经取得巨大进步，但新能源汽车自燃事故仍时有发生，而新能源汽车火灾事故大多与动力电池热失控相关。因此，在电池包出现问题、发生故障时，如何提高新能源汽车电池包的防火安全性、保证新能源汽车乘客安全，成为非常重要的安全问题。

目前各新能源汽车电池包的防火材料以铺设防火毡材料为主，如云母板、超细玻璃棉、高硅氧棉毡等。当电池发生热失控后，依靠防火毡材料可以有效隔绝热量扩散和控制火势走向，有效延缓电池热扩散时间，从而提高电池包防火安全性。虽然隔热毡可以有效隔绝热量扩散和控制火势走向、延缓电池热扩散时间，但增加防火毡方案也存在重量增加、散热性能差、设计施工过程较为复杂等问题。因此，电池绝缘防火涂料应运而生，它能在电池表面形成一层坚韧的防护层，有效隔绝热量、阻断火源，并在一定程度上减缓电池内部的化学反应速率，从而降低火灾风险。

10.7.2　新能源汽车电池包防火涂料的需求

新能源汽车电池包防火涂料属于涂料应用的新领域，而且相对于传统防火涂料，有其独特的需求点[23]。

拓展阅读 10-7
常见的电池防火隔热材料

一是耐火状态独特。电池发生热失控时会喷出大量高温气体和颗粒混合物，燃烧产生的火焰可能会高达1000℃，高镍三元材料甚至能超过1200℃，高温火焰会加热周围电池，从而加速热失控扩散的进程。另外，这些固体颗粒物或气体的喷射过程还会进一步冲击甚至破坏防火涂层，这对涂层的强度以及炭层的强度都提出了较高的要求。

二是空间、尺寸受限。随着电池包技术从传统电芯到模组向无模组电池包及电池车身一体化技术的发展，以及市场对小型化、轻量化的需求，电池包内部留给防火涂层可膨胀的空间越来越小，低膨胀甚至无膨胀成为越来越普遍的需求。

三是工作环境特殊。电池包内部有着特殊的环境，在电池充放电的过程中，特别是大倍率充放电时，电池包内部温度会有较大变化，需要涂层有较强的耐温变能力，而且电池包作为电源，对涂层的绝缘性也会有一定的要求。

10.7.3　新能源汽车电池包防火涂料的研究进展

由于新能源汽车用防火涂料属于新的需求，电池包防火涂料最初主要借鉴相对比较成熟的钢结构防火涂料或建筑用防火涂料。目前市面上部分公司已有一些量产或推广阶段的新能源电池包防火涂料产品，如PPG、西卡、立邦等，其中PPG公司已经商业化了1款专为电动汽车行业而研发的双组分超薄膨胀型防火涂料PPG CoraCharSE4000。目前电池包防火涂料主要以双组分膨胀型防火涂料为主，其化学性质以双组分环氧树脂为基础树脂，添加较多的阻燃填料与助剂。双组分膨胀型防火材料的特点为燃烧时材料会膨胀，基础涂层厚度为2mm，燃烧后膨胀为20～40mm，用于隔绝火焰与高温。材料进行实验时，燃烧火焰为1500℃，通过材料隔绝后的温度<300℃。双组分膨胀型防火材料缺点为材料的膨胀会将电池包胀破。

目前的热点防火材料为第二代非膨胀型防火涂层材料，其优势为可经受住燃烧时的

1500℃高温 30min，且电性能较好，可以耐电压击穿。第二代非膨胀型防火涂层材料要求较高，涂层厚度仅 0.7～0.8mm，第二代涂层技术国内已经拥有，国内的西卡公司正在研发阶段。与第一代相比，第二代涂层材料无需膨胀，节约大量的涂层空间，电池包可容纳更多电池，相应地提高汽车电池的功率。非膨胀型的防火涂层材料为杂化体系，有机硅接上较多的功能基团，还需要添加较多的无机填料，例如隔热填料与阻燃填料，形成隔热性能较强的类似于锡膜的表层；防火涂层的阻燃性能主要来自于所填加的纳米填料，例如氧化锆与氧化硅填料；其余化学成分主要目的为提高铝板、履带以及复合材料板的粘接力、抗腐蚀性与抗老化性。涂层需要烘烤固化，需在烘烤炉 80℃温度下烘烤 30min。非膨胀型防火涂层喷涂难度较大，自动化设备价格较高。相较于膨胀型涂层材料，非膨胀型涂层材料成本价格较高。

学术界也针对性地开展了一些研究，主要集中在防火阻热效果的改善、炭层强度的逐渐提高、内部空间的节省和快速固化方式的革新方面。

10.8 总结与展望

随着我国改革开放政策的深入推进，经济建设持续发展，人民生活水平不断提高，这对防火安全工作提出了新的更高要求。因此，提升我国防火涂料的水平，扩大防火涂料应用面的呼声也越来越高。

拓展阅读 10-8
新能源汽车绝缘防火涂料最新研究进展

从实际应用的效果看，膨胀型防火涂料由于涂层薄、装饰效果好、膨胀效果显著、耐火极限可达 1.5 h 以上，可以满足大多数场合防火的要求。因此该类防火涂料将有更广阔的推广应用前景。

国内外火灾经验表明，防火保护的效果同防火涂料的质量、时效和施工质量等有密切关系。因此从目前的情况看，研究耐火性能好、时效长、黏结力高、应用性能优的新型防火涂料，将是今后发展的主要方向。

对于钢结构材料而言，除了耐火性能差外，还存在容易锈蚀的弱点。钢材及金属腐蚀除了给人类带来经济上的损失外，而且不利于自然资源和环境的保护，甚至还会危及人身安全。因此，工程上钢结构都必须进行有效的防腐处理，以延长使用寿命。目前大多数钢结构防火涂料品种都还没有同时兼具防腐蚀功能。因此，深入开展钢结构防火涂料防腐性能的研究，开发兼具防火性能、耐腐蚀性、耐候性、耐老化性、装饰性的钢结构防火涂料，无疑将是钢结构防火涂料研究领域的一个重大突破，具有非常重要理论和实际的意义。

我国的电缆防火涂料是在饰面型防火涂料的基础上发展起来的。其基料、防火体系和助剂等并没有完全按照电缆的特殊要求开发，导致许多性能并不能满足要求。如电缆防火涂料的弯曲性是与阻燃性同等重要的指标。但现行使用的基料树脂成膜后的挠曲性较差，往往需要通过添加增塑剂来提高其抗弯性，实际效果并不十分理想。因此，开发电缆防火涂料专用的树脂已经势在必行。其他各类防火涂料，也都有必要根据不同的特点研发专用的树脂、防火助剂体系。

随着新能源汽车销量攀升，动力电池防火涂料市场将快速扩容，电池包上盖、电芯隔板、水冷板等部位的防火需求将进一步推动电池防火涂料的发展。随着固态电池、智能网联等技术的突破，防火涂料将从单一功能材料升级为集成化解决方案。

通过约半个世纪的发展，我国防火涂料的生产和应用水平已与国际基本同步。随着涂料工业向高性能、高节能、低污染方向发展，防火涂料也正朝着水性化、超薄型化方向发展。

目前我国水乳型的防火涂料产量约占总产量的50%左右，发展空间还很大。归纳起来，今后我国防火涂料主要将在以下方面开展工作。

（1）研制专用的防火涂料成膜物质，扩大防火涂料的应用范围　不同种类的防火涂料的应用目标不同，对成膜物质的要求也不同。因此研究不同防火涂料的专用成膜物质，对提升防火涂料的质量或扩大其应用面极为重要。此外，研究多种高分子材料的共混改性来完善防火涂料的防火性能和各种理化性能，也是切实可行的方向之一。

（2）开发多效、高效、低水溶性的防火助剂　多效、高效、低水溶性的防火助剂的开发研究一直是膨胀型防火涂料研究的重要方面。多聚磷酸铵的研制成功，曾有力推动了膨胀型防火涂料的发展。现在聚磷酸铵已成为防火涂料中必用的组分之一。目前有人将发泡剂与脱水成炭催化剂结合考虑，开发了同时具有脱水催化和发泡功能的磷酸三聚氰胺，其水溶性比聚磷酸铵更低，效果更好。

将燃烧时能放出不燃性气体的聚合单体（膨胀单体）聚合进高分子树脂，使涂层本身具有膨胀功能的研究已在进行。氨基苯磺酸盐、氨磺酰对苯胺、5-氨基-2-硝基苯甲酸等化合物均可被选作膨胀单体。

作业题

（3）防火消烟剂的发展　从近年来防火涂料的发展历程来看，防火涂料的消烟问题可能是制约其质量和品位的关键问题。近几年来人们对防火消烟剂协同效果开展了大量的研究，取得了良好的效果。例如在含卤聚合物中加入一定量的硼酸锌和三氧化二锑，发烟量可减少25%以上，而防火效果不降低。将硼酸锌与水合氧化铝并用，可以全部代替氧化锑，价格大大降低。此外，氧化锌/氧化镁、硼酸铵/氧化锑、钼酸钙/钼酸锌、氧化钼/氧化锌等防火材料体系与含卤素聚合物协同使用，都取得很好的阻燃消烟效果。

参考文献

［1］陈永明，付振平，郭必泛，等．防火涂料的研究进展［J］．涂料工业，2024，54（3）：54-58.

［2］加万里，水性超薄型钢结构防火涂料耐火性能的研究［D］．西安：西北大学，2010.

［3］徐晓楠，周政懋．防火涂料［M］．北京：化学工业出版社，2004：96-97.

［4］张军科．水性防火涂料的研究进展［J］．涂装与电镀，2008，（3）：19-23.

［5］陈永明，付振平，郭必泛，等．防火涂料的研究进展［J］．涂料工业，2024，54（3）：54-58，65.

［6］舒凯征．水性硅丙树脂超薄膨胀型钢结构防火涂料的研制［D］．南京：南京工业大学，2006.

［7］覃文清．有机-无机复合型防火涂料的研究［J］．涂料工业，2010，40（7）：25-29.

［8］CODE P. Eurode 3：Design of Steel Structures-part 1-2：General Rules-structural Fire Design：DDENV 1993-1-2：2001［S］．London：European Committee for Standardisation，2007.

［9］覃文清，李凤．材料表面涂层防火阻燃技术［M］．北京：化学工业出版社，2004：100-101.

［10］李风，覃文清．钢结构防火涂料的研究和应用［J］. 涂料工业，1999，29（03）：31-34.

［11］Lucherini A，Maluk C. Intumescent Coatings Used for The Fire-safe Design of Steel Structures：A Review［J］．Journal of constructional Steel Research，2019，162：105712-105716.

［12］Meng Z，Liu Y，Wang S，et al. Application of The PAPP/MCA/APP Intumescent Flame Retardant System in Polypropylene［J］．Fire and Materials，2023，47（8）：1064-1073.

［13］魏超，顾剑东，李斌，等．有机-无机杂化超薄型防火涂料的研究制备［J］．现代涂料和涂装，2020，（11）：23-25，51.

［14］赵利，焦传梅．有机-无机杂化膨胀型阻燃剂的合成及其对防火涂料性能的影响［J］．青岛科技大学学报（自然科学版），2018，39（1）：59-64.

[15] 王国建，俞刚，刘琳，等．钢结构超薄膨胀型防火涂料的研究（1）——填料对涂料性能的影响［J］．建筑材料学报，2005，8（4）：387-392.

[16] Hu X，Wang G J，Huang Y. Study on The Preparation and Properties of Novel Transparent Fire-Resistive Coatings［J］. Journal of Coatings Technology and Research，2013，10（5）：717-726.

[17] Shi Y C，Wang G J. Influence of PEPA-containing Polyether Structure on Fire Protection of Transparent Fire-resistant Coatings［J］. Journal of Coatings Technology and Research，2016，13（3）：457-468.

[18] 贾昊，孙军，张晓莲，等．高效磷氮硅防火涂层的制备与性能研究［J］．涂料工业，2024，54（3）：2-7，14.

[19] 罗佳明，何金蓉，蒋金锐，等．耐龟裂水性透明防火涂料的制备和性能研究［J］．涂料工业，2024，54（3）：32-40.

[20] 孙韬，叶良鹏，张佳庆，等．电缆防火涂料研究进展及其国内外产品现状［J］．涂料工业，2024，54（3）：72-76.

[21] 王艳，刘宏生，朱晓辉．水性电缆防火涂料的性能研究［J］．现代涂料与涂装，2020，(07)：4-7.

[22] 范斌．电缆防火涂料的应用及优化措施［J］．消防技术与产品信息，2012，(02)：49-51.

[23] 刘文庆，朱罗毅，宋立明．新能源汽车电池包防火涂料的现状与进展［J］．涂料工业，2024，54（3）：66-71，85.